"十二五"国家重点出版规划项目

/现代激光技术及应用丛书/

激光在大气和海水中传输及应用

王英俭　范承玉　魏合理　著

国防工业出版社

·北京·

内 容 简 介

激光大气传输已成为近代大气光学及其工程应用领域最前沿、最活跃的研究内容之一,并取得一系列突破性进展。本书着重反映了当前激光大气传输问题的若干前沿进展。

本书主要介绍激光大气传输数学物理基础知识;激光在大气和海水中的衰减效应,以及一些重要的高分辨率大气分子吸收线参数;激光大气传输湍流效应和非线性热晕效应及其自适应光学相位校正问题的主要理论和实验研究结果,包括超短脉冲激光大气传输自聚焦效应的研究进展、激光大气传输在大气参数激光雷达探测、激光通信和激光成像中的应用。

本书内容新颖、物理概念清晰,可供从事与激光大气传输相关的科技工作者以及高等院校理工科大学生和研究生参考。

图书在版编目(CIP)数据

激光在大气和海水中传输及应用/王英俭,范承玉,魏合理著. —北京:国防工业出版社,2015.12
(现代激光技术及应用丛书)
ISBN 978 - 7 - 118 - 10312 - 0

Ⅰ. ①激… Ⅱ. ①王… ②范… ③魏… Ⅲ. ①激光—光传输技术—研究 Ⅳ. ①TN24 ②TN818

中国版本图书馆 CIP 数据核字(2015)第 283915 号

※

国防工业出版社出版发行
(北京市海淀区紫竹院南路 23 号 邮政编码 100048)
北京嘉恒彩色印刷有限责任公司
新华书店经售
*
开本 710×1000 1/16 印张 22¾ 字数 402 千字
2015 年 12 月第 1 版第 1 次印刷 印数 1—2500 册 定价 98.00 元

(本书如有印装错误,我社负责调换)

国防书店:(010)88540777 发行邮购:(010)88540776
发行传真:(010)88540755 发行业务:(010)88540717

丛书学术委员会 （按姓氏拼音排序）

丛书编辑委员会 （按姓氏拼音排序）

世界上第一台激光器于 1960 年诞生在美国,紧接着我国也于 1961 年研制出第一台国产激光器。激光的重要特性(亮度高、方向性强、单色性好、相干性好)决定了它五十多年来在技术与应用方面迅猛发展,并与多个学科相结合形成多个应用技术领域,比如光电技术、激光医疗与光子生物学、激光制造技术、激光检测与计量技术、激光全息技术、激光光谱分析技术、非线性光学、超快激光学、激光化学、量子光学、激光雷达、激光制导、激光同位素分离、激光可控核聚变、激光武器等。这些交叉技术与新的学科的出现,大大推动了传统产业和新兴产业的发展。可以说,激光技术是 20 世纪最具革命性的科技成果之一。我国也非常重视激光技术的发展,在《国家中长期科学与技术发展规划纲要(2006—2020 年)》中,激光技术被列为八大前沿技术之一。

近些年来,我国在激光技术理论创新和学科发展方面取得了很多进展,在激光技术相关前沿领域取得了丰硕的科研成果,在激光技术应用方面取得了长足的进步。为了更好地推动激光技术的进一步发展,促进激光技术的应用,国防工业出版社策划组织编写出版了这套丛书。策划伊始,定位即非常明确,要"凝聚原创成果,体现国家水平"。为此,专门组织成立了丛书的编辑委员会,为确保丛书的学术质量,又成立了丛书的学术委员会,这两个委员会的成员有所交叉,一部分人是几十年在激光技术领域从事研究与教学的老专家,一部分是长期在一线从事激光技术与应用研究的中年专家;编辑委员会成员主要以丛书各分册的第一作者为主。周寿桓院士为编辑委员会主任,我们两位被聘为学术委员会主任。为达到丛书的出版目的,2012 年 2 月 23 日两个委员会一起在成都召开了工作会议,绝大部分委员都参加了会议。会上大家进行了充分讨论,确定丛书书目、丛书特色、丛书架构、内容选取、作者选定、写作与出版计划等等,丛书的编写工作从那时就正式地开展起来了。

历时四年至今日,丛书已大部分编写完成。其间两个委员会做了大量的工作,又召开了多次会议,对部分书目及作者进行了调整。组织两个委员会的委员对编写大纲和书稿进行了多次审查,聘请专家对每一本书稿进行了审稿。

总体来说,丛书达到了预期的目的。丛书先后被评为国家"十二五"重点出版规划项目和国家出版基金资助项目。丛书本身具有鲜明特色：一）丛书在内容上分三个部分，激光器、激光传输与控制、激光技术的应用，整体内容的选取侧重高功率高能激光技术及其应用；二）丛书的写法注重了系统性，为方便读者阅读，采用了理论—技术—应用的编写体系；三）丛书的成书基础好，是相关专家研究成果的总结和提炼，包括国家的各类基金项目，如973项目、863项目、国家自然科学基金项目、国防重点工程和预研项目等，书中介绍的很多理论成果、仪器设备、技术应用获得了国家发明奖和国家科技进步奖等众多奖项；四）丛书作者均来自于国内具有代表性的从事激光技术研究的科研院所和高等院校，包括国家、中科院、教育部的重点实验室以及创新团队等，这些单位承担了我国激光技术研究领域的绝大部分重大的科研项目，取得了丰硕的成果，有的成果创造了多项国际纪录，有的属国际首创，发表了大量高水平的具有国际影响力的学术论文，代表了国内激光技术研究的最高水平。特别是这些作者本身大都从事研究工作几十年，积累了丰富的研究经验，丛书中不仅有科研成果的凝练升华，还有着大量作者科研工作的方法、思路和心得体会。

综上所述，相信丛书的出版会对今后激光技术的研究和应用产生积极的重要作用。

感谢丛书两个委员会的各位委员、各位作者对丛书出版所做的奉献，同时也感谢多位院士在丛书策划、立项、审稿过程中给予的支持和帮助！

丛书起点高、内容新、覆盖面广、写作要求严，编写及组织工作难度大，作为丛书的学术委员会主任，很高兴看到丛书的出版，欣然写下这段文字，是为序，亦为总的前言。

2015 年 3 月

　　自 1960 年世界上第一台红宝石激光器发明以来,激光技术及其在众多领域
(包括大气环境探测及国家安全等)的应用立即受到各国科学家的高度重视。
激光在大气传输过程中将产生一系列线性或非线性效应,这些效应一方面为大
气环境探测提供多种可能的方法,另一方面又影响或限制了在大气环境条件下
的激光技术的应用。因而激光大气传输的一系列科学问题得到高度关注和深入
研究。

　　大气对激光传输产生比较严重影响的效应包括:大气气体分子和气溶胶粒
子的吸收和散射造成的激光能量的衰减;大气湍流造成的光强起伏(闪烁)、光
束抖动、光斑扩展等湍流效应;非线性热晕效应造成的光束偏移、光斑畸变和扩
展,并最终决定到达靶面上的最大激光功率密度等。因此,弄清激光在大气中传
输的规律及如何利用或减少大气对激光传输的影响,已成为激光在大气中应用
的一个极为重要的基础性工作。它将为许多激光工程应用的可行性论证及相应
工程系统的优化设计提供科学依据。

　　激光大气传输研究的内容十分丰富,学科基础涉及面也相当广泛,同时有十
分复杂的随机性、非线性等问题。激光大气传输已成为近代大气光学及其工程
应用领域最前沿、最活跃的研究内容之一,并取得一系列突破性进展。近二十年
来,这方面的主要研究进展大多以专题综述性文章形式发表在有关杂志上。在
较综合性的著作中也有一定介绍,但专门针对“激光大气传输”问题方面有欠系
统性和前沿性。塔塔尔斯基(Tatarskii)的《湍流大气中波的传播理论》(中译
版)、美国 *Applied Physics* 丛书中的 *Laser Beam Propagation through the Atmosphere*
(英文版)等专著可以说是激光大气传输领域权威著作,但都未见再版,近二十
年来的研究进展没有系统性总结。因而,专门系统地深入研究激光大气传输的
专著,特别是尽可能详细总结最新研究结果,是相关领域科技工作者和研究生非
常需要的。本书正是基于这一考虑,并恰逢编纂“现代激光技术及应用”丛书之

际遇而成。

正是基于"激光大气传输"的专门性、系统性、前沿性的考虑,本书将集中于激光大气传输的高分辨率分子吸收光谱、大气湍流效应和非线性热晕效应三个方面的数学物理基础和系统性的研究结果(对于系统性研究结果,侧重于介绍影响光束远距离传输的衰减及光束漂移、光斑扩展畸变等光束质量因子方面),对于其他效应只作简述并尽可能列出相关参考文献。本书共分为6章:第1章系统介绍激光大气传输的数学物理基础,包括激光大气传输方程和大气流体动力学方程及其近似物理条件、求解方法以及激光大气衰减的基础理论知识;第2章介绍大气对激光传输的衰减,着重介绍高分辨率大气分子吸收光谱和一些重要大气分子的吸收线参数研究的最新成果以及大气(包括分子和气溶胶)衰减的计算方法;第3~5章分别系统介绍激光大气传输湍流效应和非线性热晕效应及其自适应光学相位校正问题、主要研究结果以及发展展望;第6章介绍几个重要大气参数的激光雷达探测方法以及激光通信等中的大气传输问题。

本书第1章1.1节和1.2节及第4章和第5章由王英俭撰写;第1章1.3节和第2章及附录由魏合理撰写;第1章1.4节和第3章、第6章由范承玉撰写。王英俭对全书内容进行了组织和统稿。龚知本院士对本书给予了悉心指导。书中采用的大量研究结果是中国科学院安徽光学精密机械研究所大气光学中心众多同事们共同努力取得的,在这里一并表示衷心的感谢!感谢本书编委对本书的指导,特别感谢主编周寿桓院士提出的建议。但限于作者学识能力,不完善、不妥之处在所难免,敬请专家学者批评指正。

作 者
2015 年 1 月

目录

第5章　高能激光大气传输数值模拟与实验研究

第6章　激光大气传输应用

第1章
激光大气传输数学物理基础

激光在大气中传输涉及电磁波传播理论和大气物理基础知识。因此,首先将从麦克斯韦电磁波方程出发,简述给出本书讨论的一般情况下均适用的激光大气传输近轴近似波动方程,给出激光大气传输应用最为广泛的几种近似分析方法及其适用物理条件,并简述激光大气传输的相位校正原理;其次,简要介绍大气的基本结构和组成,重点是将大气看作理想气体,从流体动力学方程组出发,给出激光大气热相互作用动力学方程,并详细讨论几种典型的激光与大气相互作用物理近似条件下的求解方法;然后,介绍大气衰减基础知识,包括大气分子吸收光谱和粒子散射的基本理论;最后,简要介绍大气湍流的一些基本概念。

1.1　光波传输方程及其近似

激光在大气中传输满足麦克斯韦(Maxwell)电磁波方程:

$$\nabla^2 E - \frac{1}{c^2}\frac{\partial^2}{\partial t^2}(E n^2) - \frac{\mathrm{i}}{c^2}\frac{\partial^2}{\partial t^2}(\varepsilon_i E) = -2\nabla[E\cdot\nabla(\log n)] \qquad (1-1)$$

式中:$\varepsilon = \varepsilon_0(\varepsilon_r + \mathrm{i}\varepsilon_i)$,$n = \sqrt{\varepsilon_r}$,介电常数虚部对应大气对光波的吸收;$c$ 为光波在真空中传播的光速。

式(1-1)等号右边项表征偏振特性,对于能量传输、测距、制导、照明等激光应用而言均可忽略不计。在不考虑大气偏振影响的情况下,麦克斯韦(Maxwell)方程可以标量化。同时,考虑到一般情况下大气扰动量是小量以及激光方向性好,因此一般研究激光大气传输问题均采用近轴近似标量波动方程。

1.1.1　近轴近似标量波动方程

当传输介质的介电常数变化频率远小于光波电磁振动频率或介电常数没有受到电磁感应而明显变化,以及传输介质的介电常数空间变化很小对光的偏振影响可以忽略时,激光传输满足下列形式的标量麦克斯韦方程:

$$\nabla^2 E - \frac{n^2}{c^2}\frac{\partial^2}{\partial t^2}E - \mathrm{i}\frac{n\alpha_t}{k_0 c^2}\frac{\partial^2}{\partial t^2}E = 0 \qquad (1-2)$$

式中:α_t为传输介质对光波的吸收系数。

假设z轴方向为光束传输方向,令$E = \varphi e^{i(kz - \omega t) - \alpha_t z/2}$,并且满足下列两个条件:

(1)传输介质不均匀散射尺度远大于光波波长,光散射集中在前向小角度范围内;

(2)大气对激光传输的消光引起的变化远小于光束横向尺度D内的振幅的不均匀,即忽略传输方向上振幅变化二阶小量。

式(1-2)可以简化为

$$2ik\frac{\partial \varphi}{\partial z} + \nabla_\perp^2 \varphi + k^2\left(\frac{n^2}{n_0^2} - 1\right)\varphi + ik\alpha_t\varphi + \frac{2ik}{c_m}\frac{\partial \varphi}{\partial t} = 0 \qquad (1-3)$$

式中:$k = k_0 n_0$;$c_m = c/n_0$;$\nabla_\perp^2$为横向拉普拉斯算符,$\nabla_\perp^2 = \frac{\partial^2}{\partial x^2} + \frac{\partial^2}{\partial y^2}$。

当传输激光脉冲长于纳秒时,式(1-3)中最后一项也可以忽略,即

$$2ik\frac{\partial \varphi}{\partial z} + \nabla_\perp^2 \varphi + k^2\left(\frac{n^2}{n_0^2} - 1\right)\varphi + ik\alpha_t\varphi = 0 \qquad (1-4)$$

以光束横向特征尺度(如高斯光束的$1/e$功率点半径)和传输距离L(或焦距)对近轴近似波动方程做无量纲化处理,可得

$$2i\frac{ka^2}{L}\frac{\partial \varphi}{\partial z} + \nabla_\perp^2 \varphi + (ka)^2\left(\frac{n^2}{n_0^2} - 1\right)\varphi + ika^2\alpha_t\varphi = 0 \qquad (1-5)$$

式中:$ka^2/L = N_F$,N_F为光束菲涅耳数,是表征光束衍射特征的重要物理参数。

在后面章节可以看到,在光束菲涅耳数和光束横截面波像差无量纲参数一致的情况下,激光传输效果是等效的。

1.1.2 光波传输的几种近似求解方法

考虑到实际大气介质以及激光与大气传互作用的复杂性,一般要针对不同的物理问题采用一些近似模型和求解方法,以阐明和理解物理问题。实际上,一些近似求解结果在一定条件下也能满足半定量分析的需要。

1. 几何光学近似

当大气介质的不均匀尺度l远大于光波波长λ时,可忽略衍射效应对光束相位变化的贡献,可得到几何光学光线和光强方程:

$$(\nabla S)^2 = k^2 n^2 \qquad (1-6)$$

$$\nabla \ln I \cdot \nabla S + \nabla^2 S = -n\alpha_t \qquad (1-7)$$

式中:I为光强,$I = A^2$;S为等相位面函数。

令z轴为激光的传输方向,且忽略轴向折射率起伏对振幅起伏的影响,在近轴近似下,由上述方程可以得到光强分布形式解:

$$\frac{I(r,z)}{I_0(r,z)} = e^{-\alpha_1 z} e^{-\int_0^{z'} \left(\nabla_\perp + \frac{\nabla_\perp I}{I} \right) \int_0^{z'} \frac{\nabla_\perp n}{n} dz'' dz'} \qquad (1-8)$$

上述方程可以通过小扰动以及迭代求解。将一阶小扰动解用于半定量分析激光大气传输非线性热晕效应,可方便明晰其物理图像。

令 $n = n_0 + n_1, S = S_0 + S_1, \ln A = \ln A_0 + \chi (\chi$ 为对数振幅起伏$)$,小扰动近似下(忽略扰动的二阶以上小量),可得相位和振幅的一阶近似解:

$$S_1(x,y) = k \int_0^L n_1(x,y,z) dz \qquad (1-9)$$

$$\chi(x,y,L) = \frac{1}{2} \left[n_1(x,y,L) - n_1(x,y,0) \right] - \frac{1}{2} \int_0^L \int_0^z \nabla_\perp^2 n_1(x,y,z') dz' dz$$

$$(1-10)$$

需要指出的是,在激光大气传输研究中,几何光学近似使用范围是非常有限的。对于整束热晕效应,大气折射率不均匀尺度与光束尺寸相当,因此要求光束菲涅耳数 $N_F = ka^2/L \gg 1$,同时要求热镜面可等效于薄镜面。不过,利用几何光学近似分析对于热晕效应的物理图像和定标参数的理解是十分重要的。同样,对于大气湍流不均匀尺度 l,则要求扰动菲涅耳数 $N_F = kl^2/L \gg 1$。大气湍流是由不同尺度湍涡组成的,通常通过统计方法处理激光传输湍流效应问题。后面章节将看到,$N_F = kl^2/L$ 中的不均匀尺度 l 可由光束横向相干长度 r_0 估算。对于可见光实际湍流大气传输而言,光束横向相干长度一般为数厘米到十几厘米。可见,利用几何光学处理湍流效应的条件是十分有限的。但是,若结合上述小扰动近似求解相位起伏,进而利用惠更斯 – 菲涅耳原理求解振幅起伏,除强湍流效应外,均可以得到较为满意的近似结果。

2. 惠更斯 – 菲涅耳原理

惠更斯 – 菲涅耳原理是光的波动说早期解释波传播过程的一个假设,即光波传输中任一空间波阵面上的每一个点 $P_0(x_0, y_0)$ 可以看作次级球面波源,其后传播方向的空间中一点的 $P(x,y)$ 光波是这些次级球面波的叠加结果,如图 1-1 所示。

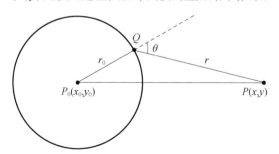

图 1 – 1　惠更斯 – 菲涅耳原理计算光场示意图

基尔霍夫基于标量场波动方程和格林定理严格地推导出了基尔霍夫衍射公式,即点 $P(x,y)$ 的光场函数为

$$\varphi(x,y,z) = \frac{1}{i\lambda} \iint \varphi_0(x_0,y_0) \frac{e^{ikr}}{r} \cdot \frac{1+\cos\theta}{2} dx_0 dy_0 \qquad (1-11)$$

式中:$r = (x-x_0)^2 + (y-y_0)^2 + z^2$;$\theta$ 为 r 与波阵面法线方向的夹角。

在近轴近似条件下,则有

$$\varphi(x,y,z) = \frac{e^{ikz}}{i\lambda z} \iint \varphi_0(x_0,y_0) e^{\frac{ik}{2z}[(x-x_0)^2+(y-y_0)^2]} dx_0 dy_0 \qquad (1-12)$$

可以看到,式(1-12)是均匀介质传输条件下近轴近似波动方程的精确解。

对于不均匀介质传输情况,利用几何光学近似将不均匀介质给子波带来的复振幅扰动近似为

$$\varphi_1(x_0,y_0) = e^{\chi+iS_1}$$

式中:χ、S_1 分别为传输路径上的介质导致的对数振幅和相位扰动。

从而可以得到扩展的惠更斯-菲涅耳原理,即式(1-12)变为

$$\varphi(x,y,z) = \frac{e^{ikz}}{i\lambda z} \iint \varphi_0(x_0,y_0) e^{\frac{ik}{2z}[(x-x_0)^2+(y-y_0)^2]} \times e^{\chi+iS_1} dx_0 dy_0 \qquad (1-13)$$

事实上,扩展的惠更斯-菲涅耳原理是在薄镜面效应近似条件下近轴近似波动方程的解。式中,对数振幅 χ、相位扰动 S_1 通常利用几何光学近似求得。

3. 激光湍流大气传输雷托夫(Rytov)近似解

随机介质中波传输理论的研究,最早应用的是几何光学近似法,前面已作介绍,但其适用范围有限。湍流介质中光传输具有两个主要特点:一个是湍流介质的随机性,这决定了必须用统计的方法来研究;另一个是介质折射率的起伏微弱,因此可采用微扰的方法来研究。Born 近似是最常用的微扰方法,但它的应用范围十分有限。后来,Tatarskii[1] 采用 Rytov 近似,并引入到现代湍流统计理论中获得了相当大的成功,成为现今处理弱起伏条件下光波传输的经典理论,而且理论结果得到了实验验证。随后的一些工作虽然采用了不同的方法,但获得的结果基本相同,因此本节简述 Tatarskii 的若干基本结果。

假设大气的电导率为 0,磁导率为 1,由于大气湍流内尺度 l_0 远大于激光波长 λ,则可以忽略偏振的影响,麦克斯韦方程可简化为抛物线方程,即

$$\nabla^2 \boldsymbol{E} + k^2 n^2 \boldsymbol{E} = 0 \qquad (1-14)$$

若对电场 $\boldsymbol{E}$ 的某一标量求解,则式(1-14)中的矢量 $\boldsymbol{E}$ 可由标量 U 来代替。则标量方程为

$$\nabla^2 U + k^2 n^2 U = 0 \qquad (1-15)$$

利用 Rytov 近似,可把电场逐级展开成一系列小量之和,即

$$U = U_0 + U_1 + U_2 + \cdots \qquad (1-16)$$

从物理观点来看,零级项 U_0 表示未扰动的波,一阶项 U_1 描述单次散射,其余为多次散射项。在弱起伏条件下,只考虑前两项就已满足要求。

同样,大气折射率可以写成

$$n = n_0 + n_1 \tag{1-17}$$

式中:$|n_1| \ll n_0 \approx 1$。

将式(1-16)和式(1-17)代入式(1-15),并忽略二阶以上的小量,可得

$$\nabla^2 U_0 + k^2 U_0 = 0 \tag{1-18}$$

$$\nabla^2 U_1 + k^2 U_1 + 2k^2 n_1 U_0 = 0 \tag{1-19}$$

式(1-19)可以看成是关于 U_1 的含源 $-2k^2 n_1 U_0$ 波动方程,其解可以表示为格林函数 $\dfrac{\mathrm{e}^{ik|\boldsymbol{r}|}}{|\boldsymbol{r}|}$ 与源的卷积,结果为

$$U_1(\boldsymbol{r}) = \frac{1}{4\pi} \iiint\limits_{V} \frac{\mathrm{e}^{ik|\boldsymbol{r}-\boldsymbol{r}'|}}{|\boldsymbol{r}-\boldsymbol{r}'|} \left[2k^2 n_1(\boldsymbol{r}') U_0(\boldsymbol{r}') \right] \mathrm{d}^3 \boldsymbol{r}' \tag{1-20}$$

式中:V 为散射体积。

U_1 可认为是散射体积 V 内位置 $\boldsymbol{r}'$ 处散射体元产生的大量球面波的叠加。位置 $\boldsymbol{r}'$ 处产生的球面波的强度与入射场 U_0 和点 $\boldsymbol{r}'$ 处折射率扰动乘积成比例。

根据激光在大气中的湍流散射角较小并且主要是前向散射的特点,可以对式(1-20)作菲涅耳或旁轴近似[2]。假设 $\boldsymbol{\rho}$ 为传输方向垂直平面上的坐标,那么式(1-20)中的指数项可以简化为

$$|\boldsymbol{r}-\boldsymbol{r}'| \approx |z-z'| \left\{ 1 + |\boldsymbol{\rho}-\boldsymbol{\rho}'|^2 / \left[2(z-z')^2 \right] \right\} \tag{1-21}$$

分母中的 $|\boldsymbol{r}-\boldsymbol{r}'|$ 替换为 $|z-z'|$,应用到式(1-21)中,可得

$$U_1(\boldsymbol{r}) = \frac{k^2}{2\pi} \iiint\limits_{V} \frac{\mathrm{e}^{ik\left(|z-z'| + \frac{|\boldsymbol{\rho}-\boldsymbol{\rho}'|^2}{2|z-z'|} \right)}}{|z-z'|} n_1(\boldsymbol{r}') U_0(\boldsymbol{r}') \mathrm{d}^3 \boldsymbol{r}' \tag{1-22}$$

另一方面,定义一个量 ψ 作为 E 的自然对数,即

$$\psi = \ln U \tag{1-23}$$

则式(1-15)可以转变成里卡蒂(Riccati)方程,即

$$\nabla^2 \psi(\boldsymbol{r}) + \nabla \psi(\boldsymbol{r}) \cdot \nabla \psi(\boldsymbol{r}) + k^2 n^2(\boldsymbol{r}) = 0 \tag{1-24}$$

式(1-24)的解也可以假设为

$$\psi = \psi_0 + \psi_1 + \psi_2 + \cdots \tag{1-25}$$

保留式(1-25)右边的前两项,由式(1-23)可得

$$U = \mathrm{e}^{\psi_0 + \psi_1}$$

$$U_0 = \mathrm{e}^{\psi_0}$$

从而有

$$\frac{U}{U_0} = 1 + \frac{U_1}{U_0} = \mathrm{e}^{\psi_1} \tag{1-26}$$

对式(1-26)两边取对数,可得

$$\psi_1 = \ln\left(1 + \frac{U_1}{U_0} \right) \approx \frac{U_1}{U_0} \tag{1-27}$$

把式(1-22)代入式(1-27),可得

$$\psi_1(\boldsymbol{r}) = \frac{k^2}{2\pi U_0(\boldsymbol{r})} \iiint_V \frac{e^{ik\left(|z-z'|+\frac{|\boldsymbol{\rho}-\boldsymbol{\rho}'|^2}{2|z-z'|}\right)}}{|z-z'|} n_1(\boldsymbol{r}') U_0(\boldsymbol{r}') d^3\boldsymbol{r}' \qquad (1-28)$$

设 $U_0 = A_0 e^{iS_0}$，$U = A e^{iS}$，A_0、S_0 分别为真空中光场 U_0 的振幅和相位，而 A、S 分别为实际光场 U 的振幅和相位，则有

$$\psi_1 = \psi - \psi_0 = \ln(A/A_0) + i(S - S_0) \qquad (1-29)$$

定义 $\chi = \ln(A/A_0)$ 和 $S_1 = S - S_0$ 分别表示对数振幅起伏和相位起伏，则有

$$\psi_1 = \chi + iS_1 \qquad (1-30)$$

由式(1-28)可得

$$\chi(\boldsymbol{r}) = \frac{k^2}{2\pi U_0(\boldsymbol{r})} \iiint_V \frac{\cos\left[k|\boldsymbol{\rho}-\boldsymbol{\rho}'|^2/(2|z-z'|)\right]}{|z-z'|} n_1(\boldsymbol{r}') e^{ik|z-z'|} U_0(\boldsymbol{r}') d^3\boldsymbol{r}'$$

$$(1-31a)$$

$$S_1(\boldsymbol{r}) = \frac{k^2}{2\pi U_0(\boldsymbol{r})} \iiint_V \frac{\sin\left[k|\boldsymbol{\rho}-\boldsymbol{\rho}'|^2/(2|z-z'|)\right]}{|z-z'|} n_1(\boldsymbol{r}') e^{ik|z-z'|} U_0(\boldsymbol{r}') d^3\boldsymbol{r}'$$

$$(1-31b)$$

上述近似求解方法在激光大气传输中得到了广泛应用，对于物理、半定量乃至单因素定量分析发挥着重要作用。由于实际大气的复杂性，要定量掌握激光实际大气条件下传输情况，还需要结合实际大气参数进行数值仿真计算分析，这将在第5章专门讨论。

1.1.3　激光大气传输相位校正原理

对光波传输方程取共轭，即

$$-2ik\frac{\partial \varphi^*}{\partial z} + \nabla_\perp^2 \varphi^* + k^2\left(\frac{n^2}{n_0^2} - 1\right)\varphi^* - ik\alpha_t\varphi^* = 0 \qquad (1-32)$$

在上述方程中，若取 $\varphi^*(x,y,z) = \varphi(x,y,-z)$，则有

$$2ik\frac{\partial \varphi(x,y,-z)}{\partial z} + \nabla_\perp^2 \varphi(x,y,-z) = k^2\left(\frac{n^2}{n_0^2} - 1\right) \times$$

$$\varphi(x,y,-z) - ik\alpha_t\varphi(x,y,-z) = 0 \qquad (1-33)$$

由此可见，除介质的吸收散射必然对光传输造成衰减外，光波与其共轭波的传输是可逆的。其实这与几何光学中的光线可逆是统一的，如角反射器（包括其阵列或玻璃微珠等类似器件）即可实现光线的反向传输，并得到很多实际应用[3]。利用非线性光学效应早已实现光波共轭和传输[4]，并有不少学者开展了尝试利用该原理对激光大气传输进行校正的探索[5-8]，本书对此不做详细介绍，读者可参阅相关文献。

线性光学器件不可能实现光波共轭。众所周知，利用组合镜面设计制造的光学镜头可有效地校正光学系统的静态像差。同样，利用变形反射镜可以改变

光束的相位分布。从惠更斯原理可知,在介质引起的光强起伏较小的情况下,在初始光场上施加一与介质引起的相位畸变共轭的相位分布,即可补偿介质引起的相位畸变。其实这就是几何光学中的薄镜面近似,也相当于小振幅起伏下的近似相位共轭。

自适应光学技术正是利用这一原理,即实时探测光波的相位畸变,利用可变形反射镜实现共轭相位分布,施加在被校正光波上,从而实现对光波传输相位畸变进行实时校正的。可见,不同于完全的光波共轭,自适应光学技术实施的是相位校正。如图1-2所示,自适应光学相位校正系统包括波前探测、波前控制和波前校正。波前探测是探测光束相位分布造成的远场光强分布的改变来获得波前畸变信息(斜率、曲率等),有哈特曼波前传感器、剪切干涉仪等;波前校正器实现畸变波前,最常用的有校正最低阶波前误差的倾斜反射镜和校正高阶像差的变形反射镜。波前控制是利用哈特曼波前传感器获得的波前畸变信息经过波前复原计算等获得波前校正器动作信号,并实施驱动控制的系统。

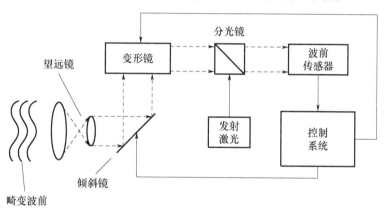

图1-2 自适应光学系统原理图

正是随着现代微电子技术、计算机技术以及高速计算与现代控制技术的发展,自适应光学技术自Babcock[9]提出,到1991年美国军方将自适应光学的研究资料公开[10],计算机和光学技术也足够发达,才得到快速发展和应用,并不断取得不俗的成果[11]。

1.2 地球大气的物理基础

1.2.1 大气基本状态与结构

地球被从地面向空中延伸数百千米的大气包围着。大气由气体分子和气溶胶(悬浮在大气中的颗粒物)组成。大气温度和压力随着高度与方位而变化。依据大气温度的变化特征,地球大气可分成对流层、平流层、中间层和热层,如

图 1-3 所示[12]。地球表面到大约 11km（对流层顶高度在不同的纬度等条件下有所不同,极地地区大约 9km,热带赤道地区大约 17km）的大气层是对流层;从对流层顶到大约 50km 区域是平流层;从平流层顶到 90km 为中间层;90km 以上大气层为热层。应当指出,在激光大气传输研究中,除 90km 左右电离层中的金属钠离子共振荧光散射可用于自适应光学相位校正信标而受到高度关注外,对激光传输产生明显影响的主要是对流层和平流层大气。

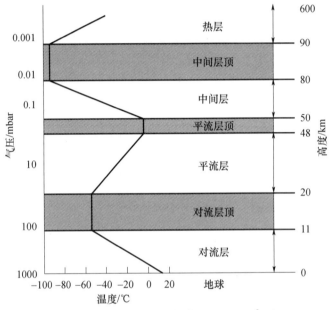

图 1-3　地球大气分层结构（1mbar = 10^2Pa）

在对流层,一般情况下温度随高度升高而降低,变化率近似为 6.5℃/km,大气压从海平面的 1atm（1atm = 1.013×10^5Pa）变化到对流层顶的 0.1atm。由于对流层是大气压最高的区域,也是大气气溶胶的高含量区域,因此,对流层对光波的散射最大。另外,对流层中富含的水汽、二氧化碳、臭氧、甲烷等微量气体,其不同的原子分子结构决定对光波的吸收有着强烈的光谱选择性。大气分子吸收光谱是激光大气传输最为关注的问题之一,也可利用分子吸收光谱特性对其进行激光探测研究。对流层另一重要特征是垂直混合作用强,尤其是边界层大气湍流是影响激光大气传输最为严重的因素之一。

对于平流层,从对流层顶到 20km 左右的平流层下部温度随高度的变化很小;平流层上部,臭氧分子吸收大量的太阳紫外辐射转化为分子动能,平流层的温度随高度增加而快速升高。因此,平流层大气稳定,大气运动表现为平流运动强而垂直运动很弱。一般情况下,平流层气溶胶较少,但是强烈的火山爆发会把火山灰输送到平流层,而且由于平流层的稳定特征,火山灰在平流层滞留的时间较长,可达 2~3 年。

1.2.2　大气的主要成分

1. 大气主要气体成分

大气主要气体成分是氮气和氧气,占干燥空气体积的 99% 以上,还有二氧化碳、水汽、臭氧、甲烷等一些微量或痕量气体,表 1-1 给出了干洁大气中主要气体成分及水汽的含量[12]。从气体成分含量变化来说,可以分成两类:一类是氮气、氧气、氩气等一些气体,在大气中的含量基本保持不变;另一类是二氧化碳、水汽、臭氧等一些微量气体,在大气中的含量是变化的。尤其是大气水汽,不同纬度甚至不同地理环境相差很大,并随着季节变化而有很大变化,对光电工程的应用有着很大的影响。这些微量气体含量虽少,它们对大气物理状况的影响却很大,对光波吸收有着强烈的波长选择性,这将在第 2 章详细论述。由于工业革命后特别是近年来大气温室气体(二氧化碳、甲烷等气体)的快速增加,目前二氧化碳和甲烷在大气中含量分别为 380×10^{-6} 和 1.8×10^{-6},比表 1-1 中的数据高 10%。

表 1-1　干洁大气的主要成分表

恒量气体		可变气体	
气体	体积比(干燥空气)/%	气体	体积比(10^{-6})
氮气(N_2)	78.08	水汽(H_2O)	$0 \sim 40000$
氧气(O_2)	20.95	二氧化碳(CO_2)	351 ± 4
氩气(Ar)	0.93	臭氧(O_3)	$0 \sim 0.3$(对流层) $1 \sim 8$($20 \sim 30km$)
氖气(Ne)	0.0018	一氧化碳(CO)	0.19
氦气(He)	5.24×10^{-4}	硫化氢(H_2S)	$(2 \sim 20) \times 10^{-3}$
甲烷(CH_4)	1.6×10^{-4}	二氧化硫(SO_2)	$(0 \sim 20) \times 10^{-3}$
氢气(H_2)	5.0×10^{-5}	硝酸(HNO_3)	$(0 \sim 10) \times 10^{-3}$

2. 大气气溶胶

大气气溶胶是指大气中悬浮着的各种固体和液体粒子,包括固体尘埃(扬尘、沙尘、火山灰、海洋飞沫凝结成的盐粒子等)、液滴(水或冰组成的云雾滴或冰晶雨雪等)以及植物花粉等。通常所说的雾霾或灰霾都是典型的气溶胶粒子。大气气溶胶随其来源不同而有着极为复杂的成分和形状,其粒子尺度谱分布及其在大气中的时空分布变化也非常复杂。大气气溶胶是大气中最为重要的成分之一,参与大气中的许多物理化学过程和动力学过程,这反过来又影响其自身的成分和结构。这里不做详细论述,有兴趣的读者可参阅文献[13]。

大气气溶胶衰减也是影响光波大气传输消光(散射和吸收)的主要因素,对工作于大气窗口的激光波长更是如此。气溶胶对光传输散射和吸收的计算主要依据米(Mie)散射理论,需要有粒子尺度谱分布和折射指数等参数。目前最为成熟和常用的研究大气气溶胶散射特性的粒子谱模型是荣格谱分布、对数正态分布或复合型分布(如细模、粗模分段荣格谱或对数正态分布等)。大气气溶胶的折射指数主要取决于其成分。通过长期研究,根据其来源将大气气溶胶粒子谱和折射指数分成了很多类型,包括乡村、城市、沙漠、海洋、平流雾、辐射雾、背景平流层、中等火山喷发期、强火山喷发时期、极强火山喷发期等。相对湿度的变化还将导致这些气溶胶模型参数有所差别。

由于大气气溶胶散射吸收与其成分、尺度谱分布、形状等密切相关,而实际大气气溶胶的来源及其参与的大气物理化学过程造成其成分、形状又非常复杂,对大气气溶胶微物理特性及其散射吸收特性的定量化研究仍在不断深化,尤其是非球形粒子散射问题、气溶胶吸收特性等的直接定量测量方法和手段仍在不断发展中,一些研究进展将在第 2 章讨论。

1.2.3　大气流体动力学方程及其近似

在研究激光大气传输问题中,一般将大气等效于理想气体,则大气的流体动力学方程组如下:

状态方程为

$$h = \frac{\gamma}{\gamma - 1} \frac{P}{\rho} + E_\mathrm{v} \qquad (1 - 34)$$

连续方程为

$$\frac{\partial \rho}{\partial t} + \nabla \cdot (\rho \boldsymbol{V}) = 0 \qquad (1 - 35)$$

动量方程为

$$\rho \left(\frac{\partial \boldsymbol{V}}{\partial t} + \boldsymbol{V} \cdot \nabla \boldsymbol{V} \right) = -\nabla P \qquad (1 - 36)$$

能量方程为

$$\rho \left(\frac{\partial h}{\partial t} + \boldsymbol{V} \cdot \nabla h \right) - \left(\frac{\partial P}{\partial t} + \boldsymbol{V} \cdot \nabla P \right) = \kappa \nabla^2 T + \alpha_\mathrm{t} I \qquad (1 - 37)$$

弛豫方程为

$$\frac{\partial \rho E_\mathrm{v}}{\partial t} + \boldsymbol{V} \cdot \nabla \rho E_\mathrm{v} = \delta \alpha_\mathrm{t} I - \frac{\rho E_\mathrm{v}}{\tau} \qquad (1 - 38)$$

式中:ρ、T、P、$\boldsymbol{V}$ 分别为大气密度、温度、压力和风速;$h = E + P/\rho + E_\mathrm{v}$,其中,$E$、$E_\mathrm{v}$ 分别为气体分子平动内能和振动能量;κ 为大气的热传导系数;γ 为比热比,$\gamma = c_p/c_\mathrm{V}$,$c_p/c_\mathrm{V}$ 分别为比定压热容和比定容热容,标准大气下 $\gamma \approx 1.4$;δ、τ 分别为大气吸收能量转换为分子振动能量的耦合系数和振动能量的弛豫时间。

在特定波长激光传输中,大气吸收会使气体分子平动能转移到特定分子的振动能级,造成能量转换过程的变化,带来"动力致冷"效应。

1. 流体动力学方程的小扰动近似

一般情况下,大气吸收激光能量导致的密度变化比较小,因此,可以对流体动力学方程组进行小扰动线性化处理。令 $\rho = \rho_0 + \rho_1$,$P = P_0 + P_1$,$h = h_0 + h_1$,$\boldsymbol{V} = \boldsymbol{V}_0 + \boldsymbol{V}_1$,$T = T_0 + T_1$,代入方程流体动力学方程组并忽略高阶项,并令 $D = \dfrac{\partial}{\partial t} + \boldsymbol{V}_0 \cdot \nabla$,由式(1-34)和式(1-35)可得

$$D^3 \rho_1 + \rho_0 \nabla D^2 \boldsymbol{V}_1 = 0$$
$$\rho_0 D^2 \boldsymbol{V}_1 = -D(\nabla P_1)$$

将式(1-37)代入式(1-36),可得

$$DP_1 = \frac{\gamma P_0}{\rho_0} D\rho_1 + (\gamma - 1)(\alpha_a I + \kappa \nabla^2 T_1 - \rho_0 DE_v)$$

从而可得

$$\left[\nabla^2 - \frac{1}{C_s^2} D^2\right] D \frac{\rho_1}{\rho_0} + \frac{1}{\rho_0 c_p} \nabla^2 \left(\kappa \nabla^2 \frac{T_1}{T_0}\right) = -\frac{1}{\rho_0 c_p T_0} \alpha_t \nabla^2 \left(I + \frac{\rho_0}{\alpha_t} DE_v\right) \qquad (1-39)$$

式中:C_s 为声波传播速度,$C_s^2 = \gamma P_0 / \rho_0$。

利用傅里叶变换求解式(1-38),可得

$$\rho_0 E_v = \delta \alpha_a \int_0^t I[\boldsymbol{r} - \boldsymbol{V}_0(t - t'), t'] e^{-\frac{t-t'}{\tau}} dt' \qquad (1-40)$$

上述方程仍然十分复杂,在实际应用中还需要根据具体问题对其进行适当简化。一般有连续或准连续激光传输情况下的等压近似和高功率短脉冲激光传输情况下的瞬态非等压近似。

2. 几种物理近似解

在上述方程中,进一步以光束横向尺寸做空间无量纲化处理,可得

$$\left[\nabla^2 - \frac{a^2}{C_s^2} D^2\right] D \frac{\rho_1}{\rho_0} + \nabla^2 \left(\frac{\kappa}{a^2 \rho_0 c_p} \nabla^2 \frac{T_1}{T_0}\right) = \frac{1}{\rho_0 c_p T_0} \alpha_t \nabla^2 \left(I + \frac{\rho_0}{\alpha_t} DE_v\right) \qquad (1-41)$$

其中,令 $D = \dfrac{\partial}{\partial t} + \dfrac{\boldsymbol{V}_0}{a} \cdot \nabla$。由该无量纲化方程可以定义三个描述能量输运过程的特征时间:大气横向风速带动气团渡越光束的时间(简称风速渡越时间),$t_v = D/V$,D 为光速直径;声波带动气团渡越光束的时间(简称声波渡越时间),$t_s = a/C_s$;热传导作用特征时间,$t_c = a^2/(\kappa/\rho c_p)$。定义中考虑到:大气风速是横向作用;声波和热传导是径向作用。

在实际大气条件下,以 1m 光束直径估算,t_c 为 10^3s 量级,t_v 为秒量级,t_s 为几毫秒左右,可以看到有显著的差别。因此,这三个特征时间和激光脉冲宽度 t_p 以及振动能量的弛豫时间 τ 可以作为分析热晕效应中流体动力学方程物理近似的基本控制时间。实际上,除在极端静风条件下外,热传导作用可以忽略。

瞬态方程及其近似:在研究脉冲激光传输瞬态效应中,当激光脉冲宽度 t_p 远小于大气风速渡越时间 t_v 和热传导作用特征时间 t_c 的情况下,可忽略大气风速和热传导的作用。此时有

$$\left[\frac{\partial^2}{\partial t^2} - C_s^2 \nabla^2 \right] \frac{\partial \rho_1}{\partial t} = (\gamma - 1) \alpha_a \nabla^2 \left(I - \frac{\rho_0}{\alpha_a} \frac{\partial E_v}{\partial t} \right) \qquad (1-42)$$

进而,当脉冲宽度远小于声波渡越时间时,近似可得

$$\rho_1 = \frac{(\gamma - 1) \alpha_t}{6} (1 - \delta) t^3 \nabla_\perp^2 I \qquad (1-43)$$

当脉冲宽度远大于声波渡越时间而远小于风速渡越时间时,则有

$$\rho_1 = -\frac{(\gamma - 1)}{C_s^2} \alpha_t (1 - \delta) I t \qquad (1-44)$$

即相当于等压加热。上述近似结果在分析脉冲串热晕效应时是有用的近似。由以上结果可以看到,当 $\delta > 1$ 时即会产生"动力致冷"效应。

等压近似:在连续或准连续激光大气传输时,一般情况下大气吸收激光能量导致的温度变化率很小,大气加热过程可近似为等压过程。另外,一般情况下可以不考虑"动力致冷"效应。这样,利用 $\rho_1/\rho_0 = -T_1/T_0$,式(1 - 39)可简化为

$$\left(\frac{\partial}{\partial t} + V_0 \cdot \nabla - \chi \nabla^2 \right) T_1 = \frac{\alpha_t}{\rho_0 c_p} I \qquad (1-45)$$

同样,在脉冲宽度远小于风速渡越时间的情况下可以得到等压加热的结果。

大气折射率与大气密度的关系由格拉德斯通(Gladstone)关系式给出。在很大的大气温度和气压变化范围内,光波折射率与大气密度的关系均可近似为

$$n - 1 = k_d \rho$$

进而可得

$$n_1 = (n_0 - 1) \rho_1/\rho_0 = -(n_0 - 1) T_1/T_0 \qquad (1-46)$$

式中:k_d 为 Gladstone - Dale 常数,大气中 $k_d \approx 0.000292$。

在数值求解激光大气传输方程过程中,首先求解流体动力学方程得到大气折射率的变化,构造相位屏,然后对传输方程进行数值计算。

1.3　激光大气衰减基础

激光大气衰减包括大气气体分子的吸收和散射、气溶胶粒子的吸收和散射。对于波数为 ν(或波长为 λ)的单色激光辐射,经过大气介质后,其强度满足比尔 - 朗伯 - 布格(Beer - Lambert - Bouguer)定理,或称比尔定律,有时也称朗伯定律或称布格定律:

$$dI(\nu) = -k(\nu) I(\nu) dl \qquad (1-47)$$

对于均匀介质,消光系数 k 与路径无关时,式(1 - 47)可写成积分形式:

$$I(\nu) = I_0(\nu) e^{-k(\nu)l} \tag{1-48}$$

式中:I 为通过长度为 l 的介质后单色电磁辐射的强度;I_0 为通过介质前的单色电磁辐射强度。

透过率函数定义为

$$T(\nu) = I(\nu)/I_0(\nu) = e^{-k(\nu)l} \tag{1-49}$$

对于天顶角为 θ 的倾斜光程:

$$T(\nu,\theta) = e^{-\int_0^z \sec\theta k(\nu,z)\mathrm{d}z} = T(\nu,0)^{\sec\theta} \tag{1-50}$$

式(1-48)中的指数项 $\tau = kl$ 称为光学厚度,是一无量纲的物理量。消光系数 $k(\nu)$,既包括大气气体分子的吸收系数 $k_{ma}(\nu)$ 和散射系数 $k_{ms}(\nu)$,也包括大气气溶胶粒子的吸收系数 $k_{aa}(\nu)$ 和散射系数 $k_{as}(\nu)$,可表示为

$$k(\nu) = k_{ma}(\nu) + k_{ms}(\nu) + k_{aa}(\nu) + k_{as}(\nu) \tag{1-51}$$

在不同波段,大气分子和气溶胶对消光的贡献大不一样,这些系数都是路径(高度)的函数。下面将给出大气气体分子和气溶胶粒子吸收散射的理论基础。

1.3.1　大气气体分子吸收光谱基础

大气分子吸收是指电磁辐射通过介质时电磁能量被转换成分子运动能量形式的过程。大气气体对辐射的吸收作用是与气体分子的能级跃迁相联系的,且取决于分子的光谱结构。每种大气分子都有其独特的若干个光谱带,因而具有强烈的波长选择性。根据吸收系数随波长的变化特征,大气分子吸收光谱可分为分立谱线的线型光谱、带型光谱和连续光谱三种形式。

(1)分立谱线的线型光谱:由一系列很窄的分立吸收线组成,线中心吸收强,两翼吸收弱,两条吸收线之间很宽的范围内(相对吸收线半宽度而言)吸收很弱。

(2)带型光谱:由一组多条靠近的吸收线构成的光谱。形成一定波长宽度范围内,由许多密集的吸收线构成的带型光谱称为吸收带。

(3)连续吸收:在一个较大的波长范围内都存在吸收,连续吸收的特点是平坦的波长依赖性,即吸收随波长缓慢平滑地变化。

1. 分立谱线的线型和半宽度

完整地描述任何一种气体分子的吸收线特性必须包含吸收光谱线的位置或称吸收线的中心频率 ν_0 或形状(线型)、强度 S 和半宽度 γ。吸收线在频率 ν 处的吸收截面定义为

$$\alpha(\nu) = Sf(\nu - \nu_0) \tag{1-52}$$

线型函数满足归一化条件

$$\int_{-\infty}^{+\infty} f(\nu - \nu_0)\mathrm{d}\nu = 1 \tag{1-53}$$

因此,谱线强度为

$$S = \int_{-\infty}^{\infty} \alpha(\nu) \, d\nu \qquad (1-54)$$

吸收线的半宽度 γ 定义为半高处全宽度(FWHM),如图 1-4 所示,即

$$\alpha(\nu_1) = \alpha(\nu_2) = \frac{1}{2}\alpha(\nu_0), \gamma = \nu_2 - \nu_1$$

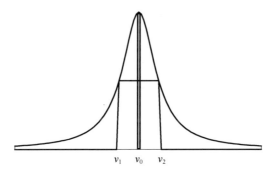

$$\nu_1 \ \nu_0 \ \nu_2$$

图 1-4 谱线半宽度的定义

与分子能级跃迁相联系的谱线是具有完全确定的频率的单色谱线,这些谱线构成了分子的吸收光谱。但实际上,由于很多原因,这些光谱线不是严格单色的,而是以某一频率为中心具有一定宽度的光谱轮廓,它们具有一定的宽度和形状。在地球大气条件下,影响光谱谱线形状和宽度的原因有很多,主要由下述因素确定:①辐射阻尼,即自然加宽;②分子运动的多普勒(Doppler)效应导致的谱线加宽(称为多普勒加宽或温度加宽);③分子碰撞效应导致的谱线加宽,即洛伦兹(Lorentz)加宽或压力加宽。谱线的线型主要分为洛伦兹线型、多普勒线型以及由两种效应卷积的混合加宽的沃伊特(Voigt)线型。

自然加宽:光谱线的自然线宽是由量子系统与辐射场零点振动的相互作用引起的。其线型可以用洛伦兹函数表示:

$$f(\nu - \nu_0) \propto \pi^{-1}\gamma_N / [(\nu - \nu_0)^2 + \gamma_N^2]$$

式中:γ_N 为自然线半宽度,可表示成

$$\gamma_N = (2\pi\tau_i)^{-1} + (2\pi\tau_f)^{-1}$$

其中:τ_i 和 τ_f 分别为跃迁初能态和末能态的寿命。

对于大气吸收线而言,与下面所述的碰撞加宽和多普勒加宽相比,自然加宽是一个可以忽略的量。

温度(多普勒)加宽:观察者以任何方向观察分子的运动,都将产生多普勒效应。在确定温度的热平衡态中气体分子有确定的速度分布,其分布服从麦克斯韦速度分布定律。不同的速度导致不同的多普勒频率位移,由此产生的光谱线加宽称为多普勒加宽。由于这种展宽起源于分子运动,即分子的温度,故多普勒加宽又称为温度加宽。其谱线形状由高斯函数描述,称为多普勒线型:

$$f(\nu - \nu_0) = S(\ln 2)^{1/2} / \pi^{1/2} \gamma_d e^{-[(\nu - \nu_0)/\gamma_d]^2} \tag{1-55}$$

式中:γ_d 为多普勒半宽度,可表示成

$$\gamma_d = (\nu_0/c)(2kT/m)^{1/2}$$

其中:T 为温度;k 为玻耳兹曼常数;c 为光速;m 为分子的质量。

多普勒半宽度强烈地依赖于线中心频率和温度。在可见光区域(0.55 μm)300K 温度下,氧气分子的多普勒半宽度为 0.033cm^{-1}。对流层到平流层区域温度变化很大,引起的多普勒半宽度变化相对于平均温度可达±15%。

压力(碰撞)加宽:由于分子间碰撞引起的光谱线加宽效应称为碰撞加宽或压力加宽效应。按照洛伦兹的推导,光谱线型函数具有与自然加宽相同的函数形式,称为洛伦兹线型:

$$f(\nu - \nu_0) = (S/\pi) \cdot \gamma_L / [(\nu - \nu_0)^2 + \gamma_L^2] \tag{1-56}$$

式中:γ_L 为压力加宽半宽度,$\gamma_L = 1/4\pi\tau(\nu)$,其中 $\tau(\nu)$ 为吸收分子激发态寿命,依赖于分子间的碰撞速度。

根据气体动力理论可以推出:

$$\gamma_L = \sum_i n_i \sigma_i \left[(2kT/\pi)(1/m + 1/m_i) \right]^{1/2}$$

式中:n_i 为第 i 种气体的数密度;σ_i 为第 i 种气体与吸收分子之间的等效间距;m、m_i 分别为这些分子的质量。

按照气体动力理论碰撞半宽度正比于气体压力,在确定的温度下,当只有两种分子存在时可以得到一简单的表达式:

$$\gamma_L = \gamma_L^0 (P_b + \zeta P_a)$$

式中:P_b 为吸收分子的分压力;P_a 为碰撞分子的分压力,γ_L^0 为标准大气条件下分子的压力加宽系数;ζ 为自加宽与外加宽的比例系数。

为方便起见,定义等效压力 $P_{eff} = P_b + \zeta P_a$,这时碰撞加宽半宽度可写成

$$\gamma_L = \gamma_L^0 (P_{eff}/P_0)(T_0/T)^n \tag{1-57}$$

式中:P_0、T_0 分别为标准大气条件下的压力和温度;n 为温度依赖指数,通常取 0.5,但实验中发现 n 值围绕 1/2 有变化,对不同的群体分子也不一样。

温度和压力加宽同时存在时的混合加宽:在实际大气中谱线的温度(多普勒)加宽和压力(洛伦兹)加宽是同时存在的,由于碰撞半宽度线性依赖于压力而多普勒半宽度与压力无关,因此在近地面层吸收线的加宽主要是分子碰撞的贡献,多普勒加宽几乎可以忽略。当高度增加至某一高度必然有 $\gamma_L = \gamma_d$。对于不同的吸收线这个高度是不同的,就给定的中心频率区域而言,线宽度越宽高度就越高。以氧为例,$\gamma_L = 0.08 \text{cm}^{-1}$,$\gamma_d = 0.033 \text{cm}^{-1}$($\lambda = 557.7 \text{nm}$,$T = 300\text{K}$);$\gamma_L = \gamma_d$ 的高度为 7km。由此可以看到,对于可见光在对流层里就必须考虑多普勒和碰撞效应的组合影响,而对于中红外波段一般到对流层上部才需考虑两种效应的组合。两种效应的组合可以用两者的卷积函数形式给出,即沃伊特

（Voigt）线型（或称为混合线型）：

$$f(\nu - \nu_0) = (k_0 y / \pi) \int_{-\infty}^{+\infty} \left[y^2 + (x - t)^2 \right]^{-1} e^{-t^2} dt \qquad (1-58)$$

式中

$$k_0 = (\ln 2 / \pi)^{1/2} S / \gamma_d, \ y = (\ln 2)^{1/2} (\gamma_L / \gamma_d), \ x = (\ln 2)^{1/2} (\nu - \nu_0) / \gamma_d$$

需要指出的是，当分子碰撞平均自由程（$l = \bar{\nu}\tau$）和波数（$k = 2\pi / \lambda$）的乘积远小于 1 时（$lk \ll 1$），碰撞对分子能级的扰动将减少激发态的寿命，同时由于在 $\lambda / 2\pi$ 的距离中碰撞影响减慢了分子的速度也导致了线型和线型参数的变化。在无线电频域中，低压 $l \leqslant \lambda / 2\pi$ 时，碰撞影响减慢了分子的平动速度是完全可能的，这将导致相移的减小，即均匀加宽减小。这种效应称为碰撞变窄或 Dick 效应。在光频波段，这种效应只在具有转动量子数 J 较大，同时碰撞加宽系数较小（$\gamma_L \leqslant 2.5 \times 10^{-3}$ cm^{-1}/atm）的情况下出现。$l \leqslant \lambda / 2\pi$ 的条件下不能影响碰撞加宽的线型机制。理论分析表明，变窄效应在线型的中部比在线翼强得多。

在实际大气中，中波和长波红外波段：大气气压较高的低层大气（20km 以下）中采用碰撞加宽的洛伦兹线型即可；平流层上部以上高度（50km 以上）采用多普勒线型；其他高度采用混合线型。实际上：在气压很高的低层大气中，Voigt 线型蜕化为洛伦兹线型；而在气压很低的高层大气中，Voigt 线型蜕化为多普勒线型；在具有较高精度的大气辐射计算中，从低层到高层的整层大气中都采用 Voigt 线型。

2. 分子吸收线强度

分子吸收线强度是单个分子的单条谱线对电磁辐射的总吸收，以 cm^{-1}/(molecule · cm^{-2}) 为单位，它取决于参与跃迁的低量子态和高量子态的布居，因而也依赖于温度，它正比于跃迁的两个量子态的量子力学偶极矩阵元。量子力学中用 i 和 j 态之间的跃迁概率来描述：

$$S_{ij} = (n_j / g_j n)(8\pi^3 \nu_{ij} |R_{ij}|^2 / 3hc)(1 - e^{-h\nu_{ij}/kT}) \qquad (1-59)$$

式中：n_j 为处于低态的分子浓度；n 为总的分子浓度；g_i 为第 i 态的统计权重；ν_{ij} 为跃迁频率；h 为普朗克常数；R_{ij} 为偶极矩 M 的矩阵元，它由分子态的波函数 $\Psi_i \Psi_j$ 给出，$R_{ij} = \int \Psi_i \cdot M \Psi_j dv$。

需要指出，电磁场与吸收介质的偶极矩相互作用不是光吸收的唯一形式，电和磁的多极相互作用都能产生光谱跃迁。但多极相互作用产生的谱线非常弱，偶极相互作用产生的跃迁线强度比电四极相互作用产生的跃迁线强度大 $10^5 \sim 10^8$ 倍。

在常用的高分辨率分子光谱数据库 HITRAN 中给出的是在参考条件下（$T_s = 296$K，$P_s = 1013.25$hPa）的大气分子吸收参数，在温度为 T 时，谱线强度在实际使用时的公式转化为

$$S(T) = S(T_s) \frac{Q_{tot}(T_s)}{Q_{tot}(T)} e^{-1.439 E(1/T - 1/T_s)} \times [(1 - e^{-1.439\nu/T})/(1 - e^{-1.439\nu/T_s})] \qquad (1-60)$$

配分函数可写成

$$Q_{tot}(T) = Q_{tot}(T_s)\left(\frac{T}{T_s}\right)^m \tag{1-61}$$

式中:E 为低态能量;$S(T_s)$ 为参考温度下的谱线强度;m 为与吸收气体成分有关的温度依赖关系系数,这些参数可从 HITRAN 数据库中读取。关于 HITRAN 数据库,将在第 2 章详细介绍。

3. 大气分子的连续吸收

与谱线吸收相对应,大气气体分子吸收光谱的另一个重要内容是大气连续吸收。在没有吸收线的大气窗口区域,大气连续吸收是激光辐射的主要损耗因素之一。连续吸收的成因十分复杂,它与分子的远翼线型和其他的吸收机理密切相关。在实验中已观测到连续吸收与现有理论预计不符,同时卫星气象学以及其他大气光学工程迫切需要这些精确的定量数据,因而受到广泛的关注。人们提出了各种猜测,著名的有水汽二聚物模型、多聚物模型、大范围(宽达 1000cm^{-1})洛伦兹线型逐线叠加模型等。这些猜测在定性解释方面取得了一定效果,但在定量描述时还有很大差距。目前连续吸收计算还是依赖从一些实际测量的数据总结出来的经验关系式。

连续吸收的最大特点是平坦的频率依赖性,即吸收随频率平缓变化。在红外、毫米波和微波的大气窗口内连续吸收是大气气体分子吸收的最重要部分,其中水汽分子的连续吸收显得尤为重要。尽管大量的水汽分子的吸收谱线的位置、强度和线宽都已知,但在这些窗口内的吸收仍不能单靠理论精确计算出来,很多实验企图利用不同的方法来测量各种条件下的连续吸收,然而得到的结果差异较大。700~1200cm^{-1} 和 2400~2800cm^{-1} 是重要的大气窗口,低层大气水汽连续吸收是红外"大气窗口"区吸收的主要贡献。在近红外到微波区,连续吸收一直是实验和理论研究的热点,虽然已有大量的工作,但连续吸收仍然还有待于深入研究。在 700~1200cm^{-1} 和 2400~2800cm^{-1} 窗口的连续吸收有三个普遍特征[14]:①给定光学路径长度的吸收量随着水汽密度增加快速增加,在高密度下,吸收近似正比于分子密度的平方;②对氮气加宽的依赖性比大多数光谱窗口的自加宽弱得多;③水汽分子的吸收截面随着温度降低而快速增加(负温度效应)。

目前关于连续吸收的理论解释主要有两种:一种是强谱线的远翼吸收,但没有精确的模型解释;另一种是分子的多聚体,如水分子的二聚体和四聚体,可能存在着宽的跃迁,具有宽的光谱特征。

早期的连续吸收计算采用 Roberts 等[15]在综合 8~12μm 大气窗区长程大气透过率测量数据的基础上提出的经验公式,如低分辨率大气透过率计算程序 LOWTRAN 等辐射传输计算软件即采用此模式。随着实验的进步,累计了很多改进的数据。Clough 等[16]1989 年提出了 CKD(Clough - Kneizys - Davies)模式,石广玉[17]和 Mlawer 等[18]综述了 CKD 模式的计算方法。

CKD 的吸收线型公式来自 Van Vleck[19]的工作,分子连续吸收的吸收截面

表示为

$$k(\nu) = \nu \tanh\left(\frac{h\nu}{2kT}\right) < \phi(\nu) + \phi(-\nu) > \qquad (1-62)$$

式中: $<\phi(\nu) + \phi(-\nu)>$ 为对称化的功率谱密度函数。

为了满足物理上的要求,考虑瞬时发生的碰撞加宽,维持物理碰撞近似导致偶极距算子的自相关函数在 $t=0$ 时的连续,谱线远翼区的衰减至少快于指数衰减。采用半经验的 χ 函数约束条件,对称化的功率谱密度函数表示为

$$<\phi(\nu) + \phi(-\nu)> = \sum_i \frac{S_i}{\pi}\Big[\frac{\gamma_i}{(\nu - \nu_i)^2 + \gamma_i^2}\chi(\nu - \nu_i) +$$

$$\frac{\gamma_i}{(\nu + \nu_i)^2 + \gamma_i^2}\chi(\nu + \nu_i)\Big] \qquad (1-63)$$

式中

$$\chi(\nu - \nu_i) = A e^{-t_d^2(\nu - \nu_i)^2} \qquad (1-64)$$

其中: A 为大于 1 的常数; t_d 为很小的碰撞时间。

A 和 t_d 的选择是:既满足上述物理条件,又使得在"在带"的 $25\,\mathrm{cm}^{-1}$ 范围内计算结果满足洛伦兹线型的计算结果。

连续吸收分为内连续吸收和外连续吸收。内连续吸收与外连续吸收的对称化的功率谱密度函数相似,只是参数不同。内连续吸收系数正比于水汽分子密度,并且随温度降低而增大;而外连续吸收系数正比于其他分子密度,与温度几乎不相关。

通常采用半经验方法确定 $\chi(\nu - \nu_i)$ 函数的系数,使得观测结果与计算结果偏差最小。对于无观测数据的波段采用内插和外延的方式获得这些系数,这些观测数据来源于众多的地基和空基高光谱分辨率的分光测量数据。随着实验数据的不断完善和补充,某些波段的 CKD 系数也不断修改,因此有不同版本的 CKD 模式。目前主要有[18] CKD0(1989)、CKD2.1(1993)、CKD2.2(1996)、CKD2.4.1(1999)。

为了找到一个既具有坚实物理基础,又与实验数据吻合的线型公式,Mlawer[18]、Tobin 和 Clough 等在 CKD 和大量的观测数据的基础上,提出了新的连续吸收模式——MT_CKD 模式,该模式主要修改了 CKD 模式中的对称化的功率谱密度函数的形式和参数。无论是自加宽还是外加宽,连续吸收都包括线型和碰撞诱导两个分量。他们按照新的公式和实验数据,对全部自加宽和外加宽连续吸收系数进行了重新计算,得到了目前认为较为准确的连续吸收系数,覆盖可见光到远红外 $0 \sim 20000\,\mathrm{cm}^{-1}$ 波段。同样,随着实验数据的不断完善和补充,某些波段的 CKD 系数也不断修改,出现了不同版本的 MT_CKD 模式。图 1-5 和图 1-6 是不同版本 CKD、MT_CKD 外加宽和自加宽水汽连续吸收功率谱密度函数。图中三角和方块表示实验室和外场的实测资料。Robert 的结果在 $10\,\mu\mathrm{m}$ 波长处略微偏大,新近版

本的结果与实测数据吻合更好。最新版本为 MT_CKD2.5(2013)。

除了水汽分子的连续吸收外,CKD 和 MT_CKD 模式中还考虑了 CO_2、O_3、O_2、N_2 等分子的连续吸收。

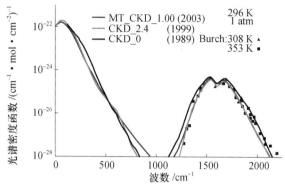

图 1-5 不同版本 CKD、MT_CKD 外加宽水汽连续吸收
功率谱密度函数以及与实验室测量数据的比较
(http://rtweb.aer.com/continuum_frame.html)

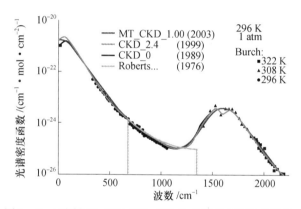

图 1-6 不同版本 CKD、MT_CKD 的自加宽水汽连续吸收
功率谱密度函数以及与实验室测量数据的比较
(http://rtweb.aer.com/continuum_frame.html)

1.3.2 粒子光散射理论基础

光波被一个粒子散射时散射光的电场在散射平面和垂直于散射平面的分量,通过散射矩阵与入射光的对应分量联系起来:

$$\begin{bmatrix} E_\perp^s \\ E_{/\!/}^s \end{bmatrix} = \frac{e^{ikr}}{-ikr} \begin{bmatrix} S_1 & S_3 \\ S_4 & S_2 \end{bmatrix} \begin{bmatrix} E_\perp^i \\ E_{/\!/}^i \end{bmatrix} \tag{1-65}$$

式中:$k = 2\pi/\lambda$,λ 为入射波的波长。

散射矩阵值由粒子的形状、尺度和折射率决定。实际可测量的光学量是一

组斯托克斯(Stokes)参量:

$$I = (E_{/\!/} E_{/\!/}^* + E_\perp E_\perp^*) \tag{1-66a}$$

$$Q = (E_{/\!/} E_{/\!/}^* - E_\perp E_\perp^*) \tag{1-66b}$$

$$U = (E_{/\!/} E_\perp^* + E_\perp E_{/\!/}^*) \tag{1-66c}$$

$$V = (E_{/\!/} E_\perp^* - E_\perp E_{/\!/}^*) \tag{1-66d}$$

散射光的斯托克斯参量与入射光的斯托克斯参量通过米勒(Muller)矩阵联系起来。对于一般形状的粒子,米勒矩阵由 16 个独立的元素组成。对于球形粒子,由于对称性,$S_3 = 0$,$S_4 = 0$,米勒矩阵只有 4 个独立的矩阵元:

$$\begin{bmatrix} I_S \\ Q_S \\ U_S \\ V_S \end{bmatrix} = \frac{1}{(kr)^2} \begin{bmatrix} S_{11} & S_{12} & 0 & 0 \\ S_{12} & S_{11} & 0 & 0 \\ 0 & 0 & S_{33} & S_{34} \\ 0 & 0 & -S_{34} & S_{33} \end{bmatrix} \begin{bmatrix} I_i \\ Q_i \\ U_i \\ V_i \end{bmatrix} \tag{1-67}$$

其中,各矩阵元与散射矩阵元之间的关系为

$$S_{11} = (S_1^* S_1 + S_2^* S_2)/2 \tag{1-68a}$$

$$S_{22} = (S_2^* S_2 - S_1^* S_1)/2 \tag{1-68b}$$

$$S_{33} = (S_2^* S_1 + S_1^* S_2)/2 \tag{1-68c}$$

$$S_{44} = (S_2^* S_1 - S_1^* S_2)/2 \tag{1-68d}$$

式中:S_1、S_2 为散射函数,由米散射公式计算,即

$$C_{\text{ext}} = \frac{4}{k^2} \text{Re}[S_1(0)] = \frac{4}{k^2} \text{Re}[S_2(0)] \tag{1-69}$$

$$C_{\text{sca}} = \frac{1}{k^2} \int_{4\pi} S_{11}(\theta) \, \mathrm{d}\Omega \tag{1-70}$$

单个粒子的消光截面由前向散射强度决定,散射截面由所有方向的散射强度积分决定。

单个粒子的消光和散射效率由相应的截面除以其几何截面得到,即

$$Q_{\text{ext}} = C_{\text{ext}}/\pi r^2 \tag{1-71}$$

$$Q_{\text{sca}} = C_{\text{sca}}/\pi r^2 \tag{1-72}$$

任意方向上的偏振度为

$$p(\theta) = -S_{12}(\theta)/S_{11}(\theta) \tag{1-73}$$

后向散射截面为

$$\sigma = \frac{4\pi}{k^2} S_{11}(180°) \tag{1-74}$$

归一化的散射总光强的角分布称为散射相函数,即

$$P(\theta) = 4\pi S_{11}(\theta)/(k^2 C_{\text{sca}}) \tag{1-75}$$

群体微粒的散射光学量由粒子的尺度谱积分获得。其散射系数、消光系

和相函数分别为

$$\beta_{\text{sca}} = \int_{r_{\min}}^{r_{\max}} Q_{\text{sca}}(m,x) n(r) \pi r^2 \mathrm{d}r \tag{1-76}$$

$$\beta_{\text{ext}} = \int_{r_{\min}}^{r_{\max}} Q_{\text{ext}}(m,x) n(r) \pi r^2 \mathrm{d}r \tag{1-77}$$

$$p(\theta) = 4\pi S_{11}(\theta)/(k^2 \beta_{\text{sca}}) \tag{1-78}$$

式中：$r_{\min}$、$r_{\max}$ 分别为最小特征半径和最大特征半径；$n(r)$ 为粒子谱密度，即单位半径间隔内的粒子浓度（m^{-4}）。

消光参数是相应的散射参数和吸收参数的和，即

$$\beta_{\text{ext}} = \beta_{\text{sca}} + \beta_{\text{abs}} \tag{1-79}$$

1. 瑞利（Rayleigh）散射

定义粒子的尺度参数 $x = \dfrac{2\pi a}{\lambda}$，其中，$a$ 为粒子的等效球半径，λ 为入射光波波长。当粒子的尺度参数 $x \ll 1$ 时，光波散射符合 Rayleigh 散射规律。大气分子对可见光的散射就是瑞利散射。由于光波长远大于分子的尺度，散射特性不依赖于分子的具体形状。对于一束垂直和平行分量强度分别是 I_{0r}、I_{0l} 的偏振光，被分子散射后，其散射光的垂直和平行分量强度分别为

$$I_r = I_{0r} \frac{k^4 \alpha^2}{r^2} \tag{1-80}$$

$$I_l = I_{0l} \frac{k^4 \alpha^2 \cos^2\theta}{r^2} \tag{1-81}$$

式中：θ 为散射角；α 为极化率。

对于非偏振的自然光，有 $I_{0r} = I_{0l} = I_0/2$，散射光的强度可表示为

$$I = \frac{I_0}{r^2} \alpha^2 \left(\frac{2\pi}{\lambda}\right)^2 \frac{1 + \cos^2\theta}{2} \tag{1-82}$$

考虑分子的各向异性，定义了一个各向异性的退偏振因子 δ 来修正上述公式，它与分子的种类、浓度以及光波波长有关，对空气一般近似取 0.035。单色非偏振的自然光的散射截面和散射相函数分别为

$$\frac{8\pi^3(m_r^3 - 1)N}{3\lambda^4 N_S^2} \cdot \frac{6 + 3\delta}{6 - 7\delta} \tag{1-83}$$

$$p(\theta) = \frac{3}{4}\left(\frac{1 + \delta}{1 + \delta/2}\right)\left(1 + \frac{1 + \delta}{1 - \delta}\cos^2\theta\right) \tag{1-84}$$

式中：N_S 为海平面大气分子数密度；N 为某高度处的大气分子数密度；m_r 为空气的折射率实部，海平面处空气的折射率实部可表示成

$$(m_r - 1) \times 10^8 = 6432.8 + \frac{2949810}{146 - \lambda^{-2}} + \frac{25540}{41 - \lambda^{-2}} \tag{1-85}$$

根据式（1-83），散射截面与波长的 4 次方成反比，短波的光被散射的程度远大

于长波光。这可用来解释晴天天空呈蓝色,而日出、日落时太阳呈红色的现象。当日出或日落时,太阳光在大气中传播的路径远大于大气层厚度,可见光中的短波(蓝)部分被散射,太阳呈现红色。白天的天空由于散射较多的短波光而呈现蓝色。

分子散射的光学厚度(自大气顶算起)为

$$\tau(\lambda) = \int_z^{\infty} \sigma_{\mathrm{sca,m}} N(z) \mathrm{d}z \qquad (1-86)$$

若已知大气温度、压力、分子浓度随高度分布,则根据式(1-86)可计算出不同高度和波长的分子散射系数与光学厚度。

也可以用如下简单的公式计算大气顶垂直到达任意高度 z 的光学厚度:

$$\tau(\lambda,z) = 0.0088\lambda^{-4.15+0.2\lambda} e^{-0.118z - 0.00116z^2} \qquad (1-87)$$

式中:波长的单位为 μm;高度的单位为 km。

2. 米(Mie)散射

当粒子的尺度和光波长可相比拟时,即 $x = \dfrac{2\pi a}{\lambda} \approx 1$ 时,须用精确的电磁场理论来处理散射问题。对于理想球体粒子的散射问题由米、洛伦兹等在 20 世纪初得到了彻底解决,其结果通常称为米散射理论。经过复杂的求解,散射函数为

$$S_1 = \sum_{n=1}^{\infty} \frac{(2n+1)}{n(n+1)} \{ a_n \pi_n(\cos\theta) + b_n \tau_n(\cos\theta) \} \qquad (1-88)$$

$$S_2 = \sum_{n=1}^{\infty} \frac{(2n+1)}{n(n+1)} \{ b_n \pi_n(\cos\theta) + a_n \tau_n(\cos\theta) \} \qquad (1-89)$$

消光截面积为

$$\sigma_e = \frac{\lambda^2}{2\pi} \sum_{n=1}^{\infty} (2n+1) \mathrm{Re}(a_n + b_n) \qquad (1-90)$$

消光效率因子为

$$Q_e = \frac{\sigma_e}{\pi r^2} = \frac{2}{x^2} \sum_{n=1}^{\infty} (2n+1) \mathrm{Re}(a_n + b_n) \qquad (1-91)$$

散射效率因子:

$$Q_s = \frac{2}{x^2} \sum_{n=1}^{\infty} (2n+1)(|a_n|^2 + |b_n|^2) \qquad (1-92)$$

式中: $x = \dfrac{2\pi r}{\lambda}$ 为粒子的尺度参数; r 为粒子的半径; a_n 和 b_n 为米散射系数,由缔合勒让德多项式决定,它们中含有尺度参数 x 和复折射率 m, $m = m_r + \mathrm{i}m_i$, m_r 和 m_i 分别为折射率实部和虚部。

图 1-7 为用米程序计算的散射效率因子 Q_s 随粒子尺度参数的变化。计算时粒子的实部取 1.5,分别采用 0~1.0 四种虚部。当虚部为 0 时(无吸收的理想反射体),散射效率因子随粒子尺度参数表现为一系列的极大(峰)值和极小(谷)值振荡,并逐渐收敛到 2。这些峰(谷)值随着粒子折射率虚部(吸收)的增

大而减弱。

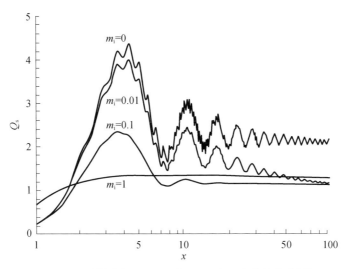

图 1 - 7　散射效率因子 Q_s 随粒子尺度 x 参数的变化[20]

对于分层球形粒子,也有相应的散射理论结果。对米散射和分层球形粒子散射理论结果,目前有应用较为广泛的计算软件,如 Wiscombe 等[21]、Bohrem、Huffman 等的计算软件。

1.4　大气光学湍流

1.4.1　大气湍流量纲分析

大气一般总存在着湍流运动。光波大气传输湍流效应研究是基于湍流的统计理论。因此,本节只简要介绍由量纲分析引入的湍流统计理论的基本概念。量纲分析是指使用物理量的量纲分析或检验几个物理量的关系。量纲分析的基本原理是,物理定律必须与其计量物理量的单位无关。任何有意义的方程式,等式左边与等式右边的量纲必须相同。通过这种方法可以使人们更容易了解系统的基本性质。

在雷诺(Reynolds)数 Re 很大时,湍流可以看成由相差很大的、各种不同的涡旋组成。最大的涡旋直接由平均流动的不稳定性或边界条件产生,类似于理查森(Richardson)级串模型,如图 1 - 8 所示,大涡旋从外界获取能量逐级传递给次级的涡旋,最后在最小的涡旋尺度上被黏性所耗散。在级串的过程中,总是存在一个区域的湍流最终必定达到某种统计平衡状态,并且不再依赖于产生湍流的外部条件,而形成局地均匀各向同性湍流,具有普适的统计规律。

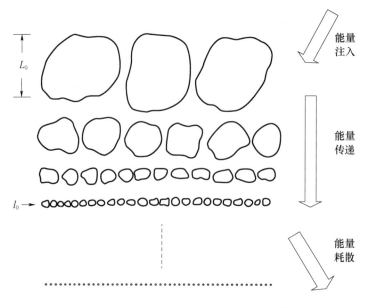

图 1-8　湍流的 Richardson 级串模型[22]

为了确定这些统计规律,柯尔莫哥洛夫(Kolmogorov)于 1941 年提出的 K41 理论[23],其核心为两个相似性假设:

假设 1:当 Re 充分大时,存在一个高波数区,具有局地均匀各向同性的结构,其运动的统计特征只取决于流体黏性系数 ν 和能量耗散率 ε。

根据上述假设,由量纲分析,可以建立长度、速度和时间的尺度:

$$l_0 = (\nu^3/\varepsilon)^{1/4}, u_0 = (\varepsilon\nu)^{1/4}, \tau_0 = (\nu/\varepsilon)^{1/2} \tag{1-93}$$

若 L_0 为湍流的外尺度,则假设 1 成立的条件为 $L_0 \gg l_0$。

假设 2:当 Re 充分大时,在惯性区内的扰动,分子黏性可以忽略,扰动统计特征只依赖于扰动能量的耗散率 ε,这个惯性区的尺度 l 满足

$$l_0 \ll l \ll L_0 \tag{1-94}$$

由这个假设,可得湍流速度场二阶结构函数为

$$D_2(r) = A(\varepsilon r)^{2/3} \quad (l_0 \ll r \ll L_0) \tag{1-95}$$

能谱密度为

$$E(\kappa) = B\varepsilon^{2/3}\kappa^{-5/3} \tag{1-96}$$

这就是众所周知的"-5/3 定律"。上述公式中 A 和 B 均为由实验才能确定的常数。

r 远小于 Kolmogorov 微尺度 l_0 的区域,称为耗散区或黏性区。由假设 1 可得

$$D_2(r) = C\frac{\varepsilon}{\nu}r^2 \quad (r \ll l_0) \tag{1-97}$$

式中:C 为常数。

1.4.2 Kolmogorov 湍流及其特征参数

湍流运动是一个随机过程,因此可以由统计量描述。随机场的空间统计特性一般用结构函数和相关函数描述。大气中不同密度的空气团由于随机的风速作用进行移动,这个移动过程可以用统计量描述,位移为 r 的两点间的风速结构函数可定义为

$$D_v(r) = <[v(r_0 + r) - v(r_0)]^2> \qquad (1-98)$$

式中: $<>$ 表示系综平均。

根据 Kolmogorov 的假定,在惯性区($l_0 < r < L_0$),大气湍流为充分发展的局地均匀各向同性湍流。当间距 r 比较小(在大气湍流的惯性区内),式(1-95)可简化为

$$D_v = C_v^2 r^{2/3} \qquad (1-99)$$

式中: C_v^2 为速度结构常数。

式(1-99)仅当 $l_0 < r < L_0$ 才成立。其中,l_0 为湍流内尺度,L_0 为湍流外尺度。

在光波大气传输湍流效应研究中,主要考虑大气折射率起伏对光波传输的影响,所以习惯上称大气光学湍流。大气折射率的微结构由温度场、湿度场和风速场的结构决定。由于位温、湿度以及其他特征经常近似地认为是保守被动混合物。据此,Tatarskii 定义了大气折射率结构函数[1],即

$$D_n(r) = C_n^2 r^{2/3} \qquad (l_0 \ll r \ll L_0) \qquad (1-100)$$

式中: C_n^2 为折射率结构常数,用来描述大气湍流的强弱,是影响激光大气传输的重要参数之一。折射率结构常数具有一定的时空分布特征,后面还会作介绍。

在惯性区,折射率结构函数的三维湍流谱为

$$\Phi_n(\kappa) = 0.033 C_n^2 \kappa^{-11/3} \qquad (1-101)$$

式(1-101)能应用到惯性区内,为了应用到较大的波数区,Tatarskii 在功率谱耗散区引入了一个高斯衰减函数[1],即

$$\Phi_n(\kappa) = 0.033 C_n^2 \kappa^{-11/3} e^{-\kappa^2/\kappa_m^2} \qquad (1-102)$$

式中: $\kappa_m = 5.92/l_0$。

为了考虑低频区,冯·卡门(von Karman)对湍流谱的低频部分进行修正得出了冯·卡门谱[24],即

$$\Phi_n(\kappa) = 0.033 C_n^2 (\kappa^2 + \kappa_0^2)^{-11/6} \qquad (1-103)$$

式中: $\kappa_0 = 2\pi/L_0$。

冯·卡门谱在计算中可以避免 $\kappa = 0$ 引起的奇异。

为了同时考虑内外尺度效应,把 Tatarskii 谱与冯·卡门谱综合,获得修正冯·卡门谱,即

$$\Phi_n(\kappa) = 0.033 C_n^2 (\kappa^2 + \kappa_0^2)^{-11/6} e^{-\kappa^2/\kappa_m^2} \qquad (1-104)$$

图 1-9 给出了不同形式的湍流谱。这些谱线只有在惯性区才有正确的物理意义,因此在采用这些谱线进行计算时,必须注意惯性区外尺度引起的问题。

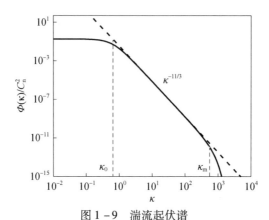

图 1-9　湍流起伏谱

注:内、外尺度分别为 10m 和 1cm。实线是修正冯·卡门谱,
虚线是 $\kappa^{-11/3}$ 谱。

前面提到过折射率结构常数是光波在湍流大气中传输问题中的重要参数之一。近地面大气湍流不仅具有显著的日变化特征,也具有明显的地理变化特征。一般而言:白天近地面大气层结不稳定,湍流充分发展,湍流强度较强;夜晚近地面大气层结稳定,湍流不易发展,湍流强度相对较低。陆地、水面以及不同的大气环境都对湍流的强度产生影响。

另外,折射率结构常数具有显著的高度变化特征。国内外学者在实验测量的基础上,提出了多种 C_n^2 高度分布模式。1974 年 Hufnagel[25] 提出的模型与当时的实验吻合较好,至今仍广泛应用。Hufnagel 模型可以表示为

$$C_n^2(h) = 8.2 \times 10^{-16} W^2 (h/10)^{10} e^{-h} + 2.7 \times 10^{-16} e^{-h/1.5} \qquad (1-105)$$

式中:h 为海拔高度;C_n^2 为大气湍流结构常数,单位为 $m^{-2/3}$;W 为风速因子,对应地面以上 5~20km 处的风速均方根,具体可表示成

$$W^2 = (1/15) \int_5^{20} V(h) \, dh \qquad (1-106)$$

其中:$V(h)$ 为风速;h 为海拔高度。

但是 Hufnagel 模型并不包括大气边界层的影响,仅适用于 3~20km 的大气层中。Valley[26] 对上述模型进行改进,考虑了大气边界层内湍流强度变化。改进后的湍流模型称为 Hufnagel – Valley 湍流模型:

$$C_n^2(h) = 8.2 \times 10^{-26} W^2 h^{10} e^{-h} + 2.7 \times 10^{-16} e^{-h/1.5} + A e^{-h/0.1} \qquad (1-107)$$

式中:两个可选参数 A 和 W,A 为近地面折射率结构常量,W 为风速因子;h 为海拔高度。

例如,利用温度脉动探空仪对合肥地区大气折射率结构常数进行了长期连续的测量,并以 Hufnagel - Valley 模式为基础对实测数据进行统计分析,获得了合肥地区的大气折射率结构常数统计模式廓线,对于合肥地区的大气折射率结构常数随高度分布的廓线存在明显的昼夜和季节变化,其昼夜及其平均模式如下[27]:

白天:
$$C_n^2(h) = 8.0 \times 10^{-26} h^{13.5} e^{-h/0.88} +$$
$$1.95 \times 10^{-15} e^{-h/0.11} + 8.0 \times 10^{-17} e^{-h/7.5} \qquad (1-108a)$$

夜间:
$$C_n^2(h) = 2.8 \times 10^{-29} h^{17} e^{-h/0.7} +$$
$$2.1 \times 10^{-15} e^{-h/0.10} + 2.0 \times 10^{-17} e^{-h/4.8} \qquad (1-108b)$$

平均:
$$C_n^2(h) = 4.0 \times 10^{-26} h^{15.3} e^{-h/0.79} +$$
$$2.0 \times 10^{-15} e^{-h/0.10} + 5.0 \times 10^{-17} e^{-h/6.15} \qquad (1-108c)$$

大气相干长度:大气相干长度也称为弗里德(Fried)常数,是由 Fried[28] 提出的,它综合了大气湍流结构常数 C_n^2、传输激光波长 λ 和传输距离 L 等光波大气传输特征参量,是表征湍流大气中传输光束横截面上空间相干特性的物理量。为了引入这个常数并解释它的物理意义,可以从成像系统的分辨率开始。对于通过湍流大气口径为 D 的望远镜,分辨率可以定义为[29,30]

$$\mathcal{R} = 2\pi \int_0^\infty \omega B(\omega) T(\omega) \mathrm{d}\omega \qquad (1-109)$$

式中:$B(\omega)$、$T(\omega)$ 分别为大气和望远镜的光学调制函数,可分别表示成

$$B(\omega) = e^{-\frac{1}{2}\left[2.91k^2\sec\beta(\lambda\omega)^{5/3}\int C_n^2(\eta)\mathrm{d}\eta\right]} \qquad (1-110)$$

和

$$T(\omega) = \begin{cases} \dfrac{2}{\pi}\left[\arccos\omega - \omega\sqrt{1-\omega^2}\right], \omega \leqslant \omega_0 \\ 0, \text{其他} \end{cases} \qquad (1-111)$$

其中:$\omega_0 = D/\lambda$；β 为天顶角；$k = \dfrac{2\pi}{\lambda}$，$\lambda$ 为传输光的波长。

令 $u = \omega/\omega_0 = \lambda\omega/D$,式(1-109)可写成

$$\mathcal{R} = 4\left(\frac{D}{\lambda}\right)^2 \int_0^1 u\left[\arccos u - u\sqrt{1-u^2}\right] \times e^{-\frac{1}{2}\left[2.91k^2\sec\beta(Du)^{5/3}\int C_n^2(\eta)\mathrm{d}\eta\right]} \qquad (1-112)$$

定义

$$r_0 = \left[0.423\sec\beta \cdot k^2 \cdot \int_0^L C_n^2(\eta)\mathrm{d}\eta\right]^{-3/5} \qquad (1-113)$$

式(1-113)为平面波大气相干长度的定义式。

式(1-112)最终变为

$$\mathcal{R} = 4\left(\frac{D}{\lambda}\right)^2 \int_0^1 u\left[\arccos u - u\sqrt{1-u^2}\right] e^{-3.44\left(\frac{D}{r_0}\right)^{5/3}u^{5/3}} \mathrm{d}u \qquad (1-114)$$

令 $\mathcal{R}_{\max} = \lim_{D\to\infty} \mathcal{R}$,则有

$$\mathcal{R}/\mathcal{R}_{\max} = \frac{16}{\pi}\left(\frac{D}{r_0}\right)^2 \int_0^1 u\left[\arccos u - u\sqrt{1-u^2}\right]e^{-3.44\left(\frac{D}{r_0}\right)^{5/3}u^{5/3}}\mathrm{d}u \qquad (1-115)$$

图 1 – 10 给出了归一化的通过湍流大气的望远镜分辨率 $\mathcal{R}/\mathcal{R}_{\max}$ 与 D/r_0 的关系。大气相干长度的物理意义可以从地基天文光学望远镜的分辨率受大气湍流效应的影响清楚地看出:对于望远镜的孔径 $D < r_0$ 时,望远镜的分辨率随孔径 D 的增大而提高;当望远镜的孔径 $D > r_0$ 时,望远镜的分辨率不再随孔径 D 的增大而提高,而只相当于 $D = r_0$ 的孔径的分辨率。

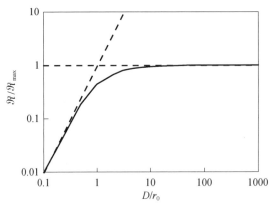

图 1 – 10　归一化的通过湍流大气的望远镜
分辨率 $\mathcal{R}/\mathcal{R}_{\max}$ 与 D/r_0 的关系[28]

等晕角:对于一个成像系统,一般假设像与物体之间服从线性和空间平移不变的关系。假设成立的前提条件是在任一时刻图像上每点的湍流点扩展函数是相同的,这就意味着在所有方向上瞬时波前扰动是相等的。从图 1 – 11 可以看出,仅当大气湍流位于接收望远镜附近时可以满足上述条件,但在实际应用中很少遇到这种情况。因此,一般假定一个等晕角 θ_0,当被观测物体的角尺度小于 θ_0 时,就认为源于观测物体的波束到达成像平面上所经历的大气湍流扰动相同。

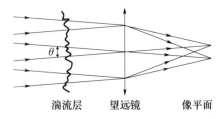

图 1 – 11　物体经历相同大气湍流扰动成像示意图

由于大气湍流的影响,在大气中的激光传输或光学成像性能将受到限制。自适应光学技术可以校正大气湍流的影响,提高大气中的激光传输或光学成像的性能,但使用自适应光学系统必须要有一个已知源或信标用来探测大气湍流引起的相位畸变,然后把探测到的相位共轭到发射激光或成像光束上。当探测相位畸变的信标与发射激光或成像经历不同路径的角位移超过 θ_0 时会引起非等晕问题,为此,Fried[31] 研究了自适应光学中的非等晕问题,定义等晕角为

$$\theta_0 = \left\{ 2.91k^2 (\sec\beta)^{8/3} \int_0^L C_n^2(\eta)\eta^{5/3}\mathrm{d}\eta \right\}^{-3/5} \qquad (1-116)$$

式中:β 为天顶角;$k = \dfrac{2\pi}{\lambda}$,$\lambda$ 为传输光的波长。

等晕角 θ_0 的物理含义是其为信标光路径与发射激光(成像)路径之间夹角 $\theta \leqslant \theta_0$ 时,两个路径上大气湍流造成的相位畸变基本相同,利用自适应光学可以取得较好的校正效果。但是,当 $\theta > \theta_0$ 时,自适应光学校正就不能取得满意的效果。当然对于成像系统来说,当物体的角尺度 $\theta > \theta_0$ 时,像和物体之间就不再服从线性和空间平移不变的关系。

根据大气相干长度和等晕角的定义可知,它们的大小与大气湍流结构常数 C_n^2 的分布有关,利用前面介绍的 Hufnagel – Valley 模型,当取 $A = 1.7 \times 10^{-14}\mathrm{m}^{-2/3}$,$W = 21\mathrm{m/s}$,对于波长为 $0.5\mu\mathrm{m}$ 的激光,整层大气相干长度为 $5\mathrm{cm}$,等晕角为 $7\mu\mathrm{rad}$,因此,当 A 和 W 取上述值 Hufnagel – Valley 模型也称为 HV5/7 模型。

1.4.3　非均匀各向同性湍流

Kolmogorov 湍流理论在解决光在湍流大气中的传输问题已取得了巨大的成功。但是,近来空基恒星闪烁、地基的雷达测量及气球高空温度脉动测量等大量的实验结果表明:对流层顶部及同温层大气湍流背离了 Kolmogorov 模型[32-34]。复杂下垫面条件下大量观测结果也表明,非均匀各向同性湍流情况占有相当大的比例,为此,国内外众多学者对非均匀各向同性湍流进行了大量研究。图 1-12 给出了近地面实测的折射率一维谱指数随时间的变化,可以看出,出现许多不满足" -5/3"晕律的情况。文献[35]指出,这些异常机制似乎主要发生在湍流极其稳定的条件下。因为,在稳定的湍流条件下,湍流的三个维度不再均匀,垂直方向被压缩,致使 Kolmogorov 湍流未充分发展。另外,湍流的各向异性也是引起湍流异常机制产生的原因。

美国空军实验室等对 Kolmogorov 谱进行了推广[33],其广义三维湍流谱可以表示为

$$\Phi_n(\kappa,z) = A(\alpha)\beta(z)\kappa^{-\alpha} \qquad (1-117)$$

式中:$\Phi_n(\kappa,z)$ 为湍流的折射率功率谱,它是空间位置 z 及空间波数 κ 的函数;α 为谱指数,$3 < \alpha < 5$;$\beta(z)$ 为沿传输路径的折射率结构常数,其量纲为 $\mathrm{m}^{3-\alpha}$;$A(\alpha)$ 为保持功率谱与折射率结构常数一致性的函数,可表达为

$$A(\alpha) = \Gamma(\alpha - 1)\cos(\alpha\pi/2)/(4\pi^2) \qquad (1-118)$$

式中:Γ 为伽马(Gamma)函数。

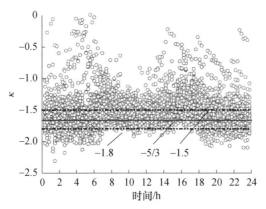

图 1 - 12　折射率谱指数随时间的变化(由吴晓庆提供)

图 1 - 13 给出了 $A(\alpha)$ 随 α 的变化情况。当 $\alpha = 11/3$ 时,$A(11/3) = 0.033$。

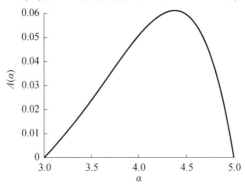

图 1 - 13　一致性的函数 $A(\alpha)$

1.5　小结与展望

　　本章简述了激光大气传输近轴近似波动方程和激光大气传输效应的相位校正原理;从流体动力学方程组出发,给出了激光大气热相互作用动力学方程,并详细讨论几种典型的激光与大气相互作用物理近似条件下的求解方法;介绍了大气衰减基础知识,包括大气分子吸收光谱和粒子散射的基本理论;最后简要介绍了大气湍流的一些基本概念及最新的一些测量结果,为后续章节提供基础理论知识。

　　需要强调的是,激光大气传输理论和自适应光学校正理论,都建立在大气湍流满足局地均匀各向同性的统计理论,即 Kolmogorov 湍流理论基础之上。在

1.4.3节提到,在复杂地形,特别在高空,满足 Kolmogorov 理论的大气湍流相当有限[36,37],尤其是大气湍流间歇性的发现是对 Kolmogorov 理论最大的冲击[38,39]。因此,需要探索和建立更符合实际大气的湍流统计模型,这不仅是进一步研究激光大气传输湍流效应理论所必需的,而且是激光工程应用中所要解决的实际问题。鉴于大气湍流的复杂性,难以甚至不可能得到像 Kolmogorov 理论那样完整的体系和简单的数学表达式。为此作为研究大气湍流效应基础的大气湍流研究,很重要的是发展正确观测大气湍流的技术和研究观测数据的处理方法,通过长时期实际大气湍流观测资料的积累,进行统计分析处理,获得既能应用于大气湍流效应理论研究与实验数据分析,又能符合实际大气湍流状态的近似模型(也许是对 Kolmogorov 湍流理论的经验修正),这可能是为满足工程实际需要去研究大气湍流的一个途径。

参考文献

[1] Tatarskii V I. 湍流大气中波的传播理论. 温景嵩,宋正方,曾宗泳,等译. 北京:科学出版社,1977.

[2] Goodman J W. Introduction to Fourier optics. New York:McGrawHill,1996.

[3] Yariv A. Phase conjugate optics and real – time holography[invited paper]. IEEE Journal of Quantum Electronics,1978,14(9).

[4] Barrett H H,Jacobs S F. Retroreflective arrays as approximate phase conjugators. Optics Letters,1979,4(6).

[5] 侯静,姜文汉,凌宁. 角反射器阵列作为伪相位共轭器件的保真度分析. 强激光与粒子束,2001,13(3).

[6] 胡诗杰,沈锋,许冰,等. 角锥棱镜阵列像差仿真与实验研究. 中国激光,2009,36(6).

[7] 王英俭. 激光大气传输及其相位补偿的若干问题探讨[博士论文]. 合肥:中国科学院安徽光学精密机械研究所,1996.

[8] 龚知本. 激光大气传输研究若干问题进展. 量子电子学报,1998,15(2).

[9] Babcock H W. The possibility of compensating astronomical seeing. Publications of the Astronomical Society of the Pacific,1953,65(386).

[10] Greenwood D P,Primmerman C A. Adaptive optics research at Lincoln Laboratory. Lincoln Laboratory Journal,1992,5(1).

[11] Tyson R. Principles of Adaptive Optics. 3rd ed. New York:CRC Press,2011.

[12] Smith F G. The Infrared and Electro – Optical Systems Handbook. Bellingham:SPIE Press,1993.

[13] Kondratyev K Y,Ivlev L S,Krapivin V F,et al. Atmospheric aerosol properties. Berlin:Springer – Verlag,2006.

[14] Burch D E,Alt R L. Continuum absorption by H_2O in the $700 - 1200$ cm^{-1} and $2400 - 280$ cm^{-1} windows. 1984 Scientific Report No. 1 Contract No. :AFGL – TR – 84 – 0128.

[15] Roberts R E,Selby J E,Biberman L M. Infrared continuum absorption by atmospheric water vapor in the $8 - 12 - \mu m$ window. Applied Optics,1976,15(9).

[16] Clough S,Kneizys F,Davies R. Line shape and the water vapor continuum. Atmospheric research,1989,23(3).

[17] 石广玉. 大气辐射学. 北京:科学出版社,2002.

[18] Mlawer E J,Payne V H,Moncet J L,et al. Development and recent evaluation of the MT_CKD model of con-

tinuum absorption. Philosophical Transactions of the Royal Society A: Mathematical. Physical and Engineering Sciences,2012,370(1968).

[19] Van Vleck J,Huber D. Absorption, emission, and linebreadths: A semihistorical perspective. Reviews of Modern Physics,1977,49(4).

[20] Liou K N. An introduction to Atmospheric Radiation. 2nd ed. San Diego:Academic press,2002.

[21] Wiscombe W J. Improved Mie scattering algorithms,Applied optics. 1980,19(9).

[22] Frisch U. Turbulence:the Legacy of A. N. Kolmogorov. New York:Cambridge University Press,1995.

[23] Kolmogorov A N. The local structure of turbulence in incompressible viscous fluid for very large Reynolds numbers. Proceedings of the Royal Society of London Series A:Mathematical and Physical Sciences. 1991, 434(1890).

[24] Banakh V A,Mironov V L. Lidar in a Turbulent Atmosphere. Boston:Artech House,1987.

[25] Wolfe W L,George J Z. The Infrared Handbook. Washington:The Office,1978.

[26] Valley G C. Isoplanatic degradation of tilt correction and short – term imaging systems. Applied Optics, 1980,19(4).

[27] 孙刚,翁宁泉,肖黎明. 合肥地区大气折射率结构常数高度分布模式. 强激光与粒子束,2008,20(2).

[28] Fried D L. Optical resolution through a randomly inhomogeneous medium for very long and very short exposures. JOSA,1966,56(10).

[29] Roddier F. The Effect of Atmospheric Turbulence in Optical Astronomy. In:Wolf E,editor. Progress in Optics. 19. Amsterdam:North – Holland,1981.

[30] Goodman J W. Statistical Optics. New York:A Wiley – Interscience Publication,2000.

[31] Fried D L. Anisoplanatism in adaptive optics. JOSA,1982,72(1).

[32] Belen'kii M S,Karis S J,Brown II J M,et al. Experimental study of the effect of non – Kolmogorov stratospheric turbulence on star image motion. Proc SPIE,1997,3126.

[33] Stribling B E,Welsh B M,Roggemann M C. Optical propagation in non – Kolmogorov atmospheric turbulence. Proc SPIE,1995,2471.

[34] Kyrazis D T,Wissler J B,Keating D D,et al. Measurement of optical turbulence in the upper troposphere and lower stratosphere. Proc SPIE,1994,2120.

[35] Dayton D,Gonglewski J,Pierson B,Spielbusch B. Atmospheric structure function measurements with a Shack – Hartmann wave – front sensor. Optics Letters,1992,17(24).

[36] Papanicolaou G,Solna K,Washburn D. Segmentation independent estimates of turbulence parameters. Proc SPIE,1998,3381.

[37] 曾宗泳,袁仁民,谭昆,等. 复杂地形温度谱分析. 量子电子学报,1998,15(2).

[38] Meneveau C,Screeivasan K R. The multifractal nature of turbulent energy dissipation. J Fluid Mechanics, 1991,224.

[39] 饶瑞中,王世鹏,刘晓春,等. 激光大气闪烁的间歇特征. 强激光与粒子束,1999,11(2).

第2章
激光在大气和海水中的衰减

在大气中传输的激光辐射被大气中的气体分子和气溶胶粒子吸收和散射,形成大气对激光辐射的衰减效应。通常:对激光而言,大气衰减仅造成激光能量的损失;对于高能激光而言,大气吸收的能量加热大气,有可能导致热晕等非线性效应的产生,严重限制激光工程的使用效能。

大气分子对激光辐射的吸收由大气分子的光谱结构决定,具有强烈的波长选择性,激光具有高度的单色性,这两个特点决定了激光大气吸收测量需要高光谱分辨率。在大气中实际应用的激光波长绝大多数处在"大气窗口"波段,大气吸收较弱,因此,需要高灵敏的大气吸收测量装置。

大气分子和气溶胶粒子散射激光辐射。散射量的大小和空间分布与激光波长及大气粒子的成分、尺寸和形状有关。

大气衰减效应可用来遥感大气参数,大气对光波的吸收和散射是光学大气遥感的物理基础。

本章介绍大气对激光传输的衰减效应,包括大气分子与气溶胶对激光辐射的吸收和散射效应,着重介绍高分辨率大气分子吸收光谱和一些重要大气分子对常用激光吸收的测量结果以及大气对激光衰减的计算方法,给出若干常用激光波长处的大气分子吸收光谱。

有些激光工程在海域或海水中使用,因此,本章专门用一节叙述海水对激光的吸收和散射效应。

2.1 大气气体分子的吸收

激光大气吸收包括大气气体分子吸收和气溶胶粒子吸收。在红外大多数波段大气分子的吸收起主要作用。在某些特别透明的"大气窗口"波段或气溶胶衰减严重的情况下,大气气溶胶的吸收和散射也不可忽略或起主要作用。本节将介绍一些重要大气分子吸收光谱、激光辐射大气吸收的测量方法以及大气对一些重要波段激光的吸收参数的测量结果,并介绍激光大气分子吸收的计算方法。

2.1.1　主要大气气体分子的吸收光谱

2.1.1.1　大气分子结构和分子光谱

了解大气分子的吸收光谱,首先要了解它们的分子结构。图 2-1 显示了双原子与三原子分子的振动方式和转动轴。对于双原子分子(如 N_2、O_2、CO 等),只有一个正常的伸缩态 ν_1。由于是对称的电荷分布,像 O_2 和 N_2 之类的对称分子没有永久的偶极矩,偶极矩在振动时可获得振动动量,因此,没有振转光谱,在红外波段很少有吸收带。

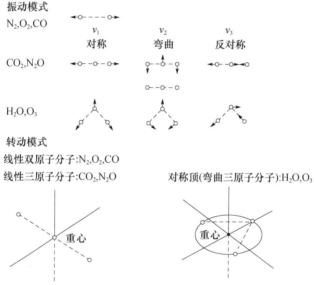

图 2-1　双原子与三原子分子的振动方式和转动轴

而像 CO_2、N_2O 具有线性对称的三原子分子,有对称拉伸 ν_1、弯曲运动 ν_2 和反对称拉伸 ν_3 三种振动方式。CO_2 的三个基模频率:$\nu_1 = 1388.23 cm^{-1}$(7.2μm 辐射不活跃);$\nu_2 = 667.4 cm^{-1}$(15μm);$\nu_3 = 2349.16 cm^{-1}$(4.3μm)。N_2O 三个基模的频率:$\nu_1 = 1284.91 cm^{-1}$(7.78μm);$\nu_2 = 558.77 cm^{-1}$(17.9μm);$\nu_3 = 2223.76 cm^{-1}$(4.5μm)。

水汽(H_2O)和臭氧(O_3)的三原子结构形成钝角等腰三角形,为不对称陀螺的弯曲三原子结构。水汽的三个基模频率:$\nu_1 = 3657.05 cm^{-1}$(2.7μm);$\nu_2 = 1594.75 cm^{-1}$(6.3μm);$\nu_3 = 3755.93 cm^{-1}$(2.66μm)。水汽的 ν_1、$2\nu_2$ 和 ν_3 的频率非常接近,振动能级之间产生复杂的相互作用,使得水汽的吸收遍及整个红外波段。O_3 的三个基频振动频率:$\nu_1 = 1103.14 cm^{-1}$(9.1μm);$\nu_2 = 700.93 cm^{-1}$(14.3μm);$\nu_3 = 1042.06 cm^{-1}$(9.6μm)。甲烷(CH_4)是五原子具有球形陀螺的构造(图 2-1 中没有画出),具有 9 种基本振动模,考虑简并,甲烷的吸收主要在 3.31μm(3018.293 cm^{-1})和 7.6μm(1310.76 cm^{-1})波长附近。

上述每种振动态对应该种分子的一个吸收带。在每个振动态上,叠加了很多转动态,因此,出现了大气分子丰富的吸收谱线。

下面主要介绍大气中主要吸收气体的分子在紫外、可见光以及红外波段的吸收光谱特征。

2.1.1.2　紫外和可见光波段大气主要分子的吸收特征

紫外与可见光区的大气吸收主要是由 O_3 和 O_2 分子及其他微量气体成分引起的。在高层大气中太阳的紫外辐射大部分被集中于平流层内的 O_3 分子所吸收,最强的吸收带位于 $220\sim300nm$ 波段,吸收带中心位于 $255nm$ 处,称为 Hartley 带。其次是位于 $300\sim340nm$ 的 Huggins 带,在 $440\sim740nm$ 波段还有 Chappuis 带。O_2 分子吸收主要在 $175\sim195nm$ 和 $242\sim260nm$ 紫外区以及 $690nm$ 和 $760nm$ 可见光区,如图 2-2 所示。O_2 分子 $760nm$ 区称为 A 带,$690nm$ 区称为 B 带,$630nm$ 区称为 γ 带。A 带因其特殊的吸收结构在遥感中有重要的应用。

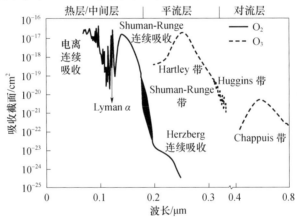

图 2-2　大气臭氧和氧气分子在紫外和可见光波段的吸收截面[1]

另外,一些微量气体,如 H_2O、N_2O、NO_2、NO_3 等在紫外和可见光波段也有微量的吸收。我们曾测量了污染气体 NO_2、SO_2 在紫外和可见光波段的吸收截面[2],这些分子吸收截面在环境污染气体的光学遥感方面有重要的应用。

文献[1]详细介绍了紫外波段各种分子的吸收带。表 2-1 列出了在紫外和可见光波段大气分子主要吸收带的光谱范围。

表 2-1　紫外和可见光波段大气分子主要吸收带的光谱范围

气体成分	吸收波段范围	
	波长/nm	波数/cm^{-1}
O_2	<245	>40816
	$757.6\sim778.2$(A 带)	$12850\sim13200$
	$684.9\sim694.5$(B 带)	$14399\sim14600$
	$628.9\sim678.0$(γ 带)	$14750\sim15900$

(续)

气体成分	吸收波段范围	
	波长/nm	波数/cm^{-1}
O_3	170 ~ 350 442.5 ~ 800	28571 ~ 58824 12500 ~ 22600
N_2	<100	>100000
H_2O	<210 442.5 ~ 666.7 684.9 ~ 746.3	>47619 15000 ~ 22600 13400 ~ 14600
NO_2	200 ~ 780	14400 ~ 50000
N_2O	<240	<41667
H_2O_2	<350	>28571

2.1.1.3 大气主要分子的红外吸收光谱

红外波段($0.76 \sim 15\mu m$)称为大气分子的"指纹区"。"指纹区"存在为数众多的大气分子的振转跃迁谱线。考虑到自然界地球大气气体分子的丰度和吸收截面的大小,对光波传输有重要影响的气体分子主要有:H_2O、CO_2、O_3、N_2O、CO、CH_4 和 O_2。另外一些痕量气体,如 NH_3、NO_2、SO_2、氯氟烃(Chloro Fluoro Carbon,CFC)等在某些波段也有一些较强的吸收。

1. 水汽分子的红外吸收光谱

水汽是大气中最重要的吸收成分,它在大气中随时间和空间有很大的变化,它的吸收光谱比其他大气成分的要复杂得多。H_2O 是一个不对称陀螺分子,以氧原子为顶点构成一个等腰三角形,它的两个—OH 键之间的夹角为 $104°30'$,具有很强的永久电偶极矩,因而水汽分子除有很多振动转动带外,还有强而宽广的纯转动带,其波长范围从可见光波段一直延伸到远红外和微波波段。水汽最强和最宽的振转带为 $6.3\mu m$ 带(ν_2 基频带),在 $2.74\mu m$、$2.66\mu m$ 有 ν_1、ν_2 基频带,它们合在一起就是水汽 $2.7\mu m$ 强吸收带。H_2O 除具有上述三个振转带外,在可见光和红外区还可以观察到很多泛频和合并频率。在波长大于 $22\mu m$ 直到远红外接近微波波段,水汽的强烈吸收使得光波无法穿过整层大气到达地面。在可见光区域的吸收带是较弱的,但对大气中短波辐射的吸收来说还是很重要的。水汽在红外波段的主要吸收带见表 2 - 2。

表 2 - 2 水汽在红外波段的主要吸收带

名称	谱区/μm	带中心波长/μm
α	0.70 ~ 0.74	0.718
0.8μ	0.79 ~ 0.84	0.810

（续）

名称	谱区/μm	带中心波长/μm
ρ,σ,τ	0.926 ~ 0.978	0.935
φ	1.319 ~ 1.498	1.395
Ω	1.762 ~ 1.977	1.870
X	2.52 ~ 2.845	2.68
ν_2	5.2 ~ 7.6	6.3

图 2-3 用我们研制的通用辐射传输（Combined Atmospheric Radiative Transfer, CART）软件[3]计算的到达大气顶和地面的可见光到中波红外波段的太阳辐射, 光谱分辨率为 $1\,cm^{-1}$。图 2-3 中标出了该波段内主要吸收带的吸收气体成分（水汽和二氧化碳）的吸收带位置, 可以清楚地看到表 2-2 中的水汽在近红外波段的吸收带。

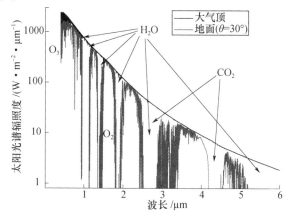

图 2-3　CART 计算的大气顶和到达地面的太阳
辐射及水汽和二氧化碳的吸收带位置

图 2-4 用 CART 软件计算的整层大气 2.63cm 可降水含量（单位面积内光柱中的气态水总量凝结成液态水的厚度）水汽分子在温度 250K 和气压 1000hPa、水平均匀情况下的水汽分子线吸收的光学厚度和光谱透过率。可清楚地看到, 水汽吸收几乎遍及整个红外波段, 不同波段水汽吸收强度差别很大。在"大气窗口区"（8 ~ 12μm）, 水汽线吸收较弱, 主要表现为水汽的连续吸收。

值得注意的是, 若采用高分辨率的光谱观测, 在吸收带中或吸收带的边缘也有可能出现很窄的比较透明的"大气窗口"区, 这些窗口区可能适合某种特定的激光在大气中传输。

2. CO_2 分子的红外吸收光谱

CO_2 在红外的强吸收带主要包括 $\nu_2 = 667.4\,cm^{-1}$（15μm）、$\nu_3 = 2349.16\,cm^{-1}$

(4.3μm),以及 2.7μm 波段。另外,在 2.0μm、1.6μm 和 1.4μm 波段附近也有强度不等的吸收。

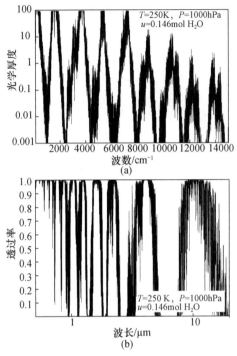

图 2-4　红外波段的水汽分子线吸收的光学厚度和大气光谱透过率
（a）水汽分子线吸收的光学厚度；（b）大气光谱透过率。

CO_2 是地球大气中另一种重要的红外吸收气体。工业革命后,大气中 CO_2 的含量不断增加,目前在大气中的体积混合比约为 0.038%。CO_2 的三个基模频率：$\nu_1 = 1388.23\ cm^{-1}$（7.2μm）；$\nu_2 = 667.4\ cm^{-1}$（15μm）；$\nu_3 = 2349.16\ cm^{-1}$（4.3μm）。中心位于 13.5~16.5μm 的 ν_2 带是红外区大气的主要吸收带,对大气辐射热交换有重要作用。吸收非常强的 ν_3 带使得这个波段太阳辐射被高度 20km 以上的大气完全吸收掉。除上述基频带外,还有中心在波长 10.4μm、9.4μm、5.2μm、4.8μm、2.7μm、2.0μm、1.6μm 和 1.4μm 有不同程度的吸收,每一个这样的吸收带中包含很多的振转带（由大量的转动线构成）。表 2-3 列出了 CO_2 分子在红外波段的主要吸收带。

表 2-3　CO_2 分子在红外波段的主要吸收带

带中心位置/cm⁻¹	谱区/cm⁻¹	吸收程度
667	580~770	极强
940	900~990	弱

（续）

带中心位置/cm⁻¹	谱区/cm⁻¹	吸收程度
1060	1020 ~ 1100	弱
2526	2200 ~ 2380	极强
3703	3480 ~ 3760	强
5000	4800 ~ 5150	较强
6250	6180 ~ 6380	弱
7143	6900 ~ 6990	弱
8250	8150 ~ 8320	极弱

3. O_3 分子的红外吸收光谱

O_3 的三个基频振动频率：$\nu_1 = 1103.14 \text{cm}^{-1}$（$9.1\mu m$）；$\nu_2 = 700.93 \text{cm}^{-1}$（$14.3\mu m$）；$\nu_3 = 1042.06 \text{cm}^{-1}$（$9.6\mu m$）。$\nu_1$ 和 ν_3 构成 $9.6\mu m$ 带，ν_2 则是 $14\mu m$ 带。另外，在 $5\mu m$ 波长处有谐波带和组合带，其强度甚至强于 $14\mu m$ 的 ν_2 带。表 2 - 4 列出了 O_3 分子在红外波段的主要吸收带。

表 2 - 4　O_3 分子在红外波段的主要吸收带

带中心位置/cm⁻¹	谱区/cm⁻¹	吸收程度
700	640 ~ 760	强
1040	960 ~ 1100	极强
2100	2050 ~ 2150	弱
3000	3000 ~ 3080	极弱

4. N_2O、CO、CH_4 分子的红外吸收光谱

N_2O 分子的三个基模的频率：$\nu_1 = 1284.91 \text{cm}^{-1}$（$7.78\mu m$）；$\nu_2 = 558.77 \text{cm}^{-1}$（$17.9\mu m$）；$\nu_3 = 2223.76 \text{cm}^{-1}$（$4.5\mu m$）。同时，在 $2 \sim 4\mu m$ 波段还有一系列较弱的谐波带和组合带。表 2 - 5 列出了 N_2O 分子在红外波段的主要吸收带。

表 2 - 5　N_2O 分子在红外波段的主要吸收带

带中心位置/cm⁻¹	谱区/cm⁻¹	吸收程度
559	540 ~ 640	较强
1285	1100 ~ 1350	较强
2224	2100 ~ 2300	强
3480	3200 ~ 4400	弱

CO 分子是对称双原子分子,只有一个正常的伸缩态 ν_1,其基频带的中心频率 $\nu_1 = 2143.27\,cm^{-1}$($4.67\,\mu m$),谐波组合带在 $2.35\,\mu m$ 附近还有一个较弱的吸收带。表 2 - 6 列出了 CO 分子在红外波段的主要吸收带。

表 2 - 6　CO 分子在红外波段的主要吸收带

带中心位置/cm^{-1}	谱区/cm^{-1}	吸收程度
2143.27	2000 ~ 2250	较强
4250	4100 ~ 4400	弱

CH_4 分子共有 9 个基频振动态,但只有 4 个是独立的,其中位于 $3.31\,\mu m$($3018.293\,cm^{-1}$)附近的 ν_3 带和位于 $7.6\,\mu m$($1310.76\,cm^{-1}$)附近的 ν_4 带是红外辐射光效的,这两个模态均是三重简并的。但由于 Fermi 共振和能级之间的相互作用,简并失效,因此甲烷产生复杂的谱线结构。除基频带外,还在波段$1.1 \sim 2.5\,\mu m$ 内有泛频和并合频带,已经观测到的有 $2600\,cm^{-1}$、$3823\,cm^{-1}$、$3019\,cm^{-1}$、$4123\,cm^{-1}$、$4216\,cm^{-1}$、$4313\,cm^{-1}$、$4420\,cm^{-1}$、$5775\,cm^{-1}$、$5861\,cm^{-1}$ 和 $6005\,cm^{-1}$ 等。表 2 -7 列出了 CH_4 分子在红外波段的主要吸收带。

表 2 - 7　CH_4 分子在红外波段的主要吸收带

带中心位置/cm^{-1}	谱区/cm^{-1}	吸收程度
1320	1100 ~ 1600	较强
3020	2400 ~ 3200	强
4420	3800 ~ 4700	弱
6000	5400 ~ 6200	弱
7200	6800 ~ 7700	很弱
8620	8200 ~ 9000	很弱

5. N_2、O_2 分子的红外吸收光谱

N_2 分子是对称分子,没有永久的偶极矩,也没有振转光谱。N_2 分子在可见光到红外波段没有吸收带。N_2 分子只有一个正常的伸缩态 ν_1 基频带,位于 $2329.9\,cm^{-1}$($4.29\,\mu m$)处,由于大气中 CO_2 的 $4.3\,\mu m$ 强吸收带,N_2 的吸收往往被忽略。但因为该吸收带的光谱区覆盖 $2100 \sim 2600\,cm^{-1}$,短波延伸到 $3.9\,\mu m$"大气窗口",对某些工作在该波段的激光工程有一定的影响。因为该 N_2 分子压力诱导的基频带的吸收系数随波长缓慢地变化,工程计算中把它归结为连续吸收的范畴。图 2 -5 为美国标准大气条件下 N_2 分子的连续吸收截面。在 $4.29\,\mu m$ 波长(氮气吸收峰值)处,标准状况下 $1\,km$ 距离上 N_2 分子的吸收可达到 13%(透过率为 87%)。

在可见光波段,比较重要的 O_2 分子吸收带有 A 带、B 带和 γ 带。其中,氧气A 带的高分辨率吸收光谱带有重要的大气信息,在大气遥感中有重要的应用。在近红外波段氧气还有几个较弱的吸收带,见表 2-8。

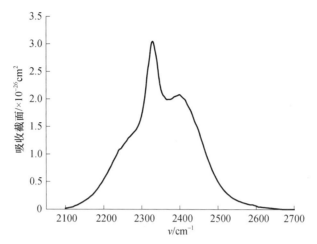

图 2-5　美国标准大气条件下近地面 N_2 分子的连续吸收截面

表 2-8　O_2 分子在红外波段的主要吸收带

带中心位置/cm^{-1}	谱区/cm^{-1}	吸收程度	备注
6326	6300 ~ 6350	极弱	—
7882	7700 ~ 8050	弱	—
9366	9350 ~ 9450	很弱	—
11564	11475 ~ 11620	极弱	—
13121	12850 ~ 13200	强	A 带
14526	8200 ~ 9000	较强	B 带
15902	15700 ~ 15930	弱	γ 带

图 2-6 是用 CART 软件按合肥地区平均大气计算的仰角 30°、地面到大气顶大气各种分子的吸收和水汽的连续吸收,光谱范围为 0.4 ~ 15μm,光谱分辨率为 1cm^{-1}。从图 2-6 可以看出上述每种分子的光谱吸收特征和波段范围。

在研制通用辐射传输软件时,假定海平面处中纬度夏季大气模式的大气分子参数,水平均匀传输 100km,用 HITRAN2004 数据库计算了上述 7 种主要分子,考虑 1cm^{-1} 范围内大气分子吸收平均光学厚度大于 0.001 的波段(表 2-9)。表 2-9 中每种大气分子的吸收带的宽度比上面说明的宽度要宽得多,这是因为考虑了低达 10^{-5}/km 非常小的远翼吸收。

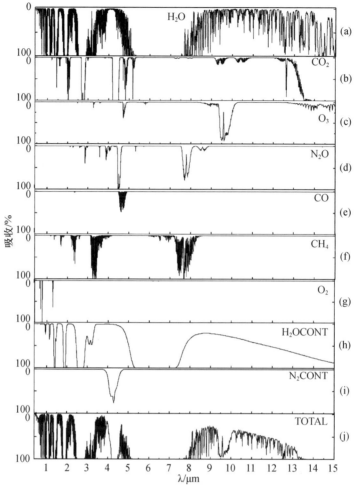

图 2-6　大气主要吸收气体分子的中分辨率吸收光谱

(a)水汽吸收;(b)CO_2 吸收;(c)O_3 吸收;(d)N_2O 吸收;(e)CO 吸收;(f)CH_4 吸收;(g)O_2 吸收;
(h)水汽连续吸收;(i)N_2 连续吸收;(j)所有大气分子的吸收。

表 2-9　大气中主要分子的吸收波带

分子名称	波带数量/个	波带范围/cm^{-1}		
H_2O	12	1 ~ 9508	9578 ~ 12964	13162 ~ 19176
		19253 ~ 20782	20934 ~ 21501	21687 ~ 21908
		21980 ~ 22113	22186 ~ 22871	22944 ~ 22984
		23260 ~ 23521	23670 ~ 24122	24904 ~ 24997
CO_2	10	1 ~ 92	416 ~ 1447	1781 ~ 2822
		3062 ~ 4055	4401 ~ 5383	5516 ~ 5729
		5804 ~ 7015	7227 ~ 7799	7872 ~ 8336
		9325 ~ 9674		

（续）

分子名称	波带数量/个	波带范围/cm^{-1}		
O_3	5	1~414	532~1521	1587~3383
		3570~3788	3868~4086	
N_2O	10	1~71	483~770	846~1451
		1557~4168	4247~5187	5465~6028
		6130~6623	6804~6911	7074~7258
		7695~7802		
CO	5	1~215	1754~2328	3752~4378
		5750~6444	8050~8491	
CH_4	6	1~605	830~5285	5460~5651
		5865~6132	7410~7634	8851~9181
O_2	9	1~301	1340~1743	6245~6457
		7639~8090	9224~9502	11466~11642
		12832~13191	14291~14584	15694~15933

2.1.2 高分辨率、高灵敏度大气吸收光谱的测量方法

激光的谱线很窄,在研究大气分子对激光的吸收特性时需要应用高光谱分辨的手段。用实验方法确定大气分子的完全振转分辨的吸收系数,至少要求光谱仪的分辨率达到多普勒线宽度($0.001cm^{-1}$),一般经典的光谱仪不能满足这个要求。利用激光光谱法和傅里叶变换光谱法可以满足分辨率的要求。有些工作于"大气窗口"波段的激光大气吸收非常弱,需要通过增加吸收程长或用一些特别的方法提高灵敏度。近年来,研究人员发明了许多高灵敏的大气吸收测量方法。下面简要介绍在高分辨、高灵敏大气吸收光谱测量中使用的几种方法。

2.1.2.1 高灵敏度大气吸收光谱测量方法

1. 长程吸收光谱技术

根据比尔－朗伯(Beer－Lambert)定律,大气吸收随吸收路径长度的增加而线性增加,提高吸收信号灵敏度最有效的方法是增加吸收程长,可以通过光学多通池实现。常用的多通池有怀特(White)池、赫里奥特(Herriott)池及离散镜面多通吸收池。凹面镜应用于每个来回的光束,以避免光束发散。

White 池是最早的一种设计,其结构如图2－7所示,包括两块半圆镜片,称为"D"镜片,两块镜片共直径紧密排列,与第三块有凹口的近共焦排列。探测光束从一个凹口进入,从另外一个凹口出射,通过调节"D"镜片的角度而改变光束通过的次数。Herriott 池由两块相同的球形镜片组成,间距近似等于曲率直径

（近共心）。探测光束从一个镜片上的一个小孔与光轴成一定角度入射，在镜片之间来回反射一定次数后，从相同的小孔出射（或在另一个镜片上出射），通过调节镜片之间的距离改变光束在镜片上的花样及吸收路径。White 池和 Herriott 池的构造，光在池内来回反射一定次数，如果不受镜片反射

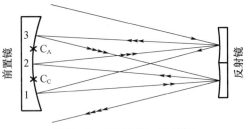

图 2-7　典型 White 池结构

注：来回 8 次反射，点 C_A 和 C_C 分别为

双镜面的曲率中心[4]。

率造成光强削弱的影响，则受到光斑在镜片上的重叠限制，光斑的重叠产生干涉，干涉条纹叠加吸收谱线基线上。离散镜面多通吸收池是 Herriott 池的一种变化形式，将光斑遍布在整个镜面表面上，这极大地增加了光斑的数目，并且没有光斑重合，从而增加了来回反射的次数。这种类型的吸收池更加小巧，并且有更小的池体积与有效吸收路径比。图 2-8 是 Herriott 池及离散镜面吸收池的光斑模式。

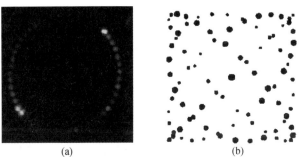

(a)　　　　　　　　　　(b)

图 2-8　Herriott 池及离散镜面吸收池的光斑模式

(a)Herriott 池；(b)离散镜面吸收池。

　　如果离散镜面多通池的镜片镀金膜或银膜（近红外到长中红外），则多通池可以用于宽带激光光源，同样在某一特殊波段也可以类似于衰荡吸收光谱技术（CRDS）中的镜片镀介质膜。镜片镀金属膜的反射率大于 99%，在我们实验室的 White 池中光束 182 次通过吸收池后，光强的透过约为 16%。镀电介质膜可以增强吸收池的透过，但是其可用波长范围变窄。光束入射和透射耦合的小孔直径在几毫米，为了避免加大光束的前向和后向散射的小孔剪裁，入射光必须符合多通池的 F 数。此外，要求光斑之间有一定的间隔。因此，F 数越高，光斑越小，出现的光学干涉越小。光点稳定性是另外一个重要因素，对有效吸收光程有倍增影响，从而导致吸收信号的不稳定性。光束方向缓慢微小的变化同样可以导致测量信号的波动，通过使用高纯 N_2 的"零空气"冲刷多通池或采集背景信号，可以消除这些效应。为了获得高质量的探测，必须减小光点的不稳定性，同时多通池应放在隔振平台上。

图 2-9 为我们实验室于 20 世纪 80 年代末建立的长程 White 池,它是由三块半径 $R=7.726\pm0.001m$ 凹面镜和一对相互垂直底角镜组成的旁轴聚焦共焦腔系统,如图 2-10 所示。池体长为 8m、内径为 230mm,容积约为 332dm³,内壁进行了高精密抛光以便减少气体吸附。所有镜片镀有金膜,在 $1\sim15\mu m$ 范围内反射率大于 98.5%,光源在腔内主镜 A 上呈四排像。图 2-10 示出了 White 池反射光学系统。总光程与像列数 n 关系:$L=2(4n-1)R$。根据需要,调节光线通过吸收池的反射次数来获得不同的程长。总光程受限于镜面反射率和由旁轴入射产生的像散。目前该系统最大的像列数 $n=19$,即最大等效光程为 1159m。因此,可以方便地调节光程反射次数达到选择 $46\sim1159m$ 的光束传输距离的目的,以测量强弱不等的气体吸收。常用的是 $n=18$,即等效光程为 1097m。图 2-11 是 White 池主镜 A 上可观察的发射光斑图。真空抽气系统配有 8L/s 旋片式机械泵作为前级,可使真空度达到 10^{-3}Torr①,池体的高真空由一台 HTFB 型复合分子泵来实现,真空度为 10^{-6}Torr。我们采用了两套真空计来分别测量怀特池的真空度,ZDF-Ⅲ型数显复合真空计由热偶规和电离规组成,可测量的量程为 $10^{5}\sim10^{-5}$Pa,误差小于或等于 10%,MKS625A11TAE 真空计测量范围为 $10\sim10^{-3}$Torr。与吸收池相通的配气系统可以配置 1atm 内所需要的浓度和组分的气体样品。池体和配气系统的压力还可以由 U 形油规压力计 $(0.1\sim30mmHg②,\pm0.05mmHg)$ 和水银规压力计 $(1\sim800mmHg,\pm0.5mmHg)$ 绝对测量。

图 2-9 长程 White 池

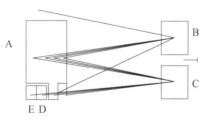

图 2-10 White 池反射光学系统示意图
A、B、C—凹面镜;E、D—光束输出端光斑分布。

2. 基于高精细度谐振腔吸收光谱技术

自 1988 年 O'Keefe 和 Deacon[5] 首次实现衰荡吸收光谱(Cavity Ring Down Spectroscopy,CRDS)的测量以来,基于高精细度谐振腔吸收光谱技术(High Fine Cavity Absorption Spectroscopy,HFCAS)得到迅猛发展。使用高反射率镜面,经过

---

① 1Torr = 1.33×10^{2}Pa。

② 1mmHg = 1.33×10^{2}Pa。

多次反射,0.5~1m的腔长可以实现千米级的吸收光程,达到对高灵敏的微弱吸收的测量。高反射率镜面覆盖紫外(约300nm)到中红外(10μm)光谱范围,在红外波段,典型的镜面反射率为99.95%~99.999%。反射率越高,等效光程越长。尽管镜面反射率的差别很小,但是有效吸收光程有很大的差别。如长0.5m的腔,99.98%的反射率有效光程约为2500m,当使用99.99%的镜面时,可以实现5000m的有效光程,探测灵敏度提高1倍。

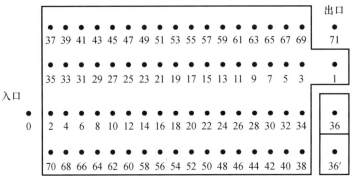

图2-11 主镜A上反射光斑

按照Morville等[6]的分类,将HFCAS分为腔衰荡吸收光谱(CRDS)和腔增强吸收光谱(Cavity Enhanced Absorption Spectroscopy,CEAS)。CRDS是一种直接吸收光谱技术,可以使用脉冲(P-CRDS)和连续光源(CW-CRDS),这一技术起源于对原子光学性质和反射率的测量研究,衰荡速率直接反映了镜面的反射率。最早的P-CRDS装置为O'Keefe和Deacon[5]的脉冲染料激光器,获得$2\times10^{-8}cm^{-1}$的探测灵敏度,在20世纪90年代得到了广泛应用。由于P-CRDS装置的简单性,依然有很多小组将其用于化学和光谱上的研究,如预离解动力学、光解动力学、光解产物、辐射寿命、火焰、自由基反应动力学、元素和同位素分析和气溶胶研究等。

为了能够获得更高的探测灵敏度和光谱分辨,发展了连续腔衰荡吸收光谱(CW-CRDS),由于连续激光的线宽很窄(<50mHz),因此可以用很小的频率增量扫描(<50mHz),获得很高的光谱精度和分辨率。此外,由于采用很窄的激光线宽,使得入射光的耦合和透过高精细度谐振腔更加有效,高的透过光强提高了衰荡信号的信噪比。使用单模二极管激光可以与单个腔模耦合,从而减小衰荡常数的波动。此外,通过外部调制连续激光,可以获得比P-CRDS更快的衰荡循环速率,从而能够做多次平均,提高探测灵敏度。

3. 光声光谱技术

光声光谱是以光声效应为基础的一种新型光谱分析检测技术。光声光谱技术是通过测量样品由于吸收导致的温度变化而产生的声波,从而实现对样品的光学、热学、声学及其他性质的测量。然而,由于光源、高灵敏度声传感器和弱信号检测技术等的限制,在 1880 年 Bell 发现光声效应后几十年的时间里,光声光谱技术的研究一直处于停滞阶段。

19 世纪 60 年代激光器的诞生对光声光谱技术产生了重要影响。激光具有功率高、方向性好、单色性好、波长可调等优点。这些优点有助于提高光声光谱的信号强度和探测灵敏度,因此激光的出现使光声光谱的探测灵敏度和选择性大大提高,推动了光声光谱技术的迅速发展。1968 年,Kerr 和 Atwood 首次报道了激光作为光源的光声光谱,他们用脉冲红宝石激光作为光源,测量了空气中水汽分子的光声吸收光谱。现在大部分激光光声光谱气体传感器采用共振光声光谱结构来提高灵敏度。

光声光谱信号只与被分子吸收的光能量(而非透射光强或反射光强)相关,故无吸收就无信号,是一种零背景光谱技术。光声光谱信号用声传感器探测,因此探测器没有波长依赖特性。光声光谱具有线性度好、响应范围宽的特点,理论上一个校准点就足以体现传感器响应特性。光声光谱具有灵敏度高、系统体积小的优点,便于发展成便携式气体传感器。光声光谱的上述特点决定了其具有广阔的应用前景。

2.1.2.2　高光谱分辨率大气吸收光谱测量方法

1. 傅里叶光谱法

传统的光栅或棱镜分光法难以达到激光大气传输所需要的光谱分辨率。傅里叶光谱仪能以 $10^{-4}\,\mathrm{cm}^{-1}$ 光谱分辨率在远红外到可见光范围内测量吸收线位置的绝对值。

在傅里叶光谱仪中获取光谱需要两个步骤:

(1) 在迈克尔孙干涉仪上测得干涉光强对光程差的函数,即 $I(\delta) = \int_{\nu_1}^{\nu_2} B(\nu)\cos(2\pi\delta\nu)\,\mathrm{d}\nu$;

(2) 利用傅里叶变换求得吸收光谱,即 $B(\nu) = \mathrm{const}\int_{\delta_1}^{\delta_2} I(\delta)\cos(2\pi\delta\nu)\,\mathrm{d}\delta$。

由于傅里叶变换只能确定到相差一个常数的光谱值,为了得到吸收系数必须进行适当的定标。为了得到很高光谱分辨率的测量数据,傅里叶光谱干涉仪需要很长的扫描程长和扫描时间。无论如何,傅里叶光谱仪以高光谱分辨率、宽的光谱测量范围等优点得到了广泛应用。

2. 可调谐半导体激光吸收光谱技术

20 世纪 60 年代中期,随着可调谐二极管激光器出现,而产生了可用作高分辨率红外激光吸收光谱技术的光源。利用可调谐半导体激光器的窄线宽和波长随注入电流改变的特性,实现对分子的单个或几个距离很近难以分辨的吸收线进行测量。这个技术称为可调谐二极管激光吸收光谱(Tunable Diode Laser Ab-

sorption Spectroscopy,TDLAS)技术。随着光通信和光电子技术的发展,推动了二极管激光器制造技术的进步,使得二极管激光器迅速地商业化,特别是近红外波段二极管激光器具有体积小、寿命长和高的电光转换效率等特点,使其成为痕量气体分子检测和高分辨率大气分子吸收光谱测量技术中的理想光源。激光光谱法为气体分析注入了活力,由于可调谐激光具有窄线宽和波长可调谐的特性,使得光谱学发生了革命性变革。利用二极管激光器波长调谐特性,使激光器的工作频率扫过一条独立的气体吸收线从而获得被测气体特征吸收光谱范围内的吸收光谱,进而对痕量气体进行定性或定量分析。相对于其他光谱技术,TDLAS技术具有高灵敏度、高选择性、实时、动态、多组分同时测量等优点,目前已经发展成为大气中痕量气体的重要的检测技术之一。TDLAS在许多领域有着潜在的应用价值,是近年来非常热门的研究领域之一,尤其是在大气化学研究和污染气体检测等领域,TDLAS已成为重要的研究手段。与传统吸收光谱相比,TDLAS突出的优点是激光光谱的分辨率非常高。激光光源的线宽一般可以达到兆赫甚至千赫量级,窄线宽光源可以进行分子谱线精细结构的研究。TDLAS技术现在已经发展成为了非常灵敏和常用的大气中痕量气体的监测技术。

2.1.3 高分辨率大气分子吸收光谱的部分测量结果

2.1.3.1 1.315μm 附近高分辨率大气分子吸收光谱测量

我们利用建立的高灵敏度可调谐半导体激光波长调制吸收光谱装置,结合千米级 White 池,测量了近红外温室气体水汽、CO_2 和 CH_4 在 1.315μm 波长附近的谱线参数。发现了一些 HITRAN 数据库中没有报道的新谱线;通过对 CH_4 分子光谱的测量,给出了 HITRAN 数据库中没有报道的更弱的谱线。图 2–12 是高分辨率吸收光谱实验系统框图。

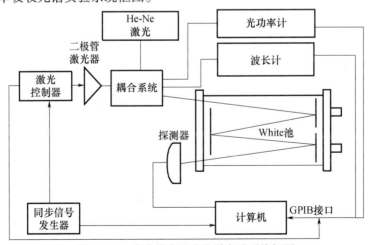

图 2–12 高分辨率吸收光谱实验系统框图

1. 水汽 1.315μm 附近高分辨率吸收光谱[7]

图 2-13 是我们结合怀特池和可调谐二极管激光光谱系统测量的 7599~7616cm⁻¹ 波段水汽分子的高分辨率吸收光谱。表 2-10 列出了从观测数据中得到的谱线参数以及与 HITRAN1996 和 HITRAN2004 数据库的比较。实验结果与 HITRAN1996 相比,有 7 条新谱线。与 HITRAN2004 比对,7603.312cm⁻¹、7607.6727cm⁻¹ 在 HITRAN2004 中归属为同位素水分子 $H_2^{18}O$;7615.148cm⁻¹、7602.216cm⁻¹、7602.147cm⁻¹ 三条谱线在 HITRAN2004 中得到指认,属于 $H_2^{16}O$;7606.996cm⁻¹、7600.208cm⁻¹ 两条谱线均未在 HITRAN 数据库中列出;7601.93cm⁻¹、7613.515cm⁻¹ 两条谱线在 HITRAN1996 中列出,而 HITRAN2004 没有,但在实验中均观测到,并且谱线参数与 HITRAN1996 基本一致。

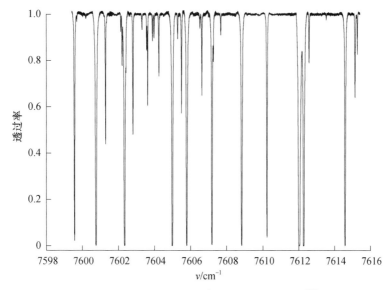

图 2-13　7599~7616cm⁻¹ 波段水汽吸收光谱[7]

表 2-10　测量的水汽在 7599~7615cm⁻¹ 波段的吸收线参数及其与 HITRAN1996 数据库和 HITRAN2004 数据库的数据比较

谱线中心位置/cm⁻¹	测量线强/(10^{-25} cm/分子)	HITRAN1996 数据库的线强/(10^{-25} cm/分子)	HITRAN2004 数据库的线强/(10^{-25} cm/分子)	测量的自加宽系数/cm⁻¹	HITRAN1996 数据库的自加宽系数/cm⁻¹	HITRAN2004 数据库的自加宽系数/cm⁻¹
7615.2533	1.442	1.42	1.876	0.2361	0.2698	0.305
7615.148①	1.04	—	1.364	0.1476	—	0.2818
7615.1253	3.143	3.16	4.075	0.183	0.1828	0.1828
7614.5834	68.436	68.9	82.30	0.3689	0.3841	0.425

（续）

谱线中心位置/cm^{-1}	测量线强/(10^{-25} cm/分子)	HITRAN1996 数据库的线强/(10^{-25} cm/分子)	HITRAN2004 数据库的线强/(10^{-25} cm/分子)	测量的自加宽系数/cm^{-1}	HITRAN1996 数据库的自加宽系数/cm^{-1}	HITRAN2004 数据库的自加宽系数/cm^{-1}
7613.515[①]	0.175	0.62	—	0.3837	0.3841	—
612.5513	2.10	1.96	2.542	0.3763	0.4372	0.38
7612.2682	178.060	171	211.8	0.3837	0.3966	0.44
7612.0272	551.578	529	645.5	0.3689	0.3966	0.45
7610.2236	28.986	28.4	36.55	0.3837	0.3283	0.436
7608.8181	82.113	78.2	106.5	0.4316	0.4317	0.47
7607.677[①]	0.756	—	0.8553	0.2951	—	0.362
7607.2681	2.070	1.34	1.662	0.4427	0.3283	0.318
7607.1880	53.457	56.9	66.56	0.4427	0.443	0.453
7606.996[①]	0.104	—	—	0.2951		
7606.6279	3.704	3.58	4.760	0.3689	0.4389	0.413
7606.523	0.465	0.447	0.5406	0.3283	0.3283	0.21
7605.7967	88.865	94.4	116.2	0.3689	0.3009	0.46
7605.5049	5.089	4.76	6.414	0.4287	0.4291	0.45
7605.2939	0.921	0.968	1.251	0.2819	0.2818	0.40
7604.9978	132.003	134	163.4	0.4058	0.4228	0.380
7604.2517	2.670	2.73	3.482	0.3689	0.4389	0.4
7603.9832	0.907	0.856	1.049	0.3615	0.3619	0.29
7603.8940	1.0337	10	1.331	0.3689	0.3899	0.385
7603.6250	3.726	3.83	4.760	0.2177	0.2175	0.240
7603.5742	1.236	1.36	1.711	0.2169	0.2168	0.26
7603.312[①]	0.577	—	0.7423	0.3689	—	0.490
7602.8151	6.547	6.22	8.109	0.3984	0.3597	0.397
7602.4295	2.761	1.15	1.614	0.4058	0.3013	0.3283
7602.3514	125.857	126	149.3	0.4132	0.3841	0.43
7602.216[①]	2.081	—	2.098	0.3320	—	0.2373
7602.147[①]	0.597	—	0.6455	0.2582	—	0.2373
7601.93[①]	0.119	0.45	—	0.2819	0.2818	—
7601.2947	7.064	6.92	9.238	0.3689	0.4291	0.3950
7600.7733	141.825	142	179.5	0.4427	0.3811	0.4350
7600.208[①]	0.157	—	—	0.5165	—	—

（续）

谱线中心位置/cm^{-1}	测量线强/(10^{-25} cm/分子)	HITRAN1996 数据库的线强/(10^{-25} cm/分子)	HITRAN2004 数据库的线强/(10^{-25} cm/分子)	测量的自加宽系数/cm^{-1}	HITRAN1996 数据库的自加宽系数/cm^{-1}	HITRAN2004 数据库的自加宽系数/cm^{-1}
7599.706	0.301	0.84	0.3106	0.3689	0.4554	0.3009
7599.5765	32.713	32.8	41.55	0.3837	0.3283	0.408
① 与 HITRAN1996 数据库或 HITRAN2004 数据库数据相比新发现的谱线						

2. 1.315μm 附近水汽和氮气压力加宽系数的测量

评估水汽分子对特定波段激光的吸收,需要精确的水汽吸收线自加宽系数和空气加宽系数,为此,测量了水汽和空气压力加宽系数。

图 2 - 14 为不同水汽压力下谱线 7610.2236cm^{-1} 吸收光谱图。图 2 - 15 为 7610.2236cm^{-1} 谱线线宽随水汽压力变化曲线。根据实验数据可拟合得到直线斜率,由此计算出标准大气压力下水汽自加宽系数,结果与 HITRAN1996 数据库数据一致性很好。在理想情况下,拟合曲线截矩应为 0,然而根据实验结果,截距为 7.9×10^{-4} cm^{-1},对应 20mHz。我们认为,这是由激光器系统线宽所引起的。

在怀特池中充入一定量的水汽,再加入不同压力的高纯氮气(纯度为 99.99%),测量不同氮气压力下的水汽吸收线宽度。根据实验测量结果,由水汽的空气加宽系数与氮气加宽系数之间的关系可得到 7599~7616cm^{-1} 波段范围内谱线空气加宽系数,并给出了测量结果与 HITRAN2004 数据库中数据间的偏差,一般两者相对偏差在 10% 以内,见表 2 - 11。

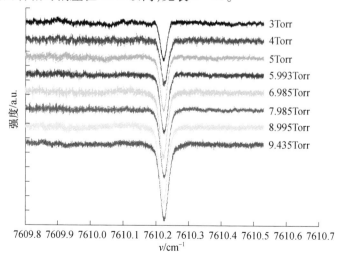

图 2 - 14　不同水汽压力下谱线 7610.2236cm^{-1} 吸收光谱图

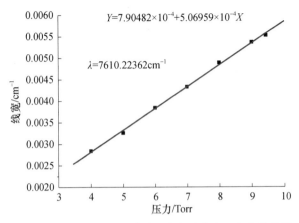

图 2 - 15　7610.22362cm^{-1}谱线线宽随水汽压力变化曲线

表 2 - 11　测量水汽的空气加宽系数及与 HITRAN2004 数据库中数据之间的偏差

中心位置 /cm^{-1}	测量的空气加宽系数 /cm^{-1}	HITRAN2004 数据库中空气加宽系数/cm^{-1}	偏差 /%	中心位置 /cm^{-1}	测量的空气加宽系数 /cm^{-1}	HITRAN2004 数据库中空气加宽系数/cm^{-1}	偏差 /%
7615.25331	0.0304 ± 0.002	0.04	24	7604.99783	0.0695 ± 0.002	0.0715	2.8
7615.148	0.0261 ± 0.002	0.0257	1.4	7604.25174	0.0869 ± 0.002	0.0907	4.2
7615.12535	0.0265 ± 0.002	0.0266	0.41	7603.98318	0.0565 ± 0.002	0.056	0.82
7614.58346	0.0673 ± 0.002	0.0729	7.66	7603.89402	0.0651 ± 0.002	0.072	9.5
7612.55132	0.0782 ± 0.002	0.085	8.03	7603.62503	0.0271 ± 0.002	0.03	9.5
7612.26822	0.0701 ± 0.002	0.0725	3.26	7603.57416	0.0274 ± 0.002	0.03	8.8
7612.02729	0.0717 ± 0.002	0.0743	3.56	7603.312	0.0803 ± 0.002	0.0888	9.5
7610.22362	0.0803 ± 0.002	0.081	0.8	7602.81508	0.0836 ± 0.002	0.086	2.8
7608.81812	0.0858 ± 0.002	0.0873	1.7	7602.35142	0.0847 ± 0.002	0.0856	1.1
7607.677	0.0695 ± 0.002	0.0742	6.3	7602.216	0.0282 ± 0.002	0.0271	4.2
7607.18802	0.0977 ± 0.002	0.0989	1.2	7602.147	0.0282 ± 0.002	0.0269	4.94
7606.62789	0.076 ± 0.002	0.084	9.5	7601.29467	0.0803 ± 0.002	0.0865	7.1
7606.523	0.051 ± 0.002	0.0565	9.7	7600.77326	0.076 ± 0.002	0.0847	10.3
7605.79671	0.0738 ± 0.002	0.083	11.	7600.208	0.0869 ± 0.002	0.0954	8.9
7605.50487	0.0834 ± 0.002	0.092	9.4	7599.706	0.0673 ± 0.002	0.0711	5.3
7605.29385	0.0582 ± 0.002	0.0656	11.3	7599.57648	0.0717 ± 0.002	0.0789	9.2

3. 氧碘激光波段处水汽吸收的计算

为了更好地了解氧碘激光波段大气吸收,本节根据逐线积分法分别用实验室测量的光谱数据以及 HITRAN2004 数据库数据对氧碘激光波段的大气吸收进行计算。

假定大气中水汽分压力15Torr,其中水分子同位素 $H_2^{18}O$ 的含量为0.2%,分别利用 Voigt 线型和洛伦兹线型逐线计算 $7603.14cm^{-1}$ 处吸收截面。

表 2-12 列出了利用 $7599 \sim 7616cm^{-1}$ 波段内我们测量的谱线参数和 HITRAN2004 数据库列出的谱线参数计算在 $7603.14cm^{-1}$ 处的吸收截面,比较了采用两种线型函数计算的结果的差异。两种线型计算的结果基本相同。根据实验数据计算,在 $7603.14cm^{-1}$ 处由 $H_2^{16}O$ 分子造成的吸收截面约为 $1.11 \times 10^{-24}cm^2$,由 $H_2^{18}O$ 水分子造成的吸收截面约为 $4.2 \times 10^{-26}cm^2$。根据 HITRAN2004 数据库中数据计算,在 $7603.14cm^{-1}$ 处由 $H_2^{16}O$ 水分子造成的吸收截面约为 $1.3 \times 10^{-24}cm^2$,由 $H_2^{18}O$ 水分子造成的吸收截面约为 $5.5 \times 10^{-26}cm^2$。两种数据计算的总吸收截面相差约16%。

表 2-12　逐线计算 $7603.14cm^{-1}$ 波长处的吸收截面　单位:cm^2

同位素	实验值		HITRAN2004 数据库数据	
	Voigt	洛伦兹	Voigt	洛伦兹
$H_2^{16}O$	1.115×10^{-24}	1.114×10^{-24}	1.299×10^{-24}	1.298×10^{-24}
$H_2^{18}O$	4.228×10^{-26}	4.207×10^{-26}	5.536×10^{-26}	5.509×10^{-26}
总吸收截面	1.157×10^{-24}	1.156×10^{-24}	1.354×10^{-24}	1.353×10^{-24}

4. $1.315\mu m$ 波段 CO_2、CH_4分子的高灵敏度吸收光谱测量[8]

CO_2、CH_4分子的近红外光谱位于基频的泛频或复合频率处,具有分离的特征谱线,一般比中红外波段的基频的吸收弱很多量级。因此,测量 CO_2、CH_4分子的高灵敏度吸收光谱要求增加灵敏度和信噪比。波长调制光谱技术是一种非常有效的降低噪声的方法,它是在调制频率的倍频处进行探测,因此避免了低频噪声的干扰,一般可使检测灵敏度提高 $1 \sim 2$ 个数量级。

我们建立了一套高灵敏度可调谐半导体激光波长调制吸收光谱装置,结合千米级 White 池,测量了近红外波段温室气体 CO_2 和 CH_4 的谱线参数[8],发现了一些 HITRAN 数据库中没有报道的新谱线;通过对 CH_4 分子光谱的测量,给出了 HITRAN 数据库中没有报道的更弱的谱线。

为了获取 CO_2 分子在这一波段的详细吸收线参数,将波长调制技术和长程多通池结合建立了一套具有极高灵敏度和分辨率的实验装置,可以测量 5Torr 压力以下约 $10^{-28}cm^{-1}/(molecule \cdot cm^{-2})$ 的吸收线强度,最小可探测吸收约为 10^{-7}。利用该实验装置测量了 $5.01Torr$ 压力下纯度为 99.99% 的 CO_2 在 $1.315\mu m$ 附近的吸收光谱,在这一波段的 CO_2 光谱实验中发现了 15 条新谱线。还利用该装置测量了 CO_2 气体在 $1.315\mu m$ 波长附近($7599.84 \sim 7616.70cm^{-1}$)吸收谱线的中心谱线位置、谱线强度以及自加宽系数,结果与 HITRAN2004 数据库中数据吻合得很好,谱线强度偏差小于7%,见表 2-13。

表 2 - 13 波长调制吸收光谱探测的 CO_2 谱线参数与
HITRAN 数据库给出的谱线参数的比较[8]

中心位置/cm^{-1}	$S/(10^{-26}$ cm^{-1}/(molecule · cm^{-2}))		$S_{HITRAN}/S_{Exp.}$
	$S_{Exp.}$	S_{HITRAN}	
7599.36127	1.346	1.254	0.93166
7599.57118①	0.720	—	—
7600.30145	30.120	30.93	1.02688
7600.47374	1.128	1.081	0.95795
7600.57702	1.183	1.141	0.96463
7600.77971①	2.673	—	—
7601.55069	1.033	0.9552	0.92443
7601.55988①	1.159	—	—
7601.66744	34.062	35.17	1.03251
7601.77639	1.049	1.015	0.96732
7602.35552①	2.337	—	—
7602.59203	0.863	0.822	0.95212
7602.99631	37.116	38.09	1.02624
7603.59774	0.714	0.6957	0.97467
7604.09188	0.775	0.756	0.97553
7604.28806	38.411	39.65	1.03225
7604.56775	0.616	0.5778	0.93771
7604.99468①	2.592	—	—
7605.20794	0.632	0.6336	1.0022
7605.54272	38.993	39.93	1.02403
7605.80421①	1.719	—	—
7606.2962	0.564	0.5211	0.92356
7606.40049	0.410	0.3769	0.92036
7606.7603	38.348	39.06	1.01857
7607.20358①	0.959	—	—
7607.35664	0.463	0.4207	0.90872
7607.94084	36.873	37.21	1.00915
7608.39919①	0.454	—	—
7608.82175①	1.648	—	—
7609.08437	33.668	34.58	1.02708
7610.19094	31.419	31.42	1.00003

（续）

中心位置/cm^{-1}	$S/(10^{-26}\mathrm{cm}^{-1}/(\mathrm{molecule \cdot cm^{-2}}))$		$S_{\mathrm{HITRAN}}/S_{\mathrm{Exp.}}$
	$S_{\mathrm{Exp.}}$	S_{HITRAN}	
7610.37597①	0.313	—	—
7610.79943①	0.269	—	—
7611.26059	28.208	27.93	0.99015
7612.03522①	8.627	—	—
7612.29338	25.708	24.32	0.946
7613.28937	22.161	20.75	0.93632
7614.24863	17.702	17.37	0.98126
7614.59165①	1.330	—	—
7615.17122	14.955	14.26	0.9535
7615.68236①	0.225	—	—
7616.05723	12.087	11.5	0.95146
7616.32205①	3.739	—	—
① 新线谱			

我们通过可调谐半导体激光吸收光谱结合波长调制光谱技术还测量了 CH_4 在 $1.315\mu m$ 附近的吸收光谱。通过千米级 White 池结合波长调制光谱技术,研究了 CH_4 在 $1.315\mu m$ 附近的谱线,获得了低压下 CH_4 在 $7602 \sim 7617\mathrm{cm}^{-1}$ 波段的谱线参数,为用 $1.315\mu m$ 波段的可调谐半导体激光器在线检测 H_2O、CH_4 提供了实验依据。HITRAN2004 数据库以前的版本中没有提供 CH_4 吸收谱线在这个波段上的跃迁信息(包括线强、位置、压力加宽系数等基本信息)。虽然在 HITRAN2004 数据库有了这一波段的基本数据,实际上这些谱线大多是计算的结果。到目前为止还没有看到这一波段实验获得的详细结果。我们选择用 $1.315\mu m$ 的激光器结合波长调制的方法测量这个波段 CH_4 的吸收谱线。

图 2 - 16 是波长调制吸收光谱技术和二次谐波探测技术测量纯 CH_4 的吸收光谱的结果。实验中采用的是纯度为 99.99% 高纯 CH_4,吸收池内压力为 0.077Torr,吸收长度为 602.68m。锁相放大器的调制频率和调制振幅分别为 1.21kHz、50mV。为了获得每条吸收谱线的参数,我们采用多谱线拟合程序。表 2 - 14 列出了测量结果中每条谱线的拟合结果:第一列给出了谱线位置;第二、三列分别给出 HITRAN 数据库和实验测量的谱线强度;第四列给出了实验获取的线强与 HITRAN 数据库中线强的比值。从表 2 - 14 中可以看出,HITRAN 数据库仅仅给出了吸收谱线强度约 $10^{-25}\mathrm{cm}^{-1}/(\mathrm{molecule \cdot cm^{-2}})$ 量级以上的吸收谱线强度,其中最弱的谱线是中心吸收位置在 $7603.0333\mathrm{cm}^{-1}$ 的吸收强度为

$4.206 \times 10^{-25} \mathrm{cm}^{-1}/(\mathrm{molecule} \cdot \mathrm{cm}^{-2})$，而我们用波长调制光谱技术测量的相应的谱线强度为 $4.2123 \times 10^{-25} \mathrm{cm}^{-1}/(\mathrm{molecule} \cdot \mathrm{cm}^{-2})$，误差为 1.5%。

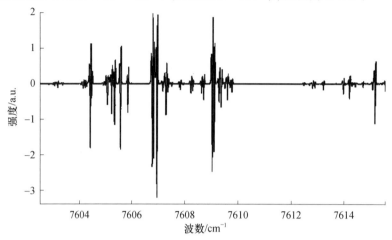

图 2-16 用波长调制吸收光谱技术和二次谐波探测技术获取的 CH_4 吸收谱线

从表 2-14 可以看出，在 0.077Torr 压力下测量的最弱谱线强度为 $3.51 \times 10^{-26} \mathrm{cm}^{-1}/(\mathrm{molecule} \cdot \mathrm{cm}^{-2})$，对应的吸收为 2.30×10^{-7}。图 2-17 为 HITAN2004 数据库中线强与实验测量的谱线强度比较。从图 2-17 可以看出，测量的谱线强度与 HITRAN2004 数据库给出的谱线强度基本上一致。从测量结果可以看出，我们给出最弱谱线强度约 $10^{-26} \mathrm{cm}^{-1}/(\mathrm{molecule} \cdot \mathrm{cm}^{-2})$ 量级，测量结果可以作为对 HITRAN2004 数据库谱线强度的补充。同时从图 2-17 中可以看出，有 HITRAN 数据库给出的谱线，在测量时却没有发现，如中心位置在 7605.0161cm^{-1} 吸收谱线强度为 $2.261 \times 10^{-24} \mathrm{cm}^{-1}/(\mathrm{molecule} \cdot \mathrm{cm}^{-2})$。从我们测量的实验结果可以看出，不能观测到此谱线不是由于测量的精度以及分辨率不够造成的。

表 2-14 测量的 CH_4 谱线参数（谱线位置、谱线强度）

中心位置/cm^{-1}	$S/(10^{-24} \mathrm{cm}^{-1}/(\mathrm{molecule} \cdot \mathrm{cm}^{-2}))$		$S_{\mathrm{Exp.}}/S_{\mathrm{HITRAN}}$
	S_{HITRAN}	$S_{\mathrm{Exp.}}$	
7602.56531[①]	—	0.0577	—
7602.75703[①]	—	0.0934	—
7602.84282[①]	—	0.2089	—
7603.0333	0.4206	0.4214	1.00179
7603.1583	0.6404	0.6471	1.01052
7603.35658[①]	—	0.3461	—
7604.1169[②]	1.009	—	—

（续）

中心位置/cm^{-1}	$S/(10^{-24} \mathrm{cm}^{-1}/(\mathrm{molecule} \cdot \mathrm{cm}^{-2}))$		$S_{\mathrm{Exp.}}/S_{\mathrm{HITRAN}}$
	S_{HITRAN}	$S_{\mathrm{Exp.}}$	
7604.1979	0.7489	0.8138	1.08662
7604.2613	0.7372	0.7580	1.02817
7604.3832[2]	0.6219	—	—
7604.4075	16.43	15.0551	0.91632
7604.454	3.343	3.5252	1.05449
7604.8906	0.5195	0.5608	1.07956
7604.9585[2]	0.6396	—	—
7605.0161[2]	2.261	—	—
7605.0457[2]	7.284	—	—
7605.0758	2.016	4.2647	2.11543
7605.2069	6.618	6.0028	0.90704
7605.3222	9.328	8.9034	0.95448
7605.5538	15.07	13.8276	0.91756
7605.8496	3.79	5.7642	1.5209
7606.11296[1]	—	0.0575	—
7606.53436[1]	—	0.0351	—
7606.7656	23.94	21.6725	0.90528
7606.8186	17.8	17.1448	0.96319
7606.9052[2]	1.301	—	—
7606.9471	25.01	24.9518	0.99767
7607.1299[2]	1.977	—	—
7607.1693	1.053	1.1794	1.12003
7607.2547	8.086	8.3749	1.03573
7607.3304	1.713	1.6579	0.96784
7607.4816	0.5061	0.5538	1.0943
7607.7814	0.8219	0.7799	0.94883
7607.8227	0.9957	1.1155	1.12033
7607.9387[1]	—	0.2066	—
7608.2081	2.248	1.9342	0.86042
7608.2787	1.383	1.3408	0.96949
7608.6267	1.928	1.928	1
7608.7111	2.875	3.1464	1.0944
7609.0403	21.78	19.8229	0.91014
7609.0586[2]	0.5549	—	—

（续）

中心位置/cm^{-1}	$S/(10^{-24} cm^{-1}/(molecule \cdot cm^{-2}))$		$S_{Exp.}/S_{HITRAN}$
	S_{HITRAN}	$S_{Exp.}$	
7609.1077	12.57	13.6583	1.08658
7609.2579	4.739	4.3522	0.91839
7609.3402	6.009	4.7018	0.78246
7609.4849	0.9264	0.9538	1.0296
7609.5824	3.677	3.2737	0.89033
7609.632[2]	0.4065	—	—
7609.6746	0.8869	0.8021	0.90433
7609.7519	1.539	1.6483	1.07104
7610.07473[1]	—	0.1611	
7612.4829[1]	—	0.3072	—
7612.69744[1]	—	0.2464	
7612.7864	0.8735	0.8334	0.95403
7612.867	0.8502	0.7970	0.9374
7613.04594[1]	—	0.0723	
7613.13387[1]	—	0.0860	—
7613.202	1.02	1.1030	1.08138
7613.9552	2.325	1.9507	0.83902

[1] 实验中测量的谱线位置,HITRAN 数据库中没有给出的谱线;[2] HITRAN 数据库中有,但在实验中没有发现的谱线

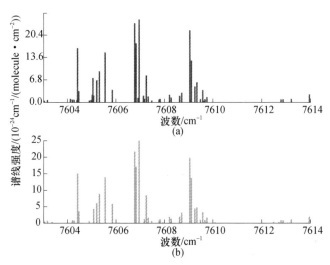

图 2-17　波长调制技术测量的谱线强度与 HITRAN 数据库给出的谱线强度的比较
（a）HITRAN 数据；（b）实验数据。

从表 2 - 14 第四列波长调制测量的谱线强度与 HITRAN 数据库给出的谱线强度的比值可以看出,绝大部分测量的谱线强度与 HITRAN 数据库给出的谱线强度保持一致,但是也有个别谱线强度与 HITRAN 数据库给出的谱线强度相差很大,甚至相差 1 倍,如谱线位置在 7605.0758cm^{-1} 吸收谱线强度为 $2.016 \times 10^{-24}\text{cm}^{-1}/(\text{molecule} \cdot \text{cm}^{-2})$,而我们用波长调制的方法给出的谱线强度为 $4.26471 \times 10^{-24}\text{cm}^{-1}/(\text{molecule} \cdot \text{cm}^{-2})$ 。造成这一波段测量的结果与 HITRAN 数据库给出的数据差别很大是由于 CH_4 分子在这一波段的谱线特别丰富,以及谱线之间的相互干扰等情况造成的。因此,要求系统有特别高的分辨率。

2.1.3.2　3.8μm 波段高分辨率大气分子吸收光谱测量

3.8μm 波段属于“大气窗口”的 L 波段(3.0 ~ 4.0μm),通常是指 3.5 ~ 4.0μm 波段。L 波段位于 CO_2 4.3μm 强吸收带和 2.7μm 水汽强吸收带之间,大气吸收较弱,是一个很重要的“大气窗口”,在地球和天文观测、激光大气传输等方面具有重要的应用。

1. 3.8μm 波段纯水汽吸收光谱测量[9]

3.8μm 波段主要的吸收大气分子有 HDO、OCO(16)、OCO(18)、CH_4 及其同位素、N_2O 等,以及 CO_2 4.3μm 强吸收带在该波段所引起的连续吸收和 N_2 在 4.3μm 处所引起的碰撞诱导吸收。

3.8μm 波段(本节中测量的波段为 3.6 ~ 4.2μm)的水汽吸收主要是由水汽的同位素 HDO 分子所引起的。HDO 分子是水汽在地球大气中含量排名第四的同位素分子,约占水汽分子的 0.031% ,其含量在地球大气中较小。但是,由于 HDO 分子的部分 ν_1 基频带位于这一波段,所以地球大气中 HDO 分子在这一波段会引起相对较强的吸收。

HDO 是三原子分子,属于 C_s 群,有三个基频振动带。HITRAN2004 数据库中 3.8μm 波段的数据取自 N. Papineau 等[10]于 1982 年用傅里叶红外变换光谱仪测得的数据。我们采用高分辨率差频光源对这一波段的纯水汽进行了测量,并与 HITRAN2004 数据库中的数据进行了比较。

用我们研制的差频激光系统和 White 池,光程调谐到 417.2m,然后充入天然水汽,稳定后水汽压力为 $8.062 \times 10^2 \text{Pa}$,吸收池温度为 25℃ 。

图 2 - 18 为用 Voigt 线型拟合的测量的 HDO 分子的吸收光谱。图 2 - 18 中,实际吸收线(图中的点)和拟合的线(图中的线)残差小于最大值的 1% ,可以看到实际的吸收谱线用 Voigt 线型得到了较好拟合。

图 2 - 19 为本实验探测的 HDO 分子总的透过率光谱图,实验探测到的谱线主要位于 3.6 ~ 4.0μm 段,探测到了 HDO 分子 ν_1 基频吸收带的 R 支、Q 支和部分 P 支。图 2 - 20 为 HDO 分子透过率吸收的部分光谱图,对于 50% 的吸收谱线,其信噪比为 60 ~ 100。

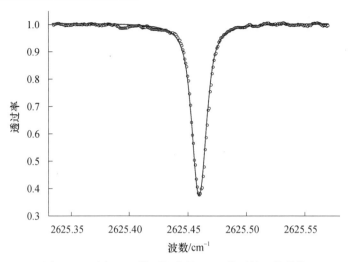

图 2-18 用 Voigt 线型拟合的 HDO 分子的吸收谱线

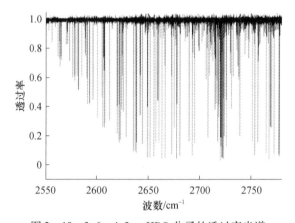

图 2-19 3.6~4.2μmHDO 分子的透过率光谱

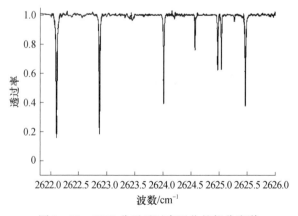

图 2-20 HDO 分子透过率吸收的部分光谱

根据 HITRAN2004 数据库中这个波段 9 条强线的吸收强度反推获得吸收池中的 HDO 的分子数密度为 4.21×10^{13} molecule/cm^3,根据这个数值推算其他吸收线的谱线强度值时所得的是绝对谱线强度,要得到相对谱线强度还要乘自然界中 HDO 分子占水汽的比例 0.031069%,所得的结果示于图 2 – 21 中,并与 HITRAN2004 数据库中的相应数据做了比较。

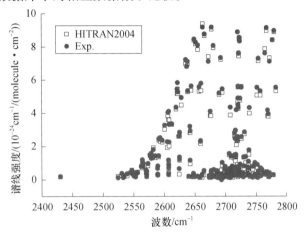

图 2 – 21　HITRAN2004 数据库中和实验测得的
HDO 分子的谱线位置和谱线强度

在这个波段,实验探测到了谱线强度大于 2.0×10^{-25} cm^{-1}/(molecule·cm^{-2}) 的吸收线 237 条,其中 5 条吸收线可能是新线,10 条吸收线在 HITRAN2004 数据库中显示但在探测中并未探测到,原因可能是这些线靠得比较近,而水汽的加宽效应又较大,也可能 HITRAN2004 数据库中有部分吸收线是不存在的。

由于天然水汽中 $H_2O(16)$ 分子是主要成分,所以拟合数据除得到 HDO 分子线位置、谱线强度外,还得到了 $H_2O(16)$ 对 HDO 分子的加宽系数值。数据中只有 4 条是 $H_2O(16)$ 分子的吸收线。

探测到的 HDO 分子的线位置和 HITRAN2004 数据库中的谱线强度相比差异为 $\pm 0.005 cm^{-1}$;探测所得的多数强线(大于 1.0×10^{-24} cm^{-1}/(molecule·cm^{-2}))的谱线强度和 HITRAN2004 数据库相比其差异小于 10%,其余的线与数据库相比差异多数小于 30%;探测得到的 $H_2O(16)$ 对 HDO 分子的加宽作用较大,其数值与 HITRAN2004 数据库的 HDO 分子的自加宽系数值相当。

限于篇幅,实验测量 $2380 \sim 2784 cm^{-1}$ 的 HDO 分子的谱线强度、谱线位置和加宽系数值在此没有列表,可参见文献[9]。

2. 3.8μm 波段 HDO 分子氮气加宽系数测量

在实际大气的谱线吸收测量中除探测吸收分子的谱线强度和谱线位置之

外,还要考虑其他气体分子对吸收谱线的加宽作用,地球大气中含量较多的气体是 N_2 和 O_2,通常首先考虑 N_2 和 O_2 加宽作用。

在本实验中研究了 $3.6 \sim 4.2\mu m$ 的水汽的 N_2 加宽光谱,实验条件见表 2 – 15,得到了 HDO 分子的 N_2 的加宽系数。

表 2 – 15　水汽的 N_2 加宽测量实验条件

水汽压力/Pa	N_2 压力/Pa	光程/m	范围/μm	温度/K
1.212×10^3	5.481×10^3	602.63	$3.6 \sim 4.2$	298.2
1.212×10^3	5.481×10^3	293.59	$3.6 \sim 4.2$	298.2

与前面的一样,吸收谱线用 Voigt 线型拟合,拟合得到扣除激光本身线宽的洛伦兹加宽值。拟合结果表明,吸收谱线用 Voigt 线型得到了较好的拟合。拟合得到的洛伦兹加宽值包括两部分:一个是 $H_2O(16)$ 分子对 HDO 分子的加宽;另一个是 N_2 引起的加宽。在前面已经得到了 $H_2O(16)$ 对 HDO 分子的加宽系数,根据

$$\gamma_{\text{LORENTZ}} = P_{H_2O}\gamma_{H_2O} + P_{N_2}\gamma_{N_2} \qquad (2-1)$$

可以得到 N_2 加宽系数,并且根据 $\gamma_{\text{Air}} = 0.9\gamma_{N_2}$ 得到干燥空气的加宽系数。处理的部分数据如图 2 – 22 所示。

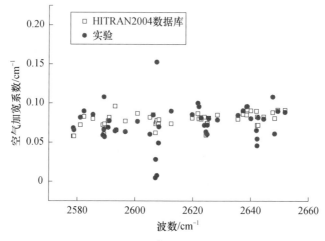

图 2 – 22　$2578.6 \sim 2651.8\text{cm}^{-1}$ 范围内 HDO 分子空气加宽系数

3. $3.8\mu m$ 波段 CO_2 吸收光谱测量

在 $3.8\mu m$ 波段 CO_2 分子的吸收包括 OCO(16) 和 OCO(18) 的吸收,$3.6 \sim 4.07\mu m$ 是 OCO(18) 分子的吸收,$4.07 \sim 4.18\mu m$ 是 OCO(16) 分子的吸收。OCO(16) 是 CO_2 的主要分子,在 $3.8\mu m$ 波段的吸收主要是 10011←10002 泛频吸收带引起的;OCO(18) 是大气 CO_2 中含量排第三的同位素分子,含量约为 0.395%,但是在 $3.8\mu m$ 波段有几个泛频带的吸收,同样会对激光大气传输造成

影响。

采用本实验室研制的差频激光系统和 White 池,充入纯度为 99.99% CO_2 气体。OCO(18)分子在这一段的吸收比较弱,为了探测这一段的吸收,所配的气体压力较大(1.068×10^4 Pa),光程调谐到 417.204 m,扫描范围为 $3.6 \sim 4.12 \mu m$;OCO(16)分子在这一段的吸收相对比较强,所以在实验过程中所配的气体压力较小(1.227×10^3 Pa),光程调谐到 169.972 m,扫描范围为 $4.07 \sim 4.18 \mu m$。实验在 25 ℃ 下进行。

图 2-23 为实验探测的 CO_2 压力为 1.068×10^4 Pa 时 $3.6 \sim 4.12 \mu m$ 波段 CO_2 吸收的透过率,短波段($3.6 \sim 4.07 \mu m$)主要是 OCO(18)分子的吸收,长波段(大于 $4.07 \mu m$)OCO(16)的 10011←10002 泛频吸收带由于吸收相对较强在图中很多线都吸收饱和。图 2-24 是 CO_2 压力为 1.227×10^3 Pa 时 $4.07 \sim 4.18 \mu m$ 波段的透过率吸收,主要是 OCO(16)的 10011←10002 泛频带的吸收。图 2-25 是 OCO(16)和 OCO(18)分子在 $3.6 \sim 4.2 \mu m$ 波段的吸收系数光谱图。图 2-26 是实验测得的 4 条 CO_2 吸收谱线的透过率光谱。$3.6 \sim 4.12 \mu m$ 波段实验中共有 321 条吸收谱线被探测到,最小吸收谱线强度约为 2.0×10^{-26} $cm^{-1}/$(molecule·cm^{-2}),其中有 3 条线是新线,HITRAN2004 数据库中约 2.0×10^{-26} $cm^{-1}/$(molecule·cm^{-2})以上的吸收谱线为 320 条,有两条约 3.0×10^{-26} $cm^{-1}/$(molecule·cm^{-2})的吸收谱线在实验中未探测到。

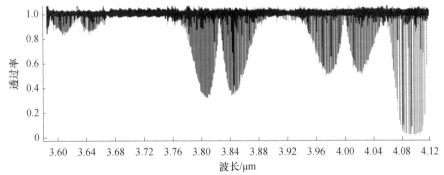

图 2-23 实验测得的 OCO(18)在 $3.6 \sim 4.12 \mu m$ 波段的吸收透过率

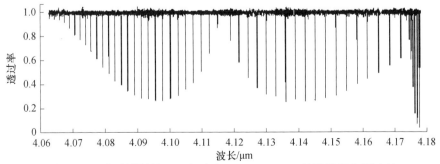

图 2-24 实验测得的 OCO(16)在 $4.07 \sim 4.18 \mu m$ 波段的吸收透过率

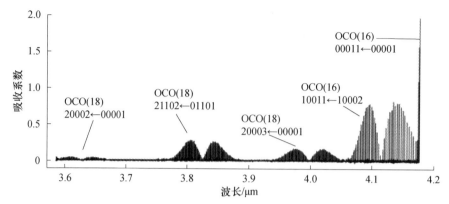

图 2 - 25　实验测得的 OCO(16) 和 OCO(18) 在 3.6 ~ 4.2μm 波段的吸收系数

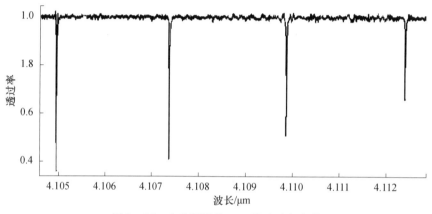

图 2 - 26　实验测得的 CO_2 的透过率光谱

　　实验测得的 HDO 分子的谱线位置和谱线强度及其与 HITRAN2004 数据库中结果的比较如图 2 - 27 所示。探测到的谱线位置和 HITRAN2004 数据库中的相比差异为 ± 0.005cm^{-1};3.6 ~ 4.07μm 波段的 OCO(18) 分子 1.0×10^{-25} cm^{-1}/(molecule·cm^{-2}) 以上的谱线强度和数据库中的相比差异小于 10%,其余的谱线和数据库中的相比差异大多数小于 40%;4.07 ~ 4.18μm 波段 OCO(16) 分子 1.0×10^{-24} cm^{-1}/(molecule·cm^{-2}) 以上的谱线强值和数据库中的相比其差异小于 10%,其余的谱线和数据库中的相比其差异多数小于 30%。

　　我们还测量了该波段 CH$_4$ 的吸收光谱,限于篇幅,不再赘述。

　　4. 氟化氘(DF)化学激光波段大气分子吸收特性

　　DF 激光器的发射谱线很多,每一条谱线上的大气吸收特性差异很大。DF 激光谱线主要分布在 2400 ~ 2800cm^{-1} 波段,主要的发射线有 80 余条,根据工作条件的不同,每次激光发射输出的谱线也略有差别,图 2 - 28 为 DF 激光发射谱线归一化相对强度分布和中纬度夏季整层大气垂直路径的光谱透过率。从中可以看出,有的激光输出谱线位于很好的大气窗口区,如 P_2^8 线 (2631.06 cm^{-1}),其透过率很高(图 2 - 29);但有些谱线则处在大气的吸收线上,有相当的吸收。

在 DF 激光谱线区,存在 CO_2 4.3 μm 强吸收带的远翼吸收,对 2400 cm^{-1} 以下的波段,CO_2 的吸收变得非常强。在高频段,主要是 HDO、H_2O 分子以及部分 CH_4 分子的吸收。对于低频段(对应于更高 DF 振动跃迁),N_2O、CO、O_3 和 N_2 有一定的吸收。图 2 - 30 示出了 N_2O、H_2O、N_2 和 CH_4 在 DF 激光频率范围内的光谱透过率,可以看出,每种分子在各个波长的吸收贡献。

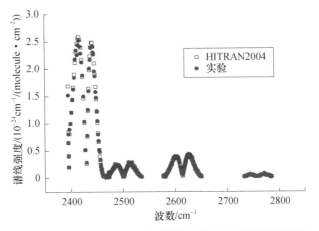

图 2 - 27　实验测得的 HDO 分子的谱线位置和谱线强度及其与
HITRAN2004 数据库中结果的比较

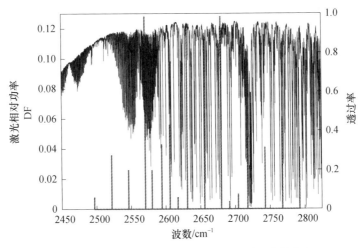

图 2 - 28　DF 激光发射谱线归一化相对强度分布和
中纬度夏季整层大气垂直路径的光谱透过率

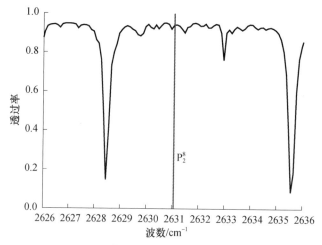

图 2-29　DF 激光 P_2^8 线(2631.06cm^{-1})的位置及大气透过率

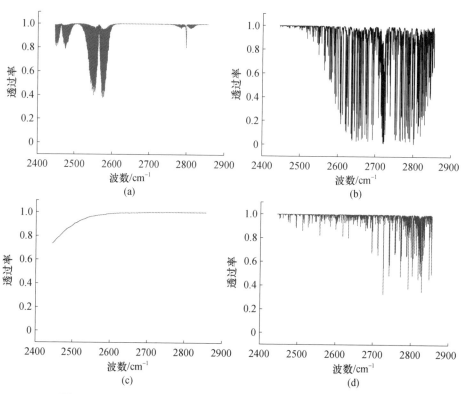

图 2-30　N_2O、H_2O、N_2 和 CH_4 在 DF 激光频率范围内的光谱透过率
(a)N_2O;(b)H_2O;(c)N_2;(d)CH_4。

　　总之,在 DF 激光波段包含大量大气分子的吸收线。计算大气对 DF 激光的衰减时必须计及各种大气分子的吸收,并考虑对 DF 激光各输出谱线强度加权的平均衰减效应。由于大气对 DF 各谱线的吸收强度差别很大,其加权平均吸收系数即使对均匀路径也不是一个固定值,而是随路径增大而逐渐减小趋于某一固定值。

2.1.4　激光大气分子吸收计算方法

1. 激光大气分子吸收计算——逐线积分法

大气对给定波长光波的吸收是大气中各种气体分子和气溶胶吸收的总和。对于光谱带宽极窄的激光辐射来说,计算大气气体吸收最精确的方法是逐线积分法,即逐条计入对激光频率处所有有贡献的大气气体分子吸收谱线,累加得到该激光频率处大气分子的吸收。这是精确的大气吸收计算方法。给定某吸收气体分子含量 u 时,对于压力加宽为主的高度范围内,采用洛伦兹线型(不同的高度采用相应的不同线型或统一用 Voigt 线型),频率为 ν 的单色辐射的该种分子的透过率为

$$T_\nu(u) = e^{-\sum_l^N \frac{\gamma_{L,l} S_l \mu}{\pi[(\nu-\nu_{0l})^2+\gamma_{L,l}^2]}} \qquad (2-2)$$

式中:ν_0、S 和 γ_L 分别为吸收谱线的中心位置、谱线强度和半宽度;N 为谱线总数。

该方法的优点:可以直接对波数进行积分,有效地处理气体的重叠吸收带,同时处理吸收与散射问题。对于有一定宽度 $\Delta\nu$ 的激光辐射,需要计算波段内的平均透过率,即

$$\overline{T}_\nu(u) = \frac{1}{\Delta\nu}\int_{\Delta\nu} T(\nu)\mathrm{d}\nu = \frac{1}{\Delta\nu}\int_{\Delta\nu} e^{-\sum_l^N \frac{\gamma_{L,l} S_l \mu}{\pi[(\nu-\nu_{0l})^2+\gamma_{L,l}^2]}}\mathrm{d}\nu \qquad (2-3)$$

线翼截断是逐线积分中必须考虑的一个重要问题。从理论上来说,对频率的积分限应取无穷大,即考虑无穷远处的谱线的贡献以及该谱线对无穷远处吸收系数的贡献。但实际上,吸收系数将按照离线中心距离的平方而衰减,谱线强度和谱线的远翼行为都存在某种误差和不确定性,因此,无限制地计及谱线远翼的贡献没有意义,而且浪费计算时间。通常考虑 $\pm 25\mathrm{cm}^{-1}$ 范围内所有吸收谱线的贡献已足够。另外,为不丢失任意一条谱线对吸收系数的贡献,从理论上讲逐线积分采样点之间的间隔必须小于谱线半宽度的 1/2。

LBLRTM(Line-by-line Radiative Transfer Model)是国际上公认的精度最高的逐线积分计算程序[11],是由美国大气和环境研究公司自 20 世纪 80 年代开始从发展起来的一种高效、精确的辐射传输算法。它可以高分辨率、高精度地计算大气光谱透过率、大气热辐射量。光谱范围覆盖紫外到亚毫米波波段。它具有以下特点:

(1) 在大气的各个高度都采用一种近似函数的线性组合算法的 Voigt 线型。

(2) 从紫外到亚毫米波波段,用实际测量的大气辐亮度光谱进行了大量的验证。

（3）在 MT_CKD 连续吸收模式中,包括自增宽和外增宽的水汽连续吸收模式、二氧化碳连续吸收模式及其他诸如氧气在 1600cm^{-1} 和氮气在 2350cm^{-1} 处碰撞导致的连续吸收模式。

（4）LBLRTM 的算法精度约为 0.5%,算法的误差不到由谱线参数引起的误差的 20%,该程序的计算误差主要取决于给定的大气分子光谱谱线参数和线型的不确定性。

LBLRTM 源程序可以从 http://rtweb.aer.com 下载,目前最新(2014 年)的版本为 Ver12.2,并在不断修改和更新中。作者只推荐在 UNIX、Linux、SO-LARIS、OS X、IRS X 等平台上运行,源程序中包括这些操作系统下的版本。在这些版本中没有能够在 Windows 操作系统上运行的版本。作者声称不正式支持在 Windows 环境下运行。随着计算机技术的飞速发展,PC 的计算能力已与小型甚至中型计算机相媲美,并且拥有广大的 Windows 操作系统用户。我们曾将该软件从工作站移植到 PC 上,供相关人员使用[12]。

图 2-31 为 LBLRTM 计算的大气光谱辐亮度和 IASA(Infarared Atmospheric Sounding Interferometer)卫星实际测量的大气高光谱辐亮度的比较。IASI 是搭载

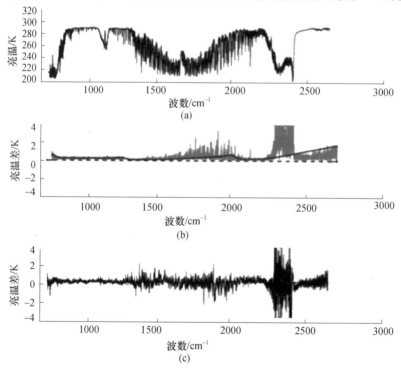

图 2-31 LBLRTM 计算的大气光谱辐亮度和 IASA 卫星
实际测量的大气光谱辐亮度的比较

（a）IASI 观测的大气背景光谱；（b）IASI 4 个探测像元的平均噪声；
（c）IASI 观测与 LBLRTM 计算结果的偏差[13]。

在欧洲 METOP 卫星上的高光谱红外大气探测仪。从图 2-31 可以看出,LBLRTM 计算结果与 IASI 观测结果的偏差小于仪器噪声,说明 LBLRTM 计算误差小于仪器测量噪声。LBLRTM 被认为是目前大气分子吸收计算精度最高的模式和软件。

LBLRTM 适用于光谱范围较窄的有限波段的大气分子吸收计算。对于宽波段的工程实际应用,因为吸收线密集,即使在 $0.01\,cm^{-1}$ 间隔内有时也需分成几十个子间隔,每个计算点需计及邻近有影响的几百条到上千条甚至更多条谱线的贡献。除需考虑每条吸收谱线的参数(谱线位置、线型、强度、半宽度等)随大气环境参数(温度、气压等)的变化外,还需考虑不同吸收气体含量的路径变化,计算量十分巨大,不适用于工程上对计算速度的要求。因此,对于中低光谱分辨率的大气透过率计算,业界发展了一些工程上常用大气辐射传输软件,如带模式、K 分布、经验公式等快速大气分子吸收计算方法等,常用的有低分辨率大气透过率计算软件 LOWTRAN[14](Low Resolution Transmission)和中分辨率大气MODTRAN[15](MODerate Resolution Atmospheric TRANsmission),以及我们研制的通用大气辐射传输软件[16,17](CART)等。这些计算大气辐射传输的工程应用模式软件在各自的领域有不同的应用,其大气分子吸收部分的计算精度一般是以 LBLRTM 的计算结果作为基准来校验的。

2. 气体分子吸收光谱数据汇编

在计算特定波长的大气分子吸收时,除每种分子含量的路径分布外,还必须知道每种分子每条吸收谱线的位置、强度、半宽度、基态能量、压力加宽温度依赖系数等。这些光谱参数的获得是一个很大的工程,集中了世界各国科学家多年的研究结果。从 20 世纪 60 年代开始,就有谱线资料汇编问世。1973 年,美国前空军剑桥实验室(AFCRL)的 McClantchy 等根据各国研究机构的学者的研究成果首先汇集了水汽、CO_2、O_3、N_2O、CO、CH_4 和 O_2 七种主要大气吸收气体分子的 110000 条谱线位置、强度、半宽度及跃迁的高、低态能量等参数。随着分子光谱学实验和理论的进展,20 世纪 80 年代以来,Rothman 等开始汇集编纂高分辨率分子吸收(HIgh-resolution TRANsmission molecular absorption,HITRAN)数据库。自 HITRAN 数据库 1973 年首次发表以来,得到了广泛应用。到目前为止,共公开发布了超过 8 个版本 HITRAN 数据库,包括 HITRAN1982(HITRAN1982、HITRAN1986、HITRAN1992、HITRAN1996、HITRAN2000、HITRAN2004、HIT-RAN2008、HITRAN2012),其中 HITRAN2012 是公开发表的最新版本。HIT-RAN2012[18]包含 47 种分子及其同位数,共 7400447 条光谱线参数。HAWKS(HITRAN Atmospheric Workstation)是用于阅读处理 HITRAN 的数据库的软件,该软件采用 Java 语言编写的,以便具有更高的兼容性,软件可在 Windows、UNIX、MAC 操作系统下进行操作、筛选和绘制吸收截面的逐条谱线数据。

HITRAN 数据库可以从 http://cfa-www. harvard. edu/hitran 下载。

Rothman[19]、石广玉[20]介绍了 HITRAN2004 数据库的格式、各种大气分子光谱参数概览,HITRAN2008 数据库的格式与 HITRAN2004 相同。在激光分子吸收计算时,由于业界采用的计算软件有可能用到不同版本的 HITRAN 数据库,这里我们根据文献[19]介绍 HITRAN 数据库格式。

2001 年以前的 HITRAN 版本(HITRAN1982 ~ HITRAN2000)采用每条记录 100 个字符的格式,见表 2 – 16。

表 2 – 16　2001 年以前的 HITRAN 数据库的记录格式

参数	M	I	ν	S	R	γ_{air}	γ_{self}	E''	n_{air}	δ_{air}	V'	V''	Q'	Q''	I_{err}	I_{ref}
字长度	2	1	12	10	10	5	5	10	4	8	3	3	9	9	3	6
FORTRAN 格式	I2	I1	F12.6	2E10.3		2F5.4		F10.4	F4.2	F8.6	2I3		2A9		3I1	3I2

2004 年及其以后的 HITRAN 版本(HITRAN2004、HITRAN2008 和 HITRAN2012)采用每条记录 160 个字符的格式,见表 2 – 17。

表 2 – 17　2004 年及其以后 HITRAN 数据库的记录格式

参数	M	I	ν	S	A	γ_{air}	γ_{self}	E''	n_{air}	δ_{air}	V'	V''	Q'	Q''	I_{err}	I_{ref}	flag	g'	g''
字长度	2	1	12	10	10	5	5	10	4	8	15	15	15	15	6	12	1	7	7
FORTRAN 格式	I2	I1	F12.6	2E10.3		2F5.4		F10.4	F4.2	F8.6	4A15				6I1	6I2	A1	2F7.1	

表 2 – 18 是 100 字符和 160 字符记录格式大气分子吸收光谱参数的物理意义。针对谱线中心波数 ν、谱线强度 S、空气加宽半宽度 γ_{air}、自加宽半宽度 γ_{self}、空气加宽温度依赖指数 n_{air} 和空气加宽线移 δ_{air} 6 个关键参数的不确定度指数的含义见表 2 – 19。

表 2 – 18　100 字符和 160 字符记录格式大气分子吸收光谱参数的物理意义

参数	物理意义	字段长度 (100/160 格式)	变量类型	注释或单位
M	分子序号	2/2	整型	HITRAN 年代排序
I	同位素序号	1/1	整型	按同位素的地球丰度排序
ν	真空谱线位置	12/12	实型	cm^{-1}
S	谱线强度	10/10	实型	296K,单位为 $cm^{-1}/(molecule \cdot cm^{-2})$
R	跃迁距权重平方	10/0	实型	$Debye^2$(电偶极子跃迁)
A	爱因斯坦系数	0/10	实型	s^{-1}
γ_{air}	空气加宽半宽度	5/5	实型	296K 下的 HWHM,单位为 cm^{-1}/atm
γ_{self}	自加宽半宽度	5/5	实型	296K 下的 HWHM,单位为 cm^{-1}/atm
E''	低态能量	10/10	实型	cm^{-1}
n_{air}	空气加宽温度依赖指数	4/5	实型	无单位,$\gamma_{air}(T) = \gamma_{air}(T_0)\left(\dfrac{T_0}{T}\right)^{n_{air}}$
δ_{air}	空气加宽的谱线移动	8/8	实型	296K,单位为 cm^{-1}/atm

（续）

参数	物理意义	字段长度 (100/160 格式)	变量类型	注释或单位
V'	高能级"全域"量子数	3/15	Hollerith	—
V''	低能级"全域"量子数	3/15	Hollerith	—
Q'	高能级"局域"量子数	9/15	Hollerith	—
Q''	低能级"局域"量子数	9/15	Hollerith	—
I_{err}	不确定度指数	3/6	整型	6 个关键参数的精度见表 2－19
I_{ref}	参考指数	6/12	整型	6 个关键参数的参考文献序号
* Flag	谱线标示符	0/1	字符型	谱线混合的标志符
g'	高能级统计权重	0/7	实型	
g''	低能级统计权重	0/7	实型	

表 2－19　HITRAN 数据库中的不确定度指数 I_{err} 代码不确定度范围

谱线中心波数 ν 和空气加宽线移 δ_{air} 单位:cm^{-1}		对线强度 S、空气加宽半宽度 γ_{air}、自加宽半宽度 γ_{self}、空气加宽温度依赖指数 n_{air}	
I_{err} 代码	不确定度范围	I_{err} 代码	不确定度范围
0	>1 或无报道	0	无报道或不可得
1	≥0.1 且 <1	1	缺省或常量
2	≥0.01 且 <0.1	2	平均或估计值
3	≥0.001 且 <0.01	3	≥20%
4	≥0.001 且 <0.001	4	≥10% 且 <20%
5	≥0.001 且 <0.0001	5	≥5% 且 <10%
6	<0.0001	6	≥2% 且 <5%
		7	≥1% 且 <2%
		8	<1%
注:HITRAN2004 以前的版本中,有些谱线该参数可能为 0 或空格,因为该参数自 HITRAN1986 年版才提供,早期的版本中有些研究者没有提供该参数			

很多大气辐射传输计算软件是根据特定版本的 HITRAN 分子光谱数据研制的:如果不同版本高分辨率光谱数据对辐射传输的计算结果影响不大,则不必每次都更新参数表;如果差异较大,则需要及时更新。因此,有必要对不同 HITRAN 版本光谱数据进行比较[21]。

HITRAN 数据库中每一条光谱包括表 2－18 中分子序号、同位素序号、谱线位置、谱线强度、爱因斯坦系数、参考温度为 296K 时的空气加宽和自加宽半宽度等。表 2－20 列出了 HITRAN1996、HITRAN2000、HITRAN2004 和 HITRAN2008 四个版本数据库中 7 种主要吸收气体在常用的红外 1～12μm 波段(833～10000cm^{-1})的谱线参数统计。从表 2-20 可以看出:HITRAN2000 和 HITRAN1996 两个版本,除水汽外,其他吸收气体的谱线参数几乎相同。而 HITRAN2004 和 HITRAN2008 两个版本中除 O_2 和 CO 外,其他 5 种温室气体的谱线数目呈现增加的趋势。其中,CO_2 和 CH_4 最为明显:CO_2 由 HITRAN1996 中的 42098 增加到 HITRAN2004 中的 42808,再到 HITRAN2008 中的 246522,增幅(与 HITRAN1996 相比)分别达 1.69% 和 485.59%;CH_4 由 HITRAN1996 中的 39351 增加到 HITRAN2004 中的 242759,再到 HITRAN2008 中的 278791,增幅分别达 516.91% 和 608.47%。另三种气体:水汽由 HITRAN1996 中的 34811 增加到 HITRAN2004 中的 39094,再到 HITRAN2008 中的 39164,增幅分别达 12.30% 和 12.50%;O_3 由 HITRAN1996 中的 138099 增加到 HITRAN2004 中的 175147,再到 HITRAN2008 中的 270455,增幅分别达 26.83% 和 95.84%;N_2O 由 HITRAN1996 中的 23519 增加到 HITRAN2004 中的 41977,再到 HITRAN2008 中的 41984,增幅分别达 78.48% 和 78.51%。从表 2-20 还可以发现:谱线数目逐渐增加的 5 种温室气体的总线强度和加权洛伦兹半宽在这四个版本中几乎相同,其中总线强度的变化不超过 5.8%。这说明增加的谱线几乎都是弱线,或者有些线强度被修正了。

表 2-20 主要吸收气体在 833~10000cm^{-1} 波段的谱线统计

molecule		水汽	CO_2	O_3	N_2O	CO	CH_4	O_2
N	HITRAN1996	34811	42098	138099	23519	3977	39351	948
	HITRAN2000	35635	42098	138099	23519	3977	39351	946
	HITRAN2004	39094	42808	175147	41977	3977	242759	946
	HITRAN2008	39164	246522	270455	41984	3977	278791	946
$\sum S/$ $(cm^{-1}/$ $(molecule \cdot$ $cm^{-2}))$	HITRAN1996	1.997×10^{-17}	1.034×10^{-16}	1.725×10^{-17}	7.076×10^{-17}	1.018×10^{-17}	1.772×10^{-17}	3.714×10^{-24}
	HITRAN2000	2.009×10^{-17}	1.034×10^{-16}	1.725×10^{-17}	7.076×10^{-17}	1.018×10^{-17}	1.772×10^{-17}	3.714×10^{-24}
	HITRAN2004	2.066×10^{-17}	1.034×10^{-16}	1.669×10^{-17}	7.076×10^{-17}	1.018×10^{-17}	1.778×10^{-17}	3.714×10^{-24}
	HITRAN2008	2.113×10^{-17}	1.034×10^{-16}	1.671×10^{-17}	7.076×10^{-17}	1.018×10^{-17}	1.779×10^{-17}	3.714×10^{-24}
$\sum S_a/\sum S/$ cm^{-1}	HITRAN1996	0.0864	0.0736	0.0723	0.0766	0.0606	0.0593	0.0496
	HITRAN2000	0.0853	0.0736	0.0723	0.0766	0.0606	0.0593	0.0496
	HITRAN2004	0.0862	0.0736	0.0765	0.077	0.0606	0.0593	0.0496
	HITRAN2008	0.086	0.0736	0.0765	0.070	0.0606	0.0593	0.0496

注:N 为 833~10000cm^{-1} 波段的谱线数(包括该气体的同位素);$\sum S$ 为总线强度;$\sum S_a/\sum S$ 为加权洛伦兹半宽。表中所有数据是在温度 296K 和气压 1013.25hPa 条件下的值

图 2 - 32 是用 LBLRTM 和 HITRAN1996、HITRAN2000、HITRAN2004 及 HITRAN2008 数据库计算沿水平传输 1km 的大气透过率的比较,计算时选择中纬度夏季大气模式,波段为 1 ~ 12μm(833 ~ 10000cm^{-1}),光谱分辨率约为 0.01cm^{-1}。其中,图 2 - 32 上部分是每种气体用 HITRAN2008 数据库计算的大气透过率曲线,下面部分分别是用 HITRAN1996、HITRAN2000、HIT-RAN2004 数据库计算结果和用 HITRAN2008 数据库计算结果的差异。从图 2 - 32 可以看出,四个版本数据库中,HITRAN2004 和 HITRAN2008 数据库计算的结果最接近,除水汽在 8545.48cm^{-1} 附近少数几个波数上两者计算结果的绝对差别达 0.3 以外,其他的绝对差别都小于 0.1;而 HITRAN1996、HIT-RAN2000 两个版本和 HITRAN2008 计算结果差别较大,其中在 4356.23cm^{-1} 上的绝对差别达 0.834。另外,还可以看出,5 种气体中,水汽和 CO_2 两种气体用不同版本数据库计算结果的绝对差异最大,其他 3 种气体用不同版本数据库计算结果的绝对差异较小。

通过大量的分析比较,发现不同版本 HITRAN 数据库计算大气吸收差别(主要是水汽吸收)的来源主要有四类,分别是吸收谱线强度和线宽的变化(图 2 - 33(a))、吸收线强度和线宽变化同时有谱线位置偏移(图 2 - 33(b))、谱线忽略(图 2 - 33(c))、谱线多余(图 2 - 33(d))。其中,谱线忽略和谱线多余是相对 HITRAN2008 数据库而言的。另外,我们还发现,谱线位置偏移一般为 0.02cm^{-1} 左右,在绝对差别大于 0.1 的情况下,只有 HITRAN1996 和 HIT-RAN2000 会出现谱线忽略、谱线多余和谱线偏移,而 HITRAN2004 和 HIT-RAN2008 谱线比较吻合,没有谱线忽略、谱线多余和谱线偏移现象。其中有些忽略的谱线和多余的谱线在有关实际测量的文献报道中得到了证实,如魏合理等[17]在测量水汽吸收谱线时,发现在 2715 ~ 2716cm^{-1} 之间确实存在 3 条强水汽吸收线(图 2 - 33(e)),而与 HITRAN1996、HITRAN2004 和 HITRAN2008 谱线相符合,从而证实 HITRAN2000 在这个波段确实有错误。魏合理等[22]在研究 1.315μm 波长附近实际大气高分辨率吸收光谱时发现实际测量谱线中没有 7600.133cm^{-1} 谱线,与 HITRAN2004 和 HITRAN2008 相符(图 2 - 33(f)),从而证实 HITRAN1996 和 HITRAN2000 中的 7600.133cm^{-1} 谱线是多余的。因此,HITRAN2004 和 HITRAN2008 确实比 HITRAN1996 和 HITRAN2000 修正了许多谱线,在进行计算时应选择 HITRAN2004 和 HITRAN2008 数据库,结果较为准确。

除 HITRAN 数据库外,比较重要的数据库还有 GEISA、SAO 和 NASA - JPL 大气分子吸收参数数据库。这些数据库的格式有细微的差别,但都包括谱线位置、强度、低态能量、半宽度等参数,有的数据库给出了包括温度依赖的压力加宽和压力位移参数。

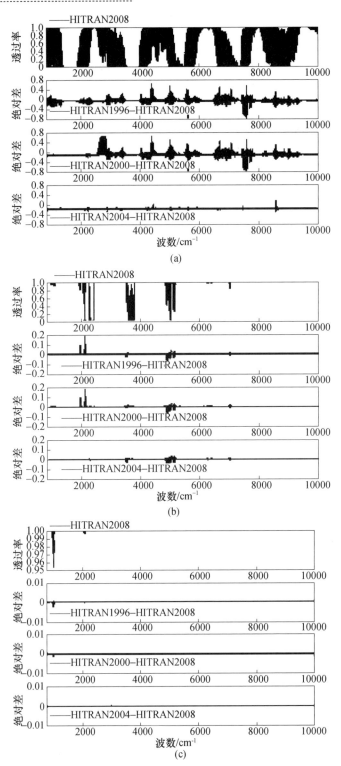

(a)

(b)

(c)

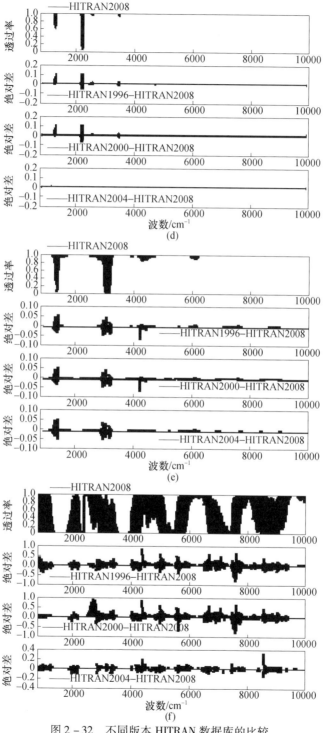

图 2-32　不同版本 HITRAN 数据库的比较

(a) 水汽;(b) CO_2;(c) O_3;(d) N_2O;(e) CH_4;(f) 所有。

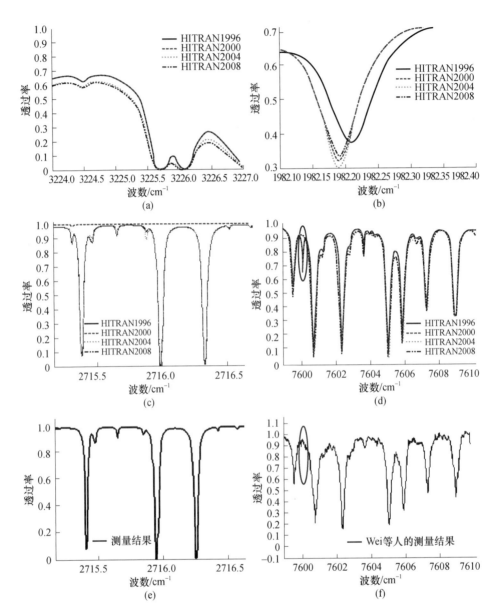

图 2-33　不同版本 HITRAN 数据库计算结果比较以及同实测结果的比较

(a)不同数据库线强度和线宽变化;(b)不同数据库谱线有偏移;(c)不同版本数据

库计算 3.8μm 水汽吸收;(d)不同版本数据库计算 1.315μm 水汽吸收;

(e)测量的 3.8μm 水汽吸收;(f)测量的 1.315μm 水汽吸收。

注:圈表示 HITRAN1996 和 HITRNA2000 数据库中有谱线,而测量中没有谱线。

2.2　大气气溶胶的衰减

大气中存在不同尺度各种各样的粒子。粒子尺度变化非常大,从 10^{-10} m 左右的分子团、$0.01 \sim 10 \mu m$ 的气溶胶粒子到厘米量级的冰雹。当激光照射到这些粒子上时,激光与大气分子或气溶胶等相互作用,除了一部分能量被粒子内部吸收外,另一部分能量以一定规律在各方向重新分布,这种现象称为大气散射。散射的实质是大气分子或气溶胶等粒子在入射电磁波的作用下产生电偶极子或多极子振荡,并以此为中心向四周辐射出子波,即散射波。散射波能量的方向分布(散射相函数)与入射波的波长和粒子的大小、形状及折射率有关。对于激光工程而言,大气粒子的散射只是造成能量的损失;对于用激光遥感探测大气和目标而言,大气粒子对激光的散射还改变了大气背景辐射的空间分布,提供了更多的大气和目标信息。

本节将仅讨论弹性散射对光波传输的影响,即散射波的波长与入射波长相同的情况。对于非弹性散射,如拉曼散射等,不在本节讨论之列。

2.2.1　大气气溶胶粒子对激光的吸收及其测量方法

2.2.1.1　大气气溶胶粒子对激光的吸收

大气气溶胶的吸收减少了到达地面的太阳辐射能量,被吸收的辐射能量释放后对大气加热,改变了局部大气的温度,影响相对湿度、大气流动和稳定性以及云的形成及其寿命,影响地区和全球的辐射平衡。由气溶胶吸收造成的辐射强迫比温室气体复杂得多,是辐射强迫计算中最不确定的因素之一,极大地影响了气候模式的不确定度[23,24]。气溶胶吸收信息的缺乏已成为气溶胶辐射气候效应研究和空间对地遥感的大气订正研究中的主要问题之一,也是激光大气传输中研究难点之一。

激光在大气中传输时,气溶胶吸收的激光能量传导给大气,引起大气折射率的起伏,使光束分布变得复杂。因为大气吸收的作用,高能激光还可能产生热晕效应和大气击穿效应[25],改变了高功率激光通过大气传输到目标上的能量密度分布,对有关工程具有重要的影响。

1. 大气气溶胶的吸收及其热交换机制

由于气溶胶粒子具有非零的热容量,而空气的热导率(导热系数)又比较小(如 298.2K 温度下空气的热导率为 0.026W/(m·K)),因此在激光束与气溶胶粒子作用的最初阶段,气溶胶吸收的激光辐射能量主要用于加热粒子本身,导致气溶胶粒子的温度升高,构成以粒子中心温度最高、距粒子越远温度越低的"热井"。在这个阶段,气溶胶粒子吸收的激光辐射能量通过加热气溶胶粒子和由于热传导离开粒子表面来达到平衡。随着激光束与气溶胶作用时间的延长,粒子温度升高的速度放缓,进入空气的热量逐渐增加,最终到达一个稳定状态。从宏观上看,气溶胶吸收对空气的加热存在时间延迟,同时大量在空间、尺度上随机分布的气溶胶粒子"热井"就形成了以光束区域为温度最高值,并向周围空气梯度递减的温度分布。

从热传导方程出发,得到气溶胶等效吸收系数为

$$a_{eff}(t) = \int \pi r^2 Q_{abs}(r) n(r) \{ 1 - e^{-t/\tau(r)} \} dr \qquad (2-4)$$

式中:Q_{abs} 为吸收效率因子;n 为数密度;τ 为特征时间,可表示成

$$\tau(r) = r^2 \rho_p c_p / 3\kappa_a$$

其中:ρ_p、c_p、κ_a 分别为气溶胶粒子密度、比热容和空气的导热系数。

由式(2-4)可见,气溶胶的等效吸收系数是时间的函数,趋近于稳定值

$$a_{aer} = \int \pi r^2 Q_{abs}(r) n(r) dr$$

该定值就是常用的气溶胶吸收系数。

图 2-34 为常见的强吸收性黑炭气溶胶粒子半径在 $r \in [0.02\mu m, 30\mu m]$ 内容格(Junge)分布下等效吸收系数随激光波长的数值模拟演变规律。仅将 Junge 指数从 2.5 调整为 4,等效吸收系数与波长的关系即发生了逆转,且延迟时间急剧缩短,显示了气溶胶吸收的复杂性。大气气溶胶的吸收和气体分子的吸收明显不同:气体分子的吸收随着波长的变化而迅速变化,可以通过高分辨率吸收光谱的研究寻找气体分子的低吸收"窗口";而气溶胶的吸收并不随波长变化而迅速变化,也不存在"窗口"区域,因此无法通过选择激光波长来减少吸收。

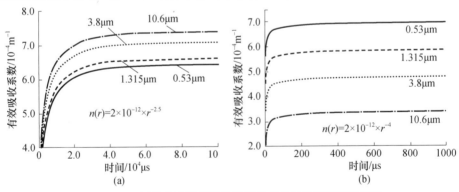

图 2-34 不同激光波长黑炭粒子等效吸收系数随时间的变化
(a)Junge 指数为 2.5;(b)Junge 指数为 4。

C. H. Chan[26] 将气溶胶吸收中真正用于加热大气的那一部分吸收定义为有效吸收,而等效吸收系数最终的稳定值即为气溶胶吸收系数。龚知本[27] 求导了包括蒸发效应的气溶胶等效吸收系数的公式,并给出了忽略蒸发效应的条件,推进了气溶胶有效吸收的研究。刘炎焱等[28] 将连续激光加热单个气溶胶粒子的

理论引入群体气溶胶粒子,建立了群体气溶胶粒子加热空气的等效吸收系数公式,计算了不同类型气溶胶粒子的等效吸收系数以及延迟时间。

2. 气溶胶吸收的计算

如果已知粒子的复折射率和尺度参数,对于球形气溶胶粒子的吸收原则上可以通过第 1 章的米散射公式计算出吸收效率因子,给定粒子谱分布,则可计算粒子群的吸收系数:

$$a_{\mathrm{aer}} = \int \pi r^2 Q_{\mathrm{abs}}(r, \lambda, m) n(r) \mathrm{d}r \qquad (2-5)$$

式中:$Q_{\mathrm{abs}}(r, \lambda, m)$ 为粒子半径 r、波长 λ 和复折射率 m 的函数,对于球形粒子可由米散射理论精确地计算出。

2.2.1.2　大气气溶胶吸收的测量方法

气溶胶吸收取决于粒子的复折射率虚部。由于气溶胶粒子成分的复杂性,难以获得精确的复折射率,一般是通过实验测量获取其吸收系数进而换算成气溶胶的折射率虚部。气溶胶吸收测量方法很多,既有先收集后测量的,也有保持气溶胶粒子的悬浮状态实时在线测量的。本节将目前所出现的主要测量方法分为间接方法和直接方法两类。其中:间接方法受气溶胶消光或散射的影响,在此主要介绍基于滤膜的方法和差分法;直接方法由于测量的是仅由气溶胶吸收所引起的效应而与消光或散射无关,在此介绍以光热为出发点的光声光谱和折射率微扰方法。

1. 间接方法

1) 基于滤膜的方法

基于滤膜的方法存在四个假设性的前提:①在滤膜沉淀过程中,气溶胶的吸收和散射特性不变;②忽略滤膜本身的散射或将其归入气溶胶散射系数 β_{sca} 内;③忽略气溶胶粒子的多次散射;④沉积过程中气溶胶粒子的形态保持不变,或形态即使改变也不影响其光学特性。在上述四个前提下,当大气以一定的流速吹过滤膜时,气溶胶粒子便沉积在滤膜上。设 I_0、I_{t} 分别为气溶胶粒子收集前后的滤膜光透过率,则经过 Δt 的时间间隔后,根据朗伯 - 比尔定律:

$$I_{\mathrm{t}} = I_0 \mathrm{e}^{-(\beta_{\mathrm{abs}} + \beta_{\mathrm{sca}}) \Delta t F / A_{\mathrm{f}}} \qquad (2-6)$$

式中:β_{abs}、β_{sca} 分别为气溶胶粒子的吸收系数和散射吸收;F 为样品的体积流速;A_{f} 为积分片面积。

于是吸收系数可表示为

$$\beta_{\mathrm{abs}} = \frac{1}{l} \ln \frac{P_0}{P} - \beta_{\mathrm{sca}} = \frac{A_{\mathrm{f}}}{\Delta t F} \ln \frac{P_0}{P} - \beta_{\mathrm{sca}} \qquad (2-7)$$

通常情况下,通过增加透过率测量接收角度来消除散射效应的影响。Lin 等[29]用一块毛玻璃板扩散气溶胶粒子前向散射半球的散射光,建立了积分片

法,如图 2 - 35 所示。吸收系数可简单地表示为

$$\beta_{abs} = \frac{1}{l}\ln\frac{I_t}{I'_t} \qquad (2-8)$$

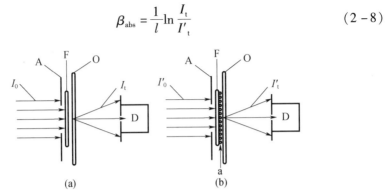

图 2 - 35　积分片法测量气溶胶吸收系数示意图[29]

A—压盖铝片;F—滤膜;O—玻璃衬底;D—光电探测器。

由于基于滤膜的方法简单易行、费用低廉,目前仍是应用最为广泛的气溶胶吸收系数测量方法。通过和差分法、光声光谱等吸收系数测量方法的对比校正,该方法的不确定度得到较大改善。

动态监测进样前后滤膜的透过率变化,能够实时测量气溶胶吸收系数,颗粒粉尘吸收光度计和黑炭仪就是在应用此原理的基础上发展起来的[30,31]。以前者为例说明其工作过程(图 2 - 36):气溶胶粒子经光度计两孔中的一孔被收集在走动的滤膜上作为测量通道(左孔),纯净空气流过另一孔的走动滤膜作为参考通道(右孔),从两孔的透过率差异获得气溶胶的吸收特性。

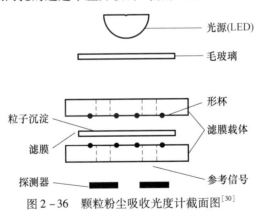

图 2 - 36　颗粒粉尘吸收光度计截面图[30]

基于滤膜的方法改变了气溶胶的自然悬浮状态,吸收系数的大小某种程度上取决于滤膜所收集气溶胶粒子的多少。气溶胶对光能的吸收瞬间完成,不考虑吸收的延迟时间,并且吸收的热量可以立即传递给空气。因此,尽管该方法在吸收系数的测量上得到了广泛应用并且发挥了巨大的作用,人们一直在寻求新

的吸收系数测量途径以尽量减少系统误差。

2）差分方法

差分方法是从消光系数中减去散射系数获得吸收系数的方法。显然,为了减少时间或空间上的不同步带来的系统误差,消光和散射的实时在线测量是较为理想的。腔衰荡法和浊度计联用实现了这一目标[32]。图 2 – 37 为腔衰荡法和浊度计的联用大气气溶胶粒子吸收和散射测量系统。衰荡腔所配置的高反镜(如反射率 $R > 99.99\%$)使得进入其中的光多次反射,形成长达千米级的传输路径,能够测量的消光系数下限可低于 $1 \times 10^{-6} \mathrm{m}^{-1}$。积分球浊度计使得散射光均匀分布在球腔内壁上,通过光电设备测量单位面积上的光能推导散射系数。

与基于滤膜的方法相比,差分法的传递误差也可能很大;但差分法因为是实时在线检测,不改变气溶胶的状况,经过仔细定标,将在气溶胶吸收实时、快速响应测量上有重要的应用。

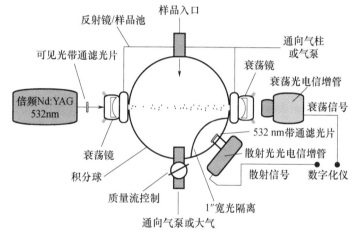

图 2 – 37　腔衰荡法和浊度计联用的大气气溶胶粒子吸收和散射测量系统[32]

2. 直接测量法

气溶胶粒子吸收光能会引起温度升高,并加热粒子周围的空气,引起空气压强和折射率变化,通过测量空气压强和折射率的改变程度,定量获得气溶胶粒子的吸收信息。由于气溶胶粒子的散射不会引起温度的改变,因此基于上述思路开发的技术直接测量吸收效应。直接方法的两个典型应用是光声光谱法光学干涉测量法,下面分别介绍。

1）光声光谱法

光声光谱是基于 Bell[33] 在 1880 年发现的光声效应的一种光谱技术。当处于吸收波段的光源照射到待测样品上时,样品粒子吸收光能量而跃迁到激发态,处于激发态的粒子通过碰撞弛豫回到基态;同时吸收的光能量转化为粒子的内能,导致粒子的局部温度升高。所以当照射到样品粒子上的光受到调制时,粒子的局部温度就产生周期性的变化,从而产生周期性的压力变化,即声波。当用传声器等声传感器记录声信号随光源波长的关系,就得到了光声光谱信号,如图 2 - 38 所示。

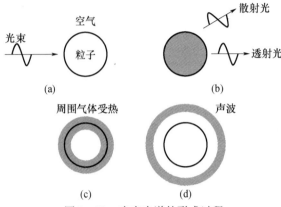

图 2 - 38 光声光谱的形成过程

光声光谱系统主要由光源、光声池和声传感器组成。光声光谱测量原理如图 2 - 39 所示。从总体上看,目前光声光谱技术的发展主要表现在三个方面:① 随着激光技术的发展,各种新型激光器不断应用于光声光谱技术;②研究发展应用于提高光声光谱系统性能的各种光声池结构;③研究应用新型声传感器来改善和发展光声光谱技术。

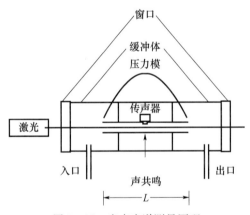

图 2 - 39 光声光谱测量原理

光声光谱测量吸收系数为

$$\beta_{abs} = \frac{P_m}{P_L} \frac{A_{res} \pi^2 \nu}{(\gamma - 1) Q} \qquad (2 - 9)$$

式中:P_m 为共振频率下的传声器气压;P_L 为共振频率下激光功率的傅里叶形式;A_{res} 为共振腔的横截面积;γ 为比热比;Q 为共振腔的品质因数。

近年来,随着激光技术的发展,基于激光光源的光声光谱技术得到了迅速的发展和完善,在大气粒子的精确吸收测量中将有重要的应用。

2) 光学干涉测量法

在气体折射率的测量方面,光学干涉测量法因其高灵敏度成为众多研究者的研究对象,发展起来的仪器如马赫 – 曾德尔(Mach – Zehnder,MZ)干涉仪、雅满(Jamin)干涉仪、瑞利(Rayleigh)干涉仪、迈克尔孙(Michelson)干涉仪等。用于测量气溶胶吸收特性的干涉法的最初应用为马赫 – 曾德尔干涉:将一束光分为两路,经过探测臂和参考臂后会聚形成干涉,保持参考臂光路不受干扰,当探测臂的折射率因气溶胶吸收形成的温度扰动而发生微小变化时(另一说法是光程的微小变化,两者本质上一致),干涉相位、强度将同时发生相应的变化,利用标准吸收物质标定相位、强度变化量和吸收热量之间的关系,可以量化气溶胶的吸收特性。由于干涉法实质上测量的是热扩散,而气溶胶粒子的散射光不会对其产生影响,因此干涉法在拥有极高的气溶胶吸收特性测量灵敏度的基础上,实现了气溶胶吸收特性的直接测量和实时测量[34,35]。Sedlacek 等[35]采用折返式结构(图 2 – 40)简化了干涉装置的双光路设计,大大削弱了困扰干涉法对于平台的振动敏感性问题,同时考察了相对湿度对吸收系数的影响。

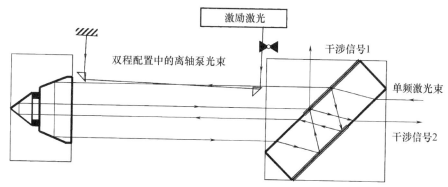

图 2 – 40　基于 Jamin 干涉的气溶胶吸收系数测量

假设空气中气溶胶吸收光能后的碰撞弛豫引起温度上升 ΔT,在气溶胶吸收未饱和的前提下,该温度的上升量可表示为

$$\Delta T = \frac{P_e \alpha l}{C \pi a_e^2 l \rho 2 f_e} = \frac{P_e \alpha}{2 \pi a_e^2 \rho C f_e} \quad\quad (2 - 10)$$

式中:P_e 为激励激光器的功率;α 为气溶胶粒子的吸收系数;l 为激励激光束与探测激光束的作用长度;a_e 为激励激光束半径;ρ、C 为空气的密度和热容;f_e 为激励激光的调制频率,其占空比为 1:1,该频率对环境噪声和机械振动不敏感。

大气温度的改变引起折射率的微小变化,根据格拉斯顿 – 代尔(Gladstone – Dale)定律,有

$$\Delta n = \frac{n - 1}{T_0} \Delta T \quad\quad (2 - 11)$$

式中：n 为待测样品的平均折射率；T_0 为待测样品的热力学温度。

穿过该区域的探测光束光程由于受到空气折射率的改变而发生相应的变化，其变化量通过探测光束干涉相位的改变 $\Delta\phi_e$ 表现出来，λ 为探测光束的波长，则有

$$\Delta\phi_e = 2\pi \cdot l \cdot \Delta n / \lambda \tag{2-12}$$

干涉相位的变化量 $\Delta\phi_e$ 的频率和激励激光的调制频率 f_e 相同，联立式（2-10）~式（2-12），可得

$$\Delta\phi_e = \frac{2\pi \cdot l}{\lambda} \frac{(n-1)}{T_0} \frac{P_e\alpha}{\pi a_e^2 \rho C f_e} = \frac{2(n-1)lP_e\alpha}{\lambda T_0 f_e \rho C a_e^2} \tag{2-13}$$

气溶胶吸收系数为

$$\alpha = \frac{\lambda T_0 f_e \rho C a_e^2}{2(n-1)lP_e} \Delta\phi_e \tag{2-14}$$

图 2-41 为美国 Bookhaven 国家实验室的 Sedlacek 等[35] 报道的 Jamin 干涉测量（PTI）结果，通过与颗粒粉尘吸收光度计（PSAP）、浊度计测量结果的对比，表明其误差小、精确度高且不易受相对湿度的影响，实现了针对开放大气气溶胶吸收系数的实时在线测量。相比于光声光谱，同为光热法的折射率微扰法的最大优势在于其测量频率不受共振频率的限制。

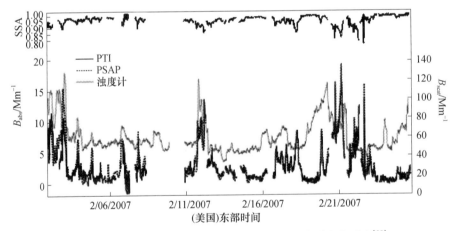

图 2-41　Jamin 干涉测量结果（PTI）与其他技术手段的对比[35]

2.2.2　气溶胶衰减计算方法

因为气溶胶的吸收和散射随波长一般是缓慢变化的，所以中低光谱分辨率的大气气溶胶衰减模式可直接用于窄线宽甚至单色的激光大气传输中气溶胶衰减计算。下面介绍目前常用的大气气溶胶衰减计算方法以及我们研制的 CART 软件中采用的气溶胶衰减计算方法。

2.2.2.1 MODTRAN 气溶胶衰减模式

LOWTRAN 的大气气溶胶模式经历了不断完善和发展过程,虽然它仍然存在很多问题,但在目前辐射传输模式计算中,它是公认比较成功和用途最广的气溶胶模式之一。MODTRAN 与 LOWTRAN 气溶胶模式完全一样。

MODTRAN 气溶胶模式中粒子的消光系数分为随高度变化的气溶胶浓度项 $N(z,\mathrm{vis})$ 和随波长变化的气溶胶消光系数项 $\beta(\lambda)$,即

$$k(z,\lambda) = N(z,\mathrm{vis})\beta(\lambda) = N(z,\mathrm{vis})\int_{r_{\min}}^{r_{\max}}Q_{\mathrm{ext}}(m,x)n(r)\pi r^2\mathrm{d}r \qquad (2-15)$$

式中:vis 为地面能见度;$\beta(\lambda)$ 为随波长变化部分,由米散射公式计算得到,即

$$\beta(\lambda) = \int_{r_{\min}}^{r_{\max}}Q_{\mathrm{ext}}(m,x)n(r)\pi r^2\mathrm{d}r \qquad (2-16)$$

其中:$n(r)$ 为气溶胶粒子的谱分布;m 为气溶胶粒子的复折射率。

MODTRAN 气溶胶模式假定这两个量在一定的高度区间内不随高度变化,即认为气溶胶的类型和谱分布在一定高度内是不变的,仅粒子总浓度随高度变化。在不同的高度选择不同的气溶胶类型,即采用不同的复折射率和谱分布,形成气溶胶模式。这些模式包括乡村、城市、海洋、平流雾、辐射雾、对流层、沙漠、背景平流层、中等火山喷发期、强火山喷发时期、极强火山喷发期等,每种模式由不同种气溶胶粒子的性质(复折射率)和谱分布组成。

1. 0~2km 高度气溶胶模式

在近地层有:乡村、城市、海洋、平流雾、辐射雾和对流层 6 种模式的 47 个波长(0.2 ~ 300μm)、4 种相对湿度(0、70%、80%、99%)下的归一化到波长 0.55μm 上的相对衰减系数;沙漠型气溶胶的 47 个波长,4 种风速(0、10m/s、20m/s、30m/s)下的绝对衰减系数和吸收系数;考虑陆地气溶胶输送到海洋上空影响的海陆海洋气溶胶模式。

乡村型气溶胶是指远离城市和工业区的洁净大气,谱分布用对数正态分布描述;城市型气溶胶是由燃烧和工业烟尘与大陆气溶胶混合而成的气溶胶,谱分布由烟尘和大陆气溶胶谱分布混合而成;海洋型气溶胶是由溅射的海水液滴蒸发后形成的盐粒子再经水汽凝结而成的液滴和大陆气溶胶中的小粒子混合而成,谱分布是 Junge 谱,折射指数为盐水的折射指数;沙漠型气溶胶是由表沙漠地区沙尘粒子组成的气溶胶,消光系数与风速(或能见度)有关;对流层气溶胶是非常干净的情况下的近地层气溶胶类型。

0~2km 高度内,可选择上述 7 种类型中的任意一种,再根据相对湿度或风速插值得到任意波长的消光系数和吸收系数。对于前几种类型的气溶胶,任意相对湿度(rh)下用对数插值;

$$\sigma_e(\lambda,\mathrm{rh}) = \mathrm{e}^Y \qquad (2-17\mathrm{a})$$

$$Y = Y_1 + (Y_2 - Y_1) \cdot \frac{X - X_1}{X_2 - X_1} \qquad (2-17\text{b})$$

$$Y_1 = \ln[\sigma_e(\lambda, \text{rh}_1)] \qquad (2-17\text{c})$$

$$Y_2 = \ln[\sigma_e(\lambda, \text{rh}_2)] \qquad (2-17\text{d})$$

$$X_1 = \ln(100 - \text{rh}_1) \qquad (2-17\text{e})$$

$$X_2 = \ln(100 - \text{rh}_2) \qquad (2-17\text{f})$$

$$X = \ln(100 - \text{rh}) \qquad (2-17\text{g})$$

对于沙漠型气溶胶,与地面风速 v 有关的气溶胶消光可以按半指数插值(式 2-18(a) ~ (c))得到该风速下的值,即

$$\text{slope} = \frac{\ln\left\{\dfrac{\sigma_e(\lambda, v(I+1))}{\sigma_e(\lambda, v(I))}\right\}}{v(I+1) - v(I)} \qquad (2-18\text{a})$$

$$B = \ln\{\sigma_e(\lambda, v(I+1))\} - \text{slope} \cdot v(I+1) \qquad (2-18\text{b})$$

$$\sigma_e(\lambda, \text{vis}) = \sigma_e(\lambda, v) = e^{\text{slope} \cdot v + B} \qquad (2-18\text{c})$$

MODTRAN 沙漠型气溶胶中默认的风速与地面能见度对应关系如图 2-42 所示。因此给定能见度首先按线性插值得到对应的风速,然后用式(2-18c)得到气溶胶的消光系数。

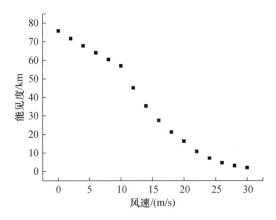

图 2-42　沙漠地区平均风速与地面能见度之间的关系

以上得到的是气溶胶的相对于波长在 $0.55\,\mu\text{m}$ 处的衰减系数。为了得到绝对衰减系数,需用到地面能见度换算的 $0.55\,\mu\text{m}$ 处的气溶胶消光系数 $\sigma_{0.55}$,即

$$\beta(\lambda) = \sigma_e(\lambda, \text{rh}) \cdot \sigma_{0.55} \qquad (2-19)$$

对于气溶胶吸收,有与上类似的公式和方法得到任意波长、相对湿度(对沙漠型气溶胶为任意风速或能见度)下的气溶胶吸收系数。

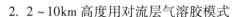

2. 2 ~ 10km 高度用对流层气溶胶模式

该模式与大陆模式相似,只是大粒子较少,全球范围比较平均。该高度范围气溶胶衰减与季节有关,有春夏季和秋冬季两套资料可选。

3. 10 ~ 30km 高度用平流层模式

其主要由光化学作用产生的硫酸盐粒子及火山爆发产生火山灰组成。除同样与季节变化相关,即可选春夏季或秋冬季两项指标外,在平流层还有背景平流层气溶胶、中等火山喷发期、强火山喷发时期、极强火山喷发期四个与火山有关的数据库可供选择。平流层气溶胶主要由火山爆发的火山灰上冲到平流层,并扩散到全球。

4. 30 ~ 100km 高度用流星尘埃模式

气溶胶粒子浓度随高度的分布 $N(z, \text{vis})$,按高度也分成 4 个区间:

(1) 0 ~ 2km 高度:有能见度 2km、5km、10km、23km 和 50km 5 个资料库,其他能见度情况下的高分布由这 5 个数据库插值得到。

(2) 2 ~ 10km 高度:低层 2 ~ 4km 高度有能见度 23km、50km 两个高度分布资料库,4 ~ 10km 只有能见度 50km 时的资料。该高度范围有春夏季和秋冬季两个季节模式可供选择。

(3) 10 ~ 30km 和 30 ~ 100km 高度:分别有一个与能见度无关的气溶胶浓度高度分布资料库。

当气溶胶模式选定以后,给定地面能见度和低层大气相对湿度,即可计算各个高度的气溶胶消光系数。考虑地球曲率和大气折射的影响,计算其光程长度,从而计算气溶胶衰减的大气透过率。

从大气顶到高度 z 处的气溶胶衰减的大气透过率为

$$T_a(z, \lambda, \text{vis}) = e^{-\int_z^\infty N(z,\text{vis})\beta(\lambda)m(z)\mathrm{d}z} \tag{2-20}$$

式中:$m(z)$ 为大气质量,当天顶角 θ 不太大($\theta < 70°$)时,可近似地表示为 $m = \sec\theta$。大天顶角下需考虑地球曲率的影响。

2. 2. 2. 2　OPAC 气溶胶衰减模式

云和气溶胶光学性质[36](Optical Properties of Aerosols and Clouds, OPAC)形成了计算软件包,该软件中的气溶胶模式也较广泛地运用于气溶胶衰减计算中。假定该模式中的气溶胶粒径分布为对数正态分布:

$$\frac{\mathrm{d}N_i}{\mathrm{d}r} = \frac{N_i}{\sqrt{2\pi}r\log\sigma_i\ln10}e^{\frac{1}{2}\left(\frac{\log r - \log r_{\text{mod}N,i}}{\log\sigma_i}\right)^2} \tag{2-21}$$

式中:$\log r_{\text{mod}N,i}$ 为模数半径的对数;σ_i 为谱分布的宽度;N_i 为粒子数密度;i 为气溶胶成分中第 i 种粒子。

OPAC 给出了不同气溶胶成分的微物理性质,见表 2 - 21。

表2-21 气溶胶成分的微物理性质

粒子成分名称	简称	$\sigma/\mu m$	$\log r_{\mathrm{mod}N,i}$ /μm	$r_{\min}/\mu m$	$r_{\max}/\mu m$	ρ /(g/m^3)	M^* /($\mu g \cdot m^{-3}$)
不溶性物质	INSO	2.51	0.471	0.005	20.0	2.0	23.7
水溶性物质	WASO	2.24	0.0212	0.005	20.0	1.8	1.34×10^{-3}
酸根	SOOT	2.00	0.0118	0.005	20.0	1.0	5.99×10^{-5}
海盐(聚模态)	SSAM	2.03	0.209	0.005	20.0	2.2	0.802
海盐(粗模态)	SSCM	2.03	1.75	0.005	60.0	2.2	2.24×10^{-2}
矿物质(核模态)	MINM	1.95	0.07	0.005	20.0	2.6	2.78×10^{-2}
矿物质(聚模态)	MIAM	2.00	0.39	0.005	20.0	2.6	5.53
矿物质(粗模态)	MICM	2.15	1.9	0.005	60.0	2.6	324
矿物质输送	MITR	2.20	0.5	0.02	5.0	2.6	15.9
硫酸液滴	SUSO	2.03	0.0695	0.005	20.0	1.7	2.28×10^{-2}

注:σ 为谱分布宽度;$\log r_{\mathrm{mod}N,i}$ 为模数半径的对数;$r_{\min}$ 为最小半径;$r_{\max}$ 为最大半径;ρ 为气溶胶粒子密度;M^* 为每立方米中谱分布上累积的气溶胶数量

　　根据气溶胶谱分布和米散射程序可计算出气溶胶的光学性质。由于随着相对湿度的增加,模数半径增大,导致不同相对湿度下的气溶胶光学性质有差别。OPAC 中还提供了表2-21 中粒子成分在不同相对湿度下的气溶胶光学性质数据,并归一化到 0.55μm 波长上的衰减系数、吸收系数、散射相函数等。

　　OPAC 为了避免重复的米散射和光线追踪计算,建立了各种成分在不同相对湿度下,61 个波长(0.25~40μm)上,每立方厘米体积中单个粒子的相对消光系数 $\sigma_e^1(km^{-1})$(归一化到 0.55μm 上)、相对吸收系数 $\sigma_a^1(km^{-1})$(与 0.55μm 上消光系数的比值)、单次散射反照率ϖ_0 和散射相函数 $p^1(\Theta)(km^{-1} \cdot sr^{-1})$。根据这个数据库,可得到近地面各种类型气溶胶混合成分的绝对消光系数 σ_e、吸收系数 σ_a 和散射相函数 $p(\Theta)$,即

$$\sigma_e = \sum_i \sigma_{e,i}^1 N_i \sigma_{0.55} \tag{2-22}$$

$$\sigma_a = \sum_i \sigma_{a,i}^1 N_i \sigma_{0.55} \tag{2-23}$$

$$\varpi = \frac{\sigma_e - \sigma_a}{\sigma_e} \tag{2-24}$$

$$p(\Theta) = \sum_i p^1(\Theta) N_i \tag{2-25}$$

式中:$\sigma_{0.55}$ 为给定能见度下 0.55μm 上的消光系数,其与能见度之间的关系为

$$\sigma_{0.55} = \frac{3.912}{vis} - \sigma_M \tag{2-26}$$

其中:σ_M 为 $0.55\mu m$ 上分子散射系数,在海平面处可近似取 0.01159。

OPAC 的优点是可以根据实测或假定的几种气溶胶成分的外部混合比计算得到平均的气溶胶光学性质(包括平均衰减系数、吸收系数、不对称因子、散射相函数等),形成一定的气溶胶模式。OPAC 的气溶胶模式有大陆型(干净、平均和污染)、沙漠型、海洋型(干净、污染和热带)、北极和南极型气溶胶模式。

2.2.2.3　CART 的气溶胶衰减模式

在 CART 软件中,气溶胶衰减模式包括 MODTRAN 模式、OPAC 模式和 Junge 气溶胶谱分布模式。

1. MODTRAN 模式

利用 MODTRAN 提供的上述各种气溶胶的消光系数、吸收系数,编制插值算法,通过上述的插值方法得到各个波长的气溶胶消光系数、吸收系数,不同高度的气溶胶衰减系数可通过选择气溶胶模式、输入能见度和相对湿度来确定。

图 2-43 为 CART 计算的各种气溶胶类型在近地面的衰减系数和吸收系数随波长的变化情况,并与同等条件下 MODTRAN 计算的结果进行比较,两者结果一致。

2. OPAC 模式

我们对 OPAC 中各种类型气溶胶成分的混合比进行调整,形成了 OPAC 近地层乡村型、城市型、海洋型和沙漠型气溶胶模式的光学性质。

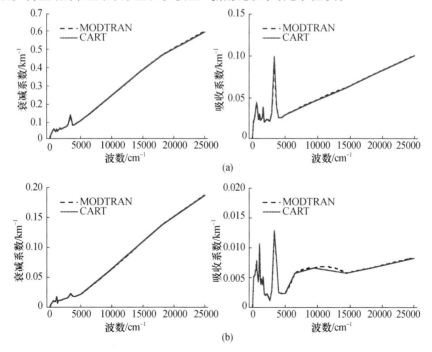

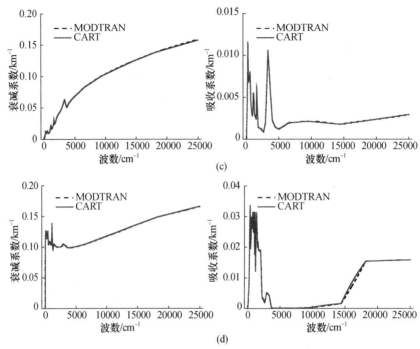

图 2-43 CART 计算的近地面气溶胶衰减系数、吸收系数和 MODTRAN 的比较
(a)城市型气溶胶模式,能见度 6.2km,相对湿度 90%;(b)乡村型气溶胶模式,
能见度 20km,相对湿度 75%;(c)海洋型气溶胶模式,能见度 20km,相对湿度 40%;
(d)沙漠型气溶胶模式,能见度 18.7km,风速 14m/s。

图 2-44 为根据 OPAC 中提供的相对衰减系数计算得到的在不同能见度下的近地面绝对消光系数随波长变化情况,并与 OPAC 软件计算的结果进行比较,两者一致。

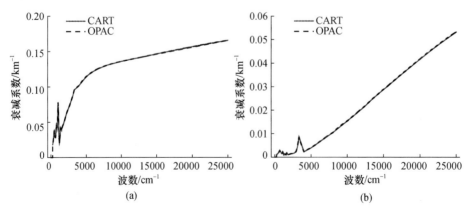

图 2-44 CART 用 OPAC 模式计算的近地面气溶胶衰减系数和 OPAC 计算结果比较
(a)沙漠型气溶胶模式,能见度 18.2km,相对湿度 90%;
(b)大陆干净型气溶胶模式,能见度 61.7km,相对湿度 90%。

3. Junge 气溶胶模式[37]

为了克服 MODTRAN 和 OPAC 无法输入实际的气溶胶粒子谱分布的问题，我们在 CART 软件中新增了根据 Junge 指数计算大气气溶胶衰减的功能。

众多的实际观测表明，近地面气溶胶尺度谱分布很多情况下可近似为 Junge 谱分布：

$$\frac{\mathrm{d}N}{\mathrm{d}r} = N_0 \cdot r^{-\nu-1} \qquad (2-27)$$

式中：N_0 为气溶胶粒子数浓度；ν 为 Junge 指数，ν 一般为 2~4。

如果测得了气溶胶的 Junge 指数 ν，就可以得到气溶胶粒子的相对谱分布，再根据米散射公式，计算得到相对的衰减系数并归一化到波长 $0.55\mu m$ 上：

$$\sigma_{e,a}(\lambda,0) = \int_{r_1}^{r_2} \pi r^2 Q_{e,a}(\lambda,m) \frac{\mathrm{d}N}{\mathrm{d}r}\mathrm{d}r/\sigma_{e,a}(0.55,0) \qquad (2-28)$$

式中：$Q_{e,a}$ 为消光效率因子和吸收效率因子。

由式（2-28）可以看出，$Q_{e,a}$ 除取决于除波长 λ 和粒子尺度外，还取决于气溶胶折射率 m。不同相对湿度下的气溶胶折射率不同。湿气溶胶粒子的折射率是由干粒子和凝结的液态水共同决定，常用等效的均匀球形粒子的折射率表示，即

$$m_e = m_{re} - im_{ie}$$

式中：m_{re}、m_{ie} 分别为气溶胶粒子等效折射率的实部和虚部。

Hanel[38] 经过大量实验和理论验证，总结得到了气溶胶折射率和相对湿度之间的经验函数关系，即

$$m_{re} = m_{rw} + (m_{ro} - m_{rw})[r(\mathrm{rh})/r_o]^{-3} \qquad (2-29)$$

$$\frac{m_{ie}}{m_{re}^2 + 2} = \frac{m_{iw}}{m_{rw}^2 + 2} + \left(\frac{m_{io}}{m_{ro}^2 + 2} - \frac{m_{iw}}{m_{rw}^2 + 2}\right)\left[\frac{r(\mathrm{rh})}{r_o}\right]^{-3} \qquad (2-30)$$

式中：下标 w、o 分别表示水和干气溶胶粒子；$r(\mathrm{rh})/r_o$ 为湿气溶胶粒子半径与干气溶胶粒子半径的比值，它表示了相对湿度 rh 对气溶胶折射率的影响。

孙景群[39] 在探讨能见度和相对湿度的关系时，得出了 $\frac{r(\mathrm{rh})}{r_o}$ 和相对湿度的经验关系式

$$\frac{r(\mathrm{rh})}{r_o} = (1 - \mathrm{rh})^{-(1/d)} - (1 - 60\%)^{-(1/d)} + 1.0 \qquad (2-31)$$

式（2-31）的适用范围：$60\% \leqslant \mathrm{rh} \leqslant 95\%$，常数 d 取 3.5。因此：当相对湿度小于 60% 时，我们研制的这种气溶胶模式将不考虑相对湿度的影响；当相对湿度大于 95% 时，取 95% 的极限值。

不同类型的气溶胶含有不同的干气溶胶粒子化学成分。考虑在不同典型地区气溶胶化学成分有所不同，提供了沙漠型、海洋型、大陆型 3 种类型的折射率；还考虑当前的大气污染环境下有不同的污染源，提供了煤燃烧污染型、黑炭污染型、石油/天然气燃烧污染型、硫酸污染型、硝酸污染型、生铁矿污染型、农作物焚

烧污染型、火山灰污染型 8 种类型的折射率。各类折射率类型的干气溶胶化学成分及混合比表 2 - 22[40]，其折射率分布见相关文献[37]。另外，还提供一种自定义气溶胶折射率类型，由用户根据实际情况输入当时的气溶胶复折射率。

表 2 - 22　各折射率类型的气溶胶成分及混合比

编号	折射率类型	气溶胶主要成分	混合比
1	沙漠型	石英	0.35
		石英含有赤铁矿为 10%	0.35
		碳质	0.001
		水溶性	0.299
2	海洋型	海盐溶解	1.0
3	大陆型	可溶性杂质	0.7
		灰尘	0.3
4	煤燃烧污染型	粉煤灰	1.0
5	黑炭污染型	碳质	1.0
6	石油/天然气燃烧污染	乙炔	1.0
7	硫酸污染型	硫酸	1.0
8	硝酸污染型	硝酸	1.0
9	生铁矿污染型	赤铁矿	1.0
10	农作物焚烧污染型	有机基质	1.0
11	火山灰污染型	火山灰	1.0
12	自定义折射率型	用户自行定义	1.0

　　按照上面介绍的计算气溶胶粒子等效折射率的方法及各种气溶胶类型干粒子成分的混合比，我们以沙漠型、海洋型和大陆型三种类型气溶胶为例，计算了在不同相对湿度下的折射率，相对湿度分别取 60%、70%、80%、90%、95%，结果如图 2 - 45 所示。8 种污染型的气溶胶折射率分布则由于篇幅有限，只把干粒子的折射率显示在图 2 - 46 中，图上的数字代表表 2 - 22 中对应的折射率类型。因为粒子的折射率实部代表了粒子的散射特性，而折射率虚部代表了粒子的吸收特性。从图 2 - 45 和图 2 - 46 可以看出，不同的粒子和在不同的相对湿度情况下会有完全不相同的散射与吸收特性。

　　在 CART 实际应用中，我们用米散射计算程序计算了(0.4 ~ 40μm)47 个波长上(与上述 MODTRAN 折射率波长个数相同)的气溶胶相对衰减系数和相对吸收系数，其他波长上的值可按波长简单地线性插值得到。0.55μm 波长上的绝对衰减系数同样可根据测得的近地面能见度求得，则任意波长上的绝对系数为

$$\beta_{e,a}(\lambda,0) = \bar{\sigma}_{e,a}^{1}(\lambda,0) \cdot \sigma_{0.55} \qquad (2-32)$$

式中:$\sigma_{e,a}^{1}(\lambda)$为近地面衰减系数和吸收系数与 $0.55\mu m$ 上衰减系数的比值。

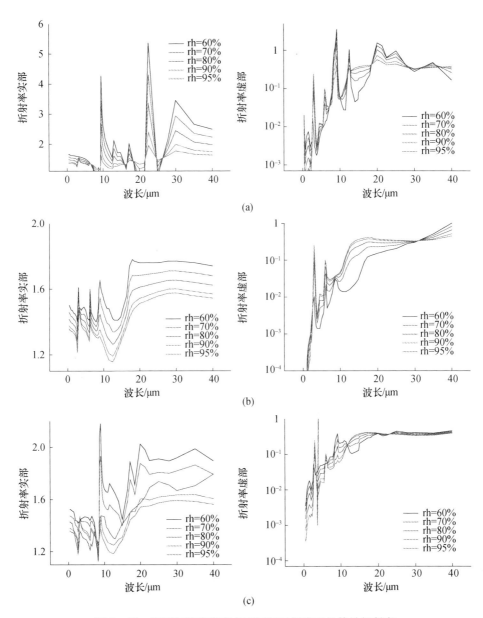

图 2-45 不同气溶胶类型在不同相对湿度下的等效折射率

(a)沙漠型;(b)海洋型;(c)大陆型。

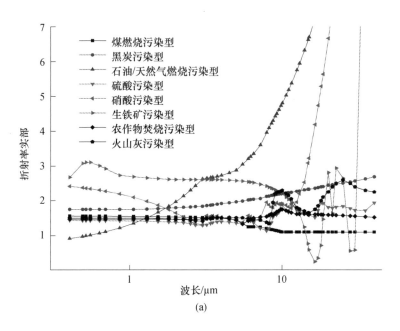

(a)

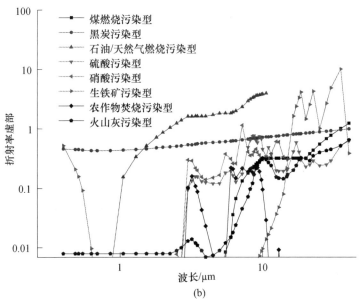

(b)

图 2-46　8 种污染型气溶胶折射率分布

图 2-47 为 CART 软件采用 Junge 分布计算各种气溶胶类型近地面气溶胶衰减系数随波长变化分布。各图中的容格指数的取值是为了使与 MODTRAN 计算结果相接近,不能做到完全吻合的原因是因为两种模式中使用了不同的气溶胶尺度谱分布。我们建立的 Junge 谱气溶胶模式,因考虑了实际气溶胶谱分布的变化,计算结果的精度将会有所提高。

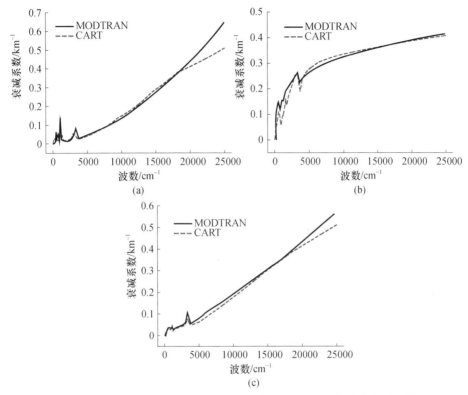

图 2-47　CART 的气溶胶模式按 Junge 谱得到的近地面气溶胶衰减系数及其与 MODTRAN 相应模式的比较

(a)沙漠气溶胶模式,Junge 指数 3.5,能见度 10km,相对湿度 90%;
(b)海洋气溶胶模式,Junge 指数 2.1,能见度 10km,相对湿度 80%;
(c)大陆气溶胶模式,Junge 指数 3.1,能见度 10km,相对湿度 80%。

气溶胶衰减高度分布分为两个高度区间 0~10km 和 10~30km。30km 以上气溶胶衰减非常小,因此,30km 以上的气溶胶衰减在本模式中不再考虑。

(1) 0~10km 高度的气溶胶衰减高度分布:

第一种,直接采用 MODTRAN 中的高度分布。0~2km 上的 $N(h)$ 与能见度有关,数据库中有 2km、5km、10km、23km、50km 五个能见度下的值,其他能见度下的值按线性插值得到。2~10km 高度的 $N(h)$ 不仅与能见度有关,还与季节有关;分为春夏季和秋冬季,数据库中有这两种类型下的能见度为 23km 和

50km 高度的值,能见度超出这个范围,则取 23km 和 50km 高度的极限值。

第二种,0 ~ 10km 高度气溶胶的 $N(h)$ 随高度近似按指数分布减小,即

$$N(h) = e^{-\frac{h}{Z}} \qquad (2-33)$$

式中:Z 为气溶胶标高,选择该种分布需输入气溶胶标高。

第三种,实际的气溶胶衰减高度分布廓线。实际的气溶胶消光廓线可以由激光雷达等方法遥感测得,包括近地面到一定高度上的气溶胶消光廓线。首先把测得的各个高度上的消光系数归一化到近地面的消光系数,得到地面到测量高度区间各个高度上的相对消光系数 $N(h)$,在高度 10km 上的相对消光系数用第一种方法补充。

(2) 10 ~ 30km 高度的气溶胶衰减高度分布。10 ~ 30km 高度的衰减主要由火山爆发后产生的残留烟灰粒子造成,因此这段高度上的气溶胶衰减根据烟灰程度的不同分为许多种,在本套软件研制中选择了典型的背景平流层型、中等火山型、强火山型三种。

图 2 - 48 为用第一种高度分布得到的气溶胶衰减系数随高度变化情况,并与 MODTRAN 中的衰减系数进行比较。从图 2 - 48 可以看出,两条曲线吻合。

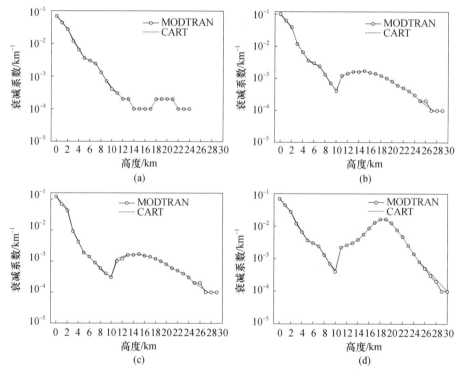

图 2 - 48   CART 中气溶胶消光系数随高度分布与 MODTRAN 的比较

(a)城市型(vis = 20km,λ = 1μm,春夏季,背景平流层);(b)沙漠型(vis = 20km,λ = 1μm,春夏季,中等火山灰),rh = 90% ;(c)海洋型(vis = 20km,λ = 1μm,秋冬季,中等火山灰),rh = 90% ;

(d)乡村型(vis = 20km,λ = 1μm,春夏季,强火山灰)。

表2-23总结了CART所建立的气溶胶衰减模式,包括各个高度区间的类型选择,以及计算时所需要的输入参数。

表2-23　气溶胶衰减模式

高度区间	类型	所需参数	其他
近地面气溶胶衰减模式	干净大陆型(OPAC)	地面能见度、相对湿度	OPAC指用其中的复折射率和谱分布数据;MODTRAN指用其中中的归一化消光系数、吸收系数、不对称因子和高度分布数据
	城市型(OPAC)		
	海洋型(OPAC)		
	沙漠型(OPAC)		
	乡村型(MODTRAN)		
	城市型(MODTRAN)		
	海洋型(MODTRAN)		
	沙漠型(MODTRAN)		
	Junge谱型	地面能见度、相对湿度、容格指数、折射率类型选择	其中气溶胶折射率类型,有沙漠型、海洋型、大陆型、煤燃烧污染型、黑炭污染型、石油/天然气燃烧污染型、硫酸污染型、硝酸污染型、生铁矿污染型、农作物焚烧污染型、火山灰污染型、自定义折射率型12种选择
0~10km气溶胶高度分布模式	MODTRAN中高度分布模式	无	—
	按指数分布模式	标高	
	给出气溶胶衰减廓线模式	气溶胶衰减廓线文件	
10~30km气溶胶衰减模式	背景平流层型	—	—
	中等火山型		
	强火山型		

2.3　常用激光波长大气吸收和散射系数

辐射传输的散射和吸收与大气路径中的分子和气溶胶微粒有关。假如电磁辐射入射到分子或气溶胶微粒上,那么一部分辐射被吸收,其余部分均被向各个方向散射。因此,分别定义散射系数 σ 和吸收系数 k:

$$\sigma = \sigma_m + \sigma_a \tag{2-34}$$

$$k = k_m + k_a \tag{2-35}$$

式中:下标 m、a 分别表示分子和气溶胶微粒,且 k_m 包括分子连续吸收,它们的

单位为 km^{-1}。

分子散射系数只与辐射路径中的分子密度有关,然而分子吸收系数不仅是吸收气体含量的函数也是路径温度和气压的函数。分子散射(瑞利散射)系数与波长的关系非常接近于公式 $\sigma_m \approx \lambda^{-4}$。如 2.1 节所述,分子吸收系数随着波长的变化是非常复杂的,由于许多种分子吸收带的复合因素存在,所以它是波长的快变函数。这些复合频带大部分是由于大气微量成分引起的,其中有决定性影响作用的分子为 H_2O、CO_2、O_3、N_2O、CO、O_2、CH_4 和 N_2(依重要性的次序排列)。不同大气模式和不同高度上的吸收气体含量不同。

气溶胶的吸收系数和散射系数不仅与气溶胶微粒的密度和尺寸分布有关,也与其复折射率有关。不同地区的气溶胶微粒的尺寸分布不同。目前常用的近地层气溶胶类型有乡村型、城市型、海洋型和沙漠型。此外,气溶胶微粒的尺寸分布和密度的大小与天气晴朗程度(用能见度表示)有关。

计算高光谱分辨率分子吸收的软件模式中以逐线积分辐射传输模式的计算精度最高,它采用的是逐线积分算法,分子吸收线参数取自 HITRAN2008 数据库。其中,分子连续吸收和散射采用 MT – CKD 方法。而气溶胶散射和吸收计算模式沿用上节所叙的 MODTRAN 模式。

一般来讲,分子吸收的光谱随波长快速变化,而分子散射系数和气溶胶的吸收系数与波长的变化关系是接近线性的。考虑常用的激光波长(表 2 – 24 和附表 1),用 LBLRTM 辐射传输软件、并采用 HIRTRAN2008 数据库,用美国空军地球物理实验室(AFGL)建立的热带、中纬度夏季、中纬度冬季、近北极区夏季、近北极区冬季、1976 年美国标准大气 6 种标准大气模式,计算了 $0 \sim 100km$ 高度内 33 层大气的分子吸收、分子散射系数(见附表 2);并计算了乡村型、城市型、海洋型、沙漠型气溶胶模式在晴朗(能见度为 23km)和有霾(能见度为 5km)条件下各个高度层上的气溶胶吸收系数和散射系数(沙漠型气溶胶以风速为 2m/s、10m/s 来表征晴天和霾雾天气),结果见附表 3。

各种激光波长在各种大气模式、气溶胶模式下,不同高度的大气吸收和散射系数的计算结果见附表 2 和附表 3 中。

表 2 – 24　常用的激光波长及主要大气衰减因子

序号	波长/μm	辐射源	主要大气衰减因子
1	0.532	钕玻璃	气溶胶、分子散射
2	0.6328	氦氖	气溶胶、分子散射
3	0.6943	红宝石	气溶胶、分子散射
4	0.86	砷化镓	气溶胶
5	1.06	钕玻璃	气溶胶,极少量的 O_2 吸收
6	1.3152	氧碘	气溶胶、水汽和水汽连续吸收

(续)

序号	波长/μm	辐射源	主要大气衰减因子
7	1.536	铒玻璃	水汽、气溶胶
8	1.55	铒光纤	气溶胶
9	3.39225	氦氖	CH_4、水汽和水汽连续吸收
10	3.8007	氟氘	气溶胶、水汽及微量气体的吸收
11	10.591	CO_2	水汽连续吸收、二氧化碳吸收

2.4 激光在海水中的衰减[41]

海洋光学参数包括海水中光衰减(吸收、散射)、后向散射、反射及离水辐射等。这些参数描述海洋光学特性,而这些特性与海水中浮游植物、悬浮泥沙及黄色物质的含量有密切关系,是海洋水色遥感的基础。

激光光束穿过海—气表面进入海水中,首先受到海水表面的反射,然后受到水体中各种物质的散射和吸收,这些效应与水体物质成分的种类和浓度有密切的关系。本节简单介绍激光在海水中的衰减效应,包括海水的吸收和散射部分以及与之有关的海水的光学特性。

2.4.1 海水中光辐射传输方程

光辐射在海水中被海水吸收和散射后,辐射传输可由下述经典方程描述[42]:

$$\frac{dL(z,\theta,\phi)}{dr} = -cL(z,\theta,\phi) + \bar{L}(z,\theta,\phi) \qquad (2-36)$$

式中:c 为衰减系数,包括海水的散射系数和吸收系数;等号右边第一项表示衰减损失;第二项表示光散射的增益,又称为行程函数,一般可表示成

$$\bar{L}(z,\theta,\phi) = \int_0^{2\pi} \int_0^{\pi} \beta(\theta,\phi;\theta',\phi') L(z,\theta'\phi') \sin\theta' d\theta' d\phi' \qquad (2-37)$$

式中:$\beta(\theta,\phi;\theta',\phi')$ 为散射相函数。

由于水体吸收,激光束入水后的光强迅速衰减。但是由于存在散射,激光照度在海水中的衰减与比尔(Beer)定律不同,随着传输距离增大,到达光中多次散射光子所占比例也增加,衰减变慢,单次散射反照率增加时散射光也增强,光束衰减更慢。

2.4.2 海水的光学性质

2.4.2.1 海水的组分

激光在海水中的传输与海水的光学特性密切相关,而海水的光学特性由海

水的组分所决定。

海水的主要组分分为纯水、溶解在水中的物质和悬浮在水中的固体三种。在水体中,纯水很少以单个分子的形态存在,而是以络合物的形态存在。溶解在海水中的物质有气体、无机盐和有机物。其中气体有 O_2、N_2、Ar、CO_2 等。海水中无机盐约占 3.5%,以氯化物占主要地位,其次是硫酸盐,碳酸盐所占的份额很少。江河水则碳酸盐占主要地位。有机物是复杂的腐殖酸混合物或化合物,含量较无机盐小约 4 个数量级,平均只有 $0.0001\% \sim 0.0005\%$。由于分离的溶解有机物大多呈黄褐色,因此称为"黄色物质"。

海水中悬浮的固体微粒来源于矿物性和生物性两个方面。前者属无机微粒,大多经河流或风从大陆带进海洋中。后者属有机微粒,来源于海水中的浮游动物、浮游植物及其残屑。大洋中悬浮微粒的浓度平均值为 $0.8 \sim 2.5 mg/L$,近岸水则大 $1 \sim 2$ 个数量级,河口区更大。若按粒子浓度来计算,用库尔特计数器测得的半径大于 $500 nm$ 的粒子总数为 $10^5 \sim 10^8$ 个/L。世界大洋的各个不同的海域,微细粒子的粒径分布大多遵从容格分布规律,即负幂指数谱:

$$N(r) = Ar^{-s} \tag{2-38}$$

式中: A 为归一化因子; r 为悬粒半径,一般为 $0.01 \sim 2\mu m$; S 为分布参数,对于海洋颗粒物质来说 S 一般为 $2 \sim 5$,其典型值为 $3 \sim 4$。

按粒子大小来区分,微细粒子的数目(直径为 $0.2 \sim 1\mu m$)占粒子总数的 $90\% \sim 98\%$,但微细粒子的质量只占总数 $5\% \sim 35\%$。图 2-49 为开阔大洋水体中典型生物粒子的粒子数分布。从图 2-49 可以看出, $S=4$ 时拟合效果较好。

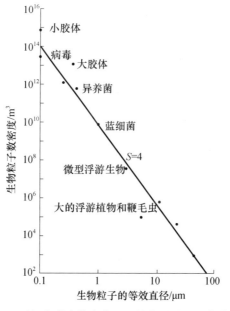

图 2-49　开阔大洋水体中典型生物粒子的粒子数分布[42]

海水中的有机悬浮微粒包括浮游生物及其残屑,可用生物量或叶绿素 a 的含量为代表。外海和大洋的叶绿素 a 含量为 $0.01 \sim 50 \mathrm{mg/m^3}$。

2.4.2.2 海水的折射率

1. 纯水的折射率

图 2 - 50 给出了纯水的折射率实部 n 和虚部 k 随波长变化的曲线。折射率虚部从紫外到可见光迅速降低,到红外波段又急剧上升从而形成了可见光波段一个狭窄的窗口,这个窗口波段水的吸收很小,而在比近紫外更短的波长和近红外更长的波长以外的波段是不透明的,所以水光学仅关心可见光及其附近(300 ~ 800nm)这一小波段部分。这一波段和太阳辐射最强的波段以及相应的大气吸收较弱的波段吻合得很好,对地球上的生物非常重要。

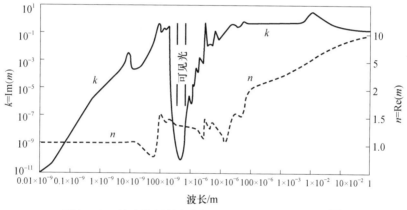

图 2 - 50 纯水的折射率实部 n 和虚部 k 随波长变化[42]

2. 海水的折射率

海水的折射率随波长、海水盐度、温度和气压变化而变化,Austin 和 Halikas[43]对海水折射率的有关文献进行了的综述。他们的报告包括折射率(相对于空气)作为波长($\lambda = 400 \sim 700 \mathrm{nm}$)、盐度($S = 0 \sim 4.3\%$)、温度($T = 0 \sim 30℃$)和压强($p = 10^5 \sim 10^8 \mathrm{Pa}$)的函数的大量表格和内插算法。图 2 - 51 描述了一般情况下水的折射率值随这 4 个参量的变化:随波长或温度增加而减小、随盐度或气压增加而增加。

2.4.2.3 海水的吸收系数

1. 纯海水的吸收

到目前为止,从理论上计算纯水的吸收仍然非常困难,因为水分子间有很强的相互作用。海水的吸收系数主要还是通过实验测量得到。确定天然水体的光谱吸收系数是一项复杂的工作,原因是水在近紫外到蓝光波段的吸收非常微弱,因此需要灵敏度非常高的仪器。而水体中强烈的散射效应的影响也是引起测量偏差的重要因素,对于颗粒物含量高的水体,散射效应则在整个可见光波段内的衰减中占主导地位。此外,由于很难获得没有污染的水样,也给纯海水吸收系数的测定带来困难。

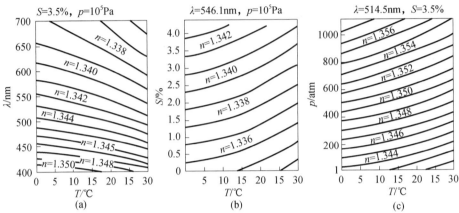

图 2-51　海水的折射率随波长、海水盐度、温度和气压变化而变化[42]

(a)波长与温度关系;(b)盐度与温度关系;(c)压力与温度关系。

Smith 和 Baker[44]对纯海水的光谱吸收系数的测量方法进行了详尽的论述,并根据测量的清洁天然水体的漫射衰减系数给出了水光学关心的 200～800nm 波段的纯海水的吸收系数 a_w、散射系数 b_m^{sw} 和漫射衰减系数 K_d,见表 2-25。

表 2-25　纯海水的吸收系数 a_w、散射系数 b_m^{sw} 和漫射衰减系数 K_d[44]

λ/nm	a_w/m^{-1}	b_m^{sw}/m^{-1}	K_d/m^{-1}	λ/nm	a_w/m^{-1}	b_m^{sw}/m^{-1}	K_d/m^{-1}
200	3.07	0.151	3.14	510	0.0357	0.0026	0.0370
210	1.99	0.119	2.05	520	0.0477	0.0024	0.0489
220	1.31	0.0995	1.36	530	0.0507	0.0022	0.0519
230	0.927	0.0820	0.968	540	0.0558	0.0021	0.0568
240	0.720	0.0685	0.754	550	0.0638	0.0019	0.0648
250	0.559	0.0575	0.588	560	0.0708	0.0018	0.0717
260	0.457	0.0485	0.481	570	0.0799	0.0017	0.0807
270	0.373	0.0415	0.394	580	0.108	0.0016	0.109
280	0.288	0.0353	0.306	590	0.157	0.0015	0.158
290	0.215	0.0305	0.230	600	0.244	0.0014	0.245
300	0.141	0.0262	0.154	610	0.289	0.0013	0.290
310	0.105	0.0229	0.116	620	0.309	0.0012	0.310
320	0.0844	0.0200	0.0944	630	0.319	0.0011	0.320
330	0.0678	0.0175	0.0765	640	0.329	0.0010	0.330

（续）

λ/nm	a_w/m^{-1}	b_m^{sw}/m^{-1}	K_d/m^{-1}	λ/nm	a_w/m^{-1}	b_m^{sw}/m^{-1}	K_d/m^{-1}
340	0.0561	0.0153	0.0637	650	0.349	0.0010	0.350
350	0.0463	0.0134	0.0530	660	0.400	0.0008	0.400
360	0.0379	0.0120	0.439	670	0.430	0.0008	0.430
370	0.0300	0.0106	0.0353	680	0.450	0.0007	0.450
380	0.0220	0.0094	0.0267	690	0.500	0.0007	0.500
390	0.0191	0.0084	0.0233	700	0.650	0.0007	0.650
400	0.0171	0.0076	0.0209	710	0.839	0.0007	0.834
410	0.0162	0.0068	0.0196	720	1.169	0.0006	1.170
420	0.0153	0.0061	0.0184	730	1.799	0.0006	1.800
430	0.0144	0.0055	0.0172	740	2.38	0.0006	2.380
440	0.0145	0.0049	0.0170	750	2.47	0.0005	2.47
450	0.0145	0.0045	0.0168	760	2.55	0.0005	2.55
460	0.0156	0.0041	0.0176	770	2.51	0.0005	2.51
470	0.0156	0.0037	0.0175	780	2.36	0.0004	2.36
480	0.0176	0.0034	0.0194	790	2.16	0.0004	2.16
490	0.0196	0.0031	0.0212	800	2.07	0.0004	2.07
500	0.0257	0.0029	0.0271	—	—	—	—

2. 海水溶解物的吸收

实验证明,溶解的钠、钾、钙、镁等无机盐在 200 ~ 300nm 光谱区内对光的吸收作用很明显。在近紫外到近红外的光谱段,各种溶解无机盐对光的吸收很小,可以忽略。溶解在海水中的黄色物质对光吸收的特点是在紫外波段吸收最大,随着波长的增长而按指数律减小,在黄、红光波段,吸收系数趋于 0。在近岸的海域,黄色物质的浓度大,对蓝、紫光的吸收大,水体显得发黄。

海水溶解物质的吸收光谱关系可近似表示为

$$a_y(\lambda) = a_y(\lambda_0) e^{-\mu(\lambda - \lambda_0)} \qquad (2-39)$$

式中:参考波长 $\lambda_0 = 440$nm;大洋水的 μ 值为 0.015nm^{-1}。但对不同海区,黄色物质吸收系数值的变化范围较大,研究表明:黄色物质的光谱斜率为 0.014 ~ 0.019nm^{-1}。对于中国近海而言,渤海黄色物质的光谱斜率约为 0.0139nm^{-1},黄海、东海约为 0.0175nm^{-1}。黄色物质总浓度和相对含量都有很大的变化。

3. 浮游植物的吸收

浮游植物细胞是可见光的强吸收体,因而在确定自然水体的吸收特性方面发挥着主要作用。浮游植物的吸收由各种光合作用的色素引起,其中叶绿素为人们所熟知。叶绿素吸收的特点是在蓝光和红光存在强吸收波段(对叶绿素 a

来说,峰值分别在 430nm 和 665nm,而在绿光波段几乎没有吸收)。叶绿素存在于所有植物中,通常以叶绿素的浓度(每立方米水中含有多少毫克叶绿素)作为浮游植物含量的光学计量(这里叶绿素浓度通常是指浮游植物细胞的主要色素叶绿素和脱镁叶绿素的和)。叶绿素在各种水样中的浓度范围从最洁净的开阔大洋水体的 0.01mg/m³,到高生产力的沿岸上升流区域的 10mg/m³,再到富营养的河口或湖泊的 100mg/m³ 等不一而足。

Morel[45] 得到了 14 种浮游植物平均的单位叶绿素浓度的光谱吸收曲线(图 2 – 52),可称为"典型"浮游植物单位吸收曲线,表现在 440nm 和 675nm 附近有明显的吸收峰,蓝光峰(440nm)的吸收系数是红光峰(675nm)的 1 ~ 3 倍,红外波段吸收很弱。

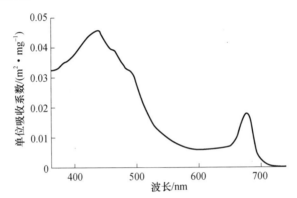

图 2 – 52　14 种浮游植物平均的单位叶绿素浓度的光谱吸收系数[42]

2.4.2.4　海水的散射系数

进入海水中的光,一部分被吸收,另一部分发生光波的散射而改变了原来的传播方向,因散射而使光能减弱。纯海水分子因其尺度远小于光波波长,它对光的散射属瑞利散射。第 1 章中描述的瑞利散射计算公式也适用于计算海水分子的散射。按瑞利散射定律,其散射系数与波长的 4 次方成反比,即波长越短,其散射能力越强。海水还有一些颗粒物,因其粒子尺寸比光波的波长大,可以用第 1 章中的米散射理论来描述。通常假定海水中的颗粒物的尺度分布满足 Junge 分布,若知道 Junge 指数和粒子的复折射率就可以用米散射理论计算散射系数、单次散射反照率和散射相函数等参数。关于米散射理论可参见第 1 章的详细描述。

由于海水中各种离子(C^-、Na^+ 等)浓度的随机涨落所引起的折射率涨落,以及水分子运动引起的小的单元内的分子数的变化,最终天然纯海水中分子散射体积散射函数为[42]

$$\beta_w(\theta,\lambda) = \beta_w(90°,\lambda)\left(\frac{\lambda}{\lambda_0}\right)^{-4.32}(1 + 0.835\cos^2\theta) \qquad (2-40)$$

式中:θ 为散射角;λ_0 为参考波长。

与瑞利散射的形式不同,散射函数随波长的变化不是 -4 次方(瑞利散射)而是 -4.32 次方,它来源于折射率的波长依赖性,系数 0.835 来源于水分子的各向异性。海水的总散射系数为

$$b_{\mathrm{w}}(\lambda) = 16.06\beta_{\mathrm{w}}(90°,\lambda)\left(\frac{\lambda}{\lambda_0}\right)^{-4.32} \tag{2-41}$$

值得注意的是,压力、温度和盐度变化对 $\beta_{\mathrm{w}}(90°,\lambda_0)$ 都有影响,温度降低或者压力升高可降低小尺度涨落,从而使分子散射减小。

海水的散射包括纯海水的分子散射和微粒散射的叠加。为了从理论上解释海上实测散射相函数的特征,已提出了描述海水光散射性质的一些物理模型,主要有单参数模型和双参数模型。

单参数模型假定海水的散射相函数是纯水散射和微粒散射的叠加,可表示为

$$F(\theta) = F_{\mathrm{w}}(\theta) + C_{\mathrm{p}}F_{\mathrm{p}}(\theta) \tag{2-42}$$

式中:等号右边第一项是纯水的散射相函数,可认为是不变的。C_{p} 为海水中悬浮微粒的浓度。于是,海水的散射相函数曲线便由悬浮微粒浓度 C_{p} 这单一参数所决定,或由水分子散射和微粒散射之间的比值决定。

双参数模型把海水悬浮微粒分为粗大颗粒和微细颗粒。粗大颗粒的散射相函数有相当大的伸展度,并假定每类颗粒单位浓度的散射相函数不变,而每类颗粒的浓度是随时空而变化的。因此,实际的海水散射相函数是由粗大颗粒、微细颗粒和水分子等三类物质的散射相函数叠加得到,即

$$F(\theta) = F_{\mathrm{w}}(\theta) + C_{\mathrm{L}}F_{\mathrm{L}}(\theta) + C_{\mathrm{S}}F_{\mathrm{S}}(\theta) \tag{2-43}$$

式中:$F_{\mathrm{L}}(\theta)$、$F_{\mathrm{S}}(\theta)$ 分别是粗大颗粒和微细颗粒单位浓度的散射相函数;C_{L}、C_{S} 分别为粗大颗粒和微细颗粒的浓度($\mathrm{cm^3/m^3}$)。

水分子的散射是已知的,因此实际的散射相函数由粗大颗粒浓度 C_{L} 和微细颗粒浓度 C_{S} 这两个参数共同决定。进行理论计算时,需要知道每类颗粒的直径分布函数、最小颗粒半径 $r_{\min}$、最大颗粒半径 $r_{\max}$ 和颗粒的相对折射率,以及假定粒子按 Junge 尺度谱分布的分布指数。当上述参数确定后,两类颗粒的散射相函数可采用米散射计算得到。

2.4.2.5　海水的衰减系数

海水的衰减系数 c 是海水的吸收系数 a 和散射系数 b 之和,即 $c = a + b$。在不考虑散射光重新进入探测器视场(忽略漫射效应)的情况下,衰减系数与海水光束透射率 T 的关系为

$$T = \mathrm{e}^{-cz} \tag{2-44}$$

式中:z 为光束在海水中的光程。

因为透射率 T 较易测量,所以海水的衰减系数多是在海上直接测量得到。表 2 - 26 是邻近我国大陆若干海区海水衰减系数的测量值。

表 2 - 26 邻近我国大陆若干海区海水衰减系数

海区	衰减系数/m^{-1}	海区	衰减系数/m^{-1}
黄渤海	0.4 ~ 3	西沙海域	0.18 ~ 0.35
南黄海	0.2 ~ 2	南海中部	0.08 ~ 0.18
台湾海峡	0.6 ~ 5	南沙海域	0.08 ~ 0.30
南海东北部	0.10 ~ 0.30	—	—

在海水中大量的实验测量表明,从 X 射线到米波波段的范围内,可见光波段的衰减是最小的。因此,从能见距离或传递信息的角度来看,可见光波段是海水的最佳波段。进一步分析各种不同水体可见光的衰减系数值发现,光的衰减有波长选择性,而且不同海区海水衰减系数最小的波段位置不同。对大洋水和外海水,蓝 - 绿光波段是最透明的波段,即蓝、绿段的衰减系数最小。十分清洁的海水,如在加勒比海,衰减系数光谱曲线形状非常接近于蒸馏水。但即使是最清洁的大洋水,其衰减系数值较之蒸馏水还高了 3 倍左右。各大洋水在不同时间最透明的蓝、绿波段的衰减系数值也各不同,例如对大西洋和太平洋,不同年份测得的衰减系数分别为 0.07 ~ 0.14m^{-1}、0.23 ~ 0.92m^{-1}、0.023 ~ 0.35m^{-1}。越接近大陆的海区,衰减系数最小值越移向黄光波段,与此同时整个光谱段透过率的数值也降低了。如果海水体中含有大量粗大颗粒,海水将变得混浊,并且衰减系数对光谱的选择性变弱,即衰减系数的光谱曲线几乎为一水平直线。如果存在黄色物质并且悬沙含量不是太大,那么衰减系数光谱极小值将移向黄 - 红光谱段。

世界大洋海水衰减的分布规律,在宏观上几乎完全由悬浮微粒的分布所决定,海水悬浮微粒的分布又与海流密切关联,即海水衰减系数的空间分布与海洋动力学特征分布之间的关系是很紧密的。按照海水衰减系数的大小,把大洋分为最大的、高的、正常的和偏低的透明度区域,然后把它与浮游植物、悬浮微粒、初级生产力和大洋表面流区域加以比较,可以发现这些要素的分区明显地相似。在大尺度上来看,这种相似性来源于上述要素环绕大陆区的带状分布。

海水衰减系数的垂直分布多种多样,并且随时间的变化很急剧,它往往反映海水密度的垂直结构,在海水密度发生跃变的水层,其衰减系数也会有较大的变化梯度。结果往往在温跃层处出现衰减系数的极大值。衰减系数的水平分布往往与海流结构有较高的相关性。

由于海水中存在多次散射,实际测量的海水的漫射衰减系数往往比上述给定的值要小。

2.4.2.6 海水的单次散射反照率

散射系数与衰减系数之比称为单次散射反照率,这个参量对水下光场形式起很大的作用。依据许多海区实测数据分析整理得出,当海水衰减系数较大时,在衰减系数光谱差不多相同的情况下,单次散射反照率的光谱曲线可以有很大的差别。在一些海区,单次散射反照率随波长的增加而增加,而另一些海区则相反。在同一海区不同深度水层衰减系数有明显的差异时,单次散射反照率的变化却不大。

海水单次散射反照率与光波波长有关。在可见光区的边缘波段,单次散射反照率的数值呈下降趋势,这与蒸馏水的情况一样,说明海水中存在的悬浮微粒并没有明显地提高散射在衰减中的分量,或者海水中存在悬浮微粒的同时也含有相当浓度的黄色物质。在光谱的蓝绿光波段,海水的透过率大,单次散射反照率的数值也大。在紫外和近红外至长波波段,由于海水的吸收增大,海水的单次散射反照率逐渐减小。

2.4.3 激光在海水中传输

2.4.3.1 激光在平静海面的反射和折射

理想的平静海面是镜面。激光束从大气向海面入射时,平行光束在镜面上的反射遵从菲涅耳方程,反射角 i' 等于入射角 i。同时,有部分光线折射进入海水中,满足 Snell 方程:

$$\sin i = n \sin j \tag{2-45}$$

式中:n 为海水折射率;j 为折射角。

对于非偏振光,海面的反射系数可表示为

$$R = \frac{1}{2}\left[\frac{\sin^2(i-j)}{\sin^2(i+j)} + \frac{\tan^2(i-j)}{\tan^2(i+j)}\right] \tag{2-46}$$

在上式中,因为折射角 j 取决于入射角 i 和海水折射率,因此海水的反射率主要由 n 和 i 决定。海面的透射系数可表示为

$$T = 1 - R \tag{2-47}$$

图 2-53 给出了不同入射角下的反射系数和透射系数(假定海水的折射率为 1.333),反射系数和透射系数在小入射角时变化极小,随后变化速率稍大。当入射角大于 70°时,随入射角的增大而急剧变化,在 $i=85°$ 时,反射光的能量达到入射光能量的 1/2 以上;在 90°时,将全部反射,没有光线进入海水中。

从折射定律可见,由于海水的折射率 $n=4/3$,入射角最大达 90°时,在海水中的折射角 $j=48°25'$。这个角度称为海水对空气的临界角,也称海水的布儒斯特角。

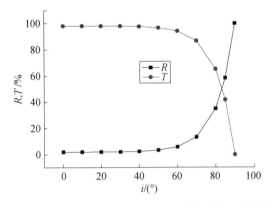

图 2 – 53　理想海面不同入射角下的反射系数和透射系数

2.4.3.2　激光在水体中的传输

1. 光束扩展

由于水体悬浮微粒和水分子的散射,进入水体的激光束将明显扩展。如假定入水前激光束截面的光强按高斯分布,则依据惠更斯 – 菲涅耳原理计算的结果表明在经历一个散射长度(等于水体散射系数的倒数)的距离后,光斑将扩展到入水前的数十倍。当保持水体衰减系数、散射系数不变的前提下,如果散射颗粒中,小直径粒子占优势时,光束的扩展就更明显。这是因为小颗粒的散射相函数不像大颗粒的那样呈强烈前向拉长。大致可认为散射粒子直径减小 1 个数量级,在相同的传输距离,光束的扩展就增加 1 个数量级。

2. 激光衰减

光束在海水中传输,如果传输距离较短,忽略散射的能量进入探测器视场时,与在大气中传输一样,衰减规律也服从指数规律 $E = E_0 \exp(-cz)$,其中 c 为衰减系数,z 为传输距离。实际上,海水的衰减系数与水中的浮游生物浓度、水中的悬浮粒子、盐分及温度有关。因此,不同海域、不同气候特征,衰减系数值有可能不同。计算海水对激光的衰减,总的衰减系数 c 为吸收系数和散射系数之和,其值取决于水质。

由于水体的吸收,激光束入水后的光强将迅速衰减,但是由于存在散射,照度的衰减与 Beer 定律不同,随着传输距离增加,到达光中多次散射光子所占比例也增加,衰减就变慢了,单次散射反照率增加时散射光也增强,光束衰减就更慢。激光束沿传播方向的衰减还与激光束的入水初始面积 S_0 有关。在大深度情况下沿光束光轴的照度与光束初始截面关系为[41]

$$E = E_0 e^{-\Gamma(\tau-\tau_0)} \cdot (1 - e^{-pc^2S_0/\tau}) \tag{2-48}$$

式中:Γ、p 为与水体散射性质有关的参数;E_0 为激光束入水时的照度;τ_0 为起始光学厚度;τ 为光学厚度,$\tau = ch$。

在大深度情况下,式(2-48)近似为

$$E = E_0 e^{-\Gamma(\tau-\tau_0)} \cdot pc^2 S_0 / \tau \qquad (2-49)$$

式(2-49)表明,初始光束面积 S_0 越大,激光沿传播方向的衰减越慢。实验也证明了这个规律。这显然是因为水体散射相函数的强烈前向拉长,前向小角散射占了主要成分。

3. 光场起伏

水体中总含有大量不停运动着的悬浮物,也存在着强度和尺度变化的湍流运动。在这种情况下,即使光源是稳定的,水体中的光场依然存在着随时间的起伏,特别是当测量中多次散射不占主要地位时,这种起伏尤其明显。水体中光场的起伏起因:悬浮物浓度与成分的变化及悬浮颗粒机械运动导致的散射起伏和湍流导致水体折射率变化的散射起伏。由于水是不易压缩的流体,前者的起伏除少数特别清洁的水域外均占主要的因素。从传输角度来看,光场的起伏可分为光束透过率的起伏和散射光的起伏。对前者,光束传播路径上悬浮颗粒的遮挡效应是必须考虑的,对后者,当散射角不为零时相干性好的激光的存在干涉效应起伏。对起伏光场的研究有现场和实验室研究两种方式。现场研究可了解实际光场起伏的类型,检验理论研究的结果,但海上实验的费用相当昂贵。实验室研究则可以对起伏的起因做个别研究,并可避免水面上外界不稳定光场、水体温度不均匀及外界机械扰动的影响。

2.5 小结与展望

本章介绍了大气对激光传输的衰减效应,包括大气分子和气溶胶对激光辐射的吸收与散射效应,着重介绍了高分辨率大气分子吸收光谱和一些重要大气分子对常用激光吸收的测量结果以及大气对激光衰减的计算方法,给出若干常用激光波长处的大气分子吸收光谱。因为有些激光工程在海域或海水中使用,本章还简单地介绍了海水对激光的吸收和散射效应。

鉴于激光技术的飞跃发展,很多新的激光器出现,给传统古老的大气吸收光谱研究提出了一些新的要求,如自由电子激光器、新的固体激光器,这些新的激光工程在大气中的实际应用,需选择大气吸收微弱的"窗口"波段。另外,如白光激光雷达、超连续激光、超短脉冲激光、光纤激光等新兴的激光工程,对大气吸收光谱的研究也提出了一些新的要求。

高分辨率大气分子吸收光谱是大气成分遥感的基础工作,发展新的方法,提高大气分子吸收测量的灵敏度和光谱分辨率一直是业界同行的研究方向。在提高灵敏度方面,近年来发展的腔衰荡光谱技术、腔增强光谱技术、改进的光声光谱探测方法等,用于探测弱吸收谱线的光谱参数,丰富和完善 HITRAN 基础数据库。同时,这些方法用于检测在大气中的微量气体成分,使得探测灵敏度不断提高。

在高分辨率光谱研究方面,近年来,半导体可调谐激光器的迅速发展,为开展高分辨、高灵敏度大气分子吸收定量实验研究提供了条件,可调谐二极管激光光谱技术(TDLAS)广泛地用于高分辨率大气吸收光谱研究。高分辨率红外傅里叶变换光谱技术目前可以达到 $10^{-3}\,\mathrm{cm}^{-1}$ 的光谱分辨率;光外差技术也可以达到很高的光谱分辨率。这些技术用于高光谱分辨率测量,可以测量很窄或低压力展宽下的吸收线参数。同时,高分辨率吸收光谱技术用于大气成分遥感,还可以得到吸收气体路径分布的信息。

在大气吸收机理方面,"大气窗口"区的连续吸收机理、理论和定量的实验数据还有待进一步完善,是一个值得研究的方向。在理论计算方面,除逐线积分法外,发展符合仪器函数的高分辨率大气分子吸收快速而精确的算法,除激光大气传输领域外,在大气遥感、气候模式等方面都有重要的应用价值。结合局地大气参数模型,研究常用激光在特定地域和时间内的激光大气衰减经验模型也具有重要的实用价值。

激光大气衰减取决于大气参数,在一些情况下,如果某些重要的大气参数变化在一定的时间内可以较准确地预报,这样,通过模式可以预报激光的大气衰减,对一些激光工程的实际应用效能将具有重要的价值。

参考文献

[1] 饶瑞中. 现代大气光学. 北京:科学出版社,2012.

[2] 魏合理,龚知本,马志军,等. 污染气体 SO_2 和 NO_2 紫外和可见光谱吸收截面测量. 量子电子学报, 2001,18(1).

[3] 魏合理,陈秀红,戴聪明. 通用大气辐射传输软件(CART)及其应用. 红外与激光工程,2012, 41(12).

[4] Doussin J F, Dominique R, Patrick C. Multiple - pass cell for very - long - path infrared spectrometry. Applied Optics,1999,38(19).

[5] O'Keefe A, Deacon D A. Cavity ring - down optical spectrometer for absorption measurements using pulsed laser sources. Review of Scientific Instruments,1988,59(12).

[6] Morville J, Romanini D, Chenevier M, Kachanov A. Effects of laser phase noise on the injection of a high - finesse cavity. Applied Optics,2002,41(33).

[7] 黄伟. 高分辨率水汽吸收光谱研究与便携式大气吸收测量仪的研制[博士论文]. 合肥:中国科学院合肥物质科学研究院,2005.

[8] 邵杰. CO_2、CH_4 分子的高灵敏度波长调制光谱测量[博士论文]. 合肥:中国科学院合肥物质科学研究院,2005.

[9] 王欢. 大气窗口主要分子红外吸收光谱特性研究[博士论文]. 合肥:中国科学院合肥物质科学研究院,2010.

[10] Papineau N, Camy Peyret C, Flaud J M, Guelachvili G. The 2 ν_2 and ν_1 bands of HD ^{16}O. Journal of Molecular Spectroscopy,1982,92.

[11] Clough S A,Iacono M J,Moncet J L. Line – by – line calculations of atmospheric fluxes and cooling rates: Application to water vapor. Journal of Geophysical Research:Atmospheres (1984—2012),1992,97(D14).

[12] 陈秀红,魏合理. LBLRTM 从工作站到 PC 机的移植. 大气与环境光学学报,2007,2(2).

[13] Shephard M,Clough S,Payne V,Smith W,et al. Performance of the line – by – line radiative transfer model (LBLRTM) for temperature and species retrievals:IASI case studies from JAIVEx. Atmospheric Chemistry and Physics,2009,9(19).

[14] Kneizys F X,Shettle E,Abreu L,et al. Users guide to LOWTRAN 7. DTIC Document,1988.

[15] Berk A,Anderson G P,Acharya P K,et al. MODTRAN 5:a reformulated atmospheric band model with aux-iliary species and practical multiple scattering options:update. Proc SPIE,2005,5565.

[16] Wei H,Chen X,Rao R,et al. A moderate – spectral – resolution transmittance model based on fitting the line – by – line calculation. Optics Express,2007,15(13).

[17] 魏合理,邬承就. 提高大气吸收光谱测量分辨率的新方法. 光学学报,2002,22(2).

[18] Rothman L,Gordon I,Babikov Y,et al. The HITRAN2012 molecular spectroscopic database. Journal of Quantitative Spectroscopy and Radiative Transfer,2013,130.

[19] Rothman L S,Jacquemart D,Barbe A,et al. The HITRAN 2004 molecular spectroscopic database. Journal of Quantitative Spectroscopy and Radiative Transfer,2005,96(2).

[20] 石广玉. 大气辐射学. 北京:科学出版社,2007.

[21] 陈秀红. 通用大气辐射传输软件 CART 研制[博士论文]. 合肥:中国科学院合肥物质科学研究院,2011.

[22] 魏合理,邬承就,龚知本. 1.315μm 波长附近实际大气高分辨率吸收光谱. 强激光与粒子束,2002,14(1).

[23] 石广玉,王标,张华,等. 大气气溶胶的辐射与气候效应. 大气科学,2008,32(4).

[24] 董真,郑有飞. 中国地区大气气溶胶光学吸收特性实验研究. 过程工程学报,2009,2(S2).

[25] 韩永,王体健,饶瑞中,等. 大气气溶胶物理光学特性研究进展. 物理学报,2008,57(11).

[26] Chan C H. Effective absorption for thermal blooming due to aerosols. Applied Physics Letters,1975,26(11).

[27] 龚知本. 在热晕中蒸发对气溶胶等效吸收系数的影响. 光学学报,1981,1(3).

[28] 刘炎焱,王俊波,乐时晓,等. 光致气溶胶粒子加热的等效吸收系数. 强激光与粒子束,1993,4(4).

[29] Lin C I,Baker M,Charlson R J. Absorption coefficient of atmospheric aerosol:A method for measurement. Applied Optics,1973,12(6).

[30] Bond T C,Anderson T L,Campbell D. Calibration and intercomparison of filter – based measurements of vis-ible light absorption by aerosols. Aerosol Science & Technology,1999,30(6).

[31] Hansen A,Rosen H,Novakov T. The aethalometer—an instrument for the real – time measurement of optical absorption by aerosol particles. Science of the Total Environment,1984,36.

[32] Strawa A W,Castaneda R,Owano T,et al. The Measurement of Aerosol Optical Properties Using Continuous Wave Cavity Ring – Down Techniques. Journal of Atmospheric & Oceanic Technology,2003,20(4).

[33] Bell A G. On the production and reproduction of sound by light. American Journal of Sciences,1880,20(118).

[34] Sedlacek A J. Real – time detection of ambient aerosols using photothermal interferometry:folded Jamin in-terferometer. Review of Scientific Instruments,2006,77(6).

[35] Sedlacek A,Lee J. Photothermal interferometric aerosol absorption spectrometry. Aerosol Science and Tech-nology,2007,41(12).

[36] Hess M,Koepke P,Schult I. Optical properties of aerosols and clouds:The software package OPAC. Bulletin of the American Meteorological Society,1998,79(5).

［37］陈秀红,魏合理,李学彬,等. 可见光到远红外波段气溶胶衰减计算模式. 强激光与粒子束,2009,
21(2).

［38］Hanel G. The physical chemistry of atmospheric particles. Ruhnke LH, Deepak A, editors. Hampton:
A. Deepak Publishing,1984.

［39］孙景群. 能见度与相对湿度的关系. 气象学报,1985,43(2).

［40］Shettle E P,Fenn R W. Models for the aerosols of the lower atmosphere and the effects of humidity variations
on their optical properties. DTIC Document,1979.

［41］高技术要览编委会. 高技术要览(激光卷). 北京:中国科学技术出版社,2003.

［42］李景镇. 光学手册. 西安:陕西科学技术出版社,2010.

［43］Austin R W,Halikas G. The index of refraction of seawater. Scripps Institution of Oceanography,1976.

［44］Smith R C,Baker K S. Optical properties of the clearest natural waters (200 ~ 800nm). Applied Optics,
1981,20(2).

［45］Morel A. Optical modeling of the upper ocean in relation to its biogenous matter content (case I waters).
Journal of Geophysical Research:Oceans (1978—2012),1988,93(C9).

第3章
激光大气传输湍流效应

自激光问世以来,随着其在跟踪、测距、通信以及激光武器等方面的广泛应用,激光大气传输湍流效应的研究也受到高度重视。众所周知,大气湍流是一个与空间和时间相关的随机过程。因此当激光在大气中传输时,由于其与湍流大气的相互作用,将导致光波振幅和相位的随机起伏,它们也是空间和时间的随机变量。为了描述光波振幅和相位的起伏,通常采用测量光强闪烁、到达角起伏和波束扩展等量来表征光波在大气中传输的湍流效应。由于这些量是随机起伏的,定量描述它们必须要使用统计量。这样,只有对大量系统的实验观测资料进行统计分析,才能得到其统计规律和相应的描述方法。比如,在弱湍流效应情况下,根据弱湍流效应理论分析所得的结果得到了很多观测实验事实的验证。为了减小湍流效应对激光大气传输的影响,自适应光学相位校正技术也取得了快速进展。理论和实验研究也都证明了,自适应光学系统对弱湍流效应的校正是十分有效的。

本章简要介绍了激光大气传输湍流效应(包括光强、相位起伏)的经典结果,重点介绍大气湍流对光束质量的影响及其相位校正非等晕性问题的研究结果,最后给出强湍流效应及其相位校正最新研究进展。

3.1　激光大气传输湍流效应

3.1.1　光强和相位起伏及其频谱特性分析

根据第 1 章的讨论,对数振幅起伏和相位起伏可以直接写成

$$\chi = \frac{k^2}{2\pi U_0(\boldsymbol{r})} \iiint_V \frac{\cos[k|\boldsymbol{\rho}-\boldsymbol{\rho}'|^2/(2|z-z'|)]}{|z-z'|} n_1(\boldsymbol{r}') e^{ik|z-z'|} U_0(\boldsymbol{r}') d^3\boldsymbol{r}'$$

$$(3-1)$$

$$S_1 = \frac{k^2}{2\pi U_0(\boldsymbol{r})} \iiint_V \frac{\sin[k|\boldsymbol{\rho}-\boldsymbol{\rho}'|^2/(2|z-z'|)]}{|z-z'|} n_1(\boldsymbol{r}') e^{-ik|z-z'|} U_0(\boldsymbol{r}') d^3\boldsymbol{r}'$$

$$(3-2)$$

很明显,对数振幅起伏和相位起伏主要由折射率起伏决定,由于折射率起伏 n_1 的平均值为 0,因此对数振幅起伏 χ 和相位起伏 S_1 的平均值也为 0。再者,χ 和 S_1 是由传输路径上大量相互独立的不同的折射率的湍涡引起的,因此可以由中心极限理论预测,χ 和 S_1 应服从正态分布。既然 $A = e^{\chi}$ 和 $I = e^{2\chi}$,因此振幅 A 和光强 I 服从对数正态分布。

从式(3-1)和(3-2)可以看出,χ、S_1 的所有统计量都是由源和接收平面之间的折射率起伏 n_1 决定的。在研究激光大气传输湍流效应时,一般在接收平面上进行分析和讨论,同时,研究这些效应,都涉及二阶统计量。二阶统计量主要有协方差、频谱和结构函数。因此,可以利用 Rytov 解计算 χ 和 S_1 的协方差、频谱和结构函数。这些函数的具体形式依赖于入射波的形式,如平面波、球面波、聚焦光束和准直光束等。从第 1 章中可知,发射平面和接收平面间的折射率起伏 n_1 服从一定的统计规律,可以用式(1-101)或式(1-104)表述,允许传输路径上的湍流强度变化。为了简化下面的讨论,假定一系数 ζ 代表 χ 或 S_1,同时讨论平面波 $U_0(r) = U_0 e^{ikz}$ 的传输效应,则平面波在 z 为 $0 \sim L$ 传输的协方差和结构函数为

$$B_{\zeta}(\rho, L) = 4\pi^2 \int_0^L \int_0^{\infty} \kappa J_0(\kappa\rho) H_{\zeta}(L-z, \kappa) \Phi_n(\kappa, z) dz d\kappa \qquad (3-3)$$

$$\wp_{\zeta}(\rho, L) = 8\pi^2 \int_0^L \int_0^{\infty} \kappa [1 - J_0(\kappa\rho)] H_{\zeta}(L-z, \kappa) \Phi_n(\kappa, z) dz d\kappa \qquad (3-4)$$

在大气湍流具有局地均匀各向同性情况下,接收平面上的起伏量的二维结构函数与频谱 $F_{\zeta}(\kappa_1, \kappa_2, 0)$ 之间具有下列关系[1],即

$$\wp_{\zeta}(\rho) = 4\pi \int_0^{\infty} \kappa [1 - J_0(\kappa\rho)] F_{\zeta}(\kappa, 0) d\kappa \qquad (3-5)$$

式中:$\kappa = (\kappa_1^2 + \kappa_2^2)^{1/2}$。

比较式(3-4)和式(3-5),可以获得在 $z = L$ 平面上的 χ 和 S_1 的起伏功率谱的表达式为

$$F_{\zeta}(\kappa, 0, L) = 2\pi \int_0^L H_{\zeta}(L-z, \kappa) \Phi_n(\kappa, z) dz \qquad (3-6)$$

对于平面波,式(3-6)中关于 χ、S_1 的滤波函数 H_{χ}、H_S 可分别表示为

$$H_{\chi}(z, \kappa) = \{k\sin[\kappa^2 z/(2k)]\}^2 \qquad (3-7)$$

$$H_S(z, \kappa) = \{k\cos[\kappa^2 z/(2k)]\}^2 \qquad (3-8)$$

在接收平面上,波结构函数定义为

$$\wp(\rho) = \wp_{\chi}(\rho) + \wp_S(\rho) \qquad (3-9)$$

基于式(3-7)和式(3-8),把式(3-4)代入式(3-9),可得

$$\wp(\rho, L) = 8\pi^2 k^2 \int_0^L \int_0^{\infty} \kappa [1 - J_0(\kappa\rho)] \Phi_n(\kappa, z) dz d\kappa \qquad (3-10)$$

对于 Kolmogorov 湍流谱 $\Phi_n(\kappa, z) = 0.033 C_n^2(z) \kappa^{-11/3}$,对式(3-10)积分,

可得平面波的结构函数为

$$\mathscr{D}(\rho,L) = \begin{cases} 2.91k^2\rho^{5/3}\int_0^L C_n^2(z)\,\mathrm{d}z, & \sqrt{\lambda L} < \rho < L_0 \\ 3.44l_0^{-1/3}k^2\rho^2\int_0^L C_n^2(z)\,\mathrm{d}z, & \rho < l_0 \end{cases} \tag{3-11a}$$

根据式(1-113),平面波的结构函数也可以表示为

$$\mathscr{D}(\rho) = 6.88\left(\frac{\rho}{r_0}\right)^{5/3} \tag{3-11b}$$

式中,r_0 为第1章给出的大气相干长度。

如果传输路径上的湍流强度 $C_n^2(z)$ 为常数,则对于平面波的协方差、波结构函数和功率谱可表示为

$$B_\chi(\rho,L) = 2\pi^2 k^2 L \int_0^\infty \kappa J_0(\kappa\rho)\{1 - [k/(\kappa^2 L)]\sin(\kappa^2 L/k)\}\varPhi_n(\kappa)\,\mathrm{d}\kappa \tag{3-12}$$

$$B_S(\rho,L) = 2\pi^2 k^2 L \int_0^\infty \kappa J_0(\kappa\rho)\{1 + [k/(\kappa^2 L)]\sin(\kappa^2 L/k)\}\varPhi_n(\kappa)\,\mathrm{d}\kappa \tag{3-13}$$

$$\mathscr{D}_\chi(\rho,L) = 4\pi^2 k^2 L \int_0^\infty \kappa[1 - J_0(\kappa\rho)]\{1 - [k/(\kappa^2 L)]\sin(\kappa^2 L/k)\}\varPhi_n(\kappa)\,\mathrm{d}\kappa \tag{3-14}$$

$$\mathscr{D}_S(\rho,L) = 4\pi^2 k^2 L \int_0^\infty \kappa[1 - J_0(\kappa\rho)]\{1 + [k/(\kappa^2 L)]\sin(\kappa^2 L/k)\}\varPhi_n(\kappa)\,\mathrm{d}\kappa \tag{3-15}$$

$$F_\chi(\kappa,0,L) = \pi k^2 L\{1 - [k/(\kappa^2 L)]\sin(\kappa^2 L/k)\}\varPhi_n(\kappa) \tag{3-16}$$

$$F_S(\kappa,0,L) = \pi k^2 L\{1 + [k/(\kappa^2 L)]\sin(\kappa^2 L/k)\}\varPhi_n(\kappa) \tag{3-17}$$

通过这些方程可以从物理的观点审视激光在大气湍流中的传输情况。例如,从式(3-16)和式(3-17)可以看出,对数振幅和相位功率谱就是大气湍流谱与从 z 为 $0\sim L$ 的大气湍流的光学传递函数的乘积。对数振幅和相位的协方差、波结构函数和功率谱仅仅相差一个符号。利用冯·卡门湍流谱,图3-1给出了对数振幅和相位功率谱。在图3-1中,假设波长为 $0.5\mu m$ 的平面波在均匀路径上传输 $1km$,大气湍流外尺度和内尺度分别为 $10m$ 和 $1cm$,利用 C_n^2 和其他常数对纵坐标进行了规一化,图中实线是由冯·卡门谱获得的,在 κ 较大的一端的虚线是根据修正冯·卡门谱计算的。从图3-1(a)可以看出,相位起伏主要是较低空间频率引起的,正是这些较低空间频率引起光束的倾斜和漂移,也就是说相位起伏主要是由大尺度涡旋引起的;而大尺度涡旋对对数振幅起伏的影响较小,当尺度为 $\sqrt{\lambda L}$ 时,对数振幅起伏达到峰值。

115

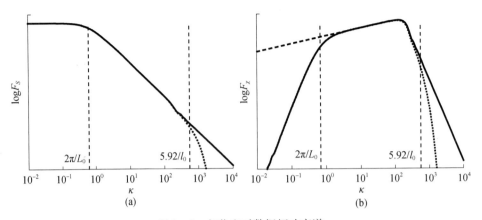

图 3-1 相位和对数振幅功率谱

3.1.2 光强闪烁

光波在大气中传播,由于大气湍流的影响,光场受到传输路径上折射率扰动的影响,不仅造成了光场的相位起伏而且会引起振幅起伏或光强起伏(称为闪烁)。

由上面讨论可知,光强起伏主要是由尺度为 $\sqrt{\lambda L}$(λ 为激光波长,L 为传输距离)的湍流涡旋引起。光强起伏的统计规律已有比较详细的研究,下面简要地介绍。

垂直于传输路径平面上位置 r 处时刻 t 的光场 $U(r,t)$ 可近似表示为[2]

$$U(\mathbf{r},t) \approx \sqrt{I_0}\,\mathrm{e}^{\mathrm{i}\mathbf{k}\cdot\mathbf{r} - \mathrm{i}\omega t + \chi(\mathbf{r},t) + \mathrm{i}\phi(\mathbf{r},t)} \tag{3-18}$$

式中:χ、ϕ 分别为光场在大气湍流中传输的对数振幅和相位起伏;I_0 为平均光强。

根据 Rytov 近似,χ 和 ϕ 是相互统计独立的,并且都服从高斯分布,均值为 0。这样,实测的光强就是光场 $U(\mathbf{r},t)$ 的平方,即

$$I(\mathbf{r},t) \approx I_0 \mathrm{e}^{2\chi(\mathbf{r},t)} \tag{3-19}$$

假设 χ 为正态分布,可以获得归一化的光强起伏方差 σ_I^2 和对数振幅起伏方差 σ_χ^2 的关系为

$$\sigma_\chi^2 = \frac{\ln(\sigma_I^2 + 1)}{4} \tag{3-20a}$$

在弱起伏即 $\sigma_I^2 < 1$ 的情况下,实测的光强起伏方差 σ_I^2 和对数振幅起伏方差 σ_χ^2 可表示为

$$\sigma_I^2 \approx 4\sigma_\chi^2 \tag{3-20b}$$

另外,对于 Kolmogorov 湍流谱,在 Rytov 近似情况下,σ_χ^2 也可以通过对传输

路径上大气湍流积分获得[3],即

$$\sigma_{\chi R}^2 = 0.56k^{7/6}\int_0^L C_n^2(z)(z/L)^{5/6}(L-z)^{5/6}\mathrm{d}z \qquad (3-21)$$

式中:$k=2\pi/\lambda$;C_n^2 为大气湍流强度结构常数;下标 χR 为由 Rytov 近似取得的方差,其表示的是球面波振幅起伏方差,光源在 $z=0$ 处。对于水平传输路径,如果 C_n^2 为常数,则式(3-21)可简化为

$$\sigma_{\chi R}^2 = 0.124k^{7/6}L^{11/6}C_n^2 \qquad (3-22)$$

平面波的 Rytov 方差可表示为

$$\sigma_{\chi R}^2 = 0.307k^{7/6}L^{11/6}C_n^2 \qquad (3-23)$$

由上述近似分析式计算得到的 $\sigma_{\chi R}^2$ 随着湍流增强或传输距离的增长是没有限制的;但实验[4]已观测到 σ_I^2 随着湍流增强或传输距离的增长,σ_I^2 达到一定后就不再增加了,闪烁趋于饱和。图 3-2 给出了 $\sigma_{\chi R}^2$ 与 σ_χ^2 关系的一个实验结果。

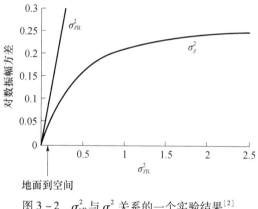

图 3-2　$\sigma_{\chi R}^2$ 与 σ_χ^2 关系的一个实验结果[2]

Andrews 等[5]系统地研究了激光在大气中传输的闪烁问题,并给出了激光束闪烁指数的一般表达式,有兴趣的读者可以参见文献[5]。

3.1.3　光束到达角起伏特征

1. 光束到达角起伏方差

光束到达角起伏或聚焦光束角漂移对光电系统跟踪瞄准有着重要影响。光束到达角是指实际到达的相位波前与参考波前间的夹角,如图 3-3 中所示的角 α。光束经过大气传输后由于湍流的扰动而使其在接收望远镜焦平面上的位置做随机抖动,就是光束到达角起伏的结果。

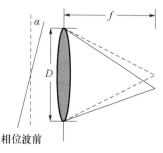

图 3-3　到达角和图像抖动

假设在接收望远镜 D 上整体相位平移 ΔS,对应的光学路径差为 Δl,则

$$k\Delta l = \Delta S \tag{3-24}$$

一般地,到达角 α 是比较小的,因此有 $\sin\alpha \approx \alpha$,到达角可以表示为

$$\alpha = \frac{\Delta l}{D} = \frac{\Delta S}{kD} \tag{3-25}$$

假设系综平均 $\langle\alpha\rangle = 0$,对于无限平面波的到达角起伏方差可表示为

$$\sigma_\alpha^2 = \frac{\langle(\Delta S)^2\rangle}{(kD)^2} = \frac{\wp(D,L)}{(kD)^2}$$

$$= 2.91 D^{-1/3} \int_0^L C_n^2(z)\,\mathrm{d}z, \quad \sqrt{\lambda L} < D < L_0 \tag{3-26}$$

这里的 $\wp(D,L)$ 利用式(3-11a)。

工程应用中也经常关心光束在接收望远镜焦平面上的图像(光束)抖动,在焦平面上的图像抖动均方根位移就是 σ_α 乘以接收望远镜的焦距 f。

从式(3-26)可以看出,对于一定的接收孔径,到达角起伏方差正比于大气湍流强度的路径积分。这样,沿着传输路径的大气湍流强度越强,光束的到达角起伏越严重。图3-4和图3-5给出了我们在2m、22m 两个高度上大气相干长度和聚焦光束抖动的同步测量结果,激光波长 $\lambda = 1.319\mu m$。由图可以看到,除仅有的极少数情况下两者比较接近之外,绝大多数情况下,$h = 22m$ 时的相干长度是 $h = 2m$ 时的相干长度的2倍左右,有时甚至达到4倍以上,即相当于 C_n^2 大1个量级。类似于两个高度上的大气湍流相干长度,除仅有的极少数情况下两者比较接近之外,绝大多数情况下,$h = 2m$ 时的聚焦光束抖动比 $h = 22m$ 时的抖动明显要大,平均相差约1.7倍。因此,适当提高激光束传输高度可以减小湍流效应对激光大气传输的影响,特别是近地面水平或低仰角斜程大气传输应用情况下尤为如此。

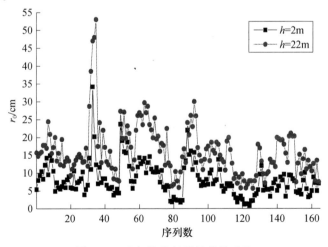

图3-4 大气湍流相干长度的对比

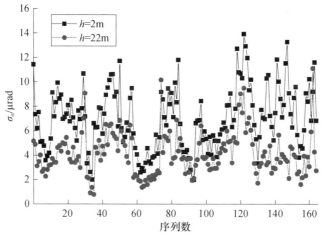

图 3-5　两个高度上的聚焦光束抖动对比

关于光束到达角起伏已有大量的理论和实验研究,但多数仅涉及弱起伏区的特征,对强起伏区内到达角起伏的问题研究较少。虽然微扰理论可以很好地解释弱起伏区的实验规律,但在较强起伏区实验结果明显地偏离了理论值,到达角起伏也存在饱和现象[6]。为此,宋正方[7]利用马尔可夫近似和平均强度的平方近似,分别导出了适用于整个起伏区域的平面波和球面波到达角起伏方差的一般表达式,并与理论和实验结果做了对比,如图 3-6 所示。有兴趣的读者可以参考文献[7]。

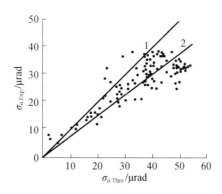

图 3-6　到达角起伏的理论和实验结果对比[7]

注:直线 1 是扰动理论结果;直线 2 是宋正方推导的结果;点是实验结果。

2. 光束到达角起伏频谱特征

大气湍流引起的光束到达角起伏的频谱特征是涉及实际工程应用的重要问题。理论研究结果表明:在局地均匀各向同性 Kolmogorov 湍流和均匀大气风速条件下,球面波光束到达角起伏功率谱在低频段满足 -2/3 幂率,高频段满

足 $-11/3$ 幂率[8]。大量实验测量结果则显示出球面波到达角起伏功率谱在低频段与理论结果一致，而高频段则近似为 $-8/3$ 下降幂率甚至更平缓[9-11]。图 3-7 给出了 Max[10] 等利用自然导引星测量的倾斜功率谱，采样频率为 1000Hz，积分时间为 1ms。图 3-7 中：a 段对应 $-2/3$ 幂律，符合 Kolmogorov 谱预测的结果；b 段对应 $-8/3$ 幂律，不满足高频段 $-11/3$ 幂率，超过 100Hz 后，频谱变得更平坦。有人认为，测量结果与理论结果的不一致是由于大气湍流不满足 Kolmogorov 近似条件造成的，但到目前为止还没有得到理论和其他实验资料的证明。

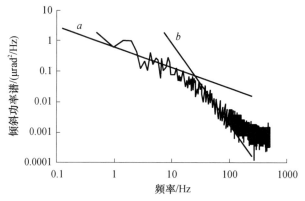

图 3-7　利用自然导星测量的倾斜功率谱[10]

实际大气条件下，光束传输路径上的风速往往是不均匀的，大气频谱的变化必然受到影响。不均匀大气风速条件下，光束到达角起伏功率谱的一般表达式为[12]

$$W_{TC}(f) = 0.309 d^{-1/3} f^{-8/3} \int_0^L C_n^2(z) f_{vd}^{5/3} \, dz \int_0^1 \frac{r^{5/3}}{(1-r^2)^{1/2}} J_1^2\left(\frac{\pi\gamma f}{rf_{vd}}\right) \times \left(1 + \left(\frac{rf_{L_0}}{f}\right)^2\right)^{-11/6} \times$$

$$\cos^2\left(\frac{\pi\gamma f^2}{r^2 f_{\lambda L}^2}\left(1 - \frac{z}{L}\right)\right) e^{-1.13(f/rf_{l_0})^2} \, dr \qquad (3-27)$$

式中：$f_{vd} = |v(z)|/d, f_{\lambda L} = |v(z)|/\lambda L, f_{L_0} = |v(z)|/L_0, f_{l_0} = |v(z)|/l_0$。

推导式(3-27)过程中，利用了冯·卡门谱，从而可以考虑内外尺度对光束到达角功率谱的影响，即

$$\Phi_0(\kappa) = (\kappa_x^2 + \kappa_y^2 + 4\pi^2/L_0^2)^{-11/6} e^{-(\kappa l_0/5.92)^2} \qquad (3-28)$$

计算结果表明，不均匀大气风速将导致球面波光束到达角起伏功率谱的明显改变，高频谱成分显著抬高，在一定条件下，球面波光束到达角起伏功率谱在一段频率范围内(实际应用关心频率范围内)接近 $-8/3$ 次方下降幂率，这对自适应光学系统的校正带宽提出了更高的要求。

图 3-8 给出了瑞利星和自然星光束到达角起伏功率谱的计算结果。计算

中折射率结构常数和大气风速采用下列模式：

$$v(h) = v_0 + 37.5h/h_0$$

$$C_n^2(h) = 10^{-16}[5.3 \times 10.0^{-4} \times h^{10} \times e^{-h/0.61} + 40.0 \times e^{-h/0.3} + 1.8 \times e^{-h/7.5}]$$

瑞利星高度 h_0 选为 12km，外尺度 $L_0 = 100$m，$v_0 = 2.5$m/s。由图可以看到，不均匀大气风速光束到达角起伏功率谱的影响是很大的。不均匀大气风速条件下光束到达角起伏功率谱可分为三段拟合：①当 $f < 0.4v_0/d$ 时，采用 $f^{-2/3}$；②当 $0.4v_0/d < f < \bar{v}/d$ 时，采用 $f^{-5/3}$；③当 $f > \bar{v}/d$ 时，采用 $f^{-10/3}$（平面波采用 $f^{-11/3}$）；$\bar{v}$ 为平均风速。

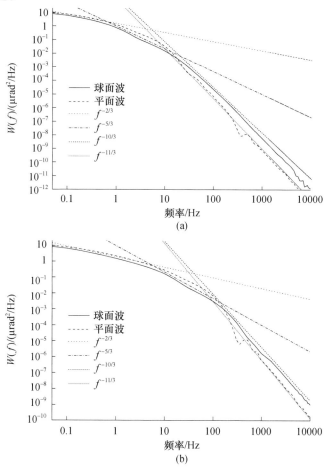

图 3-8 瑞利星和自然星光束到达角起伏功率谱的比较

(a) $d = 1.0$m；(b) $d = 0.1$m。

上述结果也表明，由于不均匀风速对光束到达角起伏功率谱有着显著影响，当实验测量的球面波光束到达角起伏功率谱高频段不满足均匀风速情况下的 $-11/3$ 下降幂率时，不应该都认为是由于大气湍流不满足 Kolmogorov 湍流造成的。

3.1.4 激光传输 Strehl 比近似理论

3.1.3 节介绍了激光传输到一定距离目标上的光场的振幅和相位的起伏特征。在激光大气传输应用中,更关心激光传输到目标上的能量(或功率)集中度。因此,本节介绍计算激光大气传输斯特列尔(Strehl)比的近似理论。为简单起见,以准直激光传输为例。

利用扩展惠更斯 – 菲涅耳原理[13]从菲涅耳衍射积分出发,设 $z = 0$ 平面的光场为

$$U(x_0, y_0) = u(x_0, y_0) e^{i\phi_0(x_0, y_0)}$$

式中: $u(x_0, y_0)$ 为光场振幅分布; $\phi_0(x_0, y_0)$ 为光场初始相位。

根据相位近似理论,在傍轴条件下, $z = L$ 位置处的光场 $U(x, y, L)$ 可以表示为

$$U(x, y, L) = \frac{e^{ikL}}{i\lambda L} \iint_{\Sigma} u(x_0, y_0) e^{i\frac{k}{2L}[(x-\xi)^2 + (y-\zeta)^2] + ik\phi(x_0, y_0, x, y)} \mathrm{d}\Sigma \quad (3-29)$$

式中: $k = \frac{2\pi}{\lambda}$, λ 为波长; Σ 为孔径; ϕ 为激光传输路径上湍流效应引起的相位变化,即

$$\phi(x_0, y_0, x, y) = k \int \delta n(x_0, y_0, x, y) \mathrm{d}l \quad (3-30)$$

其中: δn 为由湍流引起的折射率的变化。

图 3 – 9 为激光发射系统的示意图。从图 3 – 9 可以看出,当观察面位置 L 远大于大气传输长度 l 时, δn 沿路径积分简化为沿 z 方向的线积分而不引入明显的误差。此时, ϕ 可以简化为

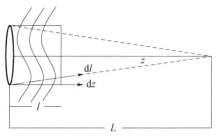

$$\phi(x, y, z) = k \int_0^l \delta n(x, y, z_1) \mathrm{d}z_1 \quad (3-31)$$

图 3 – 9 激光发射系统示意

设激光发射时初始相位 $\phi_0 = 0$, $z = L$ 位置处光强分布可以表示为

$$<I(x, y)> = \frac{1}{(\lambda L)^2} \iint_{\Sigma} \iint_{\Sigma} u(x_0, y_0) u^*(x_0', y_0') \times e^{i\frac{k}{2L}[(x-x_0)^2 + (y-y_0)^2 - (x-x_0')^2 - (y-y_0')^2]}$$

$$<e^{i(\phi-\phi')}> \mathrm{d}\Sigma \mathrm{d}\Sigma' \quad (3-32)$$

式中: $<>$ 为系综平均。

利用高斯随机变量的性质[14],式(3 – 32)等号右边最后一下关于相位 ϕ 可以简化为

$$<e^{i\phi(x,y,x',y') - i\phi'(x,y,x',y')}> = e^{-\frac{1}{2}\wp(x,y,x',y')} \quad (3-33)$$

轴上斯特列尔比(SR)定义为目标位置处长曝光光斑轴上光强与真空传输条件下艾里(Airy)斑轴上光强之比。

根据定义,对于直径为 D 的光波,轴上 SR 可以表示为

$$SR = \left(\frac{4}{\pi D}\right)^2 \iint_{\Sigma} \iint_{\Sigma} u(x,y) u^*(x',y') e^{-\frac{1}{2}\wp(x,y,x',y')} d\Sigma d\Sigma' \qquad (3-34)$$

至此,我们得到了激光在大气中准直传输的 Strehl 比的理论表达式,式(3-29)、式(3-34)可以很容易推广为自适应光学系统补偿下的结果。需要计算出自适应光学系统补偿及无补偿情况下对应的结构函数。

对于均匀各向同性湍流,并采用 Kolomorgov 湍流谱,式(3-34)可简化为

$$SR = \int_0^1 \alpha K(\alpha) e^{-\wp(\alpha D)/2} d\alpha \qquad (3-35)$$

式中:α 为归一化系数,当 $\alpha = 1$ 时,积分到孔径边缘;$K(\alpha)$ 为光学系统传递函数,可表示成

$$K(\alpha) = \frac{16}{\pi} \left[\arccos(\alpha) - \alpha(1-\alpha^2)^{1/2} \right] \qquad (3-36)$$

把式(3-11b)代入式(3-35),可得

$$SR = \int_0^1 \alpha K(\alpha) e^{-3.44(\alpha D/r_0)^{5/3}} d\alpha \qquad (3-37)$$

Andrews 和 Phillips 给出了一个误差小于 6% 近似表达式[15],即

$$SR = (1 + (D/r_0)^{5/3})^{-6/5} \qquad (3-38)$$

图 3-10 给出了 SR 随 D/r_0 的变化情况。从图 3-10 可以看出:当 $D/r_0 < 3$ 时,SR > 0.2;当 $D/r_0 > 5$ 时,SR < 0.1。

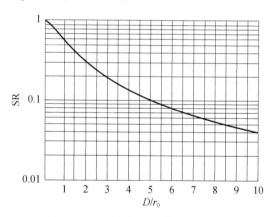

图 3-10 Strehl 比(SR)随 D/r_0 的变化

3.2 湍流效应自适应光学校正

自适应光学系统主要用来校正由于大气湍流等因素造成的动态波前误差。为了最大限度地减少光学系统所受到的这些影响,必须弄清大气湍流对传播的

光束所引起的相位起伏的时间和空间特性。

3.2.1 湍流效应相位校正及其残差近似分析

1. 空间频率有限带宽残差

大气相干长度 r_0 描述了光波在湍流大气中传播的空间相干特性,这表明任何光学系统对经大气湍流扰动的光波成像,其分辨率不会超过直径 r_0 的光学系统的分辨率。根据衍射效应,目标通过孔径 a 的镜面成像的角分辨率为 $1.22\lambda/a$,但是通过大气湍流的情况下,镜面的角分辨率变为 $1.22\lambda/r_0$。这也就是说,存在大气湍流的情况下,当望远镜孔径达到一定数值时,提高望远镜孔径只能增加入射光强,而不能增强对目标的分辨能力,即不能提高成像的分辨率。

在实际的自适应光学系统中,经过大气以后的光波投射在变形镜上,通常先将望远镜进行缩束或扩束,以便与变形镜的口径相匹配。图 3 – 11 为进行天文观测时的望远镜光路示意图。

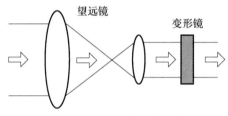

图 3 – 11　望远镜光路示意

设望远镜入射光瞳口径为 D,变形镜的通光口径为 d,并近似等于望远镜的出射光瞳口径,因此望远镜的缩束比为

$$m = \frac{\pi D^2/4}{\pi d^2/4} = \frac{D^2}{d^2} \qquad (3-39)$$

直径为大气相干长度 r_0 的一束光,经过望远镜后,直径变为

$$d' = \frac{r_0}{\sqrt{m}} \qquad (3-40)$$

为了实施有效的校正,变形镜控制单元中心距离 d_p 应不大于 d',即

$$\frac{\pi d_p^2}{4} = \frac{\pi d^2}{4N_d^2} \leqslant \frac{\pi d'^2}{4} \qquad (3-41)$$

式中:N_d 为变形镜直径上的控制单元数。

把式(3 – 39)和式(3 – 40)代入式(3 – 41),得

$$N_d \geqslant \frac{D}{r_0} \qquad (3-42)$$

由此可见,确定了大气相干长度与望远镜口径,校正时所需的变形镜控制单元数也就有一定的范围要求。当变形镜的间距为 d 时,拟合误差为[16]

$$\sigma_{\text{fit}}^2 = k\left(\frac{d}{r_0}\right)^{5/3} \tag{3-43}$$

式中:k 为拟合常数,主要与变形镜的响应函数及其耦合系数有关。

2. 时间频率有限带宽残差

大气湍流使透过大气传输光束的波前发生动态畸变。一般用功率谱分析信号的能量随频率的分布等时间特性[17]。光波通过大气传输的过程中,大气湍流引起的波前畸变主要是整体倾斜像差,即在整个接收望远镜孔径上的波前平均倾斜(即 G 倾斜)。根据泰勒的分析,Kolmogorov 湍流造成的波前整体倾斜的功率谱在低频段符合 -2/3 幂次规律,在高频段符合 -11/3 幂次规律。整体倾斜的功率谱表示为[8]

$$F_\theta(f) = \begin{cases} 0.1\sec(\zeta)f^{-2/3}D^2k^2\displaystyle\int_0^L C_n^2(z)v^{-1/3}(z)\,\mathrm{d}z, & f \leqslant f_0 \\ 0.0137\sec(\zeta)f^{-11/3}D^{-1}k^2\displaystyle\int_0^L C_n^2(z)v^{8/3}(z)\,\mathrm{d}z, & f > f_0 \end{cases} \tag{3-44}$$

式中:f 为时间频率;k 为波数;D 为望远镜主孔径;$C_n^2(z)$ 为传输路径上的大气折射率常数;$v(z)$ 为传输路径上的横向风速;L 为传输路径长度;ζ 为天顶角;f_0 为功率谱高频段与低频段的交点频率。

对于水平传输的情形,认为在传输路径上的折射率结构函数和横向风速为常数时,这时的交叉频率 $f_0 = 0.239v/D$。对整体倾斜的校正,泰勒频率是一个重要的参考指标。若用 f_T 表示泰勒频率,则其表达式为

$$f_T = 0.0527D^{-1/6}k\left[\int_0^L C_n^2(z)v^2(z)\,\mathrm{d}z\right]^{1/2} \tag{3-45}$$

其物理意义是:当倾斜镜的控制闭环带宽等于泰勒频率时,校正后的倾斜残余方差等于衍射极限角的平方[18],即 $\sigma_\theta^2 = (\lambda/D)^2$。从式(3-45)可以看出,不考虑横向风速随传输距离的变化,泰勒频率又可以表示为

$$f_T = 0.081D^{-1/6}vr_0^{-5/6} \tag{3-46}$$

式中

$$r_0 = \left[0.423\sec(\zeta)k^2\int_0^L C_n^2(z)\,\mathrm{d}z\right]^{-3/5}$$

对于 Kolmogorov 湍流,Greenwood 和 Fried 详细分析了大气湍流畸变波前相位的功率谱。分析结果认为,波前相位功率谱的高频段是频率的 -8/3 幂次关系,功率谱低频段的特性与望远镜口径和校正期间的空间分辨率有关,去除整体倾斜后波前相位功率谱的低频段是频率的 -4/3 幂次关系。因此,去除整体倾斜后的波前相位功率谱为[19,20]

$$F_\phi(f) = \begin{cases} 0.132\sec(\zeta)k^2D^4f^{-4/3}\displaystyle\int_0^L C_n^2(z)v^{-7/3}(z)\,\mathrm{d}z, & f \leqslant f_0 \\ 0.0326\sec(\zeta)k^2f^{-8/3}\displaystyle\int_0^L C_n^2(z)v^{5/3}(z)\,\mathrm{d}z, & f > f_0 \end{cases} \tag{3-47}$$

当折射率结构函数和横向风速为常数时,交叉频率 $f_0 = 0.7v/D$。

大气 Greenwood 频率 f_G 是衡量大气湍流畸变时间特性的重要指标,它表征了剩余波前均方差小于 $1\,\text{rad}^2$ 时自适应光学系统需要达到的时间带宽,可以用于描述湍流大气的时间动态特性。其计算公式为

$$f_G = \left[0.102k^2 \int_0^\infty C_n^2(z) v^{5/3}(z)\,\mathrm{d}z \right]^{3/4} \tag{3-48}$$

当不考虑横向风速随传输距离的变化时,Greenwood 频率又可以表示为

$$f_G = 0.432 \frac{v}{r_0} \tag{3-49}$$

由上可知,泰勒频率和 Greenwood 频率指标可以分别用来确定自适应光学中倾斜镜和变形镜需要的控制带宽大小。

对于带宽为 $f_{3\text{dB}}$ 倾斜校正系统,校正后的倾斜方差为[16]

$$\sigma_T^2 = \left(\frac{f_T}{f_{3\text{dB}}} \right)^2 \left(\frac{\lambda}{D} \right)^2 \tag{3-50}$$

由于大气湍流畸变时间特性,校正后的高阶方差为[16]

$$\sigma_{\text{temp}}^2 = \left(\frac{f_G}{f_{3\text{dB}}} \right)^{5/3} \tag{3-51}$$

可见,自适应光学系统闭环带宽应该大于泰勒频率 f_T 和 Greenwood 频率 f_G 才能起到校正作用。

3.2.2　激光大气传输湍流效应及其相位校正实验研究

为了解激光大气传输湍流效应相位校正中的关键技术物理问题,优化自适应光学系统的设计,改进实际系统的性能,必须对激光大气传输湍流效应相位校正效果进行规律性的定量实验研究。由于实际大气的复杂性和不可重复性,进行规律性的定量实验研究非常困难,而室内模拟实验可以在可控的大气湍流条件下重复进行,从而保证实验数据的可靠性。

为此,我们专门研制了一套大气湍流实验模拟系统(简称湍流池),这套系统可以模拟不同大气条件下的大气湍流特征。同时,设计了一套能准同步进行室内外大气传输湍流效应及其校正研究的实验系统,如图 3-12 所示。室内外激光传输湍流效应校正实验共用一套自适应光学系统。系统中有两套哈特曼(Hartmann)波前传感器 H_1、H_2,其中 H_1 用于自适应光学相位校正信标光波前测量,H_2 用于与校正实验同步地实时测量信标光束到达角起伏方差 σ_α^2,由式(3-26)获得表征湍流效应强度的大气湍流相干长度 r_0[13]:

$$r_0 = \left[0.364 \frac{d^{5/3}}{\sigma_\alpha^2} \left(\frac{\lambda}{d} \right)^2 \right]^{3/5} \tag{3-52}$$

式中:d 为哈特曼波前传感器的接收子孔径;λ 为信标光波长。

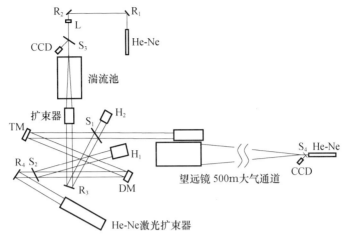

图 3 – 12　激光大气传输湍流效应及其自适应光学校正实验系统框图
S—分光镜;L—镜面;R—反射镜;DM—变形镜。

利用上述实验系统进行了大量的激光大气传输湍流效应及其自适应光学校正实验。在实验中发现,描述大气湍流强度的大气相干长度测量值 r_1 与描述激光传输的光束质量 SR(一定半径内环围能量与其衍射极限之比)的测量值 s_1 之间的关系有很大的离散性,难以得到两者之间的定量关系。

经分析发现,这主要是由于实验中的 r_1 与 s_1 的测量值总是在有限时间内得到的。因此它们的测量值必然是围绕系综平均量(随机变量的期望值)s_0 与 r_0 而随机起伏,即随机量。我们对这种随机量过程进行较深入的理论分析,采用概率统计方法分别得到 r_1 与 s_1 测量值概率密度函数的表达式[21]:

$$p(r_1) = \frac{5\left[N\left(\frac{r_0}{r_1}\right)^{5/3}\right]^N}{3r_1(N-1)!} e^{-N\left(\frac{r_0}{r_1}\right)^{5/3}} \qquad (3-53)$$

$$p(s_1) = -\frac{\left(M\frac{\ln s_1}{\ln s_0}\right)^M}{s_1\ln s_1(M-1)!} e^{-M\frac{\ln s_1}{\ln s_0}} \qquad (3-54)$$

式中:$N \approx T/t$,T 为得到一个到达角起伏方差测量值的观测时间,τ 为大气湍流特征相关时间。

图 3 – 13 为实验测量值与理论计算得到的概率密度函数典型结果,结果的一致性证明了我们的理论分析和推导的表达式是正确的。这就是处理实验数据的理论基础,并相应提出了实验中分析处理数据的方法。

我们在上述理论分析和数据处理方法的基础上得到了相位校正前后的激光光束质量和大气湍流强度的关系的定量实验结果[21,22]。图 3 – 14 为激光大气传输湍流效应校正前、后光束远场 Strehl 比的实验与模式计算对比,图中曲线是激光大气传输及其相位校正四维程序数值计算结果。

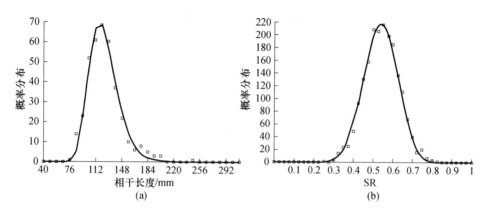

图 3 - 13　大气湍流相干长度和 Strehl 比(SR)概率密度分布
(a)大气湍流相干长度的概率分布;(b)Strehl 比(SR)的概率密度分布。

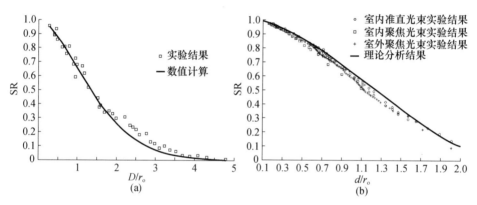

图 3 - 14　激光大气传输湍流效应校正前、后光束
远场 Strehl 比(SR)的实验与模式计算对比($D/d = 7.0$)
(a)校正前;(b)校正后。

实验和数值模拟计算结果均表明,与前述近似分析一致,在弱湍流效应下,自适应光学相位校正后激光大气传输远场光束 Strehl 比近似满足关系式[16,23]:

$$S = e^{-\sigma_\chi^2 - k(d/r_0)^{5/3} - (\theta/\theta_0)^2 - (f_G/f_{3dB})^{5/3}} \qquad (\sigma_\chi^2 < 0.3) \qquad (3-55)$$

式中:σ_χ^2 为振幅起伏方差,$\sigma_\chi^2 = 0.78 N_T^{-5/6}$,$N_T = k r_0^2/L$,$L$ 为传输距离;k 为与自适应光学系统波前拟合和波前复原精度有关的常数,主要取决自适应光学系统变形反射镜的交链系数等因素,实验和数值仿真表明[16,23-25],一般为 $0.23 \sim 0.39$;对于高斯型响应函数,当耦合系数为 0.15 时,$k \approx 0.23$;θ 为待校正光束与信标光之间的夹角;θ_0 为湍流效应等晕角[26],将在下一节中详细讨论。

上述研究结果都是建立在局地均匀各向同性湍流统计理论基础上,且一般只适用于弱起伏条件。大气湍流不满足局地均匀各向同性以及强起伏条件下的激光大气传输湍流效应与相位校正已开始得到广泛关注[27-31]。

3.3　激光大气传输相位校正非等晕性

在激光大气传输系统和地基天文望远镜系统中加入自适应光学系统,是提高激光在大气中传输的光束质量和成像质量的重要手段,但在自适应光学系中信标光源的获取是一个关键问题。以地基天文成像为例,获取信标的方式有两种:①在目标附近寻找合适的亮星,即自然导引星作为信标;但是,在可见光和近红外范围,等晕角是非常小的,一般只有数十微弧度,当信标与目标间距离过大,会带来角非等晕误差,导致自适应光学校正系统性能下降。Fried[26]讨论了这个问题,对于较大接收孔径,给出了角非等晕误差的一般表达式。②激光导引星作为信标,为了克服角非等晕性问题,Feinleib[32]以及 Foy[33]和 Labeyrie 分别提出了在自适应光学系中使用瑞利散射和钠层共振散射作为激光导引星的概念;但由于激光导引星的高度是有限的,来自激光导引星的球面波与来自待成像目标的平面波,它们在通过大气湍流到达接收望远镜时所经历的路径不同,从而出现一个非等晕区,对自适应光学校正导致所谓聚焦非等晕误差。下面首先讨论人造信标的聚焦非等晕性问题,然后讨论自然导引星的角非等晕性问题。

3.3.1　聚焦非等晕性[34]

根据 Fried 等[35]的分析,对于一个圆孔径接收系统,来自图 3-15 的点信标的球面波与来自天体的平面波,由于聚焦非等晕性产生剩余波前畸变方差可表达为

$$E^2 = (D/d_0)^{5/3} \quad (3-56)$$

式中:D 为接收望远镜的孔径直径;d_0 为 AOS 的有效直径。

这里关键是要求出 d_0,利用接收孔径平面上的相位结构函数的系综平均,可以求出聚焦非等晕性产生的剩余波前畸变方差的一般表达式[36],即

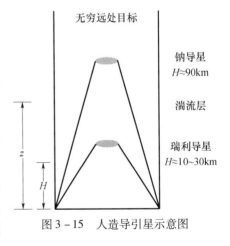

图 3-15　人造导引星示意图

$$E^2 = 0.207 k_0^2 \int_0^\infty C_n^2(z) \left[\int f(K) g(K,z) \, dK \right] dz \quad (3-57)$$

式中:$k_0 = 2\pi/\lambda$,λ 为信标波长;z 的积分从接收孔径到感兴趣的天体;K 的积分是接收孔径平面上的二维空间;$g(K,z)$ 为表征湍流探测几何的孔径滤波函数,

129

对于不同的问题其形式不同;$f(K)$为大气湍流谱,采用归一化的 Kolmogorov 湍流谱,即

$$f(K) = K^{-11/3} \tag{3-58}$$

首先考虑信标高度下方的剩余波前畸变方差,按照 Sasiela[36] 的分析,保留平移和倾斜时,滤波函数的形式为

$$g(K,z) = 2\left\{1 - \frac{2J_1[KD(H-z)/2H]}{KD(H-z)/2H}\right\} \tag{3-59}$$

式(3-59)中 $J_1(\cdot)$ 为第一阶贝塞尔函数。

把式(3-58)和式(3-59)代入式(3-57),并对 K 空间的方位角进行积分,可得平移和倾斜存在情况下的畸变方差

$$E_\downarrow^2 = 2.606k_0^2 \int_0^H C_n^2(z)\,\mathrm{d}z \int_0^\infty K^{-8/3}\left\{1 - \frac{2J_1[KD(H-z)/2H]}{KD(H-z)/2H}\right\}\mathrm{d}K \tag{3-60}$$

经过简化计算,得到以部分湍流矩表示的畸变方差为

$$E_\downarrow^2 = 0.5007k_0^2\sec\psi(D/H)^{5/3}\mu_{5/3}^\downarrow(H) \tag{3-61}$$

这里部分 m 阶湍流矩的定义是:对信标下部为

$$\mu_m^\downarrow = \int_0^H z^m C_n^2(z)\,\mathrm{d}z \tag{3-62}$$

对于信标上部为

$$\mu_m^\uparrow = \int_H^\infty z^m C_n^2(z)\,\mathrm{d}z \tag{3-63}$$

通常,人们感兴趣的是平移或倾斜被校正后的情况,根据式(3-57)和平移及倾斜的滤波函数,可以单独对平移和倾斜造成的畸变方差进行计算,并且只要从式(3-60)中减去平移或平移和倾斜的方差,就可以得出平移或平移和倾斜被校正以后的剩余方差。

平移和倾斜的滤波函数可写成[36]

$$g_Z(K,z) = 4\nu^2\left\{\frac{J_\nu(KD/2)}{KD/2} - \frac{J_\nu[KD(H-z)/2H]}{KD(H-z)/2H}\right\}^2 \tag{3-64}$$

式中:下标 Z 代表平移(P)和倾斜(T),当 $\nu=1$ 时表示平移滤波函数,$\nu=2$ 时表示倾斜滤波函数。

把式(3-64)代入式(3-57),对 K 空间的方位角进行积分,可得

$$E_{\downarrow Z}^2 = 1.303k_0^2 \int_0^H C_n^2(z)\mathrm{d}z 4\nu^2 \int K^{-8/3}\left\{\frac{J_\nu(KD/2)}{KD/2} - \frac{J_\nu[KD(H-z)/2H]}{KD(H-z)/2H}\right\}^2\mathrm{d}K \tag{3-65}$$

引入变量 $x=KD/2$,$y=(H-z)/H$,并代入式(3-65),加入总和为零的附加项,得

$$E_{\downarrow Z}^2 = 1.642k_0^2 D^{5/3}\int_0^H C_n^2(z)I(z)\,\mathrm{d}z \tag{3-66}$$

$$I(z) = \int_0^\infty x^{-14/3}\left\{\left[J_\nu^2(x) - \frac{a^2x^2}{4}\right] + \left[\frac{1}{y^2}J_\nu^2(xy) - \frac{a^2x^2}{4}\right] - \right.$$

$$\left. 2\left[J_\nu(x)J_\nu(xy)/y - \frac{a^2x^2}{4}\right]\right\}dx \qquad (3-67)$$

式中：加入附加项是为了计算平移时积分能够收敛，计算平移时取 $a=1$，计算倾斜时取 $a=0$。

按照 Sasiela[37] 发展的 Mellin 变化法，经过一些计算可以得出平移畸变方差为

$$E_{\downarrow P}^2 = 0.0833k_0^2\sec\psi D^{5/3}\mu_2^\downarrow(H)/H^2 \qquad (3-68)$$

倾斜畸变方差为

$$E_{\downarrow T}^2 = 0.368k_0^2\sec\psi D^{5/3}\mu_2^\downarrow(H)/H^2 \qquad (3-69)$$

式（3-61）减去式（3-68）得出平移被校正后的剩余畸变方差为

$$E_{\downarrow PR}^2 = k_0^2\sec\psi D^{5/3}\left[0.5007\mu_{5/3}^\downarrow(H)/H^{5/3} - 0.0833\mu_2^\downarrow(H)/H^2\right] \qquad (3-70)$$

式（3-61）减去式（3-68）和式（3-69）得出平移和倾斜被校正后的剩余畸变方差为

$$E_{\downarrow PTR}^2 = k_0^2\sec\psi D^{5/3}\left[0.5007\mu_{5/3}^\downarrow(H)/H^{5/3} - 0.4513\mu_2^\downarrow(H)/H^2\right] \qquad (3-71)$$

对于信标上部湍流的影响，可以利用 Noll[38] 提出的泽尼克（Zernike）模式来获得剩余相位畸变方差。对于平移被校正后可获得

$$E_{\uparrow PR}^2 = 1.0299(D/r_0^\uparrow)^{5/3} \qquad (3-72)$$

这里大气相干长度 $r_0^\uparrow$ 是从信标高度以上进行计算的，表示成

$$r_0^\uparrow = \left[0.423k_0^2\mu_2^\uparrow(H)\right]^{-3/5} \qquad (3-73)$$

因此

$$E_{\uparrow PR}^2 = 0.436k_0^2\sec\psi D^{5/3}\mu_0^\uparrow(H) \qquad (3-74)$$

同理，平移和倾斜被校正后的剩余方差为

$$E_{\uparrow PTR}^2 = 0.134\left(\frac{D}{r_0^\uparrow}\right)^{5/3} \qquad (3-75)$$

即

$$E_{\uparrow PTR}^2 = 0.057k_0^2\sec\psi D^{5/3}\mu_0^\uparrow(H) \qquad (3-76)$$

式（3-70）和式（3-74）相加，可得校正平移后焦距非等晕性导致的畸变方差为

$$\begin{aligned}E_{PR}^2 &= E_{\downarrow PR}^2 + E_{\uparrow PR}^2 \\ &= k_0^2\sec\psi D^{5/3}\left[0.436\mu_0^\uparrow(H) + 0.5007\mu_{5/3}^\downarrow\right. \\ &\quad \left.(H)/H^{5/3} - 0.0833\mu_2^\downarrow(H)/H^2\right]\end{aligned} \qquad (3-77)$$

同理，式（3-71）式（3-76）相加，得到平移和倾斜被校正后的剩余波前畸变方差为

$$E_{PTR}^2 = E_{\downarrow PTR}^2 + E_{\uparrow PTR}^2$$

$$= k_0^2 \sec\psi D^{5/3} \left[0.057\mu_0^{\uparrow}(H) + 0.5007\mu_{5/3}^{\downarrow}(H)/H^{5/3} - 0.4513\mu_2^{\downarrow}(H)/H^2 \right]$$
$$(3-78)$$

把式(3-77)和式(3-78)分别代入式(3-56)即可得校正平移后 d_{OPR} 或校正平移和倾斜后 d_{0PTR} 的表达式为

$$d_{0PR} = k_0^{-6/5} \cos^{3/5}\psi \left[0.436\mu_0^{\uparrow}(H) + 0.5007\mu_{5/3}^{\downarrow}(H)/H^{5/3} - \right.$$
$$\left. 0.0833\mu_2^{\downarrow}(H)/H^2 \right]^{-3/5}$$
$$(3-79)$$

$$d_{0PTR} = k_0^{-6/5} \cos^{3/5}\psi \left[0.057\mu_0^{\uparrow}(H) + 0.5007\mu_{5/3}^{\downarrow}(H)/H^{5/3} - \right.$$
$$\left. 0.4513\mu_2^{\downarrow}(H)/H^2 \right]^{-3/5}$$
$$(3-80)$$

对于包括平移和倾斜的 d_0 表达式,可以对式(3-61)稍做变化,把部分大气湍流表示成全程大气湍流矩,再代入式(3-56)可得其表达式为

$$d_0 = k_0^{-6/5} \cos^{3/5}\psi \left(\frac{0.5007\mu_{5/3}}{H^{5/3}} \right)^{-3/5}$$
$$(3-81)$$

3.3.2　角非等晕性

1. 角非等晕性

在自适应光学系统中,信标不管是用自然导星(NGS),还是用激光导星(LGS),只要信标与观测目标不同轴,就存在角非等晕误差,如图3-16所示。

Fried[26]研究了信标和目标都在无限远处的角非等晕问题,当 $(D/r_0)/(\theta/\theta_0) \to \infty$ 时[16],角非等晕方差可表示为

$$\sigma_{ISO}^2 = \left(\frac{\theta}{\theta_0} \right)^{5/3}$$
$$(3-82)$$

对于数米接收望远镜而言,利用式(3-82)会过大估计非等晕误差的影响,这里必须要考虑有限孔径的影响。

根据 Sasiela 和 Shelton[36]发展的解析方法,忽略衍射效应的影响,对于 Kolmogorov 湍流谱,激光导星角非等晕性引起的相位方差为[39]

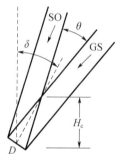

图3-16　角非等晕示意图
D—接收望远镜口径;SO—待探测
目标;　GS—导引星(信标);
θ—待测目标和信标的夹角。

$$\sigma_{\phi,LGS}^2 = 2.606k^2 \int_0^L C_n^2(z)\,dz \int_0^{\infty} \kappa^{-8/3} \left[1 - \frac{4L}{\kappa z D} J_1\left(\frac{\kappa z D}{2L} \right) J_0(\kappa\theta z) \right] d\kappa \quad (3-83)$$

式中:$k = 2\pi/\lambda$,λ 为波长;L 为激光导引星的高度;$C_n^2(z)$ 为大气湍流强度;J_0 和 J_1 分别是零阶和一阶贝塞尔函数。

对于激光导引星而言,非等晕方差中的平移项和倾斜项无法测量,用式(3-83)计算非等晕方差时,应该去除平移项和倾斜项。

采用滤波函数方法,在接收望远镜上平移项和倾斜项引起的角非等晕方差可表示为[39]

$$\sigma_{\mathrm{P,LGS}}^2 = 5.212k^2 \int_0^L C_n^2(h)\,\mathrm{d}h \int_0^\infty \kappa^{-8/3}\left[\frac{\mathrm{J}_1^2(a)}{a^2} + \frac{\mathrm{J}_1^2(b)}{b^2} - 2\mathrm{J}_0(\kappa\theta h)\frac{\mathrm{J}_1(a)\mathrm{J}_1(b)}{ab}\right]\mathrm{d}\kappa$$

$$(3-84)$$

$$\sigma_{\mathrm{T,LGS}}^2 = 20.83k^2 \int_0^L C_n^2(h)\,\mathrm{d}h \int_0^\infty \kappa^{-8/3}\left[\frac{\mathrm{J}_2^2(a)}{a^2} + \frac{\mathrm{J}_2^2(b)}{b^2} - 2\mathrm{J}_0(\kappa\theta h)\frac{\mathrm{J}_2(a)\mathrm{J}_2(b)}{ab}\right]\mathrm{d}\kappa$$

$$(3-85)$$

式中:$\mathrm{J}_2(x)$ 为二阶贝塞尔函数;$a = \kappa D/2$;$b = (1 - z/H_0)\kappa D/2$。

激光导星引起的角非等晕误差为

$$\sigma_{\mathrm{ISO,LGS}}^2 = \sigma_{\phi,\mathrm{LGS}}^2 - \sigma_{\mathrm{P,LGS}}^2 - \sigma_{\mathrm{T,LGS}}^2 \qquad (3-86)$$

当考虑自然导星为信标时,式(3-83)中的 $L = \infty$,并有 $\lim\limits_{x\to\infty} x\mathrm{J}_1(x^{-1}) = 1/2$,则式(3-83)可以简化为

$$\sigma_{\phi,\mathrm{NGS}}^2 = 2.606k^2 \int_0^L C_n^2(z)\,\mathrm{d}z \int_0^\infty \kappa^{-8/3}[1 - \mathrm{J}_0(\kappa\theta z)]\mathrm{d}\kappa \qquad (3-87)$$

同样地,对于自然信标,非等晕方差中的平移项无法测量,应该去除平移项。采用滤波函数方法,对于 Kolmogorov 湍流谱,在接收望远镜上平移项引起的角非等晕方差可表示为

$$\sigma_{\mathrm{P,NGS}}^2 = 2.606k^2 \int_0^L C_n^2(h)\,\mathrm{d}h \int_0^\infty \kappa^{-8/3}\left[\frac{2\mathrm{J}_1(\kappa D/2)}{\kappa D/2}\right]^2[1 - \mathrm{J}_0(\kappa\theta h)]\mathrm{d}\kappa \qquad (3-88)$$

相应地,倾斜非等晕方差为

$$\sigma_{\mathrm{T,NGS}}^2 = 2.606k^2 \int_0^L C_n^2(h)\,\mathrm{d}h \int_0^\infty \kappa^{-8/3}\left[\frac{4\mathrm{J}_2(\kappa D/2)}{\kappa D/2}\right]^2[1 - \mathrm{J}_0(\kappa\theta h)]\mathrm{d}\kappa \qquad (3-89)$$

下节将仔细讨论倾斜非等晕问题。自然导星引起的角非等晕误差为

$$\sigma_{\mathrm{ISO,NGS}}^2 = \sigma_{\phi,\mathrm{NGS}}^2 - \sigma_{\mathrm{P,NGS}}^2 \qquad (3-90)$$

下面给出一个具体的例子,假设接收望远镜的口径 $D = 3\mathrm{m}$,波长为 $1.65\mu\mathrm{m}$,大气湍流强度采用 HV5/7 模型,即

$$C_n^2(h) = 8.2\times10^{-26}W^2 h^{10}\mathrm{e}^{-h} + 2.7\times10^{-16}\mathrm{e}^{-h/1.5} + 1.7\times10^{-14}\mathrm{e}^{-h/0.1}$$

式中:$W = 21\mathrm{m/s}$。

对于波长为 $1.65\mu\mathrm{m}$ 的光波,整层大气相干长度 $r_0 = 21\mathrm{cm}$,等晕角 $\theta_0 = 29\mu\mathrm{rad}$,利用式(3-87)和式(3-90)分别计算了不同角距情况下的非等晕方差,结果如图 3-17 所示。同时为了比较,图 3-17 中也给出了用式(3-82)计算的结果。从图 3-17 可以看出,式(3-87)和式(3-82)计算的结果是一致的,当角间距 $\theta = \theta_0$ 时,角非等晕方差等于 $1\mathrm{rad}^2$;而使用式(3-90)时,当角间距约为 $45\mu\mathrm{rad}$,角非等晕方差才达到 $1\mathrm{rad}^2$。由此可见,式(3-82)过大估计了角非等晕误差。

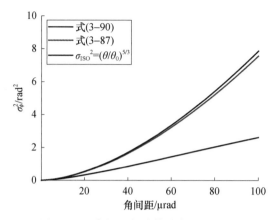

图 3 – 17　角间距与非等晕方差的关系

2. 倾斜非等晕性[40]

利用激光导引星对于长曝光成像可能存在倾斜非等晕性问题,这是由于激光在发射方向和后向散射方向经历相同的湍流路径。波前倾斜不可能利用激光导引星来测量,必须使用自然导引星来测量波前倾斜(图 3 – 16),这就存在选择一个离目标物体多大角距离的参考星,才能合理地进行倾斜校正的问题。由于当前在自适应光学中主要用区域法或模式法来表述波前变形,在理论分析中一般常用模式法,即利用 Zernike 多项式[38]来描述孔镜平面上的波前相位畸变。下面从 Zernike 多项式开始讨论倾斜非等晕性问题,首先导出倾斜校正的非等晕方差,然后以其方差 $1\,\mathrm{rad}^2$ 为判据,给出倾斜等晕角的表达式。

假设目标星和参考星通过一角间距 θ,经历不同的大气湍流路径到达接收望远镜,用参考星的渡前相位校正目标物体的波前畸变,目标物体在望远镜的光轴上,到达望远镜平面上的相位为 $\widetilde{\Phi}_1(R\rho,\theta)$,参考星光到达望远镜平面上的相位为 $\widetilde{\Phi}_2(R\rho,\theta)$,展成 Zernike 多项式为

$$\widetilde{\Phi}_1(R\rho,\theta) = \sum_i a_i(0)Z_i(\rho,\theta) \qquad (3-91)$$

$$\widetilde{\Phi}_2(R\rho,\theta) = \sum_i a_i(\alpha)Z_i(\rho,\theta) \qquad (3-92)$$

式中:R 为望远镜的半径;$0\leqslant\rho\leqslant1$;$0\leqslant\theta\leqslant2\pi$。

而且

$$\iint w(\rho)Z_i(\rho,\theta)Z_{i'}(\rho,\theta)\mathrm{d}^2\rho = \delta_{ii'} \qquad (3-93)$$

$$w(\rho) = \begin{cases} 1/\pi, & \rho\leqslant0 \\ 0, & \rho>1 \end{cases} \qquad (3-94)$$

假如校正到第 I 个模,把 $\widetilde{\Phi}_1(R\rho,\theta)$ 和 $\widetilde{\Phi}_2(R\rho,\theta)$ 写成

$$\Phi_1(R\rho, \theta) = \sum_i^l a_i(0) Z_i(\rho, \theta) \qquad (3-95)$$

$$\Phi_2(R\rho, \theta) = \sum_i^l a_i(\alpha) Z_i(\rho, \theta) \qquad (3-96)$$

那么,校正后剩余相位为

$$\Phi_C = \widetilde{\Phi}_1 - \Phi_2 = \widetilde{\Phi}_1 - \Phi_1 + \Phi_1 - \Phi_2 \qquad (3-97)$$

写成上式的目的是为了计算剩余相位方差 σ_{res}^2 方便,不难证明 σ_{res}^2 具有下列表达式:

$$\sigma_{\text{res}}^2 = \iint w(\rho) \langle [\Phi_C(R\rho, \theta)]^2 \rangle \mathrm{d}^2\rho = \sum_{i=l+1}^{\infty} \langle a_i^2(0) \rangle + \sum_{i=1}^{l} \langle [a_i(0) - a_i(\alpha)]^2 \rangle \qquad (3-98)$$

上式就是校正前 l 个模后的剩余方差的一般表达式,第一项是湍流剩余误差,第二项是来自各种非等晕性的影响(如 l 为 2、3 即为倾斜非等晕性)。

从式(3-98)可得被校正波前倾斜非等晕性方差为

$$\sigma_{\text{tilt}}^2 = \sum_{i=2,3} \langle [a_i(0) - a_i(\alpha)]^2 \rangle \qquad (3-99)$$

指数 2、3 对应着 Zernike 多项式中 x、y 方向倾斜。

对于充分发展的 Kolmogorov 湍流和已知的折射率起伏结构常数 $C_n^2(h)$ 的垂直分布,Chassat[41] 建立了 $a_i(0)$ 和 $a_i(\alpha)$ 的协方差表达式,即

$$C_{ii}(\alpha) = \langle a_i(0) a_i(\alpha) \rangle \qquad (3-100)$$

如果用 Zernike 多项式径向自由度数 m 表示,则有

$$C_m(\alpha) = 0.423 k^2 D^{5/3} \int C_n^2(h) \sigma_n\left(\frac{2\alpha h}{D}\right) \mathrm{d}h \qquad (3-101)$$

式中:k 为信标光波数;D 为望远镜的直径。

$$\sigma_m(x) = 3.90(m+1) \int_0^\infty K^{-14/3} \mathrm{J}_{m+1}^2(K) \mathrm{J}_0(xK) \mathrm{d}K \qquad (3-102)$$

式中:K 为空间波数;$\mathrm{J}_m(x)$ 为第一类 m 阶贝塞尔函数。

假设大气湍流是各向同性的,$\langle a_i^2 \rangle = \langle a_i^2(0) \rangle = \langle a_i^2(\alpha) \rangle$,所以有

$$\langle [a_i(0) - a_i(\alpha)]^2 \rangle = 2(C_{m(i)m(i)}(0) - C_{m(i)m(i)}(\alpha)) \qquad (3-103)$$

对于倾斜项 $m=1$,则有

$$\sigma_{\text{tilt}}^2 = 13.2 k^2 D^{5/3} \int C_n^2(h) \mathrm{d}h \int_0^\infty K^{-14/3} \mathrm{J}_2^2(K)\left[1 - \mathrm{J}_0\left(\frac{2\alpha h K}{D}\right)\right] \mathrm{d}K \qquad (3-104)$$

式(3-104)可以利用梅林(Mellin)变换技术[37]进行积分,最后得到倾斜非等晕性方差表达式为

$$\sigma_{\text{tilt}}^2 = \sigma_L^2 + \sigma_H^2 \qquad (3-105)$$

式中

$$\sigma_{\mathrm{L}}^2 = 13.2k^2 D^{5/3} \int_0^{H_c} C_n^2(h) \times$$

$$\left\{ 0.05789 \left(1 - {}_3\mathrm{F}_2 \left[\frac{1}{6}, -\frac{23}{6}, -\frac{11}{6}; 1, -\frac{4}{3}; \left(\frac{\alpha h}{D} \right)^2 \right] \right) - \right.$$

$$\left. 0.0748 \left(\frac{\alpha h}{D} \right)^{14/3} {}_3\mathrm{F}_2 \left[\frac{5}{2}, -\frac{3}{2}, \frac{1}{2}; \frac{10}{3}, \frac{10}{3}; \left(\frac{\alpha h}{D} \right)^2 \right] \right\} \mathrm{d}h, \alpha h < D \quad (3-106)$$

$$\sigma_{\mathrm{H}}^2 = 13.2k^2 D^{5/3} \int_{H_c}^{\infty} C_n^2(h) \left\{ 0.05789 - 0.03853 \left(\frac{D}{\alpha h} \right)^{1/3} \times \right.$$

$$\left. {}_3\mathrm{F}_2 \left[\frac{5}{2}, \frac{1}{6}, \frac{1}{6}; 5, 3; \left(\frac{D}{\alpha h} \right)^2 \right] \right\} \mathrm{d}h, \alpha h > D \quad (3-107)$$

其中:$H_c = R\cos(\psi)/\alpha$,Ψ 为天顶角;$_p\mathrm{F}_q(a_1, a_2, \cdots, a_p; b_1, b_2, \cdots, b_q; x)$ 为普遍合流超几何函数。

由于位移角 α 很小,以至 H_c 比大气湍流上界高得多,因此倾斜非等晕性方差主要来自 H_c 以下的大气湍流,把式(3-106)中普遍合流超几何函数展成幂级数形式,则有

$$\sigma_{\mathrm{L}}^2 = k^2 D^{5/3} \left[0.668\mu_2^{\downarrow} \left(\frac{\alpha}{D} \right)^2 - 1.381\mu_4^{\downarrow} \left(\frac{\alpha}{D} \right)^4 - 0.984\mu_{14/3}^{\downarrow} \left(\frac{\alpha}{D} \right)^{14/3} + \right.$$

$$\left. 0.153\mu_6^{\downarrow} \left(\frac{\alpha}{D} \right)^6 + 0.166\mu_{20/3}^{\downarrow} \left(\frac{\alpha}{D} \right)^{20/3} \right] \quad (3-108)$$

式中:$\mu_m^{\downarrow}$ 为部分湍流矩,即

$$\mu_m^{\downarrow} = \int_0^{H_c} C_n^2(z) z^m \mathrm{d}z = \sec^{m+1}(\psi) \int_0^{H_c} C_n^2(h) h^m \mathrm{d}h \quad (3-109)$$

根据上述结果下面讨论倾斜等晕角问题,其定义是:当两个源之间的夹角为 θ_{tilt} 时,倾斜非等晕性方差为 $1\mathrm{rad}^2$。θ_{tilt} 称为倾斜等晕角。对于 $H_c > 10\mathrm{km}$,式(3-108)中的第一项给出了倾斜非等晕性方差的合理近似,把部分湍流矩换成全程湍流矩,即有

$$\theta_{\mathrm{tilt}} = (0.668k^2 D^{-1/3} \mu_2)^{-1/2} \quad (3-110)$$

这样,结合式(3-110)和式(3-108),倾斜非等晕性方差可写成

$$\sigma_{\mathrm{tilt}}^2 \approx \left(\frac{\theta}{\theta_{\mathrm{tilt}}} \right)^2 \quad (3-111)$$

3.4 强湍流效应的自适应光学校正若干问题

3.4.1 强闪烁效应对相位校正的影响[31]

光波在大气中传输时,如果大气湍流导致的光强起伏较弱(弱起伏),这时利用自适应光学对大气湍流进行补偿具有很好的效果;但是随着传输距离的增长,强起伏效应同样可产生,这时利用自适应光学,特别是用最小方差法重建波

前的自适应光学系统对大气湍流进行补偿,效果并不理想。Primmerman 等[2]已
进行了 5.5km 水平路径激光大气传输实验,在强闪烁条件下的实验结果表明,当
光束振幅起伏达到饱和时,信标光会出现明显的暗区,给波前探测带来严重的影
响,因此自适应光学对大气湍流的校正能力明显降低,并指出自适应光学校正能力
降低的主要原因是随着闪烁的增强光波波前中出现相位不连续点的缘故。相位
不连续点产生的主要原因:光波在湍流大气中传输时,由于湍流介质的作用产生衍
射波,这些衍射波在向前传输过程中产生相干或相消干涉,在完全相消干涉的情况
下会出现零光强点,故此处相位是不连续的。Lukin 等[42-44]的研究结果也表明,
强湍流环境下,波前传感器不能正确地探测出畸变波前成为限制常规自适应光学
校正能力的关键因素。李有宽等[45,46]对激光近水平中长距离传输大气闪烁对自
适应光学校正的影响做了数值计算,也表明闪烁增强限制了自适应光学系统校正
能力。范承玉等[30]在 3km 准水平激光大气传输实验中也观察到光波波前中存在
相位不连续点,并把常规自适应光学技术用于激光大气传输,实验结果也证实了当
振幅起伏达到饱和时,自适应光学系统闭环时将产生振荡现象,无法实现稳定闭
环[11]。Fried 等[47-49]在激光大气传输数值模拟中也观察到光波相位不连续点的
存在,并且指出,当激光在大气中传输时,若光束波前中出现相位不连续点时,光束
波前相位应包括连续相位部分和不连续相位部分,而用最小方差相位重建算法重
建相位的常规自适应光学系统,对光束波前中的不连续相位无能为力。

　　因此,在强闪烁效应下,光束波前会出现相位不连续点,自适应光学只能对
大气湍流导致的相位畸变进行部分校正,从而导致自适应光学校正能力下降,下
面给出具体的分析结果。

　　在激光大气传输及其校正的自适应光学系统中,变形镜的表面不可能与大
气湍流导致的光束的畸变波前完全匹配,总是存在一定的误差,Hudgin[50]给出
了变形镜表面和大气湍流进行最小方拟合后的波前误差表达式,对大气湍流进
行校正后的波前方差 $\sigma_{\text{fit}}^2 = \kappa (d/r_0)^{5/3}$,它是大气相干长度 r_0 和变形镜驱动器间
距 d 的函数,这里的 κ 为拟合常数,它是由变形镜的响应函数所产生的各种基本
函数的谱对大气湍流谱的响应程度确定的。明显地,对于一个自适应光学系统,
拟合常数 κ 是一个定值。一具有完美的波前探测器、系统带宽足够宽的理想自
适应光学系统,激光在大气中传输大气湍流导致的畸变波前进行校正后的 Strehl
比 $\text{SR} = e^{-\sigma_{\text{fit}}^2}$。这样,当激光在大气中传输时,不管大气的传输条件如何变化,只
要大气相干长度 r_0 保持不变,进行校正后的光斑的 Strehl 比就应该是扣除振幅
起伏影响后的结果。但我们在一些模拟计算的过程中发现,虽然在计算中通过
调整一些传输的大气参数可以保持大气相干长度 r_0 不变,但在不同的传输距离
等条件下所取得的激光大气传输相位校正后的光斑 Strehl 比,在扣除振幅起伏
影响后仍有较大的变化。

　　激光在弱湍流大气条件下的长距离传输的研究表明,虽然大气湍流很弱,但

较长的传输距离可以导致很强的光强闪烁,大气湍流导致的畸变波前中将会有相位不连续点出现,从而影响自适应光学的校正效果。下面用四维计算程序模拟实际的激光大气传输中光强闪烁和相位不连续点对常规自适应光学校正的影响。

假设接收/发射望远镜的口径为0.6m,发射的主激光波长为$0.6328\mu m$,聚焦传输到距离为L的靶点,在靶点放置一个波长为$0.6328\mu m$的点光源作为信标光,哈特曼波前传感器的子孔镜按8×8排列;同时为了进行比较还对完全相位校正情况下主激光聚焦传输到L的靶点的光斑Strehl比进行了计算。计算过程中传输距离从1km变化到20km,传输路径上的大气湍流是均匀的,为了保持在不同的传输距离上的大气相干长度r_0不变,对大气湍流强度C_n^2进行了调整。

图3-18给出了r_0为7.5cm、5.0cm,激光从1km到20km传输情况下,主激光光斑Strehl比的变化情况。图中的"■"代表模拟实际61单元自适应光学系

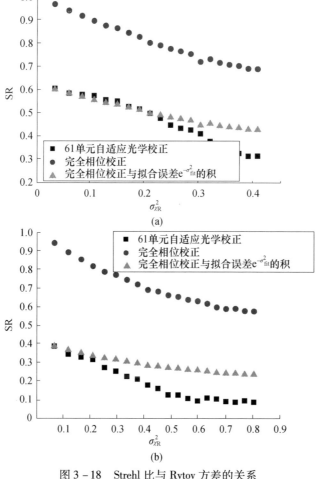

(a)

(b)

图3-18　Strehl比与Rytov方差的关系

（a）$r_0=7.5cm$；（b）$r_0=5.0cm$。

统校正的 Strehl 比与对数振幅起伏方差的关系，"●"代表完全相位校正情况下的主激光光斑 Strehl 比与对数起伏方差的关系。从图 3-18 可以看出，虽然大气相干长度保持不变，但是随着 Rytov 方差的增大，不管是完全相位校正，还是模拟的实际 61 单元自适应光学系统校正，主激光光斑的 Strehl 比逐渐减小。通过观察 r_0 为 7.5cm、5.0cm 两种大气相干长度情况下的完全相位校正曲线发现：当 $\sigma_{\chi R}^2 = 0.1$ 时，主激光光斑的 Strehl 比为 0.9 左右；当 $\sigma_{\chi R}^2 = 0.4$ 时，主激光光斑的 Strehl 比下降到 0.7 左右。其原因：在完全相位校正中只对相位进行了校正，而没有考虑振幅起伏的影响。当然对于实际自适应光学系统来说，在弱起伏情况下，其对湍流大气的校正效果未能达到完全相位的校正效果，就是由系统的波前校正剩余误差 σ_{fit}^2 造成的。

下面分析模拟实际的自适应光学的校正效果。为了弄清不连续相位对自适应光学校正的影响，把图 3-18 中"●"所表示的完全相位校正曲线向下移动，相当于乘以 $\mathrm{e}^{-\sigma_{fit}^2}$，$\sigma_{fit}^2$ 是 61 单元自适应光学系统波前校正剩余误差，使其与弱起伏条件下实际自适应光学校正后所取得的 Strehl 比基本一致，如图中的"▲"所表示的。假如相位中不存在不连续相位部分，它就应该是实际自适应光学系统所能取得的 Strehl 比，也就是与"▲"所表示的曲线一致，从图 3-18(a) 中可以看出，当 Rytov 方差小于 0.2，实际所取得的 Strehl 比与"▲"所表示的曲线确实保持一致，但当 Rytov 方差大于 0.2 后，实际所取得的 Strehl 比与"▲"所表示的曲线相比仍然在下降，这就是由于不连续相位造成的，从图 3-18(b) 可以看出，不连续相位对自适应光学校正的影响，当 $\sigma_{\chi R}^2$ 为 0.6~0.8，61 单元自适应光学相位校正的主激光光斑 Strehl 比比仅考虑振幅和拟合误差影响的校正结果（"▲"所示的曲线）下降了很多。其主要原因是光强起伏很强后，畸变光场中出现了许多相位不连续点，但常规自适应光学系统又没有考虑相位不连续点的影响，因此造成自适应光学系统对大气湍流的补偿能力下降。

为了进一步分析相位不连续点对自适应光学系统的影响，也对不同驱动器间距的自适应光学系统在同一大气相干长度下的校正效果进行了比较。考虑了两种自适应光学系统：一种是 61 单元自适应光学系统，其驱动器的间距 $d = 7.5\mathrm{cm}$；另一种是 127 单元自适应光学系统，其驱动器的间距 $d = 5.0\mathrm{cm}$，聚焦传输距离为 1~20km，传输路径上的大气湍流是均匀的，通过调整大气湍流强度，使得大气相干长度保持 5.0cm，与 127 单元自适应光学系统的驱动器间距相同，但 Rytov 方差逐渐变大，模拟计算的结果如图 3-19 所示。从图 3-19 可以看出，在弱起伏情况下，127 单元的自适应光学系统明显比 61 单元的自适应光学系统校正效果好。这表明，在同样的发射望远镜孔径条件下，自适应光学系统的驱动器单元数越多，对大气湍流的校正效果越好。但当 $\sigma_{\chi R}^2 > 0.65$ 后，两种不同驱动器数的常规自适应光学系统对大气湍流的校正效果基本接近，没有明显的区别。主要原因：虽然 127 单元的自适应光学系统从原理上说比 61 单元的自适应光学系统校正效率高,但由于当 σ_{XR}^2 较大,畸变光场中不连续相位的影响也越大,从而造成两种自适应光学系统在强湍流效应下的校正效率基本相同。也就是说,在强湍流效应情况下,如果不考虑相位不连续点的影响,并不是自适应光学系统的驱动器单元数越多,对大气湍流的校正效率就越高。

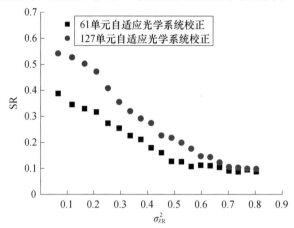

图 3 - 19   不同驱动器间距的常规自适应光学系统校正效果比较

下面具体分析不连续相位对自适应光学系统造成的影响。图 3 - 19 给出了 61 单元和 127 单元两种自适应光学系统在不同 Rytov 方差条件下,对湍流大气的补偿结果。如果没有不连续相位的影响,61 单元自适应光学系统对不同 Rytov 方差的大气湍流的补偿结果就应如同图 3 - 18(b)中"▲"所示曲线一样,如果把完全相位校正并考虑振幅起伏的影响后的结果定义为 SR_p,自适应光学系统实际校正所取得的结果定义为 SR,则不连续相位对自适应光学系统校正的影响可定义为 $(SR_p - SR)/SR_p$,根据这个定义,不同闪烁条件下,不连续相位对 61 单元和 127 单元两种自适应光学系统的影响结果如图 3 - 20 所示。从图 3 - 20

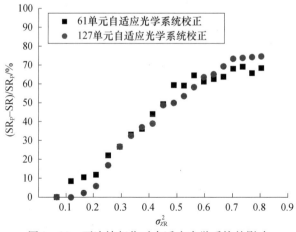

图 3 - 20   不连续相位对自适应光学系统的影响

可以看出,在 Rytov 方差从 0.2 ~ 0.7 之间相位不连续点对自适应光学系统的影响一直在增加,Rytov 方差大于 0.7 后,相位不连续点对自适应光学系统的影响到了 70%,并且有饱和趋势。

3.4.2　不连续相位及校正研究

3.4.1 节已讨论了在强闪烁情况下,光强闪烁和不连续相位对自适应光学系统有严重影响。为了提高自适应光学系统在强闪烁情况下的校正效果,必须考虑不连续相位的影响。

1. 相位不连续点探测和相位重建[30]

相位不连续点的现象可以通过一个简单的例子来说明。假设一光场函数为

$$U(x,y) = (x + iy)e^{-x^2 - y^2} \qquad (3-112)$$

式中:(x,y) 为与传输方向垂直平面上点的位置。

图 3 - 21 给出了其光强和相位分布。从图 3 - 21 可以看出,在点(0,0)处光强为 0,在相位分布图的左边,相位有 2π 的跳跃,围绕点(0,0)的闭环路径积分的和为 2π,点(0,0)称为相位不连续点。

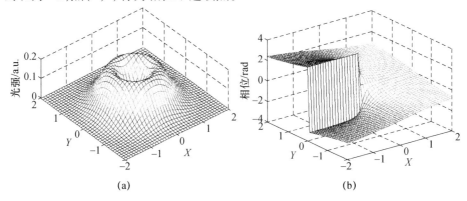

(a)　　　　　　　　　　　　(b)

图 3 - 21　光场 $U(x,y) = (x + iy)e^{-x^2 - y^2}$ 的光强和相位分布
(a)光强分布;(b)相位分布。

激光在大气中传输时,大气湍流导致的畸变光场中会出现相位不连续点,畸变光波的相位包括两部分:一部分为连续相位部分,它通过最小方差法可以重建出,一般常规自适应光学系统的波前重建都采用这种方法;另一部分为不连续相位,对这一部分相位,最小方差法重建代数是“看不见”的,因此常规自适应光学系统的闭环校正效果随着相位不连续点数的增加而下降[49,51,52]。

已经证明哈特曼波前探测器所测量的斜率是局地光波相位平均梯度,若局地相位用 $\varphi(r)$ 表示,则局地相位梯度 $g(r) = \nabla \varphi(r)$,并且在相位函数中存在不连续点时,相位梯度的旋度不为 0。这样,可通过求沿一无限小闭环路径的相位变化的和来判断这闭环路径内是否存在不连续点,数学表达

式为

$$\oint_C dr' \cdot g(r') = \begin{cases} 0, & \text{在位置没有不连续点 } r \\ \pm 2\pi, & \text{在位置有不连续点 } r \end{cases} \qquad (3-113)$$

式中：r' 为积分变量；C 为包含位置 r 的无限小闭环路径。

　　环路积分一般以顺时针方向进行：当积分和等于 2π 时，表示闭环路径内包含一正不连续点；当积分和等于 -2π 时，表示闭环路径内包含一负不连续点。对于哈特曼波前探测器实测的斜率数据是在分立的位置 r 上，因此为了直接计算梯度的环路积分必须采用近似的方式。也就是，假如想知道在哈特曼波前探测器上四个邻近的子孔径内部是否有不连续点，原则上可以求这四个子孔径相位变化的和来判断。对于四个相邻子孔径组成的矩形，假如矩形四个角的位置分别是 $r_{i,j}$、$r_{i+1,j}$、$r_{i+1,j+1}$ 和 $r_{i,j+1}$，式（3-113）的分立形式可以写成[53]

$$g(r_{i,j}) \cdot l_X d + g(r_{i+1,j}) \cdot l_Y d - g(r_{i,j+1}) \cdot l_X d - g(r_{i,j}) \cdot l_Y d$$
$$= \begin{cases} 0, & \text{在闭环路径内没有不连续点} \\ \pm 2\pi, & \text{在闭环路径内有不连续点} \end{cases} \qquad (3-114)$$

式中：负号"$-$"是考虑了沿闭环路径的积分方向与矩形两个方向上的单位矢量方向 l_X 或 l_Y 相反的缘故；d 为哈特曼波前探测器子孔径的间距。

　　虽然从理论上说，哈特曼波前探测器实测的斜率数据可直接应用于式（3-114），但从实用的角度来考虑，直接用斜率数据计算梯度的旋度来判断是否有不连续点及其位置是很困难的。其主要原因：不连续点出现在零光强点处，会给周围的相差或相位梯度测量带来较大的误差。如果计算出可靠的波前 ϕ，则在光波相位中的不连续点位置还是可能确定的。实际上，对实测的相位梯度矢量或相位差矢量 g 做适当的变化可以避免测量误差，如果定义一个矩阵 A，这里利用 Hudgin 模型[50]，把相位矢量转变成相位差矢量，则可定义无噪声的相位差矢量为[53]

$$g' = g + \left[(A\phi - g) \bmod 2\pi\right] \qquad (3-115)$$

这里 $\bmod 2\pi$ 表示对 $(A\phi - g)$ 求其对 2π 的余数。对于计算出的可靠波前 ϕ，有 $A\phi \approx g \bmod 2\pi$。这样，上式仅对实测的量 g 做一较小的改变，然后应用式（3-114），就可以探测相位不连续点。当然这里的关键是能否复原出包含不连续相位部分的光波相位 ϕ。

　　已经证明，直接利用斜率数据进行最小方差波前复原不能复原出波前中可能存在的不连续结构。Le Bigot 等[53]中提出了同时利用哈特曼波前探测器测量的子孔径波前斜率和子孔径上的光强数据进行信标光场的复原算法。由于光场函数是连续的，所以可以进行光场函数的最小方差复原计算。而且，在该算法中，由于利用了子孔径光强作为权重因子，弱光强子孔径斜率测量误差被大大抑制。

如果哈特曼波前探测器的子孔径数 $M = n \times n$,这样,可分别获得 M 个 x 和 y 方向的斜率数据,利用 Hudgin 模型,可获得 $N = (n+1)(n+1)$ 个点的光场。假设初始的光场为 $\{u_j^0\}$ $(j \in [1, N])$,在两个点 $j \in [1, N]$ 和 $k \in [1, N]$ 的相位分别为 φ_j 和 φ_k 的相位差 $d_{j,k} \approx \varphi_j - \varphi_k$,并且考虑对应的权重因子 $w_{j,k} = w_{k,j} > 0$,由于取子孔径上的光强的方根作为初始光场,这里取权重因子 $w_{j,k} = 1$,则可构造出新的光场 $\{u_j^1\}$,表示为[53]

$$u_j^1 = \sum_{\text{与} j \text{相邻的} k} w_{j,k} \mathrm{e}^{\mathrm{i}d_{j,k}} u_k^0 \qquad (3-116)$$

式中:k 取与位置 j 为中心的四个相邻位置的相位。

直接利用式(3-116)对实测的斜率数据进行迭代计算,由于测量噪声的影响,并不能得到满意的结果,这里的关键是如何抑制噪声的影响。为了进一步抑制噪声的影响,对式(3-116)做一变化,乘上一个小于 1 的因子 α。α 取值原则:实测的两点间的相位差乘上 α 小于 1 即可。这样,可以得到

$$u_j^{11} = \sum_{\text{与} j \text{相邻的} k} \mathrm{e}^{\mathrm{i}\alpha d_{j,k}} u_k^0 \qquad (3-117)$$

接下来首先选择一规一化的光场 $\{u_j^0\}$,这里取子孔径上的光强的方根作为初始光场,进行迭代计算,直到 $\{u_j^{11}\}$ 的模变得稳定。如取 $\varepsilon \ll 1$,使得 $\{u_j^{11}\}$ 中的任一分量 u_j^{11} 满足 $|(u_j^{11})_{p+1} - (u_j^{11})_p| \leq \varepsilon |(u_j^{11})_p|$ 即可,式中 p 为迭代次数。光场 $\{u_j^{11}\}$ 复原后,再求出相对应的各点的连续相位斜率,除以因子 α 后,与哈特曼波前探测器实测的相位斜率相比较,扣除实测斜率中的连续相位斜率部分,再利用式(3-116)进行一次光场的复原迭代,光场复原后,取 $\{u_j^1\}$ 中的每一分量的矢量辐角,即对 $j \in [1, N]$,作 $\varphi_j = \arg(u_j^1)$,就可获得每一点的相位。这样,可以比较准确地重建不连续相位。

不连续相位重建出后,利用式(3-115)对实测的斜率进行适当的修正,再用式(3-114)计算斜率的旋度,即可判断是否有不连续点及其相应的位置。

前面的分析表明,激光在大气中传输湍流大气导致的畸变光场中出现相位不连续点时,当哈特曼波前探测器测量的波前斜率包含不连续相位的信息,使用哈特曼波前探测器测量的斜率数据和光强数据,根据光场函数连续的概念,可以比较准确地重建出不连续相位,通过重建的不连续相位也可以探测出相位不连续点所在的位置。为了检验上述重建不连续相位的方法,我们进行了数值仿真和实验验证,实验光路如图 3-22 所示,在距离接收望远镜 3km 处放置一点光源,波长为 $0.82\mu m$,它发射的光波经湍流大气传输到孔径为 0.6m 的接收望远镜上,缩小为直径为 120mm 的平行光束后,传输到哈特曼探测器上,测量哈特曼探测器子孔径上的光斑斜率和光强。根据上节的分析和我们大量的模拟计算表明,畸变光场中的相位不连续点一般是成对出现,并且不连续点对的间距较小,当不连续点对正好落在一个子孔径内时,哈特曼探测

器测量的光斑斜率信息中将不会包含相位不连续点的信息。为提高实验中探测出相位不连续点的概率,我们使用了一个子孔径排列为 30×30 的哈特曼系统,如图 3 - 23 所示。

由于接收望远镜是卡塞格伦式,中心有一遮拦,为了处理数据方便,取其中的一个区域进行处理,如图 3 - 23 中粗虚线所示的 9×9 子孔径区域。

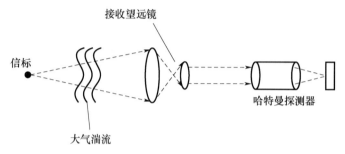

图 3 - 22　相位不连续点实验测量装置

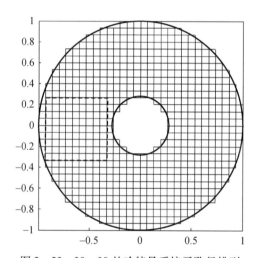

图 3 - 23　30×30 的哈特曼系统子孔径排列

在分析实测的数据以前,首先考虑一简单的例子,检验上面提出的不连续相位重建算法。现在模拟一个 9×9 的哈特曼波前探测系统,入射的光场函数 $U(x,y) = x + \mathrm{i}y$,通过哈特曼波前探测器可以计算出每个子孔径上的斜率和光强。由于没有测量噪声的影响,利用加权重建波前代数方法(式(3 - 116))重建出光波相位,相位分布如图 3 - 24(a)所示。利用 Hudgin 模型矩阵 A 作用到重建的相位上可以计算出波前斜率,再利用式(3 - 114)计算梯度的旋度。计算结果表明,有一个正的相位不连续点,如图 3 - 24(b)所示。这里用相对的灰度值表示相位梯度的旋度值大小(下同),图中的" + "代表正不连续点的位置。从图中可以看出,其位置在坐标中心。

下面对实测的斜率数据进行分析,在实验过程中对多种大气湍流条件下的光波传输波前进行了测量,取得了大量的数据。由于受到测量噪声和光强闪烁的影响,首先用式(3 – 117)进行迭代计算,这样可以更好地抑制噪声,求出相位及其波前斜率后,利用式(3 – 115)对波前斜率做修正,最后用式(3 – 116)重建出不连续相位。图 3 – 25 和图 3 – 26 给出了其中两组数据的分析结果,对于图 3 – 25和图 3 – 26 的 Rytov 方差分别为 0.1、0.31。从图 3 – 25 中可以看出,在这个区域内有一负的不连续点(相位不连续点一般是成对出现的),这说明有另一不连续点处在分析区域外,而在图 3 – 26 所选取的分析区域内有一不连续点对存在。

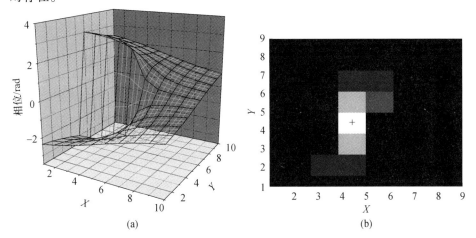

(a)　　　　　　　　　　　　　　　(b)

图 3 – 24　由光场 $U(x,y) = x + iy$ 重建的相位以及探测的相位不连续点

(a)重建的相位;(b)探测的相位不连续点。

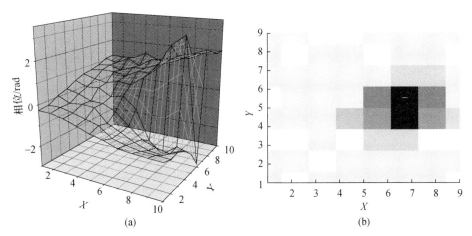

(a)　　　　　　　　　　　　　　　(b)

图 3 – 25　$\sigma_x^2 = 0.1$ 时,实测的光强和斜率数据重建的相位以及探测的相位不连续点

(a)重建的相位;(b)探测的相位不连续点。

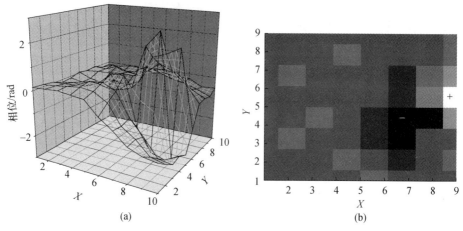

图 3 – 26　$\sigma_\chi^2 = 0.31$ 时,实测的光强和斜率数据重建的
相位以及探测的相位不连续点
(a)重建的相位;(b)探测的相位不连续点。

2. 不同波长的信标光对相位校正的影响[54]

上面已分析了相位不连续性对常规自适应光学相位校正效果的影响,在强湍流效应条件下,127 单元的自适应光学系统对湍流大气的补偿能力与 61 单元的接近。为了提高自适应光学在强湍流情况下的校正能力,必须考虑相位不连续点的影响。一般地,在激光大气传输的自适应光学校正系统中,主激光的波长与信标光的波长是不同的。但是,激光大气传输中所产生的相位不连续点的数目与位置不仅与大气湍流和传输距离有关,而且与传输的激光波长有关。因此当主激光的波长一定后,为了同时对连续相位和不连续相位进行补偿,必须考虑选择合适的信标的波长,才能提高强湍流效应条件下的自适应光学校正能力。本节利用前面介绍的不连续相位的重建方法,利用逐点波前探测器对畸变光场中的相位不连续点进行探测和重建,然后利用激光大气传输四维程序分别模拟计算了强闪烁条件下不考虑不连续相位和考虑不连续相位的校正后,不同信标波长对主激光进行校正的影响。

激光大气传输及其校正原理如图 3 – 27 所示。接收和发射望远镜的孔径为 0.6m,一定波长的主激光通过发射望远镜聚焦传输到距离为 L 的靶点,同时靶点处放置一定波长的信标,信标光经湍流大气传输到接收望远镜后:①利用模拟的理想逐点波前相差探测器探测信标光的畸变波前相差;②通过最小方差法重建出连续相位,当有不连续点出现的情况下,同时利用光场相位复原法重建出不连续相位;③把重建出的连续相位和不连续相位或把重建出的连续相位叠加到主激光上经发射望远镜聚焦传输到信标所在的位置;④计算聚焦在信标位置处的主激光光斑 1 倍衍射半径范围内所包含的能量,即 Strehl 比。计算过程中的一些参数:计算网格为128×128,传输路径上的大气湍流是均匀的,模拟的相屏数为30个;由于是聚焦光束,为了提高计算精度,相屏间距是不等的,前0.8L的距离上放置20个相屏,剩下的10个相屏放置在后0.2L上。

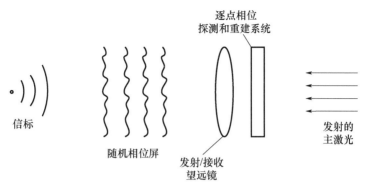

图3-27　激光大气传输及其校正原理

主激光波长为0.9μm,聚焦传输20km,传输路径上主激光的大气相干长度为7.5cm,Rytov方差$\sigma_{\chi R}^2 = 0.547$,这时大气湍流导致的主激光的畸变波前中出现了相位不连续点,信标光的Rytov方差$\sigma_{\chi R}^2$为0.30~0.877。首先,利用光场复原法重建出不连续相位和最小方差法重建出连续相位,在重建畸变波前相位的同时,也计算出了信标光传输到望远镜孔径上的相位不连续点对的数目。由于畸变光场中一般是正的相位不连续点和负的相位不连续点成对出现,因此这里给出了相位不连续点对的数目。图3-28中给出了信标光传输到接收望远镜孔径上的相位不连续点对的数目与信标波长的关系,把重建的相位叠加到波长为0.9μm的主激光上,聚焦传输20km后,分别计算其Strehl比,其结果如图3-29所示。为了便于比较,图3-29也给出了最小方差法重建波前进行校正的结果。

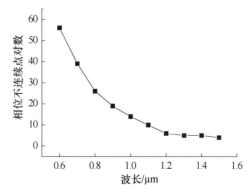

图3-28　$\sigma_{\chi R}^2 = 0.547$情况下相位不连续点
对数与信标波长的关系

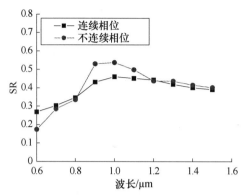

图 3 - 29 $\sigma_{\chi R}^{2} = 0.547$ 情况下考虑不连续相位后
主激光的 Strehl 比与信标波长的关系

从图 3 - 29 可以看出,考虑不连续相位后自适应光学的校正效果与不考虑不连续相位的校正效果相比较,对于不同波长信标的取得的效果不同,信标波长越靠近主激光的波长,考虑相位不连续点后的改善效果越明显,信标光波长为 $1\mu m$ 整体校正效果最好。其主要原因是,主激光在传输过程中其畸变的光场中出现了相位不连续点,相位不连续点的数目和位置与传输的大气条件及波长密切相关。对于不同的传输波长和大气传输条件,相位不连续点的数目及其所在的位置也不相同,它直接与不连续相位联系在一起;对于不同的相位不连续点的数目和位置,与其联系的不连续相位也不同,即使不连续点的数目相同,如果位置不同,所导致的不连续相位也是不同的。虽然对信标光中出现的不连续相位进行了重建,但它与主激光畸变光场中出现的不连续相位不完全匹配,信标光的波长与主激光的波长差别越大,由信标光重建出的不连续相位与主激光实际产生的不连续相位差别也越大。因此,考虑不连续相位后的校正效果改善得也越不明显,甚至考虑不连续相位的校正后,校正的结果会变差。如图 3 - 29 中所示的较短信标波长的情况,考虑了不连续相位后,对主激光进行了过往校正。

因此,激光在大气中长距离传输时,为了提高自适应光学的校正效率,综合考虑连续相位校正和不连续相位的校正情况,必须选择波长比主激光波长稍长一些的光源作为信标光。

3.4.3   随机并行梯度下降算法自适应光学校正

常规自适应光学系统的校正效果主要受限于波前探测器无法准确探测不连续相位信息等因素[55]。随机并行梯度下降(SPGD)算法自适应光学系统与常规的系统不同之处在于,无需进行波前探测。因此,本节就 SPGD 系统对不连续相位的补偿效果展开讨论。

SPGD 算法与传统的梯度下降算法的区别在于梯度估计方法不同。SPGD

算法是通过控制参量的变化量与性能指标测量值的变化量来进行梯度估计的,而且估计的方式采用了并行扰动技术的,从而使得梯度估计的时间独立于控制参量的维数。SPGD 算法的优越性是其稳定快速的收敛特性,因此在自适应光学中得到广泛应用。

1. 基于 SPGD 算法的自适应仿真模型

基于 SPGD 算法的自适应光学仿真模型如图 3 – 30 所示,主要包括相位畸变模块、波前校正器模块、成像模块、系统性能分析模块和 SPGD 控制模块。迭代过程:系统性能分析模块根据成像系统模块探测到的远场光强值 $I(x,y)$ 计算得到系统性能指标,然后通过 SPGD 控制模块计算出本次迭代的波前校正器驱动信号,最后输出到波前校正器上完成对初始畸变波前的闭环校正。

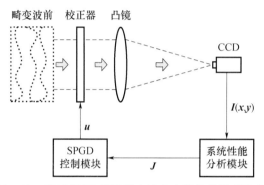

图 3 – 30　基于 SPGD 算法的自适应光学仿真模型示意图

1）波前校正器模块

连续表面分立驱动变形反射镜具有波前拟合误差小、光能利用率高、空间分辨率高、能保持相位连续等优点,是多数自适应光学系统的首选,也是研究最多、应用最广、技术发展最成熟的波前校正器。其驱动器的形变对电压的响应一般可近似认为是线性的,因而镜面变形产生的相位分布可表示为

$$\phi(r) = \sum_{j=1}^{N} u_j S_j(r) \qquad (3-118)$$

式中:N 为变形镜驱动器数量;u_j 为控制信号,即第 j 个驱动器所加电压值;$S_j(r)$ 为第 j 个驱动器的影响函数。

实验和理论研究结果表明,高斯型影响函数能较好地描述分立驱动连续表面变形镜的影响函数,即

$$S_j(x,y) = e^{\ln p \frac{[(x-x_c(j))^2 + (y-y_c(j))^2]}{r_d^2}} \qquad (3-119)$$

式中:$x_c(j)$、$y_c(j)$ 为第 j 个驱动器的位置坐标;r_d 为驱动器的平均间距;p 为耦合系数,即本驱动器单位驱动量的情况下相邻驱动器的位移量,取值为4% ~12%。

仿真中采用的 61 单元连续表面分立驱动变形镜驱动器排布形式,如

图 3 – 31 所示,其中 $p=0.08$,$r_d=0.0625$,r_d 为归一化间距(无量纲)。

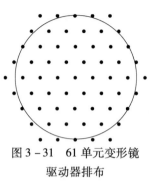

图 3 – 31 61 单元变形镜
驱动器排布

2)成像模块

根据镜面成像原理,通过对入射光波复振幅做傅里叶变换就可以得到焦平面上的光强分布。仿真中,对补偿的残余波前做 128×128 点快速傅里叶变换,得到成像系统的远场光强分布,最后将远场光强归一化。根据夫琅禾费近似,成像焦平面上的光场复振幅为[56]

$$U(x',y') = \frac{e^{ikz}e^{i\frac{k}{2z}(x^2+y^2)}}{j\lambda f}\int\int_{-\infty}^{\infty}U(x,y)e^{-i\frac{2\pi}{\lambda f}(xx'+yy')}dxdy \qquad (3-120)$$

式中:λ 为光波波长;f 为成像镜面焦距;$k=2\pi/\lambda$;x、y 为物平面上点的坐标;x'、y' 为成像焦平面上点的坐标;$U(x,y)$ 为入射面上的复振幅。

则成像焦平面上的光强分布为

$$I(x',y') = \left(\frac{1}{\lambda f}\right)^2 |U(x,y)|^2 \qquad (3-121)$$

3)系统性能分析模块

系统性能指标可以用来评价自适应光学系统对畸变波前的补偿能力。原则上,系统的性能指标应当是有一个极值点,当且仅当入射波前畸变被完全补偿时系统性能指标取到唯一极值。

4)SPGD 控制模块

SPGD 控制模块是系统的关键组成部分,它不断地根据控制变量更新规则计算出校正电压,直到寻找到性能指标达到极值时对应的波前校正器驱动器电压。自适应光学系统中 SPGD 算法的执行过程:首先,选取系统的性能指标 J,$J=J(u_1,u_2,\cdots,u_N)$ 是施加在波前校正器上的电压驱动信号 $\boldsymbol{u}=\{u_1,u_2,\cdots,u_N\}$ 的函数;其次,随机生成扰动电压向量 $\delta\boldsymbol{u}^{(n)}=\{\delta u_1,\delta u_2,\cdots,\delta u_N\}^{(n)}$,其分布满足伯努利分布,即扰动向量的幅值相等 $|\delta u_j|=\sigma_u$,概率 $\Pr(|\delta u_j|=\pm\sigma_u)=0.5$[57,58];然后计算随机扰动电压带来的性能指标的变化量 $\delta J^{(n)}=\delta J_+^{(n)}-\delta J_-^{(n)}$;最后根据性能指标的变化量与随机扰动量的乘积来对波前校正器上的驱动电压信号做更新迭代计算,即

$$u^{(n+1)}=u^{(n)}+\gamma\delta J^{(n)}\delta u^{(n)} \qquad (3-122)$$

式中:$\delta J_+(n)=J(u^{(n)}+\delta u^{(n)})-J(u^{(n)})$,$\delta J_-^{(n)}=J(u^{(n)}-\delta u^{(n)})-J(u^{(n)})$,表示算法采用的是双向扰动。仿真中算法的具体操作流程如图 3 – 32 所示。

在实际应用中:目标函数向极大化方向优化,γ 取正值;反之,γ 取负值。可以说,迭代的过程是一定的迭代步数内,在控制参量空间寻找最优的电压向量 $u(r)$,使得残余波前 $\phi(r)$ 最小,系统则达到最优。

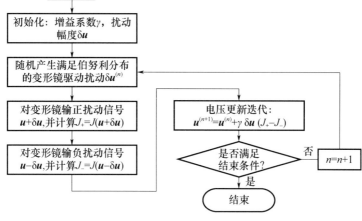

图 3 - 32　SPGD 校正流程图

2. 激光大气传输强湍流效应下的校正[59]

在中长距离传输条件下,虽然大气湍流很弱,但较长的传输距离可以导致很强的光强闪烁,大气湍流导致的畸变波前中将会有不连续点出现,从而影响自适应光学系统的校正效果。下面用四维程序模拟实际的激光大气传输中相位不连续点对 SPGD 自适应光学的影响。

数值模拟条件:接收/发射望远镜的口径为 0.6m,发射的主激光波长为 1.315μm,聚焦传输到距离为 L 的靶点,同时在靶点放置一个点光源作为信标光,传输距离从 2km 变化到 50km,传输路径上的大气湍流是均匀的,为了保持在不同的传输距离上的大气相干长度 r_0 不变,对大气湍流强度 C_n^2 进行了调整。分别考察了常规自适应光学系统和 SPGD 自适应光学系统的校正效果。其中,常规系统的哈特曼波前传感器的子孔镜按 256×256 排列,同时为了进行比较还对完全相位校正情况下主激光聚焦传输到 L 的靶点的光斑 Strehl 比进行了计算。计算过程中其他的主要参数见表 3 - 1。

表 3 - 1　仿真中的主要参数

参　数	数　值
湍流结构常数 $C_n^2/\mathrm{m}^{-2/3}$	$3.55 \times 10^{-16} \sim 1.78 \times 10^{-14}$
大气相干长度 r_0/cm	8.57
网格数 N_g	256×256
横向网格间距 $\Delta x/\mathrm{cm}$	1
相位屏数 N_{ps}	40
纵向采样步数 N_{tr}	60
变形镜驱动单元数 N	61

（续）

参　数	数　值
变形镜驱动器间距 r_d/cm	7.5
驱动器耦合系数 p/%	15

图 3-33(a)给出了不同系统校正后的 Strehl 比随 Rytov 方差 σ_R^2 的变化曲线。图中曲线 1 为完全的相位校正结果乘以 61 单元变形镜的拟合误差 σ_{fit}^2 后得到的结果,其中 $\sigma_{fit}^2 = 0.23(r_d/r_0)^{5/3}$;曲线 2 为 61 单元的 SPGD 自适应光学系统的校正结果;曲线 3 为 61 单元哈特曼探测的常规自适应光学系统的校正结果;曲线 4 为开环时的结果。从图 3-33(a)可以看出:当 $\sigma_R^2 < 1$ 时,三种校正结果相差不大,而且随 Rytov 方差的增大,校正效果均平缓下降;当 $\sigma_R^2 > 1$ 时,随着 Rytov 方差的增大,三种校正结果下降速率明显不同,完全相位校正平缓下降,常规自适应光学校正下降最快,SPGD 与常规校正开始以直线下降最后稳定在某一值。仿真中,计算了每个传输场景下的不连续相位点的数目,图 3-33(b)给出了相同计算条件下的相位不连续点数目随 Rytov 方差的变化。由图可见:当 $\sigma_R^2 < 1$ 时,相位不连续点数目变化不大;当 $\sigma_R^2 > 1$ 时,随着 Rytov 方差的增大相位不连续点数目开始几乎以线性增长;当 $\sigma_R^2 > 2.5$ 时,相位不连续点数出现饱和稳定状态。这表明,常规校正与 SPGD 校正效果都直接受相位不连续点数目的影响。对于常规系统,前面的分析表明,哈特曼探测不能准确探测到相位不连续点,因此不能准确复原相位导致校正效果下降最快。SPGD 校正系统不需要探测畸变波前信息,可以寻找到最优的补偿相位,因而,此校正效果明显优于常规自适应光学系统,但是连续表面的变形镜对不连续相位的拟合效果随着不连续点数目的增多也将大幅下降,这也是制约 SPGD 校正的原因。

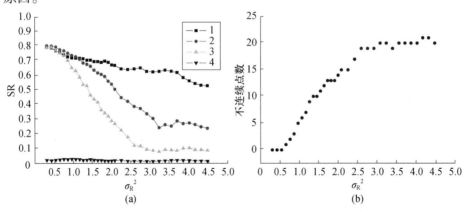

图 3-33　不同系统校正后的 Strehl 比及不连续点数目随 σ_R^2 的变化

(a)Strehl 比随 σ_R^2 的变化;(b)不连续点数目随 σ_R^2 的变化。

图 3-34 分别给出了两种系统校正结果比开环时提高的倍数随 Rytov 方差的变化及 SPGD 系统校正结果比常规系统提高的倍数随 Rytov 方差的变化。从图中可以看出：当 $\sigma_R^2 > 1$ 时，常规系统的校正效果快速下降；当 $\sigma_R^2 > 2.5$ 时，即闪烁饱和时，常规系统基本没有校正效果。而 SPGD 系统则不然：当 $\sigma_R^2 < 1$ 时，即在较弱的闪烁情况下，SPGD 校正效果与常规系统相当；当 $\sigma_R^2 > 1$ 和 $\sigma_R^2 > 2.5$ 时，即在中等湍流和强湍流效应下，SPGD 校正效果比常规系统的校正效果好，从图 3-34(b)中可以看出，最高可以提高将近 2.75 倍。可见，SPGD 系统的有效校正范围明显变宽。

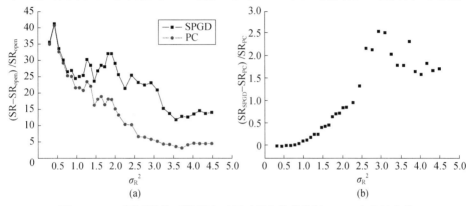

图 3-34　不同系统校正结果比开环时提高的倍数随 Rytov 方差的变化
（a）两种系统校正结果比开环时提高的倍数；（b）SPGD 系统校正结果比常规系统提高的倍数。

3.5　小结与展望

本章主要分析了激光在湍流大气中传输光波振幅和相位的随机起伏及其频谱特性，详细介绍了光强闪烁和到达角起伏等湍流效应，进行了湍流效应相位校正实验研究，研究了激光大气传输与自适应光学校正中的非等晕性问题，最后讨论了强闪烁效应下相位不连续对自适应光学校正的影响，并初步探讨了强闪烁效应下的校正方法。文中已提及，即使在较弱的大气湍流状态下，当激光远距离传输时也将达到强闪烁效应状态，此时激光波阵面将产生不连续相位，它严重地影响传统的自适应光学系统相位校正效率，甚至不能实现闭环。关于激光大气传输强闪烁效应及其校正的系统理论认识还不够，定量化实验工作更少。基于我国激光工程发展需求，亟待加强这方面的研究工作。

参考文献

[1] Tatarskii V I. 湍流大气中的波传输理论. 温景嵩，宋正方，曾宗泳，等译. 北京：科学出版社，1978.

[2] Primmerman C A, Price T R, Humphreys R A, et al. Atmospheric - compensation experiments in strong -

scintillation conditions. Applied optics. 1995,34(12).

[3] Lawrence R S,Strohbehn J W. A survey of clear – air propagation effects relevant to optical communications. Proceedings of the IEEE,1970,58(10).

[4] Strohbehn J W. Line – of – sight wave propagation through the turbulent atmosphere. Proceedings of the IEEE,1968,56(8).

[5] Andrews L C,Phillips R L,Hopen C Y. Laser Beam Scintillation with Applications. Bellingham:SPIE Press, 2001.

[6] 宋正方. 应用大气光学基础. 北京:气象出版社,1990.

[7] 宋正方. 光束在湍流大气中传播时的到达角起伏. 强激光与粒子束,1994,6(4).

[8] Tyler G A. Bandwidth considerations for tracking through turbulence. JOSA A,1994,11(1).

[9] Acton D S,Sharbaugh R J,Roehrig J R,Tiszauer D. Wave – front tilt power spectral density from the image motion of solar pores. Applied Optics. 1992,31(21).

[10] Max C,Avicola K,Brase J,Friedman H,et al. Design,layout,and early results of a feasibility experiment for sodium – layer laser – guide – star adaptive optics. JOSA A,1994,11(2).

[11] 王英俭,吴毅,汪超,等. 激光实际大气传输湍流效应相位校正一些实验结果. 量子电子学报,1998, 15(2).

[12] Wang Y,Fan C,Wu X,et al. Effects of nonuniform wind on the arrival angle temporal power spectra of spherical wave. Proc SPIE,2000,4125.

[13] Strohbehn J W. Laser Beam Propagation in the Atmosphere. New York:Springer – Verlag,1978.

[14] Goodman J W. Statistical Optics. New York:Wiley – Interscience,2000.

[15] Sasiela R J. Electromagnetic Wave Propagation in Turbulence:Evaluation and Application of Mellin transforms. 2nd ed. Bellingham:SPIE Press,2007.

[16] Tyson R. Principles of Adaptive Optics. 3rd ed. New York:CRC Press,2011.

[17] 李新阳,姜文汉,王春红,等. 自适应光学系统控制效果分析的功率谱方法. 强激光与粒子束,1998, 10(1).

[18] 李新阳,姜文汉,王春红,等. 激光大气水平传输湍流畸变波前的功率谱分析 I:波前整体倾斜与泰勒频率. 光学学报,2000,20(7).

[19] Greenwood D P,Fried D L. Power spectra requirements for wave – front – compensative systems. JOSA, 1976,66(3).

[20] Greenwood D P. Bandwidth specification for adaptive optics systems. JOSA,1977,67(3).

[21] Gong Z,Wang Y,Wu Y. Finite temporal measurements of the statistical characteristics of the atmospheric coherence length. Applied Optics,1998,37(21).

[22] Gong Z,Wu Y,Wang Y,Wang C,et al. Phase – compensation experiment with a 37 – element adaptive optics system. Applied optics. 1998,37(21).

[23] 王英俭. 激光大气传输及其自适应光学校正若干问题探讨 [博士论文]:中国科学院安徽光学精密机械研究所,1996.

[24] Jiang W,Li H. Hartmann – Shack wavefront sensing and wavefront control algorithm. Proc SPIE,1990,1271.

[25] 吴毅,王英俭,龚知本. 变形镜波前校正非线性响应的剩余相位方差分析. 光学学报,1995,15(8).

[26] Fried D L. Anisoplanatism in adaptive optics. JOSA. 1982,72(1).

[27] Baranova N,Mamaev A,Pilipetsky N,et al. Wave – front dislocations:topological limitations for adaptive systems with phase conjugation. JOSA,1983,73(5).

[28] Papanicolaou G C,Solna K,Washburn D C. Segmentation – independent estimates of turbulence parameters. Proc SPIE,1998.

［29］曾宗泳,袁仁民,谭昆,等. 复杂地形近地面温度谱. 量子电子学报,1998,15(2).

［30］范承玉,王英俭,龚知本. 光波相位不连续点的探测. 光学学报,2001,21(11).

［31］Fan C,Wang Y,Gong Z. Effects of different beacon wavelengths on atmospheric compensation in strong scintillation. Applied Optics,2004,43(22).

［32］Feinleib J. Proposal 82 - P4. In:Associates AO,editor. Cambridge,MA1982.

［33］Foy R,Labeyrie A. Feasibility of adaptive telescope with laser probe. Astron Astrophys,1985,152.

［34］范承玉,宋正方. 激光导引星非等晕性的限制. 中国激光,1996,23(8).

［35］Fried D L,Belsher J F. Analysis of fundamental limits to artificial - guide - star adaptive - optics - system performance for astronomical imaging. JOSA A,1994,11(1).

［36］Sasiela R J,Shelton J D. Transverse spectral filtering and Mellin transform techniques applied to the effect of outer scale on tilt and tilt anisoplanatism. JOSA A,1993,10(4).

［37］Sasiela R J,Shelton J D. Mellin transform methods applied to integral evaluation:Taylor series and asymptotic approximations. Journal of Mathematical Physics,1993,34(6).

［38］Noll R J. Zernike polynomials and atmospheric turbulence. JOSA,1976,66(3).

［39］van Dam M A,Sasiela R J,Bouchez A H,et al. Angular anisoplanatism in laser guide star adaptive optics. Astronomical Telescopes and Instrumentation;2006:International Society for Optics and Photonics,2006.

［40］范承玉,宋正方. 人造导引星自适应光学的倾斜决定问题. 天体物理学报,1997,17(1).

［41］Chassat. Theoretical evaluation of the isoplanatic patch of an adaptive optics system working through the atmospheric turbulence. J Optics(Paris),1989,20(1).

［42］Lukin V P,Fortes B V. Adaptive correction of the focused beam in conditions with strong fluctuations of intensity. Proc SPIE,2000,4034.

［43］Lukin V P,Fortes B V. Adaptive phase correction of turbulent distortions for image and beam under conditions of strong intensity fluctuations. Proc SPIE,2001,4167.

［44］Lukin V P,Fortes B V. Phase - correction of turbulent distortions of an optical wave propagating under conditions of strong intensity fluctuations. Applied Optics,2002,41(27).

［45］李有宽,陈栋泉,杜祥琬. 大气闪烁对自适应光学校正的影响. 强激光与粒子束,2004,16(5).

［46］Li Y,Chen D,Du X. Atmospheric scintillation effect on adaptive optics correction. Proc SPIE,2004,5237.

［47］Fried D L. Nature of the branch point problem in adaptive optics. Proc SPIE,1998,3381.

［48］Fried D L. Branch point problem in adaptive optics. JOSA A,1998,15(10).

［49］Barchers J D,Fried D L,Link D J. Evaluation of the performance of Hartmann sensors in strong scintillation. Applied Optics,2002,41(6).

［50］Hudgin R H. Wave - front reconstruction for compensated imaging. JOSA,1977,67(3).

［51］Barchers J D,Fried D L,Link D J. Evaluation of the performance of a shearing interferometer in strong scintillation in the absence of additive measurement moise. Applied optics,2002,41(18).

［52］Barchers J D,Fried D L,Link D J,et al. Performance of wavefront sensors in strong scintillation. Proc SPIE,2003,4839.

［53］Le Bigot É - O,Wild W J,Kibblewhite E J. Reconstruction of discontinuous light - phase functions. Optics Letters,1998,23(1).

［54］范承玉,王英俭,龚知本. 强湍流效应下不同信标波长的自适应光学校正. 光学学报,2004,23(12).

［55］范承玉. 激光大气传输相位不连续性及其校正研究［博士论文］. 合肥:中国科学院安徽光学精密机械研究所,2003.

［56］Goodman J W. 傅里叶光学导论. 北京:电子工业出版社,2006.

[57] Spall J C. Stochastic search, optimization, and the simultaneous perturbation algorithm International Confer-ence on Integration of Knowledge Intensive Multi – Agent Systems;2003;International Conference on Inte-gration of Knowledge Intensive Multi – Agent Systems,2003.

[58] Spall J C. Introduction to Stochastic Search and Optimization. New Jersey;John Wiley & Sons,2003.

[59] Ma H,Fan C,Zhang P,et al. Adaptive optics correction based on stochastic parallel gradient descent technique under various atmospheric scintillation conditions;numerical simulation. Applied Physics B,2012,106(4).

第4章
激光大气传输非线性效应

高能激光(HEL)具有将能量以光速传输至远距离目标的能力。在很多应用中,如向空间站发送能量等,均涉及高能激光的大气传输问题。高能激光在大气中传输产生的非线性效应主要有热晕、大气击穿、自聚焦等。这些非线性效应将对高能激光大气传输产生严重的影响,限制了可在大气中传输的最高激光能量。本章重点介绍高能激光大气传输的非线性热晕效应,湍流与热晕相互作用及其相位校正,最后对击穿、自聚焦等效应作简要综述。

4.1　热晕效应的几何光学近似分析及其定标参数

在高能激光通过大气传输过程中,大气分子和大气气溶胶将吸收一定的激光能量,导致激光束传输路径上大气温度和密度的变化,从而改变了其折射率的分布。大气折射率的变化反过来又影响激光束的传输特性。这种高能激光束与大气的非线性相互作用造成的光束偏转、扩展、畸变等现象称为非线性热畸变效应,形象地称为热晕效应[1]。

从理论上讲,只要传输介质对激光辐射存在吸收,非线性热晕效应实际上是没有阈值条件,也就是说热晕效应几乎总是存在的,只是严重程度不同。而在实际大气中,即使在大气窗口区,也存在大气的连续吸收以及大气气溶胶的吸收。因此,热晕效应是高能激光大气传输中最为严重的非线性效应之一,它限制了能够有效地通过大气传输的激光束最大功率。也就是说,由于热晕的作用,当激光发射功率达到一临界值时,传输到目标上的功率密度不再随发射功率的增加而增大,而是随发射功率的增加而下降。因此,自 1964 年 Leite 等[2]首次在激光通过液体吸收介质传输中观察到热晕现象不久以后,高能激光大气传输非线性热晕效应,包括整束热晕、小尺度热晕、热晕效应的抑制及其自适应光学相位校正等问题,逐渐得到广泛深入的理论和实验研究[3]。

第 1 章介绍了描述高能激光大气传输非线性热晕效应的小扰动近似下的流体动力学方程和近轴近似下的标量波动方程。尽管一般情况下,这些方程难以得到精确的解析解,需要利用数值计算方法才能得到定量结果,本节介绍利用几何光学近似得到的一些典型条件下的热晕效应近似解析结果,并对热晕效应的阈值及重要定标参数进行简要讨论。这对于认识热晕效应的基本物理特征是非常有用的。

4.1.1 稳态热晕效应

稳态热晕效应,是指在对流、热传导等热交换作用下,激光与介质之间的非线性相互作用达到的平衡状态。此时,介质和激光传输特性都不再随时间而变化。在实际大气中,一般情况下大气风速(及光束扫描)占主导作用。但在"驻止区"(当光束扫描形成的"赝风"与大气风速相抵消时造成的光束与大气的相对静止区),热传导的作用是不可忽略的。所以,本节对热传导作用下的热晕效应也作简单介绍。

4.1.1.1 风速和光束扫描作用下的稳态热晕

如图 4-1 为风速作用下连续激光通过大气传输形成稳态热晕过程示意图[3]。这里风速和大气吸收系数都是均匀的。空气沿着风向移动穿过光束,吸收激光能量被加热。随着空气在垂直光束的截面内的移动,其温度越来越高,随之空气的折射率越来越低。根据几何光学理论可知,光线向着折射率大的方向即逆风方向偏转,这就造成了光强分布的改变和光斑畸变。最终激光与空气之间的非线性相互作用达到的平衡状态。

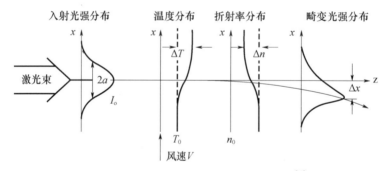

图 4-1 连续激光稳态热晕形成过程示意[3]

1. 准直光束情况

在光束菲涅耳数 $N_F = ka^2/R$ 很大、z/R(R 为焦距,z 为传输距离)很小的条件下即近场,从发射孔径到 z 处的一段传输距离范围内的光束直径的变化很小,可以近似为准直光束传输。例如,激光上行传输聚焦到数百千米外,在大气层内均可近似为准直光束。此时,关心的是近场热晕效应对焦平面(远场)上的光强分布的影响。这样,对于准直光束传输而言,可以由近场光束的相位畸变来分析热晕效应对光束传输到远场时的光强分布的影响。为方便,假定风向为沿 x 轴

方向,方程(1-45)为

$$\left(\frac{\partial}{\partial t} + V_0 \frac{\partial}{\partial x} - \chi \nabla^2 \right) T_1 = \frac{\alpha_t}{\rho_0 c_p} I \tag{4-1}$$

忽略热传导的作用,由式(4-1)可得

$$T_1(x,y) = \frac{\alpha_a}{\rho_0 c_p V_x} \int_{-\infty}^{x} I(x',y) \mathrm{d}x' \tag{4-2}$$

由式(4-2)及折射率随温度的变化关系,可以得到稳态热晕情况下光束的相位畸变为

$$\psi_B(x,y) = k \int_0^H n_1(x,y,z) \mathrm{d}z = \frac{k n_T P}{\pi a_0^2 \rho_0 c_p} \int_0^H \frac{T_0 \alpha_a(z) t(z)}{T(z) V_x(z)} \mathrm{d}z \int_{-\infty}^{x} I'(x',y) \mathrm{d}x' \tag{4-3}$$

式中:ρ_0、T_0 分别为 $z=0$ 处的密度和温度;$t(z)$ 为大气透过率函数,可表示成

$$t(z) = \mathrm{e}^{-\int_0^z [\alpha_a(z') + \beta(z')] \mathrm{d}z'}$$

其中:$\beta(z')$ 为大气散射系数。

式(4-3)利用了

$$I(x,y) = P I'(x,y) / \pi a_0^2$$

其中:P 为激光功率;$I'(x,y)$ 为归一化光强分布,对于高斯光束,$I'(x,y) = \mathrm{e}^{-r^2/a_0^2}$ (a_0 为 $1/\mathrm{e}$ 功率点半径),对于均匀强度分布的圆形光束(简称"圆形平台光束"),$I'(x,y) = [1(r \leqslant a_0), 0(r > a_0)]$。

假定热晕效应比较弱,近场光强分布变化不大。可以近似地用均匀介质传输中的光强分布代入式(4-3)得到相位分布。这样,得到高斯光束的相位畸变为

$$\psi_{BG}(x,y) = -\frac{\Delta\psi_G}{2} \mathrm{e}^{-(y/a_0)^2} [1 + \mathrm{erf}(x/a_0)]$$

$$= -\Delta\psi_G \frac{1}{2} \left\{ 1 + \frac{2}{\sqrt{\pi}} \left(\frac{x}{a_0} \right) - \left(\frac{y}{a_0} \right)^2 - \frac{2}{\sqrt{\pi}} \left[\frac{1}{3} \left(\frac{x}{a_0} \right)^3 + \left(\frac{x}{a_0} \right) \left(\frac{y}{a_0} \right)^2 \right] + \frac{1}{2} \left(\frac{y}{a_0} \right)^4 + \cdots \right\} \tag{4-4}$$

式中:$\mathrm{erf}(x)$ 为误差函数;$\Delta\psi_G$ 为最大相位畸变值,即

$$\Delta\psi_G = \frac{1}{2\sqrt{\pi}} N_D \tag{4-5}$$

同样,可以得到圆形平台光束的相位畸变为

$$\psi_{BU}(x,y) = -\frac{\Delta\psi_G}{2} \left\{ (x/a_0) + \sqrt{1 - (y/a_0)^2} \right\}$$

$$= -\Delta\psi_G \frac{1}{2} \left[1 + \left(\frac{x}{a_0} \right) - \frac{1}{2} \left(\frac{y}{a_0} \right)^2 - \frac{1}{8} \left(\frac{y}{a_0} \right)^4 - \cdots \right] \tag{4-6}$$

其最大相位畸变为

$$\Delta\psi_{\mathrm{U}} = \frac{1}{\sqrt{2}\,\pi}N_{\mathrm{D}} \tag{4-7}$$

式(4-5)、式(4-7)中的 N_{D} 为布拉德利 – 赫尔曼(Bradley Herrmann)热畸变参数,可表示为[4]

$$N_{\mathrm{D}} = \frac{4\sqrt{2}\,|\,n_{\mathrm{T}}\,|kP}{\rho_0 c_p D}\int_0^H \frac{T_0\alpha_{\mathrm{a}}(z)t(z)}{T(z)V_x(z)}\mathrm{d}z \tag{4-8}$$

式中:D 为光束直径,对于高斯光束或截断高斯光束而言 $D = 2\sqrt{2}a_0$,对于圆形平台光束而言 $D = 2a_0$。

由式(4-4)、式(4-6)可以看到,除相位畸变分布与光强分布有关外,热晕效应导致的光束相位畸变大小完全决定于热畸变参数 N_{D}。因此,N_{D} 是表征热晕效应强度的一个重要的定标参数。

根据式(4-4)、式(4-6)展开的主要几项(低阶)结果,可以用经典的像差理论来说明热晕效应导致的光斑畸变:x 的一次方项为枕形像差或倾斜,导致光束向逆风方向偏转;y 的平方项为像散或单方向上的离焦,导致光束在 y 方向上的扩展;三次方项和四次方项分别为彗差和球差,分别导致焦平面光斑形成彗星状的不对称性和光斑的弥散。同时注意,圆形平台光束对应的像差,除没有奇数阶外,偶数阶系数也均比高斯光束情况下的系数小。因此,在相同的激光功率等条件下,圆形平台光束受热晕的影响比高斯光束受热晕的影响小。

图4-2(a)、(b)分别给出了高斯光束和圆形平台光束大气传输热晕效应远场光斑形状的典型结果。由图4-2可以看到,高斯光束情况下,由于彗差的影响,光斑呈现新月形分布;而圆形平台光束情况下没有不对称像差,远场光斑接近椭圆形。

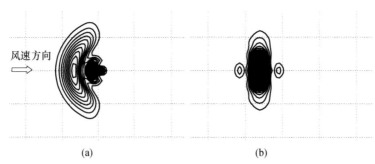

风速方向

(a)　　　　　　　　(b)

图4-2　高斯光束和圆形平台光束热晕效应远场光斑光强分布
(a)高斯光速($N_{\mathrm{D}} = 40$);(b)圆形平台光束($N_{\mathrm{D}} = 50$)。

自1964年Leite 等[2]首次在激光通过液体吸收介质传输中观察到热晕后,广泛开展了深入的实验室模拟实验和近似理论研究。这里不详细综述这些研究结果,而把重点放在对激光传输光束质量影响的定标参数分析上,将详细定量研究结果放在第 5 章。

利用相位畸变结果,还可以对热晕效应开始对高能激光大气传输产生显著影响的参数阈值进行估算。一般认为,相位畸变达到 2π,即光程差达到一个波长,光束传输将受到显著影响。由式 $(4-5)$、式 $(4-7)$ 分别可以得到高斯光束和圆形平台光束热晕效应开始对光束传输产生明显影响的热畸变参数阈值:

$$N_{DG} = 4\pi^{3/2} \approx 22 \qquad (\text{高斯光束}) \qquad (4-9)$$

$$N_{DU} = 2\sqrt{2}\,\pi^2 \approx 28 \qquad (\text{圆形平台光束}) \qquad (4-10)$$

进一步假定传输条件为水平均匀大气,大气衰减很小($\alpha_t z \ll 1$),热畸变参数简化为

$$N_D = \frac{4\sqrt{2}\,|n_T|kP\alpha_a L}{\rho_0 c_p V_{x0} D} \qquad (4-11)$$

根据前面已给出的参数,$|n_T|/\rho_0 c_p = 8.34 \times 10^{-10}$ m^3/J。若激光波长 $\lambda = 1.315\mu$m,发射口径 $D = 0.6$m,传输距离 $L = 1.0$km,选择一组典型近地面大气条件,$V_0 = 2$m/s,$\alpha_a = 3 \times 10^{-5}$ m^{-1},则对于高斯光束和圆形平台光束,当激光功率分别达到 40kW 和 50kW 时,就将产生明显的非线性热晕效应。

2. 聚焦光束传输情况

以均匀大气条件下高斯光束传输为例,类似相位畸变的计算,利用几何光学近似,可以得到热晕效应影响下焦平面 $z = R$ 的光强分布结果[5]:

$$\frac{I(r)}{I_0(r)\mathrm{e}^{-N_E}} = \mathrm{e}^{-N\left[\frac{2x}{a_f}\mathrm{e}^{-r^2/a_0^2} + \frac{\sqrt{\pi}}{2}\mathrm{e}^{-y^2/a_f^2}\left(1 - \frac{4y^2}{a_f^2}\right)[1 + \mathrm{erf}(x/a_f)]\right]} \qquad (4-12)$$

式中:N 为聚焦光束光强热畸变数,可表示成

$$N = N_C\left\{\frac{2}{R^2}\int_0^R \frac{2}{Q(z)}\mathrm{d}z \int_0^z \frac{\mathrm{e}^{-\alpha_t z'}}{\Omega(z')Q^2(z')}\mathrm{d}z'\right\} \qquad (4-13)$$

其中:N_C 为没有光束扫描条件下准直光束传输的光强热畸变数,$N_C = N_D/(2\pi N_F)$;a_f 为无畸变时焦平面光斑半径;$\Omega(z)$、$Q(z)$ 分别为相对风速和相对光斑半径,可表示成

$$\Omega(z) = 1 + \frac{\omega z}{V_{x0}}$$

$$Q(z) \approx 1 - \frac{z}{R} + \frac{z}{ka_0^2}$$

其中:ω 为光束扫描角速度。

在分别考虑光束扫描和聚焦光束情况下,式 $(4-13)$ 可近似为

$$N = N_C f(N_E) s(N_\omega) q(N_F) \qquad (4-14)$$

式中:$f(N_E)$、$s(N_\omega)$、$q(N_F)$ 分别为大气消光、光束扫描和聚焦因子[6],可表示成

$$\begin{cases} f(N_E) = \dfrac{2}{N_E^2} \left[N_E - 1 + e^{-N_E} \right] \\[2mm] s(N_\omega) = \dfrac{2}{N_\omega^2} \left[(N_\omega + 1)\ln(N_\omega + 1) - N_\omega \right] \\[2mm] q(N_F) = \dfrac{2N_F^2}{N_F - 1} \left(1 - \dfrac{\ln N_F}{N_F - 1} \right) \end{cases} \quad (4-15)$$

其中:$N_E = \alpha_t R$;$N_\omega = \omega R / V_0$。

由以上近似结果可以看到,由 $N_D(N_C)$、N_E、N_F、N_ω 四个无量纲参数可以决定聚焦光束热晕效应的基本规律。在大气消光很小且没有光束扫描的情况下,当光束菲涅耳数很大时,$q(N_F) = 2N_F$,则聚焦光束光强热畸变数 $N \approx N_D / \pi$,即焦平面上的峰值光强取决定于 N_D。这与准直光束远场光强分布也取决于 N_D 是一致的。也就是说,在光束菲涅耳数很大的情况下,远场和焦平面上的光斑畸变主要取决于相位畸变。

与上述近似分析一致,大量实验测量和数值计算结果也均表明,聚焦光束焦平面相对峰值光强 I_{rel}(热晕影响下的峰值光强 I_P 与衍射极限 I_{P0} 之比)基本上取决于光强热畸变数 N。图 4-3 为聚焦光束焦平面相对峰值光强与畸变数 N 关系的实验与数值计算结果。实验条件:$N_F = 7$;$N_E = 0.4$;$N_\omega = 0$。数值计算条件:$N_F = 3 \sim 66$;$N_E = 0.1 \sim 0.4$;$N_\omega = 0 \sim 8$。

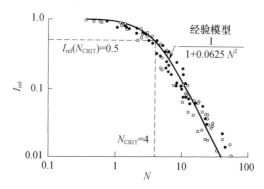

图 4-3 聚焦光束焦平面相对峰值光强与畸变数关系的实验与数值计算结果[3]

由实验和数值计算的数据拟合可以得到,相对峰值光强 I_{rel} 与热畸变数 N 的关系可以近似为[6]

$$I_{rel} = \frac{1}{1 + 0.0625 N^2} \quad (4-16)$$

因为 $I_P = I_{rel} I_{P0} \propto P$,$N \propto P$,因此由式(4-16)可看出,在其他条件不变的情况下,随着发射激光功率的增加,使得热畸变数 N 大于临界值 N_{CRIT} 时,焦平面峰值功率密度不再随发射功率的增加而增加,而是随发射功率的增加而降低。这正是非线性热晕效应限制高能激光大气传输的关键所在。对于图4-3中的拟合曲线其临界热畸变参数 $N_{CRIT} = 4$，最大相对峰值功率密度 $I_{rel}(N_{CRIT}) = 0.5$。

图4-4给出了由 $I_P = I_{P0}\dfrac{P/P_C}{1 + (P/P_C)^2}$ 得到焦平面峰值功率密度与发射功率的关系，其中，I_{P0} 为无热畸变情况下 $P = P_C$ 时的峰值功率密度，P_C 称为临界激光功率。

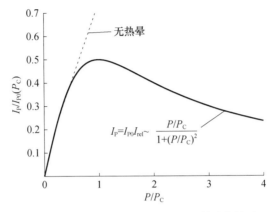

图4-4　焦平面峰值功率密度与发射功率关系

类似地，可以得到圆形平台光束情况下，焦平面上相对峰值光强与热畸变数的近似关系为

$$I_{rel} = \frac{1}{1 + 0.09N^{1.22}} \tag{4-17}$$

同样，可得此时临界热畸变数 $N_{crit} = 25$，最大相对峰值功率密度为0.18。由此可见，圆形平台光束热晕效应比高斯光束热晕效应弱得多。

4.1.1.2　热传导作用下的稳态热晕

在静风条件下或"驻区"，热传导是热交换的主要机制（高仰角传输条件下）。在 $V = 0$ 时，方程式（4-1）的解为

$$T_1(x,y,t) = \frac{\alpha_a}{\rho_0 c_p} \int_0^t dt' \iint \frac{1}{4\pi\chi(t-t')} I(x',y') e^{-\frac{(x-x')^2 + (y-y')^2}{4\chi(t-t')}} dx'dy' \tag{4-18}$$

对于高斯光束，将 $I(x,y) = I_0 e^{-r^2/a_0^2}$ 代入式（4-18），经推导可得

$$T_1(x,y,t) = \frac{a_0^2 \alpha_a I_0}{\rho_0 c_p} \int_0^t \frac{1}{4\chi(t-t') + a_0^2} e^{-\frac{x^2+y^2}{4\chi(t-t') + a_0^2}} dt' \tag{4-19a}$$

令 $\xi^2 = 4\chi(t-t') + a_0^2$，则有

$$T_1(x,y,t) = \frac{a_0^2 \alpha_a I_0}{2\chi\rho_0 c_p} \int_{a_0}^{\sqrt{4\chi t + a_0^2}} \frac{1}{\xi} e^{-\frac{t^2}{\xi^2}} d\xi \tag{4-19b}$$

类似上一节的几何光学近似处理方法,当 $t \to \infty$ 时,可以得到热传导作用下稳态热晕效应导致的光束相位畸变(扣除平均位移后)

$$\psi_{BD} = -\Delta\psi_D \left\{ \left(\frac{r}{a_0}\right)^2 - \frac{1}{2\cdot 2!}\left(\frac{r}{a_0}\right)^4 + \frac{1}{3\cdot 3!}\left(\frac{r}{a_0}\right)^6 - \cdots \right\} \quad (4-20a)$$

$$\Delta\psi_D = \frac{|n_T|kP\alpha_a L}{4\pi\rho_0 c_p \chi} = \frac{1}{2}D_c N_F \quad (4-20b)$$

$$D_c = \frac{|n_T|P\alpha_a L^2}{2\pi\rho_0 c_p a_0^2} f(N_E) \quad (4-20c)$$

和光强分布

$$I(r,z,t) = I_0(r,z)\,\mathrm{e}^{-\alpha_t z - D_c(2\mathrm{e}^{-r^2/a_0^2}-1)} \quad (4-21)$$

式中: D_c 为热传导作用下热晕效应的光强热畸变参数[1]。

由以上结果可以看到,在热传导作为主要热交换机制情况下,光束是对称扩展的,光束轴上相对光强与热畸变参数 D_c 的关系为 e^{-D_c}。

在实际大气中,当平均风速较小时,湍流随机风场也是影响热晕效应的重要因素之一。Gebhardt 等将随机风场的作用等效为湍流扩散,其扩散系数 χ_{tur} 正比于随机风速方差。因此,随机风场的作用类似于热传导,本节不再详述,可参见文献[7]。

严格地讲,除固体介质外,热传导作用是不可能维持"稳态"过程的。实际上,流体介质吸收激光能量受热致使其密度降低后,在浮力的作用下会形成自然对流。在激光准水平通过流体介质传输情况下,当没有强迫对流(静风,没有光束扫描)作用时,需要考虑自然对流的作用。若介质的黏滞系数很小,在等压近似条件下,并以水平方向为 x 轴,垂直地面向上为 y 轴正方向,则由动量方程可以得到自然对流风速满足

$$\rho_0\left(\frac{\partial V_f}{\partial t} + V_f\frac{\partial V_f}{\partial y}\right) = -\rho_1 g \quad (4-22)$$

式中: g 为重力加速度。

一般情况下,光束内的自然对流风速是不均匀的,需要结合式(4-1)和式(4-22)对自然对流风速和密度扰动进行求解。这里对稳态条件下的平均自然对流风速 $\overline{V}_f$ 进行粗略估算。在自然对流已形成稳态的情况下,可以忽略热传导的作用。设 $\overline{\rho}_1$ 为光束内平均密度扰动,a 为光束横向尺度,则

$$\frac{1}{2}\rho_0 \overline{V}_f^2 = -ga\overline{\rho}_1 \quad (4-23a)$$

$$\frac{\overline{\rho}_1}{\rho_0} = -\frac{\alpha_a I}{\rho_0 c_p T_0}\frac{a}{\overline{V}_f} \quad (4-23b)$$

从而可得

$$\overline{V}_f = \left(\frac{2g\alpha_a I a^2}{\rho_0 c_p T_0}\right)^{1/3} \approx \left(\frac{2g\alpha_a P}{\rho_0 c_p T_0}\right)^{1/3} \quad (4-24)$$

在标准大气条件下,以 $P = 50\mathrm{kW}$,$\alpha_a = 3 \times 10^{-5}\,\mathrm{m}^{-1}$ 估算,$\overline{V_f} \approx 4\mathrm{cm/s}$。由此可见,在"驻区"以及静风条件下,自然对流对连续和准连续激光大气传输热晕效应的作用是不可忽略的。一般情况下,热传导的热交换作用比横向风的作用慢得多,而 $\overline{V_f}$ 又较小,故"驻区"热晕效应相对较强。因此,在高能激光实际大气传输中应尽可能避免出现"驻区"。

4.1.2　瞬态热晕效应

瞬态热晕效应是指激光脉冲较短(脉冲宽度 t_p 远小于大气风速渡越时间 t_v 和热传导作用特征时间 t_c),激光与大气之间的相互作用还没有建立平衡态,大气状态和激光传输特性是随时间变化的。假定大气吸收激光能量瞬时加热大气,并且在激光脉冲作用范围内光强分布变化不大,则流体力学方程(1-42)的形式解为

$$
\begin{aligned}
\rho_1(t) &= -\frac{\gamma - 1}{C_s^2}\alpha_a \left[I(r)t - \frac{1}{C_s}\int_0^\infty \overline{I}_1(\eta)\sin(C_s\eta t)\mathrm{J}_0(\eta r)\mathrm{d}\eta \right] \\
&= \frac{\gamma - 1}{C_s^2}\alpha_a \sum_{m=1}^\infty \frac{C_s^{2m}t^{2m+1}}{(2m+1)!}\nabla^{2m}I
\end{aligned}
$$

$$(4-25)$$

式中:$\overline{I}(\eta)$ 为 $I(r)$ 的 Hankel 变换。

由式(4-25)可以看到:在激光脉冲宽度 t_p 远小于声速渡越时间 t_a 的情况下,可以忽略 t/t_a 的高阶项,即令 $m = 1$,得到密度扰动正比于 $(t/t_a)^3$;而当激光脉冲宽度 t_p 远大于声速渡越时间 t_a 时,式(4-25)中的积分项趋于 0,即对于 $t_p \gg t_a$ 的长脉冲激光的热晕效应趋于等压过程,由式(4-1)、式(4-25)均可以得到密度扰动正比于 t/t_a。

类似地,假定热晕效应比较弱,近场光强分布变化不大,近似地可以用均匀介质传输中的光强分布代入得到瞬态热晕效应准直光束的相位和光强分布。

1. 短脉冲激光热晕

当激光脉冲宽度 t_p 远小于声速渡越时间 t_a 时,由第 1 章给出的几何光学近似和密度扰动式可近似得到相位分布为

$$
\psi_{\mathrm{BSP}}(x, y, t) = -\Delta\psi_{\mathrm{SP}}\left(1 - \frac{r^2}{a_0^2}\right)\mathrm{e}^{-\frac{r^2}{a_0^2}} \tag{4-26a}
$$

$$
\Delta\psi_{\mathrm{SP}} = \frac{2(\gamma - 1)(n_0 - 1)kI_0\alpha_a Lt^3}{3\rho_0 a_0^2} = \frac{2|n_T|kI_0\alpha_a Lt^3}{3\rho_0 c_p t_a^2} = \frac{1}{4}T_S N_F \tag{4-26b}
$$

$$
T_S = \frac{8|n_T|C_s^2 I_0\alpha_a L^2 t^3}{3\rho_0 c_p a_0^4}f(N_E) \tag{4-26c}
$$

光强分布为

$$I(r,z,t) = I_0(r,z)e^{-\alpha_t z - T_S f_S(r)} \tag{4-27}$$

式中:T_S 为短脉冲激光热晕效应的光强热畸变数,当 $T_S = 1$ 时,光束轴上光强下降到无热晕时的 $1/e$;$f_S(r)$ 可表示为

$$f_S(r) = \left(1 - \frac{2r^2}{a_0^2} + \frac{r^4}{a_0^4}\right)e^{-\frac{r^2}{a_0^2}}$$

图 4-5 给出了不同 T_S 条件下,光斑轴向及光强分布。从图 4-5 中可以看出,随着热畸变参数的增加,轴上光强逐渐下降,形成环状光斑。

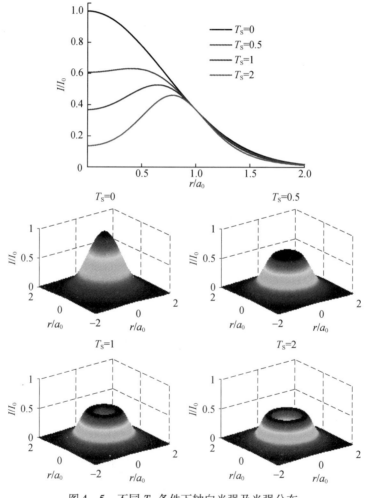

图 4-5　不同 T_S 条件下轴向光强及光强分布

在短脉冲高功率二氧化碳激光在大气传输过程中,大气二氧化碳分子吸收激光能量会转换到相近的 N_2 分子振动能级且 $\delta > 1$,即更多的平动能量转换成

振动能,这将会产生"动力致冷"效应,降低大气温度,导致高功率激光光束的聚焦作用[8]。

2. 长脉冲激光热晕

当激光脉冲宽度 t_p 远大于声速渡越时间 t_a 时,近似为等压加热过程。类似短脉冲处理方式可近似得到相位分布为

$$\psi_{BLP}(x,y,t) = -\Delta\psi_{LP}e^{-\frac{r^2}{a_0^2}} \qquad (4-28a)$$

$$\Delta\psi_{LP} = \frac{(\gamma-1)(n_0-1)kI_0\alpha_aLt}{\rho_0C_s^2} = \frac{|n_T|kI_0\alpha_aLt}{\rho_0c_p} = \frac{1}{2}T_LN_F \qquad (4-28b)$$

$$T_L = \frac{2|n_T|I_0\alpha_aL^2t}{\rho_0c_pa_0^2}f(N_E) \qquad (4-28c)$$

光强分布为

$$I(r,z,t) = I_0(r,z)e^{-\alpha_tz-T_Lf_L(r)} \qquad (4-29)$$

T_L 为长脉冲激光热晕效应的光强热畸变数,当 $T_L = 1$ 时,光束轴上光强下降到无热晕时的 $1/e$;$f_L(r)$ 可表示为

$$f_L(r) = \left(1-\frac{2r^2}{a_0^2}\right)e^{-\frac{r^2}{a_0^2}}$$

图 4-6 给出了不同 T_L 下,激光传输 L 位置处光斑上一维光强分布及光强立体分布。

对比图 4-5 和图 4-6 可以看出,长脉冲激光热畸变效应比短脉冲激光热畸变效应强得多。比较短脉冲与长脉冲激光热晕效应的光强畸变参数,可得

$$\frac{T_S}{T_L} = \frac{4}{3}\left(\frac{t_p}{t_s}\right)^2 \qquad (4-30)$$

可见,激光脉冲越短,热晕效应越弱。即仅就热晕效应的影响而言,压缩激光脉冲宽度有利于高功率激光的大气传输。

对于聚焦光束瞬态热晕效应,类似与聚焦光束稳态热晕的处理方法,短脉冲和长脉冲激光焦平面上的光强分布形式上与式(4-26)、式(4-28)是一样的,只需将式中的 a_0 替换为 a_f,热畸变参数替换为聚焦光束热畸变参数:

对于短脉冲,有

$$T_{SF} = T_Sq_S(N_F), q_S(N_F) = \frac{N_F^4-1-4\ln N_F}{8(1-1/N_F)^2}$$

对于长脉冲,有

$$T_{LF} = T_Lq_L(N_F), q_L(N_F) = \frac{N_F^2-1-2\ln N_F}{2(1-1/N_F)^2}$$

当 N_F 很大时,$T_{SF} = T_SN_F^4/8$,$T_{LF} = T_LN_F^2/2$。可见,短脉冲激光热晕效应受聚焦因子的影响更大。

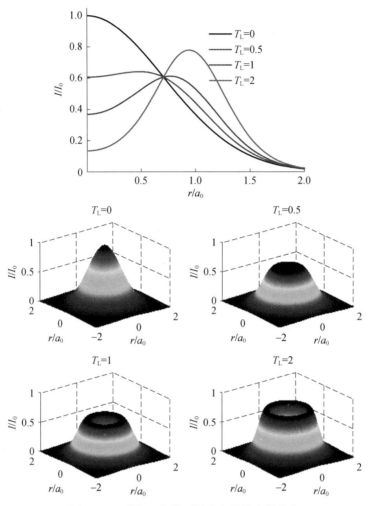

图 4-6 不同 T_L 条件下轴向光强及光强分布

3. 重复频率脉冲激光热晕

对于重复频率脉冲高功率激光大气传输而言,第 n 个激光脉冲不仅受其本身的影响,同时受到前一系列激光脉冲的影响。而且在脉冲序列较长时,还要考虑风速的影响。因此,第 n 个激光脉冲时的密度扰动可以表示为

$$\rho_n(r,t) = \sum_{m=1}^{n-1} \{\rho_1[x - V_x(t - (m-1)t_i), t - (m-1)t_i] -$$

$$\rho_1[x - V_x(t - (m-1)t_i - t_p), t - (m-1)t_i - t_p]\} + \rho_1[r, t - (n-1)t_i]$$

$$(4-31)$$

式中:t_p、t_i 分别为脉冲宽度和脉冲周期;$\rho_1(r,t)$ 为单脉冲产生的密度扰动,由式(4-25)给出。

对于重复频率脉冲高功率激光传输热晕效应,可分为三情况讨论:

第一种情况:$V_x(t_i - t_p) > D$。显然,当前激光脉冲传输不受前面激光脉冲的影响,即等同于单脉冲热晕效应。

第二种情况:$V_x t_i \ll D$。式(4-31)可近似为

$$\rho_n(r,t) = \frac{t_p}{t_s} \sum_{m=1}^{n-1} \left. \frac{\partial \rho_1(x - V_x t, t)}{\partial t} \right|_{t-(m-1)t_i} t_s + \rho_1[r, t-(n-1)t_i]$$

$$(4-32)$$

当脉冲序列较长时,式(4-32)趋于准连续激光传输情况下的结果。

第三种情况:介于上述两者之间。热晕效应不仅取决于单脉冲热畸变参数,而且与脉冲宽度、脉冲间隔有关。研究结果表明[9],适当选择脉冲间隔,当 N_p 为 1~5 时将有利于激光传输[10]。

上述讨论的均是大气吸收激光能量立即作用于大气情况下的热晕效应。在激光实际大气传输过程中,大气气溶胶也会吸收激光能量,其热相互作用过程有所不同。气溶胶首先加热气溶胶本身,然后才会热传导给气体。另外,气溶胶本身的热容量与气体不同,其吸收产生的热晕效应有所不同。为了准确衡量气溶胶吸收对热晕的影响,文献[11,12]研究了气溶胶的有效吸收系数问题。龚知本[12]讨论了激光加热造成的气溶胶蒸发对其有效吸收系数的影响,推导出了包括蒸发效应情况下的有效吸收系数公式,并给出忽略蒸发效应的条件。

4.2 整束热晕效应相位补偿近似分析

理论与实验已经证明,利用自适应光学技术可以对光束传输过程中的相位畸变进行部分校正,改善光束质量。从几何光学观点看,热晕效应可以近似成一个或多个等效带有像差的热透镜的作用。如果热透镜和波前校正器(变形镜)可近似组成合一薄透镜,波前校正器就可以对热透镜相位畸变进行很好的校正;如果热透镜和波前校正器不能近似成薄透镜,则不利于相位校正。由于热透镜效应是与激光功率密度密切有关的非线性效应,特别是对于聚焦光束而言,越接近焦平面,激光功率密度越高,热透镜效应越强。因此,位于聚焦光束焦平面附近的热透镜与波前校正器一般不能看成薄透镜组,也不利于对其进行相位校正。本节将热晕效应等效成热透镜,利用 q 因子方法对高斯强激光束传输过程中的热晕效应及其相位校正进行分析,得到简洁的解析表达式,并着重讨论等效热透镜位置对校正效果的影响。

4.2.1 等效热透镜效应的 q 参数变换

对于传输路径上的连续吸收介质,在较小的 Δz 薄层内光束半径近似不变,从而可将该层内光束相位畸变等效成一有像差的薄透镜的作用。对于光学元

激光在大气和海水中传输及应用

件(如薄透镜)产生的热透镜,在热透镜效应较弱、光学元件的入射和出射面的光斑半径基本相等时,也可以等效为一薄透镜。假定强激光束为高斯光束,热透镜为一薄的负透镜。这样,可以利用 q 因子方法对高斯光束经薄透镜传输及其相位校正的情况进行近似分析。这并不失一般性,因为在大多数实际情况下,激光束可以近似为高斯光束,而且热晕效应产生的相位畸变的主要成分也是离焦。

如图 4-7 所示,焦距为 $f(z_b)$ 的负透镜位于距主激光发射端(波前校正器的位置)z_b 处,则其 q 因子变换关系为[3]

$$q_0^{-1} = -R^{-1} - i(ka_0^2)^{-1} \tag{4-33a}$$

$$q_{z-} = q_0 + z_b \tag{4-33b}$$

$$q_{z+}^{-1} = q_{z-}^{-1} + f^{-1}(z_b) \tag{4-33c}$$

$$q_L = q_{z+} + z_L \tag{4-33d}$$

式中:R 为发射光束等相位面曲率半径。

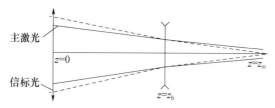

图 4-7   主激光和信标光经负透镜传输示意图

将式(4-33a)~式(4-33c)代入式(4-33d),可得

$$\frac{1}{q_L} = \frac{1 + [f(z_b) + z_b]q_0^{-1}}{f(z_b) + z_L + [f(z_b)L + z_b z_L]q_0^{-1}} \tag{4-34}$$

式中:$L = z_b + z_L$。

我们仅关心 L 处的光斑半径,求式(4-34)的虚部可得

$$\frac{a^2(L)}{a_0^2} = \left[1 - \frac{L}{R} + \frac{z_L}{f(z_b)}\left(1 - \frac{z_b}{R}\right)\right]^2 + \frac{L^2}{k^2 a_0^4}\left[1 + \frac{z_b}{f(z_b)}\left(1 - \frac{z_b}{L}\right)\right]^2 \tag{4-35}$$

可以看出,式(4-35)等于右边第一项为几何光学结果,第二项为衍射作用的结果。

由式(4-35)可以得到在热透镜作用下束腰 $L = z_\omega$ 处的相对光斑半径为

$$\frac{a_{op}^2(z_\omega)}{a_f^2} = \left[1 + \frac{z_\omega}{f(z_b)}\left(1 - \frac{z_b}{z_\omega}\right)\right]^2 + N_F^2 \frac{z_\omega^2}{f^2(z_b)}\left(1 - \frac{z_b}{z_\omega}\right)^4 \tag{4-36}$$

式中:$N_F = ka_0^2/R$ 为发射光束菲涅耳数;$z_\omega = RN_F^2/(1 + N_F^2)$;$a_f = a_0/(1 + N_F^2)$ 为无热透镜作用下的高斯光束束腰处 z_ω 的光斑半径。

在相位校正时,通过反向传输的高斯光束信标光求得须校正的畸变相位,并假定信标光与主激光同波长。其 q 因子变换关系为[3]

$$q_{z+}^b = q_L^b + z_L \tag{4-37a}$$

170

$$q_{z-}^{b^{-1}} = q_{z+}^{b^{-1}} + f^{-1}(z_b) \tag{4-37b}$$

$$q_0^b = q_{z-}^b + z_b \tag{4-37c}$$

从而可得

$$\frac{1}{q_0^b} = \frac{f(z_b) + z_L + q_L^b}{f(z_b)L + z_b z_L + [f(z_b) + z_b]q_L^b} \tag{4-38}$$

信标光源位于主激光无畸变传输时的束腰 z_ω 处,且束腰处的光斑半径与主激光相同,则

$$q_L^b = ika_f^2 \tag{4-39}$$

在相位校正,波前校正器位于发射端 $z=0$ 处,因此只要求出 $z=0$ 处信标的等相位面曲率半径 R'。将式(4-39)代入式(4-38),并求其实部可得

$$\frac{1}{R'} = \frac{[f(z_b) + z_b]k^2 a_f^4 + [f(z_b)L + z_b z_L][f(z_b) + z_L]}{[f(z_b) + z_b]^2 k^2 a_f^4 + [f(z_b)L + z_b z_L]^2} \tag{4-40}$$

用 R' 替换式(4-35)中的 R 即可得到相位校正情况下束腰 $L=z_\omega$ 处的光斑半径。这样,对不同位置上 z_b 的热透镜进行相位校正后焦平面 z_ω 处的相对光斑半径为

$$\frac{a_{cl}^2(z_\omega)}{a_f^2} = \left[1 + \frac{z_b}{f(z_b)}\right]^2 B(z_b) + \left[1 + \frac{z_b}{f(z_b)}\left(1 - \frac{z_b}{z_\omega}\right)\right]^2 \frac{N_F^2}{1 + N_F^2} \tag{4-41a}$$

$$B(z_b) = (1 + N_F^2)\left\{\left[1 + \frac{z_b}{f(z_b)}\right]^2 + \left[1 + \frac{z_b}{f(z_b)}\left(1 - \frac{z_b}{z_\omega}\right)\right]^2 N_F^2\right\}^{-2} \tag{4-41b}$$

当 $z_b < z_\omega$ 或 $N_F \gg 1$ 时,式(4-41a)可以近似为

$$\frac{a_{cl}^2(z_\omega)}{a_f^2} = \frac{1}{1 + N_F^2} + \frac{N_F^2}{1 + N_F^2}\left[1 + \frac{z_b}{f(z_b)}\left(1 - \frac{z_b}{z_\omega}\right)\right]^2 \tag{4-42}$$

以上通过 q 因子变换,得到了热透镜作用下高斯光束束腰处光斑半径(式(4-36))及其相位校正结果(式(4-41)、式(4-42))。由式(4-36)和式(4-40)可以看到,热透镜效应对光束质量的影响及其相位校正效果可以由表征热透镜效应强度的参数 z_ω/f、表征热透镜相对位置的参数 z_b/z_ω 和光束衍射特征参数 N_F 三个无量纲参数描述。即热透镜效应及其相位校正效果不仅与热透镜效应的强度有关,而且与热透镜所在传输路径上的位置以及发射光束的菲涅耳数有关。

4.2.2 整束热晕相位校正定标参数分析

本节将式(4-36)和式(4-41)应用于激光大气传输非线性热晕效应,并与强激光大气传输数值计算对比分析,分别讨论水平与上行大气传输等效热透镜效应及其相位校正效果。设大气风向为 x 方向,对高斯光束而言,在忽略热传导作用的情况下,由4.1.1节分析可知,Δz 薄层内非线性热晕效应导致的光束相位畸变为

$$\Delta\Phi(z,\Delta z) = \frac{1}{2\pi}N'_D(z,\Delta z)\Delta z\int_{-\infty}^{x_0}\frac{1}{D_r(z)}e^{-(x_0'^2+y_0^2)}dx_0' \qquad (4-43)$$

式中：$x_0 = x/a(z)$；$y_0 = y/a(z)$；$D_r(z)$可表示为

$$D_r(z) = a(z)/a_0 = \sqrt{(1-z/R)^2 + z^2/k^2a_0^4}$$

其中：a_0为发射光束的$1/e$峰值功率点光斑半径；$a(z)$为z处的$1/e$峰值功率点光斑半径。

$N'_D(z,\Delta z)$可表示为

$$N'_D(z,\Delta z) = \frac{4\sqrt{2}kP_T\alpha(z)}{\rho c_p D_0 V(z)}\left|\frac{dn}{dt}\right|e^{-\alpha_T(z)z} \qquad (4-44)$$

将$N'_D(z,\Delta z)$对z积分即为 Bradely – Herrmann 热畸变参数N_D。用赛德尔(Sidel)展开式(几何像差函数)描述，其中离焦(即相当于负透镜)相位为

$$\Delta\Phi_1(z,\Delta z) = \frac{N'_D(z,\Delta z)\Delta z}{4\sqrt{\pi}D_r(z)}\frac{y^2}{a^2(z)} \qquad (4-45)$$

从而可得高斯光束热晕效应等效负透镜的焦距为

$$f_g^{-1} = \frac{4}{\sqrt{\pi}kD_0^2 D_r^3(z)}N'_D(z,\Delta z)\Delta z \qquad (4-46)$$

类似地，可以得到圆形平台光束非线性热晕效应的等效焦距为

$$f_g^{-1} = \frac{\sqrt{2}}{\pi kD_0^2 D_r^3(z)}N'_D(z,\Delta z)\Delta z \qquad (4-47)$$

从式(4-43)可以看到，稳态热晕效应热透镜是柱透镜。因此，焦平面上的相对峰值功率密度(与其衍射极限值之比)$I_r(z_\omega)$应约为半径比，即$I_r(z_\omega) = a_f/a(z_\omega)$。

首先来看，光束传输路径不同位置上一定焦距的热透镜对激光传输及相位校正效果的影响。对于准直光束在均匀吸收介质中传输产生的热晕效应，接收端(远场)位于吸收介质之外，即z_ω很大、N_F较小，在吸收介质内光束直径基本不变，不同位置上热晕效应的等效负透镜焦距近似相等。图4-8示出了当f为常数时(相当于准直光束均匀大气传输)，相位校正前后的焦平面即远场z_ω处相对峰值功率密度$I_r(z_\omega)$随负透镜位置z_b与z_ω之比的变化情况，$N_F = 3$，$z_\omega/f = 0.8$。

由图4-8可以看出，在没有相位校正时，位于激光发射端$z_b = 0$处的相位畸变对光束的影响最大；热透镜的位置越接近焦平面，则对z_ω处的光斑半径的影响越小。在相位校正时，$z_b = 0$处的相位畸变是可以完全校正；随着z_b的增大(热透镜距波前校正器的距离越远)，其相位校正效果越差(越接近无校正的结果)，在$z_b = z_\omega/2$处的相位畸变对光束质量的影响达到最大。也就是说，对于准直光束，z_b越大，热透镜效应的相位校正效果越差，远场z_ω处功率密度的下降也越大。因此，在激光斜上行大气传输中，高层大气吸收产生的热晕效应是不利于

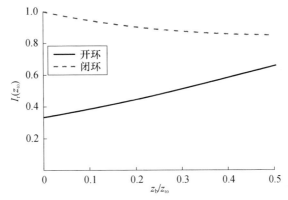

图 4 - 8　f 为常数时不同位置上的负透镜对焦平面上相对峰值功率密度的影响

相位校正的。但是,若 z_ω/f(或 N_D/N_F)以及 z_b/z_ω 不是很大,特别是在 $z_b/z_\omega < 0.1$ 的情况下,准直光束不同位置上的热透镜效应的相位校正效果还是相当好的。

在聚焦光束大气传输非线性热晕效应中,热透镜焦距是随传输距离显著变化的,即正比于光斑直径的 3 次方,如式(4 - 46)。图 4 - 9 给出了利用式(4 - 36)和式(4 - 41)计算的均匀大气条件下聚焦光束热透镜效应及其相位校正下的焦平面处相对峰值功率密度 $I_r(z_\omega) = a_f^2/a^2(z_\omega)$ 随热透镜位置 z_b 与 z_ω 之比的变化结果。点线和点划线为 $N_F = 100, N_D = 52.1$ 的开、闭环结果,实线和虚线为 $N_F = 200$, $N_D = 29.7$ 的开、闭环结果,相当于后者的传输距离比前者的传输距离小 1/2。取 $\Delta z/z_\omega = 0.005$,则 $z = 0$ 处的 z_ω/f 分别为 0.738×10^{-3} 和 0.210×10^{-3}。由图显见,聚焦光束焦平面附近的热透镜效应是很不利于相位校正。随着热透镜位置接近焦点,热透镜效应相应变强,负透镜焦距越短,相位校正效果也随之显著下降。当 $N_F \gg 1$ 时,由式(4 - 40)可知,在 z_b/z_ω 约为 $1 - N_F^{-1}$ 左右的热透镜对光束质量的影响最大,而且相位校正作用也很不明显。

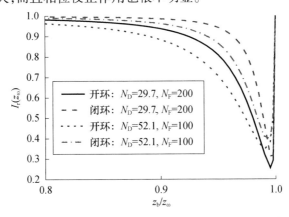

图 4 - 9　当 f 正比于光斑半径的三次方时不同位置上的
负透镜对焦平面上相对峰值功率密度的影响

在斜程大气传输中,由式(4-42)、式(4-44)可知,大气吸收系数 $\alpha_a(z)$ 随高度而减小,大气风速 $V(z)$ 随高度而增大,这将减小焦平面附近的热晕效应,也将有利于相位校正。图4-10给出了不同传输仰角情况下焦平面附近热透镜效应对相对峰值功率密度 $I_r(z_\omega)$ 的影响的计算结果,传输距离为 $3\mathrm{km}$, $N_F=200$, $z_b/z_\omega=0.9825$,水平传输条件下 $z_\omega/f(z_b)=181$。计算中 $\alpha_a(H)$、$V(H)$ 随高度的变化采用测量或计算数据的拟合关系式,即

$$\alpha_a(H) = \alpha_{a0}e^{-H/1.9} \qquad (4-48a)$$
$$V(H) = V_0(1+0.833H) \qquad (4-48b)$$

式中:H 为高度;α_{a0}、V_0 分别为 $H=0$ 处的吸收系数和风速。

由图4-10可以看出,传输仰角的增大(天顶角的减小)显著地减小了焦平面附近的热透镜效应,仰角从 $0°$ 增大到 $15°$,$z_b/z_\omega=0.9825$ 处的热透镜效应对焦平面峰值功率密度的影响减小了1/2多。

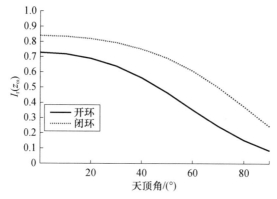

图4-10　焦平面附近热透镜效应对相对峰值功率密度
$I_r(z_\omega)$ 的影响随天顶角的变化

由以上分析可见,相位校正可以部分地校正高能激光热透镜效应,但是对光束传输路径不同位置上的相位畸变的校正效果不同。对准直光束而言 $(z_\omega \gg z_b)$,在较弱的热晕效应情况下,可将整个传输路径上的相位畸变近似等效成一块薄透镜,且其校正效果很好。然而,对于大菲涅耳数的聚焦光束而言,由于光束直径是随传输距离而显著变化的,不同位置上的相位畸变对光束传输的影响明显不同,因而,即使在较弱的热晕效应情况下,也不能将整个传输路径上的相位畸变等效成一块薄透镜。由计算结果可以看到,自适应光学对聚焦高能激光束水平均匀大气传输的非线性热晕效应的校正作用是非常有限的。而在斜程大气传输中,由式(4-42)、式(4-44)可知,大气吸收系数 $\alpha_a(z)$ 随高度的减小、大气风速 $V(z)$ 随高度的增大等因素都将减小聚焦光束焦平面附近的热透镜效应,从而有利于传输。另外,在某些脉冲强激光束传输情况下,$f(z)$ 正比于相对光束直径 $D_r(z)$ 的4次方,这将更不利于相位校正。

对于准直光束大气传输非线性热晕效应而言,若将整个传输路径上的相位畸变等效成一块薄透镜,其所在位置距发射孔径的距离可等效为

$$z_{b} = \frac{1}{N_{D}} \int_{0}^{L} N'_{D}(z) z \mathrm{d}z \tag{4-49}$$

式中:L 为传输距离;对均匀大气而言,$z_{b} \approx L/2$。

利用上述同样的方法可以得到相位补偿后 z_{b} 处的光束直径与无畸变时的光束直径之比为

$$\frac{D_{c}(z_{b})}{D(z_{b})} = \frac{1}{1 + z_{b}/f} \tag{4-50}$$

即相位补偿将导致光束直径的减小,从而使光强增强,热晕效应相应增强。相位补偿是一个迭代过程,由式(4-46)可得相位补偿后新的等效透镜焦距为

$$\frac{f_{c}}{f} = \frac{D_{c}^{3}(z_{b})}{D^{3}(z_{b})} \tag{4-51}$$

令 $y = D_{c}(z_{b})/D(z_{b})$,则由式(4-50)和式(4-51)可得迭代关系为

$$y(n) = \frac{y^{3}(n-1)}{y^{3}(n-1) + z_{b}/f} \tag{4-52}$$

要使该迭代过程稳定,即 $y(n) = y(n-1)$,由方程(4-52)可知,应满足[3]

$$0 \leqslant z_{b}/f \leqslant 4/27 \tag{4-53}$$

由此可见,在相同的发射光束情况下,准直光束整束热晕效应相位补偿不稳定性阈值可以由 Bradely - Hermann 参数 N_{D} 与光束菲涅耳数[3] $N_{FB} = kD_{0}^{2}/8z_{b}$ 之比描述。而不同的发射光束的整束热晕相位补偿不稳定性阈值有所不同:高斯光束,$N_{D}/N_{FB} = 0.525$;圆形平台光束,$N_{D}/N_{FB} = 2.63$。

对于聚焦光束,虽然不能将整个传输路径上的相位畸变等效成一块薄透镜,但是对于一位于 z_{b} 处的 Δz 薄层的等效薄透镜的作用而言,由上述分析也可以看到聚焦光束的相位校正不稳定性的阈值更低。由于越接近焦平面即 z_{b} 越大,N_{FB} 越小,同时光强越强,该层的等效热畸变参数越大,从而 N_{D}/N_{FB} 越大,因此越容易造成相位补偿的不稳定性。

以上定标参数是基于"柔形镜"概念,其相位校正不稳定性为"整束"热晕不稳定性。然而,真实自适应光学系统是由有限个分离的驱动器驱动变形镜进行波前拟合的,变形镜对波前起伏的拟合能力可由变形镜的奈奎斯特(Nyquist)频率 $K = 1/2d$ 来描述,变形镜的驱动器间距 d 越小,对高空间频率的波前起伏拟合能力越强。同时,变形镜的分离驱动器以及驱动器间的耦合也将给波前拟合带来一定误差,d 越小,带来的残余相位误差的空间频率也越高,特别是大于或等于变形镜的奈奎斯特频率的波前误差对非线性热晕效应的相位补偿的影响较大。因为相位畸变的空间起伏频率越高,非线性热晕效应的相位补偿不稳定性越严重。图 4-11 给出了相同发射孔径,N_{a} 为 19、37、61 三种变形镜驱动器数

情况下自适应光学校正光束远场 Strehl 比随热畸变参数 N_D 的变化情况[13,14]。因为发射孔径一定，变形镜驱动器数越多，驱动器的间距越小。由图 4 – 11 可见：在 N_D 较小时，随着变形镜驱动器间距的减小，波前拟合能力增强，相位补偿效果也就越好；在 N_D 较大时，驱动器数越多，相位补偿不稳定性越严重，如 N_D 为 45.0 ~ 70.0，$N_a = 19$ 时的补偿效果明显要比其他两种情况要好，这正是非线性热晕效应相位补偿不稳定性造成的。

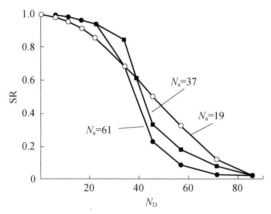

图 4 – 11　N_a 为 19、37、61 三种变形镜驱动器数情况下自适应光学校
正光束远场 Strehl 比(SR)随热畸变参数 N_D 的变化情况[13]

湍流效应高频扰动造成的小尺度相位校正不稳定性，即湍流热晕相互作用不稳定性，将在 4.3 节专门讨论。我们对热晕效应和小尺度热晕相互作用及其自适应光学相位校正进行了深入数值计算和模拟实验研究，将在第 5 章详细讨论数值计算模型、模拟计算与实验对比结果。

4.3　湍流热晕相互作用线性化理论[15]

前面所讨论的是"整束"热晕效应及其相位校正，即热晕效应的特征尺度相当于光束半径或直径。实际上，不仅发射光束本身一般存着在比光束半径尺度小得多的小尺度相位起伏和振幅起伏(图 4 – 12)，而且激光大气传输受湍流的影响，即湍流效应将导致光束相位和振幅的小尺度起伏。

4.2 节还用透镜近似分析了整束热晕厚透镜相位校正的不稳定性。同样，在高能激光与大气的热相互作用下，高空间频率的相位和振幅起伏将随着时间和传输距离的增加而被放大，即产生小尺度热晕不稳定性，物理本质是受激热瑞利散射(STRS)[17]。其产生机制：具有小尺度扰动的光束可以认为是主激光与扰动光束的叠加。这些弱的扰动在频域内可以认为是不同强度的正弦及余弦信号的组合。为简化分析，仅考虑这些扰动的一组正弦振幅扰动信号。当这样一

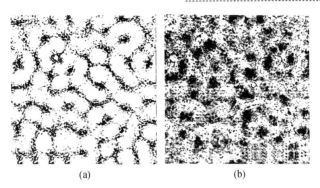

(a)　　　　　　　　　(b)

图 4 - 12　湍流效应导致光束振幅和相位的小尺度起伏[16]

(a)光强;(b)相位的 2π 模。

束强激光大气传输时,该组正弦强度扰动信号促使大气媒质压力或密度的变化,便形成了大气折射率周期性变化的光栅。正弦强度扰动的周期与大气折射率光栅的周期完全相同,且满足布拉格衍射条件。主激光被光栅闪射,正弦扰动信号得以加强,不稳定发展。

　　当使用自适应光学系统对高能激光进行相位补偿时,会形成自适应光学系统与传输介质扰动产生的光束相位畸变之间的正反馈效应,从而导致非线性热晕效应相位补偿不稳定性[18]。其产生机制如图 4 - 13 所示:HEL 大气传输时,由于大气吸收激光能量导致折射率变化,使到达地面的信标光发生相位畸变,在相位共轭补偿时,使出射激光产生一个预相位畸变,并在传输过程中转变成强度畸变,使得光束中形成"冷""热"点(图 4 - 13 中的白、黑区域)。激光与介质的进一步作用,又会产生相应的相位畸变,而在进一步的相位补偿时,将使"热"点更热、"冷"点更冷,即导致了 AO 系统与传输介质间的正反馈,并在一定条件下产生相位补偿不稳定性(Phase Compensation Instabilities,PCI)。

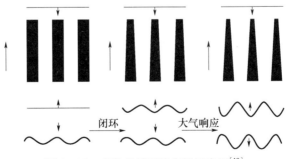

闭环　　　　　大气响应

图 4 - 13　相位补偿不稳定性示意图[18]

　　高能激光大气传输时,不稳定源主要来自于湍流,因为湍流的尺度范围很大,在整个尺度的扰动都会在 STRS 的作用下增长,而且尺度越小,频率越高,扰动增长速率越快。其次,当存在 AO 相位补偿时,由于 AO 系统与传输介质的正反馈作用,在 AO 系统带宽内(一般考虑补偿经济性,补偿带宽 $f_g \leq 2\pi/r_0$),湍流扰动及 AO 系统噪声迅速增长。当频率越接近补偿带宽时,扰动增长越迅速。大于自适应光学系统补偿带宽时,扰动以 STRS 增长;不稳定性的抑制机制主要为大气风剪切及随机风场。由于大气风剪切及随机风可以有效的破坏传输路径中折射率光栅的一致性,有限减弱扰动的相干增长。另外,湍流混合作用及热扩散作用对扰动增长抑制也有一定的作用。图 4-14 给出了不稳定性的源及抑制机制。

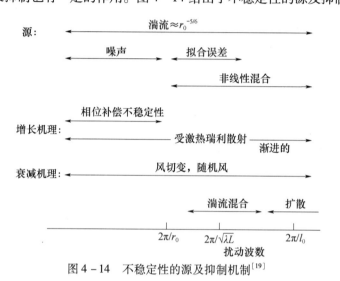

图 4-14 不稳定性的源及抑制机制[19]

一般来说,小尺度热晕相位校正的不稳定性阈值比整束热晕相位校正不稳定性的阈值低得多。因此,相对整束热晕效应而言,小尺度热晕及其相位校正不稳定性对高能激光大气传输的影响更大,已成为高能激光大气传输最严重的制约因素。下面首先给出描述在非均匀大气状态并伴有随机风场情况下的高能激光大气传输基本方程组;其次利用线性化理论推导出描述"不稳定性"的对数振幅与相位起伏的解析表达式以及描述激光束质量的 Strehl 比的普遍表达式;最后给出几种不同大气条件下 Strehl 比的计算结果,并对结果进行分析与讨论。

4.3.1 基本方程及其小扰动解

在傍轴近似及连续激光等压近似下,忽略大气扩散,高能激光在大气中的传输方程可以表示为

$$\mathrm{i}\frac{\partial \varphi}{\partial z} = \frac{1}{2k}\Delta_\perp^2 \varphi + k(n-1)\varphi \qquad (4-54\mathrm{a})$$

$$\frac{\partial n}{\partial t} + (\boldsymbol{V} \cdot \nabla)n = -\Gamma I \qquad (4-54\mathrm{b})$$

式中:φ 为光场函数;$k = \dfrac{2\pi}{\lambda}$ 为波数;n 为折射率;I 为路径上光强分布;

$\Gamma = \dfrac{\alpha |n_{\mathrm{T}}|}{\rho c_p}$（$\alpha$ 为吸收系数，ρ 为空气密度，c_p 为空气的比定压热容，n_{T} 为折射率随温度变化率）。

将光场函数按微扰理论展开，保留一阶扰动项（线性项），即

$$\varphi = \sqrt{I_0(1+F)}\, \mathrm{e}^{-\mathrm{i}(\phi_0 - \phi)} \tag{4-55}$$

式中：F、ϕ 分别为光强扰动及相位扰动，$F = I/I_0$；I_0 为初始光强；ϕ_0 为初始相位。

对数振幅起伏 χ 与光强起伏在小扰动近似下可以表示为 $F = 2\chi$。将式（4-55）代入式（4-54），可得

$$\frac{\partial F}{\partial z} = -\frac{1}{k}\nabla_{\perp}^2 \phi \tag{4-56a}$$

$$\frac{\partial \phi}{\partial z} = k\left(\delta n - \frac{1}{4k}\nabla_{\perp}^2 F\right) \tag{4-56b}$$

$$\left(\frac{\partial}{\partial t} + \boldsymbol{V} \cdot \nabla_{\perp}\right)\delta n = -\Gamma I_0 F + \delta n^0 \tag{4-56c}$$

式中：δn 为折射率扰动；δn^0 为传输路径中初始折射率扰动。

上式成立有两个条件：①扰动量远小于本底值；②假定光束为理想平面波。

由于扰动增长速率为毫秒量级，湍流满足"冻结"假设。对式（4-56）空域 (x,y) 方向进行傅里叶变换，时域 t 进行拉普拉斯变换，可得

$$\frac{\partial \hat{F}_{\boldsymbol{\kappa}}}{\partial z} = \frac{\boldsymbol{\kappa}^2}{k}\hat{\phi}_{\boldsymbol{\kappa}} \tag{4-57a}$$

$$\frac{\partial \hat{\phi}_{\boldsymbol{\kappa}}}{\partial z} = k\left(\delta \hat{n}_{\boldsymbol{\kappa}} - \frac{\boldsymbol{\kappa}^2}{4k^2}\hat{F}_{\boldsymbol{\kappa}}\right) \tag{4-57b}$$

$$v\delta \hat{n}_{\boldsymbol{\kappa}} + \mathrm{i}(\boldsymbol{\kappa} \cdot \boldsymbol{V})\delta \hat{n}_{\boldsymbol{\kappa}} = -\Gamma I_0 \hat{F}_{\boldsymbol{\kappa}} + \delta n^0_{\boldsymbol{\kappa}} \tag{4-57c}$$

消去 $\hat{\phi}_{\boldsymbol{\kappa}}$ 及 $\delta \hat{n}_{\boldsymbol{\kappa}}$，可得

$$\frac{\partial^2 \hat{F}_{\boldsymbol{\kappa}}}{\partial z^2} + a_{\boldsymbol{\kappa}}^2 \beta^2 \hat{F}_{\boldsymbol{\kappa}} = \frac{\boldsymbol{\kappa}^2 \delta n^0_{\boldsymbol{\kappa}}}{\bar{v}} \tag{4-58}$$

式中：$\boldsymbol{\kappa}$ 为空间域变化为傅里叶域中的频率坐标；v 为时间域变化为拉普拉斯域中的频率坐标；$\delta n^0_{\boldsymbol{\kappa}}$ 为初始的折射率扰动；$\beta = \left(1 + \dfrac{2\Gamma k}{a_k \bar{v}}\right)^{1/2}$；$\bar{v} = v + \mathrm{i}(\boldsymbol{\kappa} \cdot \boldsymbol{V})$；$a_{\boldsymbol{\kappa}} = \dfrac{\boldsymbol{\kappa}^2}{2k}$；$\boldsymbol{V}$ 为大气风速。

由式（4-57）可知，$\hat{F}'_{\boldsymbol{\kappa}}$ 可以表示相位起伏 $\hat{\phi}_{\boldsymbol{\kappa}}$，求解式（4-58），可得

$$\hat{F}_{\boldsymbol{\kappa}}(z) = \hat{J}'_{\boldsymbol{\kappa}}(z,0)\hat{F}_{\boldsymbol{\kappa}}(0) + \hat{J}_{\boldsymbol{\kappa}}(z,0)\hat{F}'_{\boldsymbol{\kappa}}(0) + \kappa^2 \hat{K}_{\boldsymbol{\kappa}}(z,z') * \delta \hat{n}^0_{\boldsymbol{\kappa}} \tag{4-59a}$$

$$\hat{F}'_{\boldsymbol{\kappa}}(z) = \hat{J}''_{\boldsymbol{\kappa}}(z,0)\hat{F}_{\boldsymbol{\kappa}}(0) + \hat{J}'_{\boldsymbol{\kappa}}(z,0)\hat{F}'_{\boldsymbol{\kappa}}(0) + \kappa^2 \hat{K}'_{\boldsymbol{\kappa}}(z,z') * \delta \hat{n}^0_{\boldsymbol{\kappa}} \tag{4-59b}$$

$$\delta \hat{n}_{\boldsymbol{\kappa}}(z) = -\hat{b}_{\boldsymbol{\kappa}}(z)\left(\hat{J}'_{\boldsymbol{\kappa}}(z,0)\hat{F}_{\boldsymbol{\kappa}}(0) + \hat{J}_{\boldsymbol{\kappa}}(z,0)\hat{F}'_{\boldsymbol{\kappa}}(0)\right) + \hat{L} * \delta \hat{n}^0_{\boldsymbol{\kappa}} \tag{4-59c}$$

式中："*"表示对 z 的卷积；$\hat{F}_{\boldsymbol{\kappa}}(0)$、$\hat{F}'_{\boldsymbol{\kappa}}(0)$ 分别为 $z=0$ 处的振幅及相位扰动量；

$\hat{J}_\kappa$ 为源格林函数,它反映了初始位置的扰动由于热晕的作用在介质中的增长;$\hat{K}_\kappa$ 为湍流与热晕相互作用的格林函数,它反映了传输路径中湍流的扰动在热晕的作用下的快速增长;$\hat{J}'_\kappa$、$\hat{K}'_\kappa$ 为源格林函数及湍流热晕格林函数对 z 的导数。

在均匀路径下,源格林函数 $\hat{J}_\kappa$ 和湍流热晕相互作用格林函数分别可表示为

$$\hat{J}_\kappa(z,s) = \frac{1}{a_\kappa \beta}\sin[a_\kappa \beta(z-s)] \qquad (4-60a)$$

$$\hat{K}_\kappa(z,s) = \frac{\hat{J}_\kappa(z,s)}{\bar{\nu}(s)} \qquad (4-60b)$$

对于非均匀路径而言,由于大气状态随传输距离变化不是十分剧烈,且仅考虑小尺度热晕问题,一般情况下光传输满足 WKB 近似,即[20]

$$\left|\frac{\beta'}{a_\kappa \beta^2}\right| \ll 1 \qquad (4-61)$$

这样式(4-60)在非均匀路径下可表示为

$$\hat{J}_\kappa(z,s) = \frac{1}{a_\kappa[\beta(z)\beta(s)]^{1/2}}\sin\left[a_\kappa\int_s^z\beta(z')\,\mathrm{d}z'\right] \qquad (4-62a)$$

$$\hat{K}_\kappa(z,s) = \frac{\hat{J}_\kappa(z,s)}{\bar{\nu}(s)} \qquad (4-62b)$$

为进行自适应光学相位补偿,需一束来自靶点的信标。假定信标为一束与主激光同波长的弱激光束,忽略由于信标热晕效应造成的传输路径中的折射率变化,并对信标光进行围绕分析且保留线性化近似,信标光传输方程在拉普拉斯域、傅里叶域可表示为

$$\frac{\mathrm{d}^2\hat{F}_\kappa^b}{\mathrm{d}z^2} + (a_\kappa^b)^2\hat{F}_\kappa^b = \kappa^2\hat{\mu}_\kappa \qquad (4-63)$$

式中:上标 b 表示信标光。

忽略信标光的初始振幅及相位扰动,信标光从 L 位置传输至 z 位置处的振幅及相位扰动可表示为

$$\hat{F}_\kappa^b(z) = \kappa^2\int_z^L\hat{K}_\kappa^b(z'-z)\delta\hat{n}_\kappa(z')\,\mathrm{d}z' \qquad (4-64a)$$

$$-\hat{F}'^b_\kappa(z) = \kappa^2\int_z^L\hat{J}_\kappa^b(z'-z)\delta\hat{n}_\kappa(z')\,\mathrm{d}z' \qquad (4-64b)$$

式中

$$\hat{K}_\kappa^b(z) = 1/a_\kappa^b\sin(a_\kappa^b z) \qquad (4-65a)$$

$$\hat{J}_\kappa^b(z) = \cos(a_\kappa^b z) \qquad (4-65b)$$

对于纯相位补偿的自适应光学系统而言,只需求出相位扰动,将(4-59c)代入式(4-64)可得

$$-\hat{F}'^b_\kappa(0) = -\hat{B}_i\hat{F}_\kappa(0) - \hat{B}_\varphi\hat{F}'_\kappa(0) + K^2\int_0^L\hat{J}^b(z)[L(z)*n_{T\kappa}(z)]\,\mathrm{d}z \qquad (4-66a)$$

式中

$$\hat{B}_i = \int_0^L K^2 \hat{b}(z) \hat{J}^b(z) \hat{J}'(z,0) \mathrm{d}z \tag{4-66b}$$

$$\hat{B}_\varphi = \int_0^L K^2 \hat{b}(z) \hat{J}^b(z) \hat{J}(z,0) \mathrm{d}z \tag{4-66c}$$

在激光大气传输相位补偿中,考虑到噪声的影响,信标光对主激光的相位补偿为

$$\hat{F}'_\kappa(0) = \hat{g}_\varphi \hat{F}'^b_\kappa(0) + f \tag{4-67}$$

式中:$\hat{g}_\varphi$ 为自适应光学系统的滤波函数;f 为补偿噪声。

如果忽略噪声并且不考虑主激光的初始光强扰动,这样

$$(1 - \hat{g}_\varphi \hat{B}_\varphi)\hat{F}'_\kappa(0) = -\kappa^2 \hat{g}_\varphi \int_0^L \hat{J}^b(z)[\hat{L}(z) * \delta n_{T\kappa}(z)]\mathrm{d}z \tag{4-68}$$

令 $\Delta = 1 - \hat{g}_\varphi \hat{B}_\varphi \neq 0$,将上式代入式(4-59),并利用式(4-62)即可得到 $z = L$ 处相位补偿后高能激光在非均匀大气中传输的对数振幅和相位扰动的普遍表达式,即

$$\hat{F}_\kappa(L) = \kappa^2 \int_0^L \hat{K}_c(L,z,\nu+\nu_1)\delta n_{T\kappa}(z)\mathrm{d}z \tag{4-69a}$$

$$\hat{F}'_\kappa(L) = \kappa^2 \int_0^L K'_c(L,z,\nu+\nu_1)\delta n_{T\kappa}(z)\mathrm{d}z \tag{4-69b}$$

式中:$\hat{K}_c$ 为相位补偿时的高能激光传输在频域内的格林函数,即

$$\hat{K}_c(L,z,\nu+\nu_1) = \frac{1}{\nu+\nu_1(z)}[\hat{J}(L,z) - \hat{J}(L,0)\hat{M}(z)] \tag{4-70a}$$

$$\hat{K}'_c(L,z,\nu+\nu_1) = \frac{1}{\nu+\nu_1(z)}[\hat{J}'(L,z) - \hat{J}'(L,0)\hat{M}(z)] \tag{4-70b}$$

式中:$\hat{M}(z)$ 为相位补偿响应函数,可表示成

$$\hat{M}(z) = \frac{\hat{g}_\varphi}{\Delta}[a\sin(aL) \cdot J(L,z) + \cos(aL) \cdot \hat{J}'(L,z)] \tag{4-70c}$$

其中

$$\Delta = 1 - \hat{g}_\varphi + \hat{g}_\varphi[a\sin(aL) \cdot J(L,0) + \cos(aL) \cdot \hat{J}'(L,0)] \tag{4-70d}$$

式(4-70d)称为色散关系。根据拉普拉斯逆变换及留数理论,$\Delta = 0$ 时,对应的模式有近 e 指数增长。

当 $\hat{g}_\varphi = 0$,即没有相位补偿时,式(4-70a)、式(4-70b)分别为

$$\hat{K}_{co}(L,z,\nu+\nu_1) = \hat{K}_\kappa(L,z,\nu+\nu_1) = \frac{1}{a[\nu+\nu_1(z)][\beta(L)\beta(z)]^{1/2}}\sin\left[a\int_z^L \beta(z')\mathrm{d}z'\right] \tag{4-71a}$$

$$\hat{K}'_{co}(L,z,\nu+\nu_1) = \hat{K}'_\kappa(L,z,\nu+\nu_1) = \frac{\beta^{1/2}(L)}{[\nu+\nu_1(z)]\beta^{1/2}(z)}\cos\left[a\int_z^L \beta(z')\mathrm{d}z'\right] \tag{4-71b}$$

当 $\hat{g}_{\varphi} = 1$，即完全相位补偿时，则式(4-70a)、式(4-70b)分别为

$$\hat{K}_{c1}(L,z,\nu + \nu_1) = -\frac{1}{af(\beta)[\nu + \nu_1(z)][\beta(L)\beta(z)]^{1/2}}\cos(aL)\sin\left[a\int_z^L\beta(z')\mathrm{d}z'\right]$$

$$(4-72a)$$

$$\hat{K}'_{c1}(L,z,\nu + \nu_1) = \frac{1}{f(\beta)[\nu + \nu_1(z)][\beta(L)\beta(z)]^{1/2}}\sin(aL)\sin\left[a\int_0^z\beta(z')\mathrm{d}z'\right]$$

$$(4-72b)$$

式中

$$f(\beta) = \cos(aL)\cos\left[a\int_0^L\beta(z)\mathrm{d}z\right] + \frac{1}{\beta(L)}\sin(aL)\sin\left[a\int_0^L\beta(z)\mathrm{d}z\right]$$

$$(4-72c)$$

上面给出了在拉普拉斯域、频域内的对数振幅起伏和相位起伏的表达式，对于时域内相应的表达式只要对式(4-69)进行拉普拉斯逆变换即可得到

$$F_\kappa(L) = \kappa^2\int_0^L K_c(L,z,t,\nu_1)\delta n_{T_\kappa}(z)\mathrm{d}z \qquad (4-73a)$$

$$F'_\kappa(L) = \kappa^2\int_0^L K'_c(L,z,t,\nu_1)\delta n_{T_\kappa}(z)\mathrm{d}z \qquad (4-73b)$$

根据拉普拉斯变换性质，有

$$K_c(L,z,t,\nu_1) = K_c(L,z,t)\mathrm{e}^{-\nu_1 t} \qquad (4-74a)$$

$$K'_c(L,z,t,\nu_1) = K'_c(L,z,t)\mathrm{e}^{-\nu_1 t} \qquad (4-74b)$$

$K_c(L,z,t)$、$K'_c(L,z,t)$ 分别为 $\hat{K}_c(L,z,\nu)$、$\hat{K}'_c(L,z,\nu)$ 的拉普拉斯逆变换。

令 $\varepsilon = \dfrac{2k\Gamma_0 I_0}{a\nu}$，其中 $\Gamma(z) = \Gamma_0\Gamma_1(z)$，这样将拉普拉斯域的格林函数表示成

以 ε 的泰勒展开式，即

$$\hat{K}_c(L,z,\nu) = \frac{1}{2k\Gamma_0 I_0}\varepsilon\hat{H}(\varepsilon,z), \hat{H}(\varepsilon,z) = \sum_{n=0}^{\infty}\frac{\varepsilon^n}{n!}\frac{\mathrm{d}^n}{\mathrm{d}\varepsilon^n}\Big|_{\varepsilon=0} \qquad (4-75)$$

利用式(4-75)，并且令 $\xi_0 = aL$，$l = z/L$，然后做拉普拉斯逆变换，由式(4-71)和式(4-72)得到高能激光大气传输相位补偿时域内的传递函数为

$$aK_{c0}(\xi_0,l,t) = \sum_{n=0}^{\infty}\frac{(2k\Gamma_0 I_0 Lt)^n}{\xi_0^n(n!)^2}\frac{\mathrm{d}^n}{\mathrm{d}\varepsilon^n}\hat{H}_1(\varepsilon,\xi_0,l)\Big|_{\varepsilon=0} \qquad (4-76a)$$

$$\hat{H}_1(\varepsilon,\xi_0,l) = \frac{1}{[\beta(\varepsilon)\beta(\varepsilon,l)]^{1/2}}\sin\left[\xi_0\int_l^1\beta(\varepsilon,l')\mathrm{d}l'\right] \qquad (4-76b)$$

$$K'_{c0}(\xi_0,l,t) = \sum_{n=0}^{\infty}\frac{(2k\Gamma_0 I_0 Lt)^n}{\xi_0^n(n!)^2}\frac{\mathrm{d}^n}{\mathrm{d}\varepsilon^n}\hat{H}'_1(\varepsilon,\xi_0,l)\Big|_{\varepsilon=0} \qquad (4-77a)$$

$$\hat{H}'_1(\varepsilon,\xi_0,l) = \frac{\beta^{1/2}(\varepsilon)}{\beta^{1/2}(\varepsilon,l)}\cos\left[\xi_0\int_l^1\beta(\varepsilon,l')\mathrm{d}l'\right] \qquad (4-77b)$$

$$aK_{c1}(\xi_0, l, t) = -\sum_{n=0}^{\infty} \frac{(2k\varGamma_0 I_0 Lt)^n}{\xi_0^n (n!)^2} \frac{\mathrm{d}^n}{\mathrm{d}\varepsilon^n} \hat{H}_2(\varepsilon, \xi_0, l) \bigg|_{\varepsilon=0} \qquad (4-78\mathrm{a})$$

$$\hat{H}_2(\varepsilon, \xi_0, l) = \frac{1}{f(\beta)[\beta(\varepsilon)\beta(\varepsilon, l)]^{1/2}} \cos\xi_0 \sin\left[\xi_0 \int_0^l \beta(\varepsilon, l')\mathrm{d}l'\right]$$

$$(4-78\mathrm{b})$$

$$K'_{c1}(\xi_0, l, t) = -\sum_{n=0}^{\infty} \frac{(2k\varGamma_0 I_0 Lt)^n}{\xi_0^n (n!)^2} \frac{\mathrm{d}^n}{\mathrm{d}\varepsilon^n} \hat{H}'_2(\varepsilon, \xi_0, l) \bigg|_{\varepsilon=0} \qquad (4-79\mathrm{a})$$

$$\hat{H}'_2(\varepsilon, \xi_0, l) = \frac{1}{f(\beta)[\beta(\varepsilon)\beta(\varepsilon, l)]^{1/2}} \sin\xi_0 \sin\left[\xi_0 \int_0^l \beta(\varepsilon, l')\mathrm{d}l'\right]$$

$$(4-79\mathrm{b})$$

式中

$$f(\beta) = \cos\xi_0 \cos\left[\xi_0 \int_0^l \beta(\varepsilon, l)\mathrm{d}l\right] + \frac{1}{\beta(\varepsilon)} \sin\xi_0 \sin\left[\xi_0 \int_0^l \beta(\varepsilon, l)\mathrm{d}l\right]$$

$$(4-80\mathrm{a})$$

$$\beta^2(\varepsilon, l) = 1 + \varepsilon\varGamma_1(l), \beta^2(\varepsilon) = 1 + \varepsilon\varGamma_1(1) \qquad (4-80\mathrm{b})$$

4.3.2　相位补偿下的 Strehl 比表达式

1. 平面波 Strehl 比表达式

4.3.1 节利用线性化理论已经得到了高能激光湍流热晕相互作用下对数振幅和相位起伏的普遍表达式,本节在此基础上将进一步研究这些扰动对高能激光在非均匀吸收介质中传输光束质量,即 Strehl 比的影响。当互相关函数 MCF (ρ) 的相关距离足够大时,即对大孔径而言,Strehl 比 $SR = \mathrm{MCF}(\rho)|_{\rho\approx\infty}$。因此,可以通过推导互相关函数直接得到光束质量因子 Strehl 比 SR。

根据 $SR = \mathrm{MCF}(\rho)|_{\rho\sim\infty}$ 的定义有[9,21]

$$\ln\mathrm{MCF}(\rho) = -\frac{1}{2}[D_\chi(\rho) + D_s(\rho)] \qquad (4-81)$$

式中: $D_\chi(\rho)$、$D_s(\rho)$ 分别为对数振幅起伏和相位起伏结构函数,可表示成

$$D_\chi(\rho) = 2[B_\chi(0) - B_\chi(\rho)]$$

$$D_s(\rho) = 2[B_s(0) - B_s(\rho)]$$

其中, $B_\chi(\rho)$、$B_s(\rho)$ 分别为对数振幅起伏和相位起伏的相关函数,可表示成

$$B_\chi(\rho) = <\chi(\rho_1, z_1)\chi(\rho_1 + \rho, z_2)>$$

$$B_s(\rho) = <S_1(\rho_1, z_1)S_1(\rho_1 + \rho, z_2)>$$

由 4.3.1 节可知

$$\chi_\kappa = \frac{1}{2}F_\kappa, S_{1\kappa} = \frac{k}{\kappa^2}F'_\kappa$$

利用傅里叶变换的性质:

$$[f(\rho_1, z_1) \otimes f(\rho_1 + \rho, z_2)]_\kappa = f_\kappa(z_1) f_\kappa^*(z_2) \qquad (4-82)$$

式中:"$\otimes$"表示相关。

这样可得

$$B_\chi(\rho) = \frac{\pi}{2} \int_0^\infty < F_\kappa(z_1, t) F_\kappa^*(z_2, t) > J_0(\kappa\rho) \kappa d\kappa \qquad (4-83a)$$

$$B_s(\rho) = 2\pi k^2 \int_0^\infty \kappa^{-4} < F_\kappa'(z_1, t) F_\kappa'^*(z_2, t) > J_0(\kappa\rho) \kappa d\kappa \qquad (4-83b)$$

将式(4-73)代入式(4-83),并利用式(4-74)可得

$$B_\chi(\rho) = 2\pi k^2 \int_0^\infty J_0(\kappa\rho) \kappa d\kappa \int_0^L \int_0^L a^2 < K_c(L, z_1, t) K_c^*(L, z_2, t) > \times$$
$$< e^{-i\boldsymbol{\kappa}[\delta\boldsymbol{v}(z_1) - \delta\boldsymbol{v}(z_2)]t} > < \delta n_{T\kappa}(z_1) \delta n_{T\kappa}(z_2) > dz_1 dz_2$$
$$(4-84a)$$

$$B_s(\rho) = 2\pi k^2 \int_0^\infty J_0(\kappa\rho) \kappa d\kappa \int_0^L \int_0^L < K_c'(L, z_1, t) K_c'^*(L, z_2, t) > \times$$
$$< e^{-i\boldsymbol{\kappa}[\delta\boldsymbol{v}(z_1) - \delta\boldsymbol{v}(z_2)]t} > < \delta n_{T\kappa}(z_1) \delta n_{T\kappa}(z_2) > dz_1 dz_2$$
$$(4-84b)$$

根据 Kolmogorov 理论,光学湍流的相关函数为[22]

$$< \delta n_{T\kappa}(z_1) \delta n_{T\kappa}(z_2) > = 2\pi\Phi(\kappa) C_n^2(z_1, z_2) \delta(z_1 - z_2) \qquad (4-85)$$

式中:$\Phi(\kappa)$ 为折射率起伏三维谱;C_n^2 为湍流结构常数;δ 为狄拉克函数。

根据高斯随机函数的性质可得

$$< e^{-i\boldsymbol{\kappa}[\delta\boldsymbol{v}(z_1) - \delta\boldsymbol{v}(z_2)]t} > = e^{-\kappa^2 t^2 D_v(z_1, z_2)/2} \qquad (4-86)$$

式中:D_v 为随机风场结构函数。

按照文献[23],有

$$< \delta v_i(z_1) \delta v_j(z_2) > = \delta_{ij} \delta v^2(z_1 - z_2) e^{-|z_1 - z_2|/l_v}/2 \qquad (4-87a)$$

$$D_v(z_1, z_2) = \delta v^2(z_1) + \delta v^2(z_2) - \delta v^2(z_1 - z_2) e^{-|z_1 - z_2|/l_v} \qquad (4-87b)$$

式中:δv^2 为随机风速方差;l_v 为随机风场相关距离;δ_{ij} 为狄拉克函数,表示不考虑随机风向的影响。

将式(4-85)~式(4-87)代入式(4-84),可得

$$B_\chi(\rho) = 4\pi k^2 \int_0^\infty J_0(\kappa\rho) \kappa d\kappa \int_0^L \int_0^L a^2 < |K_c(L, z_1, t)|^2 > S_1(z) C_n^2(z) dz$$
$$(4-88a)$$

$$B_s(\rho) = 4\pi k^2 \int_0^\infty J_0(\kappa\rho) \kappa d\kappa \int_0^L \int_0^L < |K_c'(L, z_1, t)|^2 > S_1(z) C_n^2(z) dz$$
$$(4-88b)$$

$$S_1(z) = e^{-\kappa^2 t^2 \delta v^2(z)/2} \qquad (4-88c)$$

将式(4-88)代入式(4-81),可得

$$\ln \text{MCF}(\rho) = -4\pi^2 k^2 \int_0^\infty [1 - J_0(\rho)] \Phi(\kappa) \kappa d\kappa \int_0^L S_1(z) C_n^2(z) dz \times$$
$$[a^2 < |K_c(L,z,t)|^2 > + < |K_c'(L,z,t)|^2 >]$$
$$(4-89)$$

根据上述讨论,Strehl 比为

$$\ln S = -4\pi^2 k^2 \int_0^\infty \Phi(\kappa) \kappa d\kappa \int_0^L S_1(z) C_n^2(z) \times \qquad (4-90)$$
$$[a^2 < |K_c(L,z,t)|^2 > + < |K_c'(L,z,t)|^2 >] dz$$

对上式做变量代换,$\xi_0 = aL, l = z/L, dz = Ldl, \kappa d\kappa = \dfrac{k}{L} d\xi_0$,则得

$$\ln S = -4\pi^2 k^3 \int_0^\infty \Phi(\xi_0) \xi_0 d\xi_0 \int_0^1 S_1(l) C_n^2(l) \times \qquad (4-91)$$
$$[a^2 < |K_c(\xi_0,l,t)|^2 > + < |K_c'(\xi_0,l,t)|^2 >] dl$$

根据文献[24],对于瞬时响应而言:当 $\xi_0 > \Lambda = \dfrac{\pi}{4N_d}$ 时,$\hat{g}_\varphi = 0$;$\xi_0 < \Lambda = \dfrac{\pi}{4N_d}$ 时,$\hat{g}_\varphi = 1$。其中,d 为变形镜的驱动器间距,$N_d = d^2/\lambda L$ 为变形镜驱动器的菲涅耳数。这样,利用式(4-91)即可得出在相位补偿下高能激光在伴有随机风速切变非均匀吸收的大气中传输时的 Strehl 比的一般表达式为

$$\ln S = -4\pi^2 k^3 \int_\Lambda^\infty \Phi(\xi_0) \xi_0 d\xi_0 \int_0^1 S_1(l) C_n^2(l) \times$$
$$[a^2 < |K_{c0}(\xi_0,l,t)|^2 > + < |K_{c0}'(\xi_0,l,t)|^2 >] dl -$$
$$4\pi^2 k^3 \int_0^\Lambda \Phi(\xi_0) \xi_0 d\xi_0 \int_0^1 S_1(l) C_n^2(l) \times \qquad (4-92)$$
$$[a^2 < |K_{c0}(\xi_0,l,t)|^2 > + < |K_{c0}'(\xi_0,l,t)|^2 >] dl$$

式中的格林函数可通过式(4-76)~式(4-80)求得。

2. 重建 Strehl 比

式(4-92)给出了无限平面波的 Strehl 比,对于大口径有限光束而言,由于风场渡越的作用,振幅和相位的结构函数在孔径的不同位置处对应的热晕半径 a_ω 是不同的,因此对光束质量的影响也不同。在上风位置处光束质量较好,扰动增长较弱;而在下风位置处光束质量较差,扰动增长较强。图 4-15 给出了 2.5km 位置处光强分布,模拟中风向水平方向向右。图 4-15 中周期性六边形间距大约为变形镜间距 d 的 2 倍,扰动增长在频率 π/d 最为明显。

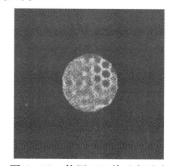

图 4-15 使用 127 单元自适应光学系统相位补偿

激光波长 1.315μm,发射孔径 1.8m,水平传输 3km,大气相干长度 $r_0 = 0.23$m,热畸变参数 $N_D = 102.56$。

为了得到有限光束的 Strehl 比,使用 Enguehard 的方法[25-27]将光斑分成不同的小区间,这些小区间等效为不同热晕半径的无限平面波,利用式(4-92)计算这些小区间 Strehl 比,并求系综平均值作为有限孔径的 Strehl 比,如图4-16所示。

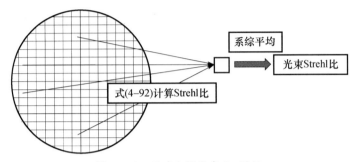

图 4-16 重建有限光束 Strehl 比

使用数学描述可以表示为

$$\text{SR} = \left| \frac{\iint S^{1/2}(a_{\omega}(\boldsymbol{x},L)) I_0^{1/2}(\boldsymbol{x},0) \mathrm{d}^2 x}{\iint I_0^{1/2}(\boldsymbol{x},0) \mathrm{d}^2 x} \right|^2 \qquad (4-93)$$

式中:S 为式(4-92)计算结果;I_0 为初始位置处光强分布;a_{ω} 为传输距离 L 位置处光场上不同位置的热晕半径。

4.3.3 定标参数与计算分析

根据上节的讨论,原则上只要给定大气参数以及高能激光发射光束的初始条件即可求知激光在大气中传输的 Strehl 比。

广义的大气湍流谱可以表示为

$$\varPhi_{\mathrm{n}}(\kappa,z) = A(\alpha)\beta(z)\kappa^{-\alpha} \qquad (4-94\mathrm{a})$$

式中:$\varPhi_{\mathrm{n}}(\kappa,z)$ 为湍流的折射率功率谱,它是空间位置 z 及空间波数 κ 的函数;α 为谱指数,$3<\alpha<5$;$\beta(z)$ 为沿传输路径的折射率结构常数,其量纲为 $\mathrm{m}^{3-\alpha}$;$A(\alpha)$ 为保持功率谱与折射率结构常数一致性的函数,即

$$A(\alpha) = \Gamma(\alpha-1)\cos(\alpha\pi/2)/(4\pi^2) \qquad (4-94\mathrm{b})$$

式中:Γ 为伽马函数。当 $\alpha = 11/3$ 时,$A(11/3) = 0.033$。

平面波广义大气相干长度可表示为[28,29]

$$\rho_0 = \left(A(\alpha)B(\alpha)k^2 L^{2-\alpha}\int\beta(z)z^{\alpha-2}\mathrm{d}z\right)^{-\frac{1}{\alpha-2}} \qquad (4-95\mathrm{a})$$

式中

$$B(\alpha) = \frac{-(2)^{4-\alpha}\pi^2\Gamma\left(\frac{2-\alpha}{2}\right)}{2\left(\frac{8}{\alpha-2}\Gamma\left(\frac{2}{\alpha-2}\right)\right)^{\frac{\alpha-2}{2}}\Gamma\left(\frac{\alpha}{2}\right)} \qquad (4-95\mathrm{b})$$

将式(4-76)~式(4-80)及式(4-94)代入式(4-92),并令

$$\beta_n(l) = \beta_0\beta_{n1}(l) \tag{4-96a}$$

$$\rho_0' = \left(A(\alpha)B(\alpha)k^2L^{2-\alpha}\int\beta_0 z^{\alpha-2}\mathrm{d}z\right)^{-\frac{1}{\alpha-2}} \tag{4-96b}$$

$$\xi_0 = \frac{\kappa^2 L}{2k} \tag{4-96c}$$

即得

$$\ln S = -\frac{C(a)}{2}N_T^{-\frac{\alpha-2}{2}}\sum_{n,m=0}^{\infty}A_{nm}N_\omega^{n+m} \tag{4-97a}$$

式中

$$N_T = \frac{\rho_0'^2}{\lambda L} \tag{4-97b}$$

$$C(\alpha) = \frac{2^{-\frac{\alpha-2}{2}}(2\pi)^{\frac{6-\alpha}{2}}}{B(\alpha)} \tag{4-97c}$$

$$A_{nm} = \frac{2^{n+m}}{(n!m!)^2}\left[\int_\Lambda^\infty \xi_0^{-\frac{\alpha}{2}-n-m}B_{nm}(\xi_0)\mathrm{d}\xi_0 + \int_0^\Lambda \xi_0^{-\frac{\alpha}{2}-n-m}C_{nm}(\xi_0)\mathrm{d}\xi_0\right] \tag{4-97d}$$

$$B_{nm}(\xi_0) = \int_0^1 \beta_{n1}(l)S_1(l) \times$$

$$\left\{\frac{\mathrm{d}^n}{\mathrm{d}\varepsilon_1^n}\frac{\mathrm{d}^m}{\mathrm{d}\varepsilon_2^m}\left[\langle H_1(\varepsilon_1,l,\xi_0)H_1^*(\varepsilon_1,l,\xi_0)\rangle + \langle H_1'(\varepsilon_1,l,\xi_0)H_1'^*(\varepsilon_1,l,\xi_0)\rangle\right]\right\}_{\varepsilon_1=0}^{\varepsilon_2=0}\mathrm{d}l$$

$$C_{nm}(\xi_0) = \int_0^1 \beta_{n1}^2(l)S_1(l) \times$$

$$\left\{\frac{\mathrm{d}^n}{\mathrm{d}\varepsilon_1^n}\frac{\mathrm{d}^m}{\mathrm{d}\varepsilon_2^m}\left[\langle H_2(\varepsilon_1,l,\xi_0)H_2^*(\varepsilon_1,l,\xi_0)\rangle + \langle H_2(\varepsilon_1,l,\xi_0)H_2'^*(\varepsilon_1,l,\xi_0)\rangle\right]\right\}_{\varepsilon_1=0}^{\varepsilon_2=0}\mathrm{d}l$$

式中:N_T 为湍流扰动菲涅耳数,是描述大气湍流强弱的参数;N_ω 为光束热晕弧度数,$N_\omega = k\Gamma_0 I_0 Lt$ 为描述热晕效应强弱的无量纲数。

然而,大气湍流一般满足 Kolmogrov 谱,这样式(4-94)与式(4-95)可以化简为

$$\Phi(K) = 0.033C_{n0}^2\kappa^{-11/3} \tag{4-98a}$$

$$r_0 = (0.423C_{n0}^2k^2L)^{-0.6} \tag{4-98b}$$

式中:C_{n0}^2、r_0 分别为均匀大气条件下湍流结构常数和大气相干长度。

这样,$C_n^2(l)$ 可写为

$$C_n^2(l) = C_{n0}^2 C_{n1}^2(l) \tag{4-98c}$$

最终式(4-97)变为

$$\ln S = -0.186N_T^{-5/6}\sum_{n=0}^{\infty}\sum_{m=0}^{\infty}A_{nm}N_\omega^{n+m} \tag{4-99a}$$

式中

$$A_{nm} = \frac{2^{n+m}}{(n!m!)^2} \Big[\int_A^\infty \xi_0^{\frac{11}{6}-n-m} B_{nm}(\xi_0) \mathrm{d}\xi_0 + \int_0^A \xi_0^{\frac{11}{6}-n-m} C_{nm}(\xi_0) \mathrm{d}\xi_0 \Big]$$

$$(4-99\mathrm{b})$$

从以上分析可以看到,在均匀大气及无随机风场情况下,上述结果与 En-guehard 等[24]的结果完全一致。

考虑平均风速的作用,小尺度起伏的增长时间 t 应为风速渡越时间 $t_v = a/V_0$ 量级。这样,热晕弧度数 N_ω 与 Bradley-Hermann 热畸变参数 N_D 的关系为 $N_D = 2\sqrt{2}\pi N_\omega$。因此,在均匀大气并且无随机风场情况下,高能激光大气传输湍流热晕相互作用及其相位补偿下的对数光强起伏和相位起伏及光束 Strehl 比可通过 N_T、N_d、$N_D(N_\omega)$ 三个无量纲参数加以描述。即与整束热晕效应主要决定于热畸变参数 N_D 不同,小尺度热晕及其相位校正的定标参数还包括湍流扰动菲涅耳数 N_T 和变形镜驱动器的菲涅耳数 N_d。

图 4-17(a)~(c)分别给出了等效水平均匀大气无随机风速切变情况下的 Strehl 比的计算结果。图中,不同的曲线表示当 N_T 值一定时不同的变形镜驱动器菲涅耳数情况下的结果。

由以上计算结果可以得到如下结论:

(1) $N_\omega = 0$ 时,即纯湍流效应的相位补偿是十分有效的,而且 N_d 越小补偿效果越好。当 N_d 趋于 0,即理想相位共轭补偿($\sigma_\phi^2 = 0$)时,由式(4-99)可以得到 $S = \mathrm{e}^{-\sigma_\chi^2}$。

(2) 湍流热晕相互作用的相位补偿是否有效取决于 N_T、N_d、N_ω 之间的关系。在 N_T、N_ω 一定的情况下,一般而言,要选择适当的 N_d(变形镜驱动器间距),相位补偿才会有效并可达到最佳补偿效果。例如,当 $N_T = 1.0$,$N_\omega = 5.0$ 时,为使相位补偿效果达到最佳,N_d 应选为 2.5 左右。如 N_d 太小,不会改善补偿效果,反而导致 Strehl 比更快地下降,甚至比不补偿更坏。这意味着,相位补偿不稳定性(PCI)对光束质量的影响超过了小尺度热晕不稳定性(STRS)的影响。

(3) 当 N_T、N_d 一定时,N_ω 在一定的范围内 Strehl 比没有明显的变化,一旦 N_ω 超过某一值时,Strehl 比开始迅速下降。定义 Strehl 比下降到最大值的 $1/\mathrm{e}$ 处的 N_ω 值为 $N_{\omega C}$,很明显 $N_{\omega C}$ 与 N_T、N_d 有关。当 N_T 一定时,N_d 越小,$N_{\omega C}$ 也越小。当 $N_T = 1.0$(相当于 $r_0 = 10.0\mathrm{cm}$, $L = 10\mathrm{km}$),$N_d = 2.5$ 时,则 $N_{\omega C} \approx 7.0$。为便于比较,同样采取 APS 报告[30]中给出的大气参数,根据 $N_{\omega C}$ 的定义可以得到产生小尺度热晕相位补偿不稳定性的高能激光临界能量密度$(I_0 t)_C \approx 0.13\mathrm{J/cm}^2$[14],此值相当于 APS 报告给出的整束热晕效应开始产生重大影响的临界能量密度。这表明,一旦激光能量密度超过整束热晕效应产生重大影响的临界能量密度,相位补偿不稳定性将使自适应光学相位补偿无法用于校正小尺度热晕效应,而且其不稳定性的能量密度阈值比整束热晕相位补偿不稳定性的密度阈值低 3 个量级左右。

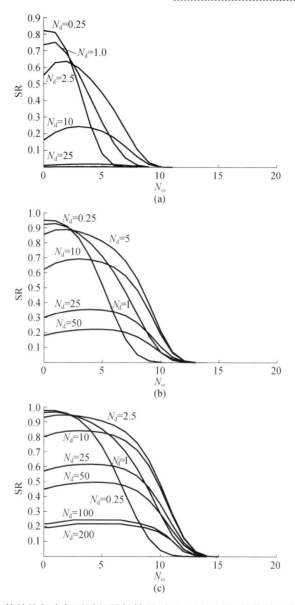

图 4 - 17　等效均匀大气无随机风场情况下 Strehl 比(SR)随热晕弧度数的变化
(a)$N_T = 1.0$;(b)$N_T = 5.0$;(c)$N_T = 12.5$。

在上述计算中,没有考虑随机风速切变的影响。为了进一步研究随机风速切变对 Strehl 比的影响,定义随机风速切变数[16]

$$N_s = \sqrt{k/L}\delta v/\dot{N}_\lambda \qquad (4-100)$$

式中:$\dot{N}_\lambda$ 为热晕速率,$\dot{N}_\lambda = N_\omega/2\pi t$。

这样,对于伴有随机风速切变的等效水平均匀大气高能激光传输的 Strehl

比可以通过 N_T、N_d、N_ω、N_s 四个无量纲参数加以描述。

图 4 – 18(a) ~ (f)给出了不同 N_T、N_d、N_ω、N_s 情况下的 Strehl 比的计算结果。由图 4 – 18(a) ~ (f)可以看出,随机风速切变确实对抑制"不稳定性"是很有效的。由于随机风速切变的存在,N_ω 的临界值 $N_{\omega C}$ 大大增加。就我们的计算结果而言,可使 $N_{\omega C}$ 值提高几倍到数十倍,它取决于 N_T、N_d 与 N_s 的值,上述参数越大,$N_{\omega C}$ 也越大。但是应该指出,即使存在随机风速切变,在实际大气条件下,湍流热晕相互作用相位补偿不稳定性的高能激光临界能量密度仍然比整束热晕相位补偿不稳定性的临界能量密度小 1 个数量级以上。

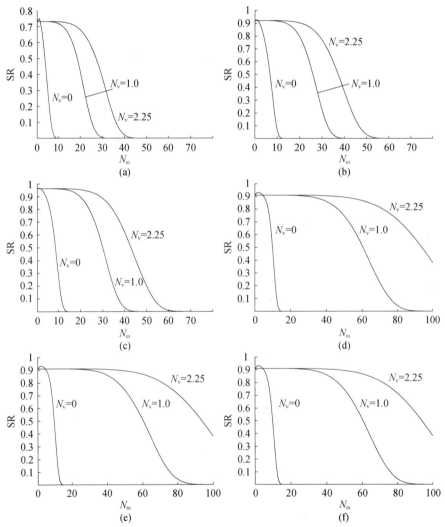

图 4 – 18　不同的 N_T、N_d 和随机风场切变数情况下 Strehl 比(SR)随热晕弧度数的变化

(a)$N_T = 1.0$,$N_d = 1.0$;(b)$N_T = 5.0$,$N_d = 1.0$;(c)$N_T = 12.5$,$N_d = 1.0$;
(d)$N_T = 1.0$,$N_d = 3.5$;(e)$N_T = 5.0$,$N_d = 3.5$;(f)$N_T = 12.5$,$N_d = 3.5$。

4.4　飞秒激光大气传输自聚焦效应

4.4.1　自聚焦的物理描述

自聚焦是一种感生透镜效应[31,32]，这种效应是由于通过非线性介质的激光束的自作用使其波面发生畸变造成的，如图 4 - 19 所示。

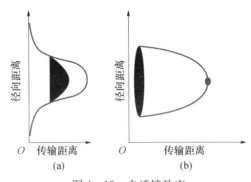

图 4 - 19　自透镜效应

Δn（蓝色）—折射率的变化；$I(r)$（红色）—光强的变化。

光在介质中传播时，由于光场的作用将产生极化强度。若考虑到非线性相互作用，则极化强度应包含线性项和非线性项，即

$$\boldsymbol{P} = \boldsymbol{P}_{\mathrm{L}} + \boldsymbol{P}_{\mathrm{NL}} = (\varepsilon_0 \chi^{(1)} + \varepsilon_0 \varepsilon_{\mathrm{NL}}) \boldsymbol{E} \qquad (4 - 101)$$

式中：$\varepsilon_{\mathrm{NL}}$ 为介电常数 ε 的非线性部分，ε 可表示成

$$\varepsilon = \varepsilon_{\mathrm{L}} + \varepsilon_{\mathrm{NL}} = (1 + \chi^{(1)}) + \frac{3}{4} \chi^{(3)} |\boldsymbol{E}|^2 \qquad (4 - 102)$$

又有

$$\varepsilon = n^2 = (n_0 + \Delta n)^2 \approx n_0^2 + 2n_0 \Delta n = n_0^2 + 2n_0 \left(n_2 |\boldsymbol{E}|^2 + \frac{\mathrm{i}\alpha}{2k_0} \right) \quad (4 - 103)$$

式中：α 为吸收系数，这一项比前一项要小 3 个数量级，可以忽略。

因此，折射率可以写成

$$n = n_0 + \Delta n = n_0 + n_2 |\boldsymbol{E}|^2 = n_0 + n_2 I \qquad (4 - 104)$$

式中：n_0 为线性折射率；n_2 为非线性折射率；I 为光强。

n_0、n_2、I 可分别表示成

$$n_0 = \sqrt{1 + \chi^{(1)}} \qquad (4 - 105)$$

$$n_2 = \frac{3\chi^{(3)}}{4\varepsilon_0 c n_0^2} \qquad (4 - 106)$$

$$I = \frac{1}{2} \varepsilon_0 c n_0 |\boldsymbol{E}|^2 \qquad (4 - 107)$$

折射率还可以写成频率的形式,即

$$n(\omega, |\boldsymbol{E}|^2) = n(\omega) + n_2(\omega) |\boldsymbol{E}|^2 + \cdots \tag{4-108}$$

如将介质的极化特性考虑在内并采用标量处理,波动方程就变为

$$\frac{\partial E}{\partial z} = \frac{\mathrm{i}}{2k}\left(\frac{\partial^2}{\partial x^2} + \frac{\partial^2}{\partial y^2}\right)E + \mathrm{i}kn_2 |\boldsymbol{E}|^2 E \tag{4-109}$$

假设一束具有高斯横向分布的激光脉冲在介质中传播,此时介质的折射率为

$$n = n_0 + \Delta n(|\boldsymbol{E}|^2) \tag{4-110}$$

式中:$\Delta n(|\boldsymbol{E}|^2)$ 为光强引起的折射率变化。

如果 Δn 为正值,由于光束中心部分的光强较强,则中心部分的折射率变化较边缘部分的变化大。因此,光束在中心比边缘的传播速度慢,结果使得介质中传播的光束波面畸变越来越明显,如图 4-20 所示。这种畸变好像是光束通过正透镜一样,光束本身呈现自聚焦现象。但是,具有有限截面的光束还要经受衍射的作用,所以只有自聚焦效应大于衍射效应时光才表现出自聚焦。粗略地说,自聚焦效应正比于 $\Delta n(|\boldsymbol{E}|^2)$,衍射效应反比于光束半径的平方。因此,由于光束受自聚焦作用,自聚焦效应和衍射效应均越来越强。如果后者增强得越快,则有某一点处衍射效应克服自聚焦效应,在达到某一最小截面(焦点)后自聚焦光束将呈现出衍射现象。但是,在很多情况下一旦自聚焦作用开始,自聚焦效应总是强于衍射效应。因此,光束自聚焦的作用一直进行着,直至其他非线性光学作用使其终止。使得自聚焦作用终止的非线性光学作用有受激拉曼散射、受激布里渊散射、双光子吸收、光损伤等。当自聚焦效应和衍射效应达到平衡时,将出现光束自陷。表现为光束在介质中传播相当长的距离时,其光束直径不发生明显改变。实际上,自限光束是不稳定的,因为由于吸收或散射引起激光功率损失都会破坏自聚焦和衍射之间的平衡,引起光束新的衍射,所以这种平衡只是一种动态的平衡。

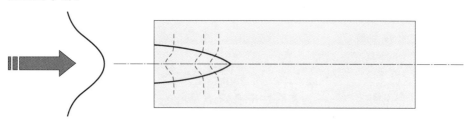

图 4-20　光束在非线性介质中的光线路径(虚线为波面,实线为光线)

4.4.2　稳态自聚焦理论

如果入射激光为连续的或缓慢变化的长脉冲,这时经过自聚焦后的光束截面尺寸、焦点位置以及焦斑大小等不随时间发生明显变化,故称为稳态自聚焦。

在没有非线性效应时,即 $n_2 = 0$,则式(4-109)就变成为描述透明介质内的光束线性传播规律的方程,它的解是一组完全的高斯模。

如果入射路径上存在非线性介质,情况就大不相同。假定高斯光束入射介质处的坐标 $z = 0$(图4-21),则任意位置 z 处的光场可写为

$$E_0(x, y, z \leqslant 0) = \frac{A}{\left[1 + \left(\dfrac{\lambda(z - z_{\min})}{\pi n_0 w_0^2}\right)^2\right]^{1/2}} \times \tag{4-111}$$

$$e^{i[k(z - z_{\min}) - \varphi(z - z_{\min})] - r^2 \left\{\frac{1}{w_0^2\left[1 + \left(\frac{\lambda(z - z_{\min})}{\pi n_0 w_0^2}\right)^2\right]} - \frac{ik}{2\left[1 + \left(\frac{\pi n_0 w_0^2}{\lambda(z - z_{\min})}\right)^2\right](z - z_{\min})}\right\}}$$

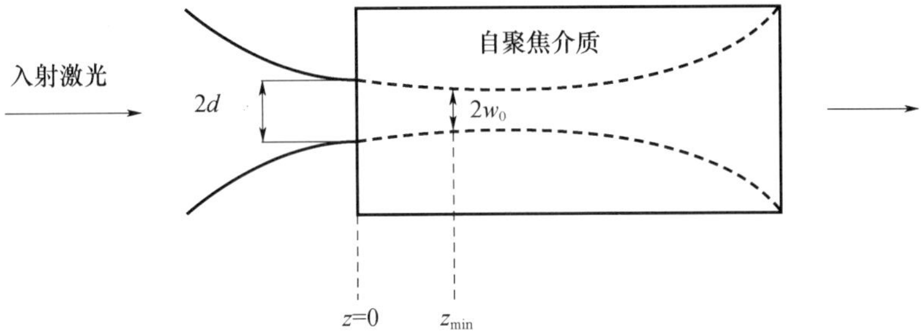

图4-21 高斯光束进入及聚焦介质(虚线表示无自聚焦时光束的半径)

这样,在 $z = 0$ 处输入光束的电场为

$$E_0(x, y, 0) = \frac{A}{\left[1 + \left(\dfrac{\lambda z_{\min}}{\pi n_0 w_0^2}\right)^2\right]^{1/2}} \times \tag{4-112}$$

$$e^{i[kz_{\min} + \varphi(-z_{\min})] - r^2\left\{\frac{1}{w_0^2\left[1 + \left(\frac{\lambda z_{\min}}{\pi n_0 w_0^2}\right)^2\right]} + \frac{ik}{2z_{\min}\left[1 + \left(\frac{\pi n_0 w_0^2}{\lambda z_{\min}}\right)^2\right]}\right\}}$$

在 $z = 0$ 处输入光场的场强可简写为

$$E_0(x, y, 0) = A_0 e^{-\frac{r^2}{w_0^2}} \cdot \left\{\left(1 + i\frac{2z_{\min}}{kw_0^2}\right) \middle/ \left[1 + \left(\frac{2z_{\min}}{kw_0^2}\right)^2\right]\right\} \tag{4-113}$$

令 $z = 0$ 处入射光束半径为 d,则此时光束半径为

$$w^2(z) = w_0^2\left\{1 + \left[\frac{2(z - z_{\min})^2}{kw_0^2}\right]^2\right\} \tag{4-114}$$

有

$$d^2 = w^2(0) = w_0^2\left\{1 + \left[\frac{2z_{\min}}{kw_0^2}\right]^2\right\} \tag{4-115}$$

于是,式(4-113)可写成

$$E_0(x, y, 0) = A_0 e^{-\frac{r^2}{d^2}\left(1 + i\frac{2z_{\min}}{kw_0^2}\right)} \tag{4-116}$$

这表示,在 $z = 0$ 处输入光束可用其半径 d 和到束腰处的距离 $z_{\min}$ 来确定。

进一步,若引入聚焦参数

$$\theta = \frac{2z_{\min}}{kw_0^2} \tag{4-117}$$

可使得分析大大简化。利用式(4-117),式(4-116)和式(4-115)可改写为

$$E_0(x,y,0) = A_0 \mathrm{e}^{-\frac{r^2}{d^2}(1+i\theta)} \tag{4-118}$$

$$z_{\min} = \frac{kd^2}{2} \frac{\theta}{1+\theta^2} \tag{4-119}$$

$$w_0 = \frac{d}{(1+\theta^2)^{1/2}} \tag{4-120}$$

根据式(4-117),对于 $\theta = 0°$ 的光束,其束腰在 $z = 0$ 处。如果 $\theta > 0°$,即 $z_{\min} > 0$,在 $z = 0$ 处的输入光束则是会聚的;而对于 $\theta < 0$ 的光束,则是发散的。

在 $n_2 \neq 0$ 时,一般解需要采用数值求解的方法得到。为了获得光束的一般性质,可以采用在 $z = 0$ 附近将光束强度 $|E_0(0,0,z)|^2$ 按照泰勒级数展开,并保留前三项,即

$$|E_0(x=y=0)|^2 = |E_0(0,0,0)|^2 + \left(\frac{\partial |E_0|^2}{\partial z}\right)_{z=0} z + \left(\frac{\partial^2 |E_0|^2}{\partial z^2}\right)_{z=0} \frac{z^2}{2} + \cdots$$

$$\tag{4-121}$$

将其代入式(4-109),式(4-121)中的一、二阶偏导数可表示为

$$\frac{\partial |E_0|^2}{\partial z} = E_0 \frac{\partial E_0^*}{\partial z} + E_0^* \frac{\partial E_0}{\partial z} = \frac{-i}{2k}(E_0 \nabla_\perp^2 E_0^* - E_0^* \nabla_\perp^2 E_0) \tag{4-122}$$

$$\frac{\partial^2 |E_0|^2}{\partial z^2} = \frac{1}{4k^2}\left\{ (\nabla_\perp^2 E_0)(\nabla_\perp^2 E_0^*) - E_0 \nabla_\perp^2 (\nabla_\perp^2 E_0^*) + \frac{2n_2 k^2}{n_0} \times \right.$$

$$\left. [E_0 |E_0|^2 \nabla_\perp^2 E_0^* - E_0 \nabla_\perp^2 (|E_0|^2 E_0^*)] + \mathrm{c.c} \right\} \tag{4-123}$$

式中:$\nabla_\perp^2$ 为横向拉普拉斯算符,$\nabla_\perp^2 = \frac{\partial^2}{\partial x^2} + \frac{\partial^2}{\partial y^2}$。

又利用式(4-118)可得出横向导数 $\nabla_\perp^2 E_0$ 和 $\nabla_\perp^2 E_0^*$:

$$\nabla_\perp^2 E_0 = -4A_0 \frac{1+i\theta}{d^2} \tag{4-124}$$

$$\nabla_\perp^2 E_0^* = -4A_0^* \frac{1-i\theta}{d^2} \tag{4-125}$$

由此给出

$$|E_0(x=y=0)|^2 \approx A_0^2 \left[1 + 4\theta \frac{z}{kd^2} + \frac{z^2}{k^2 d^4} \left(-4 + 12\theta^2 + \frac{4n_2 k^2 d^2}{n_0} A_0^2 \right) + \cdots \right]$$

$$\tag{4-126}$$

这个函数倒数的大小近似反映光束的面积,因此利用展开式 $(1 + x)^{-1} \approx 1 - x + x^2 + \cdots$,并保留前三项,可以给出

$$S(z) \propto \frac{1}{|E_0(x = y = 0)|^2} \approx S(0)\left[1 - 4\theta \frac{z}{kd^2} + \frac{z^2}{k^2 d^4}\left(4 + 4\theta^2 - \frac{4n_2 k^2 d^2}{n_0}A_0^2\right) + \cdots\right]$$

$$(4 - 127)$$

式中:S 为光束的截面积。

在假定光束聚焦处光束面积接近于 0 时,由式 $(4-127)$ 可求出自聚焦焦点距离输入平面的距离为

$$Z_f = \frac{kd^2}{2} \frac{1}{\left(\sqrt{\dfrac{P}{P_{cr}} - 1} + \theta\right)}$$

$$(4 - 128)$$

式中:P 为输入光束的总功率;P_{cr} 为临界功率。

P、P_{cr} 可分别表示为

$$P = \frac{\pi \varepsilon_0 c n_0 d^2}{2} A_0^2$$

$$(4 - 129)$$

$$P_{cr} = \frac{\pi \varepsilon_0 c^3}{2 n_2 \omega^2}$$

$$(4 - 130)$$

按照式 $(4-128)$,如果输入光束原来是收敛的$(\theta > 0)$,则当总功率 P 超过 P_{cr} 时,它将突然地在 Z_f 处聚焦 $S(Z_f) \rightarrow 0$。自聚焦的临界功率与光束起始的收敛程度(聚焦参数 θ)以及起始光束直径 d 无关。如果光束初始时发散的$(\theta < 0)$,则自聚焦临界功率为

$$P_{cr}(\theta < 0) = P(1 + \theta^2)$$

$$(4 - 131)$$

这时自聚焦的临界功率与自聚焦参数 θ 有关,光束发散越厉害($|\theta|$ 越大),P_{cr} 越大。

4.4.3 动态自聚焦理论

如果入射激光脉冲比较短,其场振幅的包络函数与时间有关,必须考虑它对时间的一阶导数,则描述自聚焦效应的波动方程也与时间有关,称为动态自聚焦。

假定入射场为

$$E = \frac{1}{2}\left[\overline{E}(x, y, z, t)e^{-i(\omega_0 t - k_0 z)} + \cdots\right]$$

$$(4 - 132)$$

此时包含时间项的波动方程可写为

$$\nabla_\perp^2 \overline{E} + \left(2ik_0 \frac{\partial \overline{E}}{\partial z} + 2ik_0 \frac{n_0}{c} \frac{\partial \overline{E}}{\partial t}\right) + \frac{2n_2 k_0^2}{n_0}|\overline{E}|^2 \overline{E} = 0$$

$$(4 - 133)$$

做变量代换,令

$$t' = t - \frac{n_0}{c}z \qquad (4-134)$$

则有

$$\frac{\partial \overline{E}}{\partial z}\left(x,y,z,t'+\frac{n_0}{c}z\right) = \frac{\partial \overline{E}(x,y,z,t)}{\partial z} + \frac{\partial \overline{E}(x,y,z,t)}{\partial t}\frac{\partial t}{\partial z} = \frac{\partial \overline{E}(x,y,z,t')}{\partial z} + \frac{\partial \overline{E}(x,y,z,t')}{\partial t}\frac{n_0}{c}$$

$$(4-135)$$

将式(4-135)代入式(4-133),可得

$$\nabla_\perp^2 \overline{E}(x,y,z,t') + 2\mathrm{i}k_0\frac{\partial}{\partial z}\overline{E}(x,y,z,t') + \frac{2n_2 k_0^2}{n_0}\mid\overline{E}(x,y,z,t')\mid^2\overline{E}(x,y,z,t') = 0$$

$$(4-136)$$

由此可见,它与式(4-109)在形式上完全相同,只是现在在光电场振幅函数中含有时间参量 t'。因此,稳态自聚焦的焦点公式也可以直接用于动态自聚焦的情况,只是现在的输入功率 P 是时间参量 t' 的函数,于是有

$$Z_\mathrm{f}(t) = \frac{k_0 d^2}{2}\cdot\frac{1}{\left[\dfrac{P(t')}{P_\mathrm{cr}}-1\right]^{1/2}+\theta} = \frac{k_0 d^2}{2}\cdot\frac{1}{\left[\dfrac{P\left(t-\dfrac{n_0}{c}Z_\mathrm{f}\right)}{P_\mathrm{cr}}-1\right]^{1/2}+\theta}$$

$$(4-137)$$

式(4-137)表明,如果入射激光脉冲的功率 P 是时间的函数,则自聚焦的焦点位置也是时间的函数。也就是说,在动态的情况下自聚焦的焦点位置是运动的,如图4-22所示。

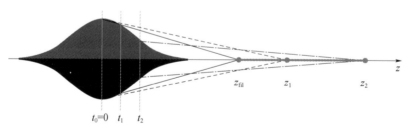

图4-22　三个不同时间点的自聚焦焦点位置

4.4.4　自聚焦的阈值

激光能够发生自聚焦的首要条件是输入功率 P_in 大于自聚焦阈值功率 P_cr,这一阈值与入射激光的波长和非线性折射率系数有关,不同形状的脉冲,其值也不同。对于高斯脉冲而言,它可以写为

$$P_\mathrm{cr} = \frac{3.77\lambda^2}{8\pi n_0 n_2} \qquad (4-138)$$

对于椭圆光束,其自聚焦阈值功率为[33]

$$P_{cr}^{est} = \frac{a^2 + b^2}{2ab} \frac{\lambda^2}{2\pi n_0 n_2} \qquad (4-139)$$

式中:a、b 分别为椭圆的半长轴和半短轴。

值得注意的是,自聚焦的发生与入射功率有关,而不是光强。

另外,P_{cr} 是与波长有关的,在大气条件下

$$n_2(\lambda) = 3 + \frac{6.37 \times 10^5}{\lambda^2}$$

式中:λ 单位为 nm,$n_2(\lambda)$ 单位为 $10^{-23} m^2/W$。

这样,P_{cr} 应该修正为[34]

$$P_{cr}^{res}(\lambda) = P_{cr}(\lambda^{800nm}) \cdot (1 + 3.12 \times 10^{-3} \Delta\lambda + 2.36 \times 10^{-6} \Delta\lambda^2 - 1.82 \times 10^{-10} \Delta\lambda^3) \qquad (4-140)$$

式中:$\Delta\lambda = \lambda - \lambda^{800nm}$。

自聚焦阈值功率与 $\Delta\lambda$ 的关系如图 4-23 所示。

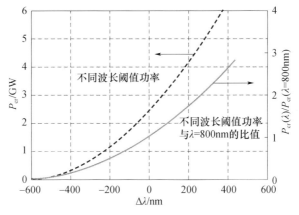

图 4-23 自聚焦阈值功率与 $\Delta\lambda$ 的关系

4.4.5 等离子体散焦效应

超短脉冲激光在空气中传输发生自聚焦效应时,其焦点位置处的光强可达 $10^{13} W/cm^2$ 以上,远大于空气的电离阈值。这时空气很容易发生电离并产生低密度等离子体,产生的等离子体相当于一块散焦透镜,对传输中的激光束起发散的作用(图 4-24)。等离子体对折射率的贡献是负的[35],可以近似写成

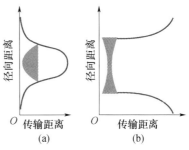

图 4-24 散焦效应
Δn(橙色)—折射率变化;
$I(r)$(红色)—光强的变化。

197

$$\Delta n = -\frac{4\pi e^2 N_e(t)}{2 m_e \omega_0^2} \tag{4-141}$$

4.4.6 超短脉冲传输的单丝结构

飞秒脉冲激光成丝传输现象已在多种传输介质中观察到,由于其在产生几个光学周期脉冲、大气遥感以及产生相干太赫兹辐射等领域有着重要的应用价值,成丝现象成为了时下飞秒激光传输领域的研究热点课题[36]。虽然对飞秒激光大气成丝的主要物理机制的理解基本一致,但在不同实验条件下对成丝的定义各有不同。因为能量自陷是成丝过程的标志性特征,故对成丝的初级定义为:成丝是在传输过程中出现能量自陷的区域。后来,实验发现除能量自陷和电离以外,还存在"无电离成丝"现象。另一种观点认为:单丝传输实际上由两个电离阶段组成。其中一个称为有效电离区,另一个是单丝尾迹之后的弱电离区[37]。有效电离区正是我们在实验室采用常规方法就可以测量得到的电离区域,而对弱电离区的研究目前尚未深入。在弱电离区的尾部是一种准线性的传输,脉冲的峰值功率低于自聚焦阈值功率,但是脉冲的峰值光强仍然能够促使脉冲发生自聚焦效应。然而这种自聚焦受到衍射和介质色散的抑制。这样再传输一段距离后,脉冲变成线性传输。一种观点认为,长距离"无电离成丝"只是成丝尾迹的部分演化过程。比如,成丝后的近似基模的光束,正是自空间滤波的准线性衍射的结果。实验上,无法直接精确测量光丝内部的强度,因为光丝的强度足以造成所有直接探测仪器的破坏,而且,电离发生在能量自陷过程之前、之中和之后。从理论上讲,这里也只是一个能量的分布,电离也同样发生在能量自陷之前和之后,实验也无法精确确定能量自陷的起始和终了位置。因此,对成丝比较具有实际意义的定义是:在传输过程中发生电离的区域。成丝的完整过程是:首先脉冲经历一个由自聚焦克服线性衍射和介质色散的准稳态区域(自空间滤波)中的脉冲溃缩过程——前沿脉冲起主导的有效电离区——后沿脉冲起主导的若电离区——线性衍射和介质色散抑制的弱自聚焦(准线性衍射)——经过自空间滤波的基模的线性衍射,如图 4-25 所示。

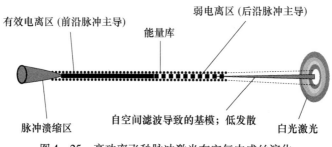

图 4-25 高功率飞秒脉冲激光在空气中成丝演化

4.4.7　飞秒光丝强度自陷现象

　　强度自陷或强度钳制是成丝过程的一个奇特现象,也是自聚焦和成丝研究中一个深刻的物理问题[38,39]。它涉及不仅在空气中而且在所有光学介质中的自聚焦强度增长所能到达的极限。通过将一列脉冲进行聚焦,只要几何焦距足够长,自聚焦总是发生几何聚焦之前。因此,几何焦点的光强或低于或与自聚焦焦点的光强一样高。在空气中,可以实现在远距离发生自聚焦[40],却不能进一步增加焦点的峰值强度,尽管采用的脉冲的能量增加到远大于自聚焦阈值功率。实际上,这一措施也只能增加焦点数目(多丝),而且光束半径、光丝通道都获得增长,但是它们都有着相似的峰值强度[41]。即使在产生单丝条件下,采用光束质量较好的入射光束时,成丝时光束峰值功率也能够迅速增长至自聚焦阈值功率很多倍以上,在光丝内的峰值光强仍然是自陷的。实际上,严格实现这种单丝传输是很困难的。因为在光束强度廓线内的任何微小的扰动都有可能导致局域自聚焦,只要光束的局域功率高于自聚焦阈值功率,都将进一步导致多丝的产生[42]。正是由于光丝峰值强度近乎常量的这一特性,利用它获得一些稳态输出,如产生高次谐波[43,44]。

　　从理论上可以对自陷强度做出定量评估。强飞秒脉冲激光在空中传输时,当其入射功率高于自聚焦阈值功率时,自聚焦效应就会超过衍射和色散而使光束发生自聚焦,自聚焦过程使得光束的峰值光强迅速增强。当光强超过空气电离阈值时,就会诱发空气电离产生等离子体,等离子体对光束又起到发散的作用,从而抑制光束的进一步聚焦。自聚焦和等离子体的散焦过程实际上是一个此消彼长的过程。这时空气的折射率可表示为

$$n = n_0 + \Delta n = n_0 + n_2 I - \frac{4\pi e^2 N_e(t)}{2m_e \omega_0^2} \qquad (4-142)$$

当 $n_2 I > \dfrac{4\pi e^2 N_e(t)}{2m_e \omega_0^2}$ 时,光束还处于聚焦阶段,光强继续增强。等离子体的产生主要取决于电离率。实验观察,测得电离率受激光光强的制约,因而等离子体密度也将随着光强的增长而迅速增加,等离子体对非线性折射率的贡献将进一步增加。当 $n_2 I = \dfrac{4\pi e^2 N_e(t)}{2m_e \omega_0^2}$ 时,自聚焦完全被等离子体散焦抑制,此时光束光强达到最大值。随着继续传输等离子体增长和能量损耗使得 $n_2 I < \dfrac{4\pi e^2 N_e(t)}{2m_e \omega_0^2}$,光束中心的折射率将小于光束边缘的折射率,光束开始发散。当然,如果此时激光功率仍然高于自聚焦阈值功率,光束将会发生二次聚焦,甚至周期性的多次聚焦[45],即"光弹"的形成[37,46,47](图4-26),直至激光功率低于阈值功率,光束才完全发散。在此过程中,光束的自陷强度为 $10^{13} \sim 10^{14} \mathrm{W/cm^2}$[48]。

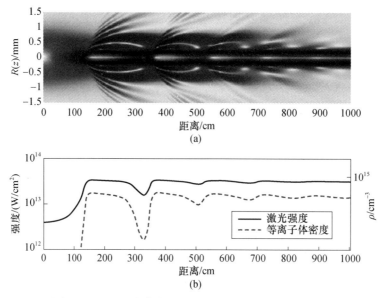

图 4 – 26 飞秒脉冲成丝过程中的多次聚焦—散焦过程

值得注意的是:在气体介质中,能量自陷与压强无关[49]。其实这一点不难理解,因为在发生能量自陷时,克尔效应引起的非线性折射率变化与等离子体引起的折射率变化是相互平衡的,n_2 和 $N_e(t)$ 都是与气体密度成线性关系,因而气体密度可以从式 $n_2 I = \dfrac{4\pi e^2 N_e(t)}{2 m_e \omega_0^2}$ 两边约去,即自陷强度与气体压强无关。从某种意义上讲,在高空实现成丝时,其峰值强度与海平面光丝内的峰值强度是一样的。

4.4.8 光束自净化现象

飞秒成丝传输过程中,除光丝能够保持稳定的峰值强度,即能量自陷这一特征外,还具有另外一些显著特征,如时域内的脉冲压缩[50,51]、频域的光谱展宽[49,52]和在空域的横向模式自净化[53,54],如图 4 – 27 所示。早在 2006 年,Prade 等[55]在观察锥角辐射的远场模式时发现光丝内核中的光束具有高光束质量的横向模式,入射脉冲周围的高阶模式在成丝过程中并没有被耦合进入光丝,而是随着传输距离的增加,高阶模被逐渐发散,光束质量变得更加完美。这一现象引起了人们的注意和对它的深入研究。

研究表明:以稍高于阈值功率的高斯光束入射时,在发生自聚焦的过程中,光束大小呈现连续收缩状态,而在距离光轴一定距离上光束大小无变化。这就暗示出:光束收缩状态主要发生于光束的中心部分;而其外围并未发生明显收缩。例如,只有 73% 的激光功率在自聚焦过程中发生横向收缩,剩余部分被衍射出去,如图 4 – 28 所示。采用射线追踪方法很容易解释这一点。因为入射高斯光束横向模式并非只有基模,也包含高阶模式。基模部分包含着较高的功率和能量位于光束的内部,高阶模包含着较低的功率和能量位于光束的外围。在发生自聚焦过程中,自聚焦效应最先将高功率的基模部分聚向光轴,基模达到能量自陷状态也比高阶模早,不管高阶模是否处于自聚焦状态,能量自陷时的高阶模半径比基模半径大,因此高阶模的强度也低一些。随着传输距离的增加,高于阈值功率高阶模将继续聚焦,而低于阈值功率高阶模将在衍射的作用下发散,被衍射出去的能量充当基模传输的"背景能量库"[56,57],而基模也将最终获得相当平滑的模式,近乎 Townes 廓线[58]。

　　由此可以看出,自聚焦过程并非是一个均衡器使整个光束得到平滑,而是更像一个"空间滤波器"。滤掉光束周围并不平滑的高阶模,只传输光束中心的最为完美的基模。对整个光束而言,自聚焦也只是部分光束的自聚焦。

　　当然,自聚焦的空间滤波作用也只是在光束的入射功率较低,产生单丝传输的过程中发挥其滤波的功能;在较高入射功率时,光束就会产生多丝结构,自聚焦的空间滤波功能就显得无能为力。

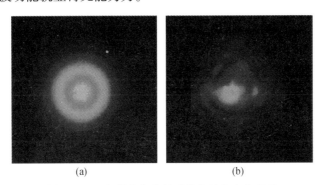

(a)　　　　　　　　　　　　(b)

图 4 – 27　飞秒激光成丝过程中的自净化现象

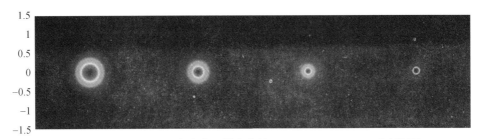

图 4 – 28　自聚焦过程中光束的横向收缩($P_{in} = 3P_{cr}$, $r = 0.5mm$)(模拟)

4.4.9　光丝自愈合现象

　　在解释高功率飞秒激光成丝现象的过程中,提出了一种由自聚焦和等离子体散焦之间的动态平衡机制。它给出了一个清晰的概念,即自聚焦使得光束强度急剧增长,但光子电离诱发等离子体的产生又抑制了自聚焦的进一步发展,使得光束只能到达有限的半径和强度(自陷强度)。成丝过程中光丝直径为 $100 \sim 200\mu m$,这与光束的外部聚焦条件有关。光丝半径虽小,但包含最大激光功率和最大光强。由于光丝的内核主要由基模构成,因而只有百分之几的激光能量包含于光丝中,绝大部分能量分布于光丝外围,构成强大的背景能量库[37]。脉冲传输过程中的自聚焦和等离子体散焦之间动态平衡表现为光丝内核和背景能量库之间的能量相互交换过程。背景能量库的存在和作用可以通过实验验证:在飞秒光丝传输路径上,放置一个带有小孔的光阑,只要孔径大小合适,成丝的距离不仅得到延长,稳定性也会得到控制,如图 4 - 29 所示。但如果孔径太小甚至只与光丝直径相当,光阑能够完全遮挡光丝周围的能量背景,光丝的传输也就被终止。光丝的传输距离与小孔直径的关系如图 4 - 30 所示。

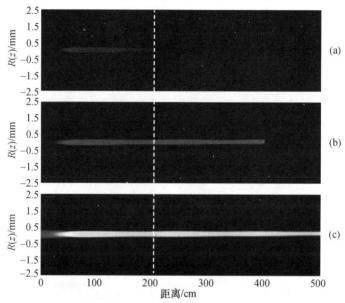

图 4 - 29 不同孔径对成丝距离的影响

(a) $D = 0.02cm$;(b) $D = 0.5cm$;(c) $D = 0.75cm$。

注:白色虚线为放置孔径位置,入射光束半径 $r_0 = 0.05cm$。

　　能量背景库在维持光丝长距离传输过程中有着极其重要的意义,它不仅存在于气体成丝,在其他非线性介质如在液体中也是存在的。为了能够更加清晰地理解太瓦量级的脉冲激光能够在大气中长距离传输的动态特征,研究其背景能量库的作用是必要的,也有必要揭开脉冲传输过程中光丝中心核与背景能量库之间的相互作用。研究者们在光丝的传输路径上放入一个微小的遮挡物时,光丝并没有因此而被终止,而是在遮挡物之后光丝重新形成并继续传播,这就是"自重建"或"自愈合"现象。这再一次证明了背景能量是维持光丝长距离传输

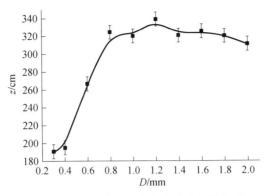

图4-30　光丝传输距离与小孔之间的关系

的必要条件。这一现象也为进一步研究光丝在极端大气环境中(如大气湍流、雨、雾、气溶胶等)的传输提供了启发。

　　在传输路径上放置不同大小的遮挡物,如图4-31所示。此时光丝的直径约为200μm,当无遮挡物时,光丝可以自由的传输;当遮挡物的直径由120μm增加至160μm时,甚至基本看不出遮挡物在光丝传输路径上有何作用,只是光丝的中心在遮挡物的位置被短暂地截断,但在遮挡物之后光丝又重新恢复原貌并继续传输。通过计算发现,当遮挡物的尺寸与光丝直径相当或大于光丝直径时,光丝才会明显受到传输路径上遮挡物的影响。

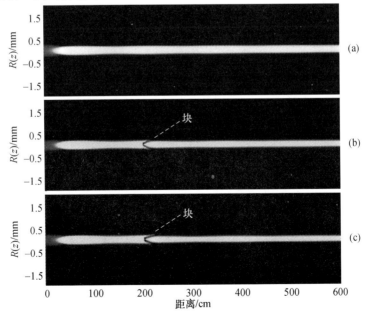

图4-31　光丝传输过程中的自愈合现象

(a)无遮挡成丝;(b)$D_{块} = 120\mu m$;(c)$D_{块} = 160\mu m$。

4.5　小结与展望

　　本章利用几何光学近似分析了热晕效应及其相位校正,并对一些典型条件下的热晕效应的阈值及重要定标参数进行了讨论,基于湍流热晕相互作用线性化理论,导出描述"不稳定性"的对数振幅与相位起伏的解析表达式以及描述激光束质量的 Strehl 比的普遍表达式,给出了几种不同大气条件下的 Strehl 比的计算结果,最后讨论了飞秒激光大气传输自聚焦效应。需要特别注意的是,由于啁啾脉冲放大(CPA)技术的发展,产生飞秒(fs)拍瓦(PW)脉冲激光已变成了现实。这种激光在大气传输中将产生一系列非线性效应(如 Kerr 效应、气体击穿、受激拉曼散射以及自透明效应等),研究这些效应对激光大气传输的影响,不仅是超短脉冲激光能否应用于某些激光工程所要考虑的问题,而且是探索超短脉冲激光应用于大气参数探测所要解决的关键问题之一。近年来,国外科学家已经利用超短高功率脉冲激光在大气传输过程中产生的从紫外到中红外(4μm)明亮的宽带白光,用于探测大气多种成分(包括污染气体)浓度的时空分布,这无疑是激光大气探测研究工作的一个重大进展,它极大地拓宽激光大气探测的能力。这一研究才刚刚开始,离实际应用还有相当大的距离,需要我们进一步深入研究。

参考文献

[1] Smith D C. High – power laser propagation:thermal blooming. Proceedings of the IEEE,1977,65(12).

[2] Leite R C C,Moore R S,Whinnery J R. Low absorption measurements by means of the thermal lens effect using an He – Ne laser. Appl Phy Lett,1964,5(7).

[3] Gebhardt F G. Twenty – five years of thermal blooming:an overview. Proc SPIE,1990,1221.

[4] Bradley L C,Herrmann J. Phase compensation for thermal blooming. Applied Optics,1974,13(2).

[5] Gebhardt F,Smith D C. Self – induced thermal distortion in the near field for a laser beam in a moving medium. Quantum Electronics,IEEE Journal of,1971,7(2).

[6] Gebhardt F G. High power laser propagation. Applied Optics,1976,15(6).

[7] Gebhardt F G,Smith D C,Buser R G,Rohde R S. Turbulence effects on thermal blooming. Applied Optics,1973,12(8).

[8] 龚知本,吴际华. 大气二氧化碳对 CO_2 激光辐射各谱线的吸收. 大气科学,1980,4(4).

[9] Strohbehn J W. Laser Beam Propagation in the Atmosphere. Berlin:Springer,1978.

[10] 冯晓星,范承玉,王英俭,等. 聚焦脉冲激光大气传输热晕效应的数值分析. 推进技术,2007,28(5).

[11] Chan C. Effective absorption for thermal blooming due to aerosols. Applied Physics Letters,1975,26(11).

[12] 龚知本. 在热晕中蒸发对气溶胶有效吸收系数的影响. 光学学报,1981,1(3).

[13] 王英俭,吴毅,龚知本. 非线性热晕效应自适应光学相位补偿. 光学学报,1995,15(10).

[14] 王英俭. 激光大气传输及其相位补偿的若干问题探讨[博士论文]. 合肥:中国科学院安徽光学精密机械研究所,1996.

［15］ 龚知本,王英俭,吴毅. 小尺度热晕不稳定性线性化普遍理论. 量子电子学报,1998,15(2).

［16］ Karr T,Morris J,Chambers D,et al. Perturbation growth by thermal blooming in turbulence. JOSA B,1990, 7(6).

［17］ Kroll N,Kelley P. Temporal and spatial gain in stimulated light scattering. Physical Review A,1971,4.

［18］ Karr T J. Thermal blooming compensation instabilities. JOSA,1989,6(7).

［19］ Morris J R,Viecelli J A,Karr T J. Effect of a random wind field on thermal blooming instabilities. Proc SPIE,1990,1221.

［20］ Robicheaux F,Fano U,Cavagnero M,et al. Generalized WKB and Milne solutions to one – dimensional wave equations. Physical Review A,1987,35(9).

［21］ Schonfeld J F. The theory of compensated laser propagation through strong thermal blooming. Lincoln Laboratory Journal,1992,5(1).

［22］ Tataskii V I. 湍流大气中的波传输理论. 温景嵩,宋正方,曾宗泳,译. 北京:科学出版社,1978.

［23］ Krapchev V B. Atmospheric thermal blooming and beam clearing by aerosol vaporization. Proc SPIE, 1990,1221.

［24］ Enguehard S,Hatfield B. Perturbative approach to the small – scale physics of the interaction of thermal blooming and turbulence. JOSA A,1991,8(4).

［25］ Enguehard S,Hatfield B. Functional reconstruction predictions of uplink whole beam Strehl ratios in the presence of thermal blooming. Proc SPIE,1991,1408.

［26］ Enguehard S,Hatfield B. Functional reconstruction of blooming Strehl ratios. JOSA A,1994,11(2).

［27］ Enguehard S,Hatfield B. Exact analytic solution to the problem of thermal blooming and its interaction with turbulence:results from analytic functional scaling. Proc SPIE,2004,5552.

［28］ Beland R R. Some aspects of propagation through weak isotropic non – Kolmogorov turbulence. Proc SPIE, 1995,2375.

［29］ Stribling B E,Welsh B M,Roggemann M C. Optical propagation in non – Kolmogorov atmospheric turbulence. Proc SPIE,1995,2471.

［30］ 中国工程物理研究院. 定性能武器的科学与技术(APS 报告). 绵阳:中国工程物理研究院,1987.

［31］ Couairon A,Mysyrowicz A. Femtosecond filamentation in transparent media. Physics reports. 2007,441(2).

［32］ 石顺祥,陈国夫,赵卫,等. 非线性光学. 西安:西安电子科技大学出版社,2007.

［33］ Kandidov V,Fedorov V Y. Specific features of elliptic beam self – focusing. Quantum electronics,2004, 34(12).

［34］ Fedorov V Y,Kandidov V. Interaction/laser radiation with matter filamentation of laser pulses with different wavelengths in air. Laser physics,2008,18(12).

［35］ Chin S L. Femtosecond laser filamentation. Berlin:Springer,2010.

［36］ Wang H,Fan C,Zhang P,et al. Light filaments with higher – order Kerr effect. Optics express. 2010, 18(23).

［37］ Wang H,Fan C,Zhang P,et al. Dynamics of femtosecond filamentation with higher – order Kerr response. JOSA B,2011,28(9).

［38］ Kasparian J,Ackermann R,André Y B,et al. Progress towards lightning control using lasers. Journal of the European Optical Society – Rapid Publications,2008,3.

［39］ Chin S,Wang T J,Marceau C,et al. Advances in intense femtosecond laser filamentation in air. Laser Physics,2012,22(1).

［40］ Wang H,Fan C,Shen H,et al. Relative contributions of higher – order Kerr effect and plasma in laser filamentation. Optics Communications,2013,293.

[41] Skupin S, Bergé L, Peschel U, et al. Filamentation of femtosecond light pulses in the air: Turbulent cells versus long – range clusters. Physical Review E,2004,70(4).

[42] Kasparian J, Wolf J P. Physics and applications of atmospheric nonlinear optics and filamentation. Optics Express,2008,16(1).

[43] Steingrube D, Schulz E, Binhammer T, et al. High – order harmonic generation directly from a filament. New Journal of Physics,2011,13(4).

[44] Ariunbold G O, Polynkin P, Moloney J V. Third and fifth harmonic generation by tightly focused femtosecond pulses at 2.2 μm wavelength in air. Optics Express,2012,20(2).

[45] Couairon A, Mysyrowicz A. Femtosecond Filamentation in Air. Progress in Ultrafast Intense Laser Science Springer Series in Chemical Physics Volume I. Berlin: Springer,2006.

[46] Couairon A. Light bullets from femtosecond filamentation. The European Physical Journal D – Atomic, Molecular, Optical and Plasma Physics,2003,27(2).

[47] Minardi S, Eilenberger F, Kartashov Y, et al. Three – dimensional light bullets in arrays of waveguides. Physical Review Letters,2010,105(26).

[48] Wang H, Fan C, Zhang P, et al. Extending mechanism of femtosecond filamentation by double coaxial beams. Optics Communications,2013,305.

[49] Bernhardt J, Liu W, Chin S, et al. Pressure independence of intensity clamping during filamentation: theory and experiment. Applied Physics B,2008,91(1).

[50] Varela O, Alonso B, Sola I, et al. Self – compression controlled by the chirp of the input pulse. Optics letters,2010,35(21).

[51] Schmidt B E, Béjot P, Giguère M, et al. Compression of 1.8 μm laser pulses to sub two optical cycles with bulk material. Applied Physics Letters,2010,96(12).

[52] Ettoumi W, Béjot P, Petit Y, et al. Spectral dependence of purely – Kerr driven filamentation in air and argon. Phys Rev A,2010,82(3).

[53] Akturk S, D'Amico C, Franco M, et al. Pulse shortening, spatial mode cleaning, and intense terahertz generation by filamentation in xenon. Physical Review A: Atomic, Molecular, and Optical Physics,2007,76(6).

[54] Liu J, Okamura K, Kida Y, et al. Femtosecond pulses cleaning by transient – grating process in Kerr – optical media. Chinese Optics Letters,2011,9(5).

[55] Prade B, Franco M, Mysyrowicz A, et al. Spatial mode cleaning by femtosecond filamentation in air. Optics Letters,2006,31(17).

[56] Mlejnek M, Kolesik M, Moloney J, et al. Optically turbulent femtosecond light guide in air. Physical Review Letters,1999,83(15).

[57] Liu W, Gravel J F, Théberge F, et al. Background reservoir: its crucial role for long – distance propagation of femtosecond laser pulses in air. Applied Physics B,2005,80(7).

[58] Moll K, Gaeta A L, Fibich G. Self – similar optical wave collapse: observation of the Townes profile. Physical Review Letters,2003,90(20).

第5章
高能激光大气传输数值模拟与实验研究

高能激光大气传输及其自适应光学相位补偿是一个十分复杂的非线性问题。采用各种近似理论、实验室内单因子的模拟实验以及外场实验对于研究高能激光(HEL)大气传输的物理规律等具有十分重要的意义。但是,由于实际大气条件的复杂性,要对 HEL 在各种实际大气条件下传输进行系统综合的定量分析研究,数值模拟也是一个必不可少的手段。为此,在研究激光大气传输及其相位校正过程中,数值模拟分析方法一直受国内外学者的重视。目前,国外已建立了若干套高能激光大气传输及其相位校正数值模拟四维计算程序(简称 4D 程序),比较大型的程序有 MOLLY[1]、ORACLE[2]、PHOTON[3]、等;国内安徽光学精密机械研究所等也建立了 4D 程序(HELP),并且在自适应光学系统的设计、室内外大气传输及其校正实验研究对比分析和利用实际大气参数进行数值实验等方面得到了广泛应用。

5.1 节对高能激光大气传输及其自适应光学相位补偿仿真模式进行简要介绍。5.2 节使用实验手段研究非线性热晕效应并与高能激光大气传输数值计算模式进行对比验证;使用计算模式对水平场景进行大量分析,给出高能激光大气传输定标规律。5.3 节使用理论分析结合模式计算的方法对高能激光大气传输相位补偿过程中的重要因素进行分析。

5.1　激光大气传输数值计算模式

5.1.1　基本方程的坐标变换

四维模式中的方程组及其近似条件简要描述:①激光传输方程满足标量波动方程近轴近似;②流体动力学方程满足等压近似;③大气湍流满足泰勒假定,即大气湍流随时间的变化可认为是随大气风场的位移,传输距离远大于光束直径,可忽略传输方向空间谱分量对折射率相关函数的贡献;④大气吸收激光能量导致的加热不改变大气湍流的时空特性,大气温度、折射率扰动满足线性叠加条件。根据上述物理条件,描述 HEL 大气传输的基本方程组为

$$2\mathrm{i}k\frac{\partial}{\partial z}\phi(\boldsymbol{r},z,t)+\nabla_\perp^2\phi(\boldsymbol{r},z,t)+2k^2\delta n\phi(\boldsymbol{r},z,t)-\mathrm{i}k\alpha_t\phi(\boldsymbol{r},z,t)=0 \quad (5-1)$$

$$\left(\frac{\partial}{\partial t}+\boldsymbol{V}\cdot\nabla_\perp\right)n_b-\eta\nabla_\perp^2 n_b=-\Gamma\alpha_a I(\boldsymbol{r},z) \quad (5-2)$$

$$<n_t(\boldsymbol{r}_1,z_1)n_t(\boldsymbol{r}_2,z_2)>=2\pi C_n^2(z_1,z_2)\delta(z_1,z_2)\iint_{-\infty}^\infty\Phi(\kappa_z=0,\kappa^2)\mathrm{e}^{\mathrm{i}\boldsymbol{\kappa}\cdot\boldsymbol{\rho}}\mathrm{d}^2\boldsymbol{\kappa}$$

$$(5-3)$$

$$\delta n=n_t+n_b \quad (5-4)$$

式中:$\nabla_\perp^2=\partial^2/\partial x^2+\partial^2/\partial y^2$ 为横向拉普拉斯算符;$k=2\pi/\lambda$,λ 为激光波长;ϕ 为光场函数;n_t、n_b 分别为大气湍流和激光加热大气引起的折射率扰动;$\alpha_t=\alpha_a+\alpha_s$ 为大气消光系数(α_a、α_s 分别为吸收和散射系数);$\boldsymbol{V}(z)=\boldsymbol{V}_0(z)+\delta\boldsymbol{V}(z)$ 为大气风速($\boldsymbol{V}_0(z)$ 为平均风速;$\delta\boldsymbol{V}(z)$ 为随机扰动风场);$\Gamma=\mu_T/\rho c_p$($\mu_T=|\mathrm{d}n/\mathrm{d}T|$ 为折射率随温度的变化率,ρ 为大气密度,c_p 为比定压热容);$I(x,y,z)=|\phi|^2$ 为光强分布;η 为热传导系数;C_n^2 为折射率结构常数;$<\ >$ 表示系综平均;$\Phi(\kappa)$ 为湍流折射率涨落谱密度函数;$\kappa^2=\kappa_x^2+\kappa_y^2$,$\boldsymbol{\rho}=\boldsymbol{r}_2-\boldsymbol{r}_1$,$r=\sqrt{x^2+y^2}$。

式(5-1)为近轴近似下的光波传播方程,式(5-2)为描述大气受激光加热导致折射率变化的方程,式(5-3)是湍流导致折射率随机变化的纵向相关函数。

考虑到聚光束的数值计算精度,对式(5-1)进行坐标变换。在 HELP 中采用非自适应坐标变换[4],即令

$$x_0=x/aD(z),y_0=y/aD(z),\mathrm{d}z_0=\mathrm{d}z/ka^2D^2(z) \quad (5-5a)$$

$$D^2(z)=\left(1-\frac{z}{R}\right)^2+\frac{z^2}{k^2a^4} \quad (5-5b)$$

式中:R 为光束焦距;a 为与发射光束性质有关的定标半径。

并令

$$\phi=\phi_0\phi_1\mathrm{e}^{-\frac{1}{2}\int\alpha_t(z')\mathrm{d}z'}$$

式中

$$\phi_0(x,y,z)=\frac{1}{D(z)}\mathrm{e}^{\frac{\mathrm{i}kr^2}{2}\frac{\mathrm{d}}{\mathrm{d}z}\ln D(z)-\mathrm{i}\arctan\left(\frac{z/ka^2}{1-z/R}\right)} \quad (5-5c)$$

这样式(5-1)变成

$$2\mathrm{i}\frac{\partial}{\partial z_0}\phi_1(\boldsymbol{r}_0,z_0)+\nabla_{\perp 0}^2\phi_1(\boldsymbol{r}_0,z_0)+(2-r_0^2)\phi_1(\boldsymbol{r}_0,z_0)+2k^2a^2D^2\delta n\phi_1(\boldsymbol{r}_0,z_0)=0$$

$$(5-6a)$$

式中:$r_0^2=x_0^2+y_0^2$;$\nabla_{\perp 0}^2=\dfrac{\partial^2}{\partial x_0^2}+\dfrac{\partial^2}{\partial y_0^2}$。

上述坐标变换是根据高斯光束传输性质而得,但可根据不同光束的衍射特征恰当地选择坐标变换的光束定标半径 a,该坐标变换也可用于其他发射光束。令 $a = a_0/c_t$,c_t 为定标因子。当发射光束为聚焦高斯光束时,a_0 为光束 $1/e$ 功率点光斑半径,$D_0 > 6a_0$,$c_t = 1$;$D_0 = 2\sqrt{2}a_0$,$c_t = 2\sqrt{2}$;$D_0 < 2\sqrt{2}a_0$,$c_t = 3.83$。当发射光束为有限球面波时,$a_0 = D_0/2$,$c_t = 3.83$,D_0 为光束直径。当发射光束为准直光时,c_t 一般选为1。也可以根据实际计算的需要来确定 c_t,如当湍流、热晕效应较强时,焦平面光斑扩展较大,可以选择较大的 c_t 以约束光束在计算网格里的发散速率。

对于菲涅耳数较大的聚焦光束传输,采用上述坐标变换计算时,一般在接近发射孔径端的计算传输步长很大,而在焦平面附近的计算步长极小。这在地基高能激光斜上行大气传输计算中会带来一些问题。由于近地面(接近发射孔径处)大气湍流较强、吸收系数较大、风速风向变化也较大,因此当接近发射孔径处(近地面)的计算传输步长过大,将会带来较大的计算误差。为此,仅对垂直传输方向 (x,y) 做上述坐标变换,而对传输方向 z 则采用 $z_1 = z/ka^2$ 变换关系。这样,式(5 - 1)变成

$$2iD^2 \frac{\partial}{\partial z_1}\phi_1(r_0, z_1) + \nabla_{\perp 0}^2 \phi_1(r_0, z_1) + (2 - r_0^2)\phi_1(r_0, z_1) + 2k^2 a^2 D^2 \delta n \phi_1(r_0, z_1) = 0$$

$$(5 - 6b)$$

该坐标变换在传输方向上是等步长计算的。为了保证聚焦光束的计算精度,在 HELP 中计算聚焦光束传输时,为方便减小在焦平面附近以及热晕效应驻止区附近的传输步长,在传输方向的抽样进行了分段,即根据需要每一段采用不同的传输步长计算。一般情况下分两段不同传输步长计算:接近发射端(约80%的传输距离)用较大的传输步长;接近焦平面时用较小的步长计算。对于热晕效应驻止区,则根据风速的大小来确定其位置后,在该传输段上分10段计算热晕相屏。

在与式(5 - 6b)一致的坐标系下,式(5 - 2)成为

$$\left(\frac{\partial}{\partial t} + \frac{1}{aD(z)}\mathbf{V} \cdot \nabla_{\perp 0} \right)n_b - \frac{\eta}{a^2 D^2(z)}\nabla_{\perp 0}^2 n_b = -\Gamma \alpha_a I(r, z) \qquad (5 - 7)$$

式(5 - 7)有两种计算方法:当风速仅是传输方向 z 的函数时,对其进行傅里叶变换;当考虑随机风场,即大气风速为横坐标 (x,y) 的函数时,可采取6点对称隐式差分算法。

5.1.2　激光大气传输的数值计算方法

5.1.1 节讨论了 HELP 中所引入的物理条件和基本方程组,本节将详细介

绍式(5-6)和式(5-7)的数值计算方法。信标光传输方程的算法与主激光方程相同,不另介绍。

5.1.2.1 传输方程的算法

在式(5-6a)中,令

$$\psi(r,z) = \int_{\zeta}^{z} \left[(1 - r^2/2) + k^2 a^2 D^2(z') \delta n(z') \right] \mathrm{d}z' \tag{5-8a}$$

$$\phi_2(r,z) = \phi_1(r,z) \mathrm{e}^{-\mathrm{i}\psi} \tag{5-8b}$$

式(5-6a)可写成

$$2\mathrm{i} \frac{\partial}{\partial z} \phi_2(r,z,t) + H(z)\phi_2(r,z,t) = 0 \tag{5-8c}$$

式中:$H(z)$表示略写算符,即

$$H(z) = \mathrm{e}^{-\mathrm{i}\psi} \nabla_{\perp}^2 \mathrm{e}^{\mathrm{i}\psi} \tag{5-9}$$

为简便起见,式中略去了式(5-6a)中的x、y、z的下标"0"。在z到$z + \Delta z$的传输计算中,将式(5-8c)写成差分格式,并且将式(5-8a)的积分下限ζ取为$z + \Delta z/2$,从而$H(z + \Delta z/2) = \nabla_{\perp}^2(z + \Delta z/2)$。这样,式(5-8c)变为

$$2\mathrm{i} \frac{\phi_2(r,z + \Delta z,t) - \phi_2(r,z,t)}{\Delta z} + \nabla_{\perp}^2 \phi_2(r,z + \Delta z/2,t) = 0 \tag{5-10}$$

可以看到,式(5-10)与均匀介质中的传输方程在同样精度的差分格式下是完全一样的,因此可用傅里叶变换法对其进行求解。

传输方程的具体计算过程(图5-1)[4]:

(1) $\phi_2(r,z) = \phi_1(r,z) \mathrm{e}^{-\mathrm{i}\int_{z + \Delta z/2}^{z} \left[(1 - r^2/2) + k^2 a^2 D^2(z') \delta n(z') \right] \mathrm{d}z'}$。

(2) 求解ϕ_2的均匀介质中的传输方程z到$z + \Delta z$。

(3) $\phi_1(r,z + \Delta z) = \phi_2(r,z + \Delta z) \mathrm{e}^{\mathrm{i}\int_{z + \Delta z/2}^{z + \Delta z} \left[(1 - r^2/2) + k^2 a^2 D^2(z') \delta n(z') \right] \mathrm{d}z'}$。

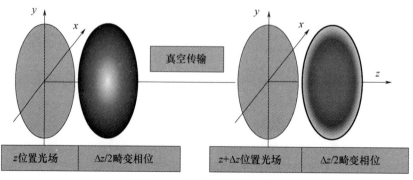

图5-1 传输方程计算过程

对于均匀介质中的传输方程的计算：

(1) 对 $\phi_2(r,z)$ 进行傅里叶变换得 $\phi_{2\kappa}(\kappa,z)$。

(2) $\phi_{2\kappa}(\kappa,z+\Delta z) = \phi_{2\kappa}(\kappa,z)\mathrm{e}^{-\mathrm{i}\Delta z\kappa^2/2}$。

(3) 对 $\phi_{2\kappa}(\kappa,z+\Delta z)$ 进行逆傅里叶变换求得 $\phi_2(r,z+\Delta z)$。

其中：$\phi_{2\kappa}(\kappa,z)$ 为 $\phi_2(r,z)$ 的傅里叶变换。

傅里叶变换采用基 -2 FFT 算法。鉴于式(5 – 5)的坐标变换和光场变换，发射光束 $z=0$ 处的光场函数需做同样变换处理。式(5 – 6b)计算方法相同。

5.1.2.2　折射率扰动方程的算法

对式(5 –7)，有傅里叶变换和差分算法两大类。当大气风速仅是传输方向 z 的函数时，采用傅里叶变换算法较简单。但是，考虑到大气随机风场是 (x,y) 的函数，傅里叶变换算法就比较复杂，而且计算速度比较慢。这种情况下，采用一种分离变量 6 点对称隐式差分格式算法。

1. 分离变量 6 点对称隐式差分格式算法

这种方法实际上是式(5 – 7)的迭代解法。具体过程：先将式(5 – 7)中对 y 的微分项用显式差分格式，对 x 的微分项用 6 点对称隐式差分格式，可得

$$\frac{n_\mathrm{b}'(l,m,j) - n_\mathrm{b}(l,m,j-1)}{\Delta t} + \frac{V_x}{2}\frac{n_\mathrm{b}'(l+1,m,j) - n_\mathrm{b}'(l-1,m,j)}{2\Delta x} -$$

$$\frac{\eta}{2}\frac{n_\mathrm{b}'(l+1,m,j) + n_\mathrm{b}'(l-1,m,j) - 2n_\mathrm{b}'(l,m,j)}{\Delta x^2}$$

$$= -\frac{\Gamma\alpha(z)}{2}\big[I(l,m,j-1) + I(l,m,j)\big] -$$

$$\frac{V_x}{2}\frac{n_\mathrm{b}(l+1,m,j-1) - n_\mathrm{b}(l-1,m,j-1)}{2\Delta x} +$$

$$\frac{\eta}{2}\frac{n_\mathrm{b}(l+1,m,j-1) + n_\mathrm{b}(l-1,m,j-1) - 2n_\mathrm{b}(l,m,j-1)}{\Delta x^2} -$$

$$V_y\frac{n_\mathrm{b}(l,m+1,j-1) - n_\mathrm{b}(l,m-1,j-1)}{2\Delta y} +$$

$$\frac{\eta}{2}\frac{n_\mathrm{b}(l,m+1,j-1) + n_\mathrm{b}(l,m-1,j-1) - 2n_\mathrm{b}(l,m,j-1)}{\Delta y^2}$$

$$(5 – 11\mathrm{a})$$

式中：$x = l\Delta x$，$y = m\Delta y$，$t = j\Delta t$。Δx、Δy、Δt 分别为 x、y、t 的抽样间隔，一般情况下均取 $\Delta x = \Delta y$。

将式(5 – 11a)求得的 n_b' 代回式(5 – 7)的 x 微分项中并采用显式差分，而对 y 的微分项则采用 6 点对称隐式差分格式，可得

$$\frac{n_{\mathrm{b}}(l,m,j) - n_{\mathrm{b}}'(l,m,j-1)}{\Delta t} + \frac{V_y}{2}\frac{n_{\mathrm{b}}(l,m+1,j) - n_{\mathrm{b}}(l,m-1,j)}{2\Delta y} -$$

$$\frac{\eta}{2}\frac{n_{\mathrm{b}}(l,m+1,j) + n_{\mathrm{b}}(l,m-1,j) - 2n_{\mathrm{b}}(l,m,j)}{\Delta y^2}$$

$$= \frac{V_y}{2}\frac{n_{\mathrm{b}}(l,m+1,j-1) - n_{\mathrm{b}}(l,m-1,j-1)}{2\Delta y} -$$

$$\frac{n_{\mathrm{b}}(l,m+1,j-1) + n_{\mathrm{b}}(l,m-1,j-1) - 2n_{\mathrm{b}}(l,m,j-1)}{\Delta y^2}$$

$$(5-11\mathrm{b})$$

式(5-11a)、式(5-11b)为三对角矩阵线性方程组,利用追赶算法速度非常快。这种算法无条件稳定,且计算精度高,误差是在 $O^3(\mathrm{d}x\mathrm{d}y\mathrm{d}t)$ 量级。该算法在不考虑热传导且仅有单方向风速情况下的一维方程的隐式算法是完全一致。将上述求得的 n_{b} 代入式(5-8a)第二项即得到热晕相屏。

2. 傅里叶变换算法

当风速仅是传输方向 z 的函数时,对式(5-7)进行傅里叶变换,可得

$$n_{\mathrm{b}}(\boldsymbol{\kappa},t+\Delta t) = n_{\mathrm{b}}(\boldsymbol{\kappa},t)\mathrm{e}^{(\mathrm{i}\boldsymbol{\kappa}\cdot\boldsymbol{\nu}-\eta\kappa^2)\Delta t} + \Gamma\alpha(z)\int_t^{t+\Delta t}I(\boldsymbol{\kappa},t')$$

$$\mathrm{e}^{(\mathrm{i}\boldsymbol{\kappa}\cdot\boldsymbol{\nu}-\eta\kappa^2)(t+\Delta t-t')}\mathrm{d}t' \qquad (5-12)$$

在上式的计算过程中,当 Δt 较小时,可忽略 t 到 $t+\Delta t$ 时间内的光强变化,因此,$I(\boldsymbol{\kappa},t)$ 可以提到时间积分号外。对式(5-12)进行逆傅里叶变换即得到 $t+\Delta t$ 折射率扰动。

5.1.2.3 大气光学湍流数值模型和算法

大气湍流造成的折射率起伏是一随机函数,其对光束传输的影响一般是利用相屏近似来实现的。即将大气湍流在光束传输方向上分成若干层,每层的贡献是改变该层中传输光束的相位。在 $\Delta z = z_2 - z_1$ 大于湍流相关尺度及光束直径的情况下,其相关函数满足关系式(5-3)。一般情况下可以采用几何光学近似,则厚度为 Δz 的湍流大气层导致的光束相位扰动为

$$\psi_{\mathrm{t}} = k\int_z^{z+\Delta z}n_{\mathrm{t}}(r,z')\mathrm{d}z' \qquad (5-13)$$

其相关函数为

$$B_{\psi}(\rho) = <\psi_{\mathrm{t}}(r_1,z)\psi_{\mathrm{t}}(r_1+\rho,z+\Delta z)> = k^2\iint_z^{z+\Delta z}<n_{\mathrm{t}}(r_1,z_1)n_{\mathrm{t}}(r_1+\rho,z_2)>\mathrm{d}z_1\mathrm{d}z_2$$

$$(5-14)$$

利用式(5-3)可得相位相关函数为[5]

$$B_{\psi}(\boldsymbol{\rho}) = 2\pi k^2\iint_{-\infty}^{\infty}\Phi(\kappa_z=0,\kappa^2)\mathrm{e}^{\mathrm{i}\boldsymbol{\kappa}\cdot\boldsymbol{\rho}}\mathrm{d}^2\boldsymbol{\kappa}\int_z^{z+\Delta z}C_{\mathrm{n}}^2(z')\mathrm{d}z' \qquad (5-15)$$

这样可对相位相关函数进行谱反演直接得到相位起伏,并根据泰勒假定,将其随时间的演变转换到空间上随大气风场的位移,即

$$\psi_t(\boldsymbol{r},z) = q \iint_{-\infty}^{\infty} g(\boldsymbol{\kappa}) F_{\Phi}^{1/2}(\boldsymbol{\kappa}) e^{i\boldsymbol{\kappa}\cdot(\boldsymbol{r}+V_0 t)} d^2\boldsymbol{\kappa} \tag{5-16a}$$

$$F_{\Phi}(\boldsymbol{\kappa}) = 2\pi k^2 \Phi(\boldsymbol{\kappa}) \int_z^{z+\Delta z} C_n^2(z') dz' \tag{5-16b}$$

式中:q 为定标因子;$g(\boldsymbol{\kappa})$ 为复型高斯随机白噪声;ψ_t 为实函数。

因此,有

$$\left[g(-\boldsymbol{\kappa}) F_{\Phi}^{1/2}(-\boldsymbol{\kappa}) \right]^* = g(\boldsymbol{\kappa}) F_{\Phi}^{1/2}(\boldsymbol{\kappa}) \tag{5-16c}$$

式中:"$*$"表示共轭。

将式(5-16)写成离散求和式,并利用基 - 2 FFT 进行计算:

$$\psi_t(n,m) = \Delta\kappa \sum_{j=-N/2}^{N/2-1} \sum_{l=-N/2}^{N/2-1} g(j,l) F_{\Phi}^{1/2}(j,l) e^{i2\pi(jn+ml)/N} \tag{5-17a}$$

$$<g(j,l)> = 0, \quad <g(j,l)g(j',l')> \delta_{jj'}\delta_{ll'} \tag{5-17b}$$

式中已利用 $q = d\kappa^{-1} = 2\pi/Ndx$,$N$ 为计算横向网格点数,该算法最高抽样频率为 π/dx。由于实际大气湍流谱范围很宽,为 $2\pi/L_0 \sim 5.92/l_0$,l_0 为湍流内尺度(约为毫米量级),L_0 为湍流外尺度(一般为几米到几十米)。因此,利用式(5-17)计算有很大局限性。为此,我们提出了折叠式 FFT 算法[6],即利用 N 的傅里叶变换算法计算 $2N$ 的傅里叶变换:

$$\psi_t(n,m) = \Delta\kappa \sum_{j=0}^{N-1} \sum_{l=0}^{N-1} \left[f(j-N,l-N) + f(j-N,l) + f(j,l-N) + f(j,l) \right] \times$$
$$e^{i2\pi(jn+ml)/N}$$

$$\tag{5-18a}$$

式中

$$f(j,l) = g(j,l) F_{\Phi}^{1/2}(j,l)$$

这样最高抽样频率为 π/dx,最低频率抽样为 $2\pi/Ndx$,计算精度有较大提高。

上述方法只能扩展 1 倍的低频采样。为了更充分地考虑大气湍流的低频成分对光束抖动(长曝光光斑光强分布)的影响,在讨论的 HELP 湍流效应模拟计算中加入了低频相屏计算程序。具体算法是:低频相屏空间抽样网格 $dx' = Ndx$,抽样点数为 N',则谱空间频率抽样间隔 $dk = 2\pi/N'Ndx$。低频相屏的最低抽样频率为 $2\pi/N'Ndx$,最高抽样频率为 π/Ndx。

$$\psi_t'(n,m) = \mathrm{Re}\left\{ \sqrt{2}\Delta\kappa' \sum_{i=0}^{N'-1} \sum_{j=0}^{N'-1} f(i,j) e^{i2\pi(ni+mj)/NN'} \right\} \tag{5-18b}$$

最后所得相屏为式(5-18a)、式(5-18b)计算结果之和。由于式(5-18b)不能用快速傅里叶变换计算,因此,N' 不宜过大(一般取 4 或 8),否则计算速度较慢。

利用折叠式 FFT 算法对准直高斯激光束等效水平均匀大气传输进行了数值模拟。折射率起伏谱采用修正冯·卡门谱,即式(1 – 104)。抽样总宽度 $L = 2.56$ m,$N = 128$,$L_0 = 62.8$ m,$\lambda = 1.0$ μm,$\Delta z = 100$ m,高斯光束 $1/e$ 功率点半径 $a_0 = 0.5$ m,湍流折射率结构常数 C_n^2 取 $10^{-16} \sim 10^{-12}$ m$^{-2/3}$。对应从弱到强湍流特征,传输距离最大到 10km。图 5 – 2(a) 为相屏的一个例子。可以看出,小尺度的相位起伏到大尺度的相位倾斜在相屏上都有明显的反映。图 5 – 2(b) 为由相屏重构的相位结构函数 $D(r)$ 与理论结果的比较,比不考虑低频修正的传统算法有显著改善。(传统算法所得结构函数在较大的间距 r 时逐渐下降而趋近于 0,与理论结果 $r^{5/3}$ 关系相去很远。)

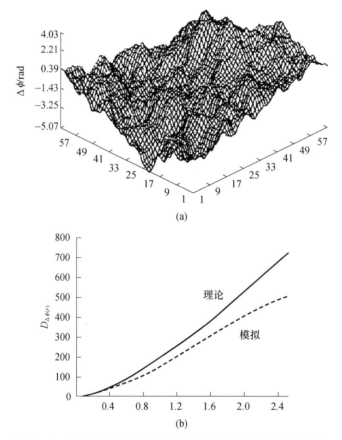

图 5 – 2   两次折叠式 FFT 算法实现激光大气湍流模拟的算例
(a)一次湍流相位屏的实现;(b)湍流相位结构函数随两点间间距的变化。

图 5 – 3 为准直高斯光束在湍流大气中传输的 Strehl 比随 D/r_0 的变化。计算中取 $D = 2\sqrt{2}a_0$。r_0 随 C_n^2 及传输距离 z 变化,从图 5 – 3 中可以看出数值模拟结果与理论曲线极相符合。

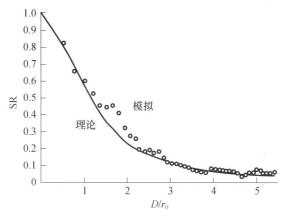

图 5 - 3　Strehl 比(SR)随 D/r_0 的变化

5.1.2.4　自适应光学数值模型和仿真方法

自适应光学系统主要包括信标光的传输、波前探测、波前拟合(直接斜率波前复原算法不需要波前拟合)和波前复原以及波前控制四个部分[7]。在式(5 - 5)相同的坐标变换下,信标光传输方程为

$$-2\mathrm{i}k'\frac{\partial}{\partial z_0}\phi_\mathrm{b}(\boldsymbol{r},z,t+t_0) + \nabla^2_{\perp 0}\phi_\mathrm{b}(\boldsymbol{r},z,t+t_0) + (2-r^2)\phi_\mathrm{b} +$$
$$2k^2_\mathrm{b}a^2D^2(z)\delta n\phi_\mathrm{b}(\boldsymbol{r},z,t+t_0) = 0$$

$$(5-19)$$

式中: $k' = k_\mathrm{b}/k, k_\mathrm{b} = 2\pi/\lambda_\mathrm{b}, \lambda_\mathrm{b}$ 为信标光波长; ϕ_b 为信标光光场函数; t_0 为自适应光学系统的时间延迟。

考虑到信标光与主激光不同波长,自适应光学系统施加到主激光上的波前与信标光波前存在变换关系为

$$\varphi = \varphi_\mathrm{b}/k \qquad (5-20)$$

式中: φ_b 为信标光相位; φ 为应施加的补偿相位。

我们建立的 HELP 以哈特曼(Hartmann)波前传感器为仿真对象,其直接测量得到的是每一个探测子孔径之焦平面上的信标光的光斑重心 $x_\mathrm{c}(n)$、$y_\mathrm{c}(n)$,并由下式计算子孔径上信标光的波前斜率:

$$T_x(l) = x_\mathrm{c}(l)/F, T_y(l) = y_\mathrm{c}(l)/F \qquad (5-21)$$

式中: $l = 1,2,3,\cdots,N_\mathrm{h}, N_\mathrm{h}$ 为探测子孔径总数; F 为子孔径焦距。

波前复原一般有模式法[8]和直接斜率法[9]两种,本节将给出这两种算法及其程序。波前复原仿真的对象为分立驱动连续表面变形镜,采用变形镜影响函数线性叠加模型进行波前复原计算,即

$$\psi_{\mathrm{dm}}(x,y) = \sum_{n=0}^{N_a} d_n R(n,x,y) \qquad (5-22)$$

式中：d_n 为第 n 个驱动器的驱动量；N_a 为变形镜驱动器个数；$R(n,x,y)$ 为该驱动器单位驱动量下的变形镜面形函数（影响函数）。波前控制算法为比例加积分。

1. 系统布局

自适应光学系统的布局是指波前传感器子孔径、变形镜驱动器的布局及其对应关系。目前，哈特曼波前传感器子孔径分割一般采用透镜阵列。变形镜驱动器一般是三角形布局或圆环形布局。HELP 给出了上述几种布局的计算子程序，并可以根据不同的布局形式选择子孔径和驱动器数目。波前传感器子孔径和变形镜驱动器的布局形式如图 5－4 所示。

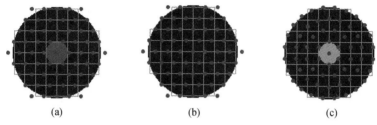

(a) (b) (c)

图 5－4　本四位程序生成的哈特曼波前传感器子孔径和变形镜驱动器的布局
(a)、(c)中心有遮拦情况；(b)中心无遮拦情况。

2. 波前探测

哈特曼波前传感器探测子孔径之焦平面上的信标光的光斑重心，即

$$x_{cj}(l) = \frac{F}{k_b}\iint x_j I_{\mathrm{bf}}(r)\,\mathrm{d}r \Big/ \iint I_{\mathrm{bf}}(r)\,\mathrm{d}r \qquad (5-23\mathrm{a})$$

$$\varphi_{\mathrm{bf}}(x_{\mathrm{f}},y_{\mathrm{f}}) = \iint \varphi_{\mathrm{b}}(x,y)\,\mathrm{e}^{-2\pi(x_{\mathrm{f}}x+y_{\mathrm{f}}y)/\lambda_{\mathrm{b}}F}\mathrm{d}x\mathrm{d}y \qquad (5-23\mathrm{b})$$

式中：$\varphi_{\mathrm{bf}}(r)$ 为子孔径之焦平面上的信标光光场分布，其光强分布为 $I_{\mathrm{bf}}(r)=\mid\varphi_{\mathrm{bf}}\mid^2$。

对于式（5－23），有多种计算方法。目前 HELP 中常采用的算法是：将式（5－23b）代入式（5－23a），并利用透镜的傅里叶变换性质，可以直接利用哈特曼传感器接收孔径面的信标光场 φ_{bf} 计算得到子孔径上的光斑重心：

$$x_{cj}(l) = \frac{F}{k_b}\iint \mathrm{Im}\big[\varphi_{\mathrm{bf}}^{*}\frac{\partial\varphi_{\mathrm{bf}}}{\partial x_j}\big]\mathrm{d}r \Big/ \iint \mid\varphi_{\mathrm{bf}}\mid^2\mathrm{d}r \qquad (5-24)$$

式里：l 为第 l 个子孔径；$x_{cj}(j=1,2)$ 分别为 x、y 坐标；积分区域为第 l 个子孔径面积。

这种算法的优点是计算速度快，但由于该算法没有得到传感器 CCD 上子光斑的强度分布，不能够对传感器上子光斑及其窗口大小（像素数）、CCD 的噪声等对波前探测精度的影响进行仿真分析。为克服上述缺点，HELP 也给出了传

感器 CCD 上子光斑光强分布 $I_{\mathrm{bf}}(r)$（式（5－23b））的计算子程序，得到 $I_{\mathrm{bf}}(r)$ 后代入式（5－23a）再计算子光斑重心，从而可以更真实地仿真分析各种因素对哈特曼波前传感器的波前测量精度的影响。

将式（5－23a）或式（5－24）得到的 x_{cj} 代入式（5－21）即可计算子孔径上的波前斜率 T_{xj}。T_{xj} 实际上是以光强为权重因子的子孔径区域上的信标光波前平均倾斜斜率。获得信标光波前整体倾斜有两种方法：一种是利用哈特曼波前传感器的子孔径斜率平均得到，即

$$\overline{T}_{xj} = \frac{1}{N_{\mathrm{h}}} \sum_{l=1}^{N_{\mathrm{h}}} T_{xj}(l) \tag{5－25}$$

另一种方法是在自适应光学系统中由专用的传感器测量整体倾斜，该方法的优点是其动态范围大。在数值计算中，对整束信标光（不分割）进行傅里叶变换获得远场光强分布，计算光斑重心从而得到其整体倾斜。

图 5－5 为哈特曼波前传感器探测波前畸变示意图。具有理想波前的光束经哈特曼透镜阵列后在焦平面上成像，如图 5－5 右上部分，每个子孔径所成光斑质心所在位置记作哈特曼波前的计算初始位置，此过程称为哈特曼波前传感器的标定。当光束波前存在一定像差时，光束经已标定的哈特曼阵列后，其子孔径焦平面处光斑质心与标定位置出现明显差别。利用此差别可计算出每个子孔径的局部倾斜量，进而实现波前探测。

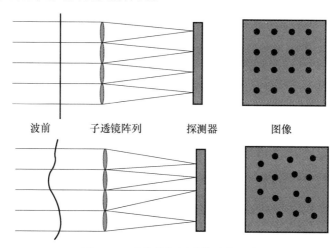

图 5－5　哈特曼探测波前畸变示意

图 5－6 为不同条件下，信标光经大气传输至哈特曼上光强分布及子孔径焦平面光斑分布。图 5－6(a)左图为信标光真空传输至哈特曼上光斑分布，右图为子孔径焦平面光斑分布。图 5－6(b)左图为信标光经湍流传输至哈特曼上的光斑分布，右图为哈特曼子孔径焦平面光斑分布。可以看出，在较强湍流条件下，哈特曼焦平面上光斑分布与真空传输条件下有明显差异，焦平面上光斑畸变

较为严重,通过计算光斑质心与真空下定标质心的差异可以测得波前倾斜。子孔径上光强值大小、不同子孔径间光强的相互干扰以及焦平面处 CCD 探测器的信噪比成为波前探测的主要误差来源。

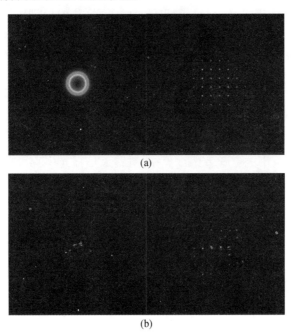

(a)

(b)

图 5-6　哈特曼探测波前畸变数值仿真实验

(a)理想高斯光束真空传输至哈特曼处光强分布及子孔径焦平面位置处光斑分布;
(b)高斯光束经大气湍流传输至哈特曼处光强分布及子孔径焦平面位置处光斑分布($D/r_0 = 13.9$)。

3. 波前复原

倾斜镜的波前复原通过对式(5-25)的平均波前斜率积分得到。变形镜波前复原有模式波前复原和直接斜率波前复原两种算法。

1) 模式法

变形镜波前复原的模式算法分波前拟合和波前复原两步进行。

(1) Zernike 多项式波前拟合。光束波前可展开成 Zernike 多项式之和,即

$$\psi_{\text{fit}}(x,y) = \sum_{m=3}^{M_z} a_m Z(m,x,y) \qquad (5-26)$$

式中:a_m 为第 m 项 Zernike 多项式 $Z(m,x,y)$ 展开系数;M_z 为展开总项数。

这里从第三项开始求和表示不考虑平均位移,而 x、y 方向上的倾斜由倾斜镜复原。这样,上述波前在哈特曼第 l 个子孔径上的平均斜率为

$$T'_{xj}(l) = \frac{1}{A} \sum_{m=3}^{M_z} a_m \iint Z_{xj}(m,x,y) \, \mathrm{d}r \qquad (5-27)$$

式中:$Z_{xj}(j=1,2)$ 分别为 $Z(m,x,y)$ 对 x、y 的微分;积分区域为第 l 个子孔径面

积,A 为该子孔径面积。

通过求上述波前斜率与探测到的信标波前斜率 $T_{xj}(l)$ 的最小方差

$$\frac{\partial \sigma_{\mathrm{T}}^2}{\partial a_m} = \frac{\partial}{\partial a_m} \sum_{j=1}^{2} \sum_{l=1}^{N_h} \left[T_{xj}(l) - T'_{xj}(l) \right]^2 = 0 \qquad (5-28)$$

可得到求 Zernike 多项式的展开系数的线性方程组为

$$(Z_{xml}Z_{xlm} + Z_{yml}Z_{ylm})a_m = Z_{xml}T_{xl} + Z_{yml}T_{yl} \qquad (5-29a)$$

式中

$$Z_{xml} = \frac{1}{A} \iint Z_x(m,x,y)\,\mathrm{d}x\mathrm{d}y \qquad (5-29b)$$

$$Z_{yml} = \frac{1}{A} \iint Z_y(m,x,y)\,\mathrm{d}x\mathrm{d}y \qquad (5-29c)$$

积分区域为第 l 个子孔径面。Z_{xlm}、Z_{ylm} 分别为 Z_{xml}、Z_{yml} 的转置矩阵。将式(5-29a)得到的 Zernike 多项式系数代入式(5-26)即得到拟合波前。

（2）波前复原。变形镜波前复原是通过求式(5-26)和式(5-22)的最小方差,得到变形镜驱动器驱动量 d_n,即

$$\frac{\partial \sigma_{\psi}^2}{\partial d_n} = \frac{\partial}{\partial d_n} \iint \left[\psi_{\mathrm{dm}}(x,y) - \psi_{\mathrm{fit}}(x,y) \right]^2 \mathrm{d}x\mathrm{d}y = 0 \qquad (5-30)$$

积分区为整个变形镜面。从而可得

$$d_n = I_{nm}^{-1} J_m \qquad (5-31a)$$

$$I_{nm} = \iint R(n,x,y)R(m,x,y)\,\mathrm{d}x\mathrm{d}y \qquad (5-31b)$$

$$J_m = \iint R(m,x,y)\psi_{\mathrm{fit}}(x,y)\,\mathrm{d}x\mathrm{d}y \qquad (5-31c)$$

式中:I_{nm} 为复原矩阵,也称为传递函数;上标"-1"表示矩阵求逆;J_m 为拟合波前与影响函数的相关矩阵,该矩阵可与式(5-29)结合事先求得。将式(5-31a)得到的变形镜驱动器驱动量代回到式(5-22),即可得到变形镜的复原波前。

2）直接斜率法

直接斜率波前复原算法是直接通过求哈特曼测量的信标光波前斜率和变形镜复原波前面形在哈特曼子孔径上的平均斜率的最小方差从而得到变形镜驱动器驱动量 d_n 的。变形镜复原波前在相应子孔径上的斜率为 $T_{\mathrm{dx}}(l)$、$T_{\mathrm{dy}}(l)$,即

$$T_{\mathrm{dx}}(l) = \frac{1}{A} \sum_{n=1}^{N_d} d_n \iint_l R'_x(n,x,y)\,\mathrm{d}x\mathrm{d}y \qquad (5-32a)$$

$$T_{\mathrm{dy}}(l) = \frac{1}{A} \sum_{n=1}^{N_a} d_n \iint_l R'_y(n,x,y)\,\mathrm{d}x\mathrm{d}y \qquad (5-32b)$$

式中:A 为第 l 个子孔径的面积;R_x'、R_y' 分别为驱动器影响函数 $R(n,x,y)$ 对 x 和 y 的微分;N_a、d_n 分别为变形镜驱动器数和驱动器驱动量,积分区域为第 l 个

子孔径镜面积。

探测波前斜率和复原波前斜率之间的方差为

$$\sigma_t^2 = \sum_{l=1}^{N_h} (T_x - T_{dx})^2 + \sum_{l=1}^{N_h} (T_y - T_{dy})^2 \qquad (5-33)$$

式中：N_h 为哈特曼波前传感器子孔径数。

求 σ_t^2 对 d_n 的微分并令之等于 0，即最小方差条件得（用矩阵形式表示）

$$(\boldsymbol{R}_{nlx}\boldsymbol{R}_{lnx} + \boldsymbol{R}_{nly}\boldsymbol{R}_{lny})\boldsymbol{d}_n = \boldsymbol{R}_{nlx}\boldsymbol{T}_{lx} + \boldsymbol{R}_{nly}\boldsymbol{T}_{ly} \qquad (5-34)$$

式中：$\boldsymbol{T}_{lx}$、$\boldsymbol{T}_{ly}$ 为探测斜率矩阵；$\boldsymbol{R}_{lnx}$、$\boldsymbol{R}_{lny}$ 为 $\boldsymbol{R}_{nlx}$、$\boldsymbol{R}_{nly}$ 的转置矩阵可表示成

$$R_{nlx} = \iint_l R'_x(n,x,y)\,\mathrm{d}x\mathrm{d}y/A \qquad (5-35a)$$

$$R_{nly} = \iint_l R'_y(n,x,y)\,\mathrm{d}x\mathrm{d}y/A \qquad (5-35b)$$

这样通过求解式(5-34)即可得到变形镜驱动器的驱动量。

4. 传递函数的仿真计算

实际系统中传递函数是依次在每一个驱动器上加一定电压，通过哈特曼波前传感器测量波前斜率计算得到的。在数值模拟模式中，要给定变形镜的影响函数 $R(x,y)$ 计算复原矩阵。计算复原矩阵有两种方法：一种是直接利用式(5-31b)、式(5-35a)和式(5-35b)积分计算影响函数矩阵；另一种是仿真实际系统中的传递函数测量过程，利用变形镜影响函数 $R(x,y)$ 依次构造每一个驱动器加电压形成的信标光波前畸变，然后利用哈特曼波前传感器的仿真算法(式(5-24))仿真测量每一个子孔径上的信标光波前斜率，计算得到影响函数矩阵。HELP 采用第二种算法，从而更接近实际系统的处理方法。

对于影响函数 $R(x,y)$，可采用实际系统的测量结果，也可采用拟合函数形式。大量的实验和理论研究结果表明[7]，高斯型影响函数能较好地描述分立驱动连续表面变形镜的影响函数，即

$$R_n(x,y) = e^{\ln p \frac{[x-x_c(n)]^2 + [y-y_c(n)]^2}{r_d^2}} \qquad (5-36)$$

式中：$x_c(n)$、$y_c(n)$ 为第 n 个驱动器位置坐标；r_d 为驱动器的平均间距；p 为耦合系数，即本驱动器单位驱动量的情况下相邻驱动器的位移量。

在不同的影响函数、耦合系数以及不同的驱动器排列方式情况下，复原波前的结果将会有所不同。对实际的自适应光学系统进行仿真分析，为便于与实验结果进行比较，影响函数和耦合系数应采用实测值。

5. 波前控制

波前控制采用比例加积分算法，即变形镜驱动器驱动量满足下面的迭代过程：

$$d_n = d_n(l_t - 1) + \Delta d_n \qquad (5-37)$$

式中：$d_n(l_t - 1)$ 为前一时刻的驱动量，d_n 为当前时刻信标光经变形镜反射后，通

过上述波前探测和复原得到的剩余驱动量。

显然,上述算法以及激光传输计算的时间步长应小于自适应光学系统的时间滞后。在模拟计算中,实际上是直接利用得到的残余波前与前一时刻的变形镜面形函数相加得到当前时刻的复原波前。

5.1.3　激光大气传输的数值计算网格选取的基本原则

计算参量的选取主要包括对横向抽样网格间距 $\Delta x(\Delta y)$、抽样网格点数 N 以及传输步长(或相位屏间距 Δz)等的选取。首先根据数值计算的抽样原则对计算参量的选取进行讨论。为了正确地以离散的相位屏代替连续相位,根据 Nyquist 抽样定理,使得相位屏上相邻网格点上的相位差满足

$$\begin{cases} |\varphi(i,j) - \varphi(i-1,j)| < \pi \\ |\varphi(i,j) - \varphi(i,j-1)| < \pi \end{cases} \quad (5-38)$$

一般情况下 x、y 方向上的网格间距相等,即 $\Delta x = \Delta y$,因此将以 Δx 为例进行讨论。由式(5-38)可知,网格间 Δx 需要符合

$$\Delta x < \pi / |d\varphi/dx| \quad (5-39)$$

由于是用有限的离散傅里叶变换计算光束的传输,传输介质的高频起伏散射作用在传输过程中就可能导致其中一侧网格上的能量分布出现在另一侧,并且随传输距离的增加,计算网格的边界效应更为明显。因此,为了得到准确的传输方程的解,就必须控制这种混淆现象。若散射角 $\theta = (1/k)|d\varphi/dx|$,则当传输距离为 z 时,在相位屏面上的相对偏离量为 θz。因此,要求传输路径上计算网格的宽度应满足 $L > (z/k)|d\varphi/dx| + D$($D$ 为发射光束口径),转换为对网格间距的限制,即 $\Delta x > \lambda z \Delta\varphi_{max}/2\pi(L-D) = \lambda z/2(L-D)$,结合式(5-39)可以得到网格间距需要满足的条件为

$$\lambda z/2(L-D) < \Delta x < \pi / |d\varphi/dx| \quad (5-40)$$

至于抽样网格点数 N 的选取,根据选定的网格间距 Δx 及计算网格的宽度 L,然后由 $L/\Delta x$ 确定出抽样网格数 N。

另外,任意两个相邻的相位屏的间距 Δz 应足够小,使得介质折射率起伏引起的相位变化 S 足够小,从而对场的振幅没有明显影响而只影响相位,即 $S = k\sigma_n \Delta z < 1$,因此相位屏间距应满足

$$\Delta z < 1/k\sigma_n \quad (5-41)$$

式中:σ_n 为折射率起伏的均方根。

根据式(5-38)~式(5-41),并结合需模拟的激光大气传输的效应以及传输介质的特性,具体分析在数值模拟中对计算参量的选取要求。

1. 湍流效应数值模拟中对计算参量选取的要求

对激光湍流大气传输而言,光束相位起伏通常用结构函数描述,即

$$D_\varphi(|r|) = \langle (\varphi(r_1) - \varphi(r_2))^2 \rangle = 6.88 (|r|/r_0)^{5/3} \quad (5-42)$$

式中：r_0 为大气相干长度。

若令 $r = \Delta x$，结合式（5-38）~式（5-41）则可以得到对网格间距选取的要求，即

$$\Delta x \leqslant r_0 \left(\pi^2/6.88 \right)^{3/5} \tag{5-43}$$

激光在湍流介质传输过程中，由大气湍流引起的散射角约为 λ/r_0，因此要求传输路径上计算网格的长度应大于散射斑尺度，即 $L > \lambda z/r_0 + D$。结合式（5-40），则网格间距应满足

$$\Delta x > (\lambda z)^2/2r_0 \tag{5-44}$$

在湍流大气传输的数值模拟中，还需要结合光场的特征尺度选择计算网格，如在弱起伏条件下，最大的空间频率 $\kappa_{\max} = \pi/\Delta x$ 是由菲涅耳尺度 $\sqrt{\lambda z}$ 决定的，因此要求 $\kappa_{\max} > 1/\sqrt{\lambda z}$，即

$$\Delta x < \pi \sqrt{\lambda z} \tag{5-45}$$

而在强起伏条件下，$\kappa_{\max}$ 由大气相干长度 r_0 决定，$\kappa_{\max} > 1/r_0$，则有

$$\Delta x < \pi r_0 \tag{5-46}$$

对相位屏间距的选取而言，由于在惯性区内，通常认为大气湍流得到充分发展，并满足局地均匀各向同性的条件。由式（5-41）可知，相位屏间距需要满足 $\Delta z < 1/k\sigma_n = 1/k \sqrt{C_n^2 \Delta z^{2/3}}$，即

$$\Delta z < (k^2 C_n^2)^{-3/8} \tag{5-47}$$

在构造湍流相位屏时，相邻的相位屏还应该相互统计独立从而保证光场特性不依赖于相位屏的具体构造方法，因此要求传输步长大于湍流介质的所有非均匀元尺度，即 $\Delta z > L_0$（L_0 为湍流外尺度）。此外，Martin 等[10] 还根据光强起伏的特性确定了选取相位屏间距的经验条件，要求归一化方差满足

$$\begin{cases} \beta_l^2(\Delta z) < 0.1\beta_l^2(z)，弱起伏 \\ \beta_l^2(\Delta z) < 0.1，强起伏 \end{cases} \tag{5-48}$$

2. 稳态热晕效应数值模拟中对计算参量选取的要求

下面分别以高斯光束、平台光束准直传输的热畸变效应为例，同样根据式（5-38）~式（5-41），具体分析在激光大气传输稳态热晕效应的数值模拟中对计算参量选取的要求。对初始强度分布为高斯分布的传输光束而言，其热畸变后的相位分布为

$$\varphi_{BG}(x,y,z) = -(\Delta \varphi_G/2) e^{[-(y/a)^2] \cdot [1 + \mathrm{erf}(x/a)]} \tag{5-49}$$

由式（5-49）可知，在 y 轴方向上其相位分布梯度较大，若相邻网格点间的相位差用 $\Delta \varphi_y$ 表示，则有

$$\Delta \varphi_y = (\partial \varphi_{BG}/\partial y) \Delta y = (\Delta \varphi_G/a^2) y \Delta y e^{(-y^2/a^2)[1 + \mathrm{erf}(x/a)]} \tag{5-50}$$

令 $\partial \Delta \varphi_y/\partial y = 0$，得到 $y = a/\sqrt{2}$，即此时两抽样网格点间的相位差最大。结合

式(5-38)可得

$$\Delta\varphi_{y\max} = (\partial\varphi_{BG}/\partial y)\Delta y = (\Delta\varphi_G/a^2)\Delta y \approx \Delta\varphi_G \Delta y/\sqrt{2}\,a = N_D \Delta y/\sqrt{\pi}\,D < \pi$$

$$(5-51)$$

即要求网格间距满足

$$\Delta x < \pi^{3/2} D/N_D \qquad\qquad (5-52)$$

对准直光束传输热晕效应的数值模拟而言,一般取计算网格的宽度 $L=3D$,即可有效地抑制边界效应。结合式(5-40),网格间距还需要满足

$$\Delta x > \lambda z/4D \qquad\qquad (5-53)$$

因此,对初始光强为高斯分布的传输光束而言,其对网格间距的要求为

$$\lambda z/4D < \Delta x < \pi^{3/2} D/N_D \qquad\qquad (5-54)$$

同样,对平台光束而言,其热畸变后的相位分布为

$$\varphi_{BU}(x,y,z) = -(\Delta\varphi_U/2)\left[(x/a) + (1-y^2/a^2)^{1/2}\right] \qquad (5-55)$$

由式(5-55)可以看出,其相位分布梯度较大的方向也在 y 轴方向上,相邻网格点间的相位差同样用 $\Delta\varphi_y$ 表示,则

$$\Delta\varphi_y = (\partial\varphi_{BU}/\partial y)\Delta y = (\Delta\varphi_U/2)\left[y\Delta y/a^2\,(1-y^2/a^2)^{1/2}\right] \qquad (5-56)$$

因为 $\partial\Delta\varphi_y/\partial y > 0$,所以当 $y=a$ 时,两抽样网格点间的相位差最大。但考虑到 $\Delta\varphi_y$ 表达式中的分母项以及差分网格的选取 $y\big|_a = (y\big|_{a+\Delta y/2} + y\big|_{a-\Delta y/2})/2$,而且当 $y=a+\Delta y/2$ 时,忽略衍射效应 $\varphi_{BU}=0$。因此,当 $y=a-\Delta y/2$ 时,两抽样网格点间的相位差最大,结合式(5-38)可得

$$\begin{aligned}
\Delta\varphi_y &= (\partial\varphi_{BU}/\partial y)\Delta y \\
&= (\Delta\varphi_U/2)\{(a-\Delta y/2)\Delta y/a^2\left[1-(a-\Delta y/2)^2/a^2\right]^{1/2}\} \\
&= (\Delta\varphi_U/2)(\Delta y/a)^{1/2}(1-\Delta y/2a)/(1-\Delta y/4a)^{1/2} \\
&\approx (\Delta\varphi_U/2)(\Delta y/a)^{1/2} < \pi
\end{aligned}$$

$$(5-57)$$

同样,考虑到式(5-39),对初始光强为均匀分布的圆形传输光束而言,其网格间距需要满足

$$\lambda z/4D < \Delta x_{BU} < 4\pi^4 D/N_D^2 \qquad\qquad (5-58)$$

根据式(5-41)的要求可得对传输步长选取的要求为

$$\Delta z < 1/k\sigma_n = \rho_0/(2.9\times10^{-4}|\rho_1|k) \qquad (5-59)$$

式中:$\sigma_n = (n_0-1)\rho_1/\rho_0$,在标准条件下 $n_0-1 = 2.9\times10^{-4}$,$\gamma \approx 1.4$。

在等压近似稳态条件下,$\rho_1 = -(\gamma-1)\alpha I_0 t/C_s^2$,$C_s$ 为声速。因此,传输步长需要满足

$$\Delta z < 1.29\times10^9\,\frac{1}{k\alpha I_0 t} \qquad\qquad (5-60)$$

5.2 高能激光大气传输数值模拟与实验验证研究

高能激光大气传输非线性热晕效应是十分复杂的非线性过程,大气又有着十分复杂的时空变化特性和随机特性,难以得到简单明晰的解析关系式来定量分析,通常需要利用数值仿真计算对具体问题进行定量计算。模拟试验研究一方面可以对热晕效应的物理问题进行单因素的定量分析,另一方面也是验证数值计算模式的关键。为此,国际上深入开展了热晕效应模拟实验研究,包括林肯实验室的湍流热晕相互作用模拟实验[11]及著名的 SABLE 实验[12]进行的实际大气传输定标实验等。本节主要给出我们进行的一些非线性热晕效应单物理因素的模拟试验结果,并与建立的数值计算模式计算结果进行对比分析,以验证我们建立的高能激光大气传输数值模式。

5.2.1 热晕效应模拟实验研究

5.2.1.1 整束热晕模拟实验研究

该实验以热晕效应的时间发展过程为重点,给出了聚焦光束焦平面光强分布和环围能量 Strehl 比的变化情况。

1. 实验系统

图 5-7 为热晕效应模拟实验光路及系统。实验中,采用氩离子激光为实验光源,热晕模拟吸收介质为 NO_2 气体。由功率计测量气体吸收系数。同步旋转系统用于模拟风速,改变旋转系统的臂长及其反射镜角度可以调整风速大小及风速梯度的大小。当图 5-7 中所示 Mask 反射镜被替换成普通反射镜时(进行小尺度热晕效应实验时,Mask 将在发射光束强度上加一定高频小扰动调制,后面将介绍),即可观测到整束稳态热晕效应。曝光快门控制实验观测时间及特定风向上的观测位置。CCD 用于记录光束近场光斑信息。透镜焦平面上的光电倍增管(通过小孔)信号经 A/D 转换记录光束远场信息(Strehl 比)。

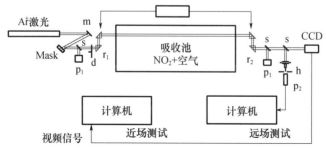

图 5-7 热晕效应模拟实验光路及系统

d—快门;m—反射镜;h—小孔滤波器;s—分光镜;p_1—功率计;p_2—光电倍增管;r_1、r_2—旋转系统。

2. 模式实验结果与计算比较

实验采用的是氩离子激光器 $\lambda = 0.514\mu m$,1/e 功率点光斑半径 $a = 3.5mm$,光束发散角 0.1mrad,光束菲涅耳数 $N_F(Z = 1m) = 150$,模拟风速 $v = 0 \sim 2.45mm/s$,吸收系数 $\alpha = 0 \sim 0.14/m$。分别利用两种入射光场分布进行四维模式计算与实验对比:①利用实验近场光强分布的数据和 0.1mrad 的光束发散作为入射光;②采用拟合的超高斯光强分布和 0.1mrad 的光束发散作为入射光。入射光强分布如图 5-8 所示,其他参数均与实验参数一致。

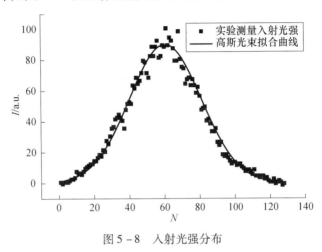

图 5-8   入射光强分布

图 5-9 给出了稳态热晕实验光斑近场分布的时间变化以及用两种方式进行的模式计算结果。可以看出,三组计算条件下,热晕效应导致的光斑扩展随时间的变化过程和光斑形态是基本一致的。实验与模式计算同时表明,当时间 $t = 2a/v \approx 2s$(风速渡越时间),热晕效应达到稳态。

图 5-9   热晕效应光斑图像($\Delta t = 0.083s$)

1、2 排为实验光斑;3、4 排为实验入射光强模式计算光斑;

5、6 排为超高斯分布入射光强模式计算光斑。$N_D = 57$。

图 5-10 给出了光束环围能量 Strehl 比的实验测量值和用两种光强分布进行的模式计算结果。可以看出,三者的变化规律是非常一致的。热晕效应对近场光斑强度起伏的影响还不十分严重,1/e 光斑半径内能量比约为 0.7($N_D = 57$),但即使在这一中等热畸变参数情况下,稳态热晕时远场(菲涅耳数小于 1)光束能量集中度却受到严重破坏,Strehl 比仅为 0.06。由图可见,热晕效应相位畸变是导致光束远场发散的重要因素。

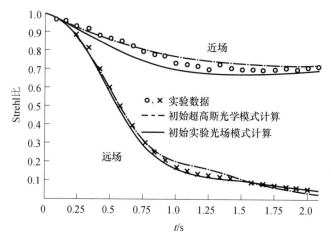

图 5-10 稳态热晕效应环围能量 Strehl 比近场和远场的实验结果与模式计算结果

5.2.1.2 整束热晕的相位校正模拟实验研究

该实验初步研究了非线性热晕效应及其自适应光学校正随热畸变参数的变化规律。

1. 实验系统

图 5-11 为实验系统。氩离子激光束(波长 514nm)经扩束器 T_1 耦合进入自适应光学系统,再由倒置的扩束器 T_2 缩束聚焦通过模拟吸收池,光束焦斑由 CCD 接收采集。用 He-Ne 激光束作信标。信标光束经透镜 L 聚焦到与氩离子激光束共焦点处,经模拟吸收池传输后由分光镜 S_2 反射进入哈特曼波前传感器。波前传感器子孔径数为 37,变形镜驱动器数为 37。模拟吸收池长度 $L = 1.0$m,吸收池充以去离子水稀释的吸收溶液,吸收溶液的消光系数 $\alpha_t = 11.31$m^{-1},吸收系数 $\alpha_a = 6.84$m^{-1}。激光参数同图 5-7。该实验中,稳态热晕是介质吸收激光能量加热形成的自然对流下达到的,稳态时重力与热浮力平衡的热对流速为

$$v_B = (2gP\alpha_a/\rho c_p T)^{1/3} = 0.0025\,(P\alpha_a)^{1/3}\,(\text{m/s})$$

式中:P 为激光功率。

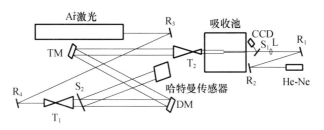

图 5 - 11　实验系统

S—分光镜;R—反射镜;L—透镜;T—扩束镜;DM—变形镜;TM—倾斜镜。

2. 实验结果与模式计算比较

图 5 - 12 给出了聚焦光束热晕效应从热晕开始发展直到稳态的时间过程中,焦平面 Strehl 比的变化情况与数值模拟计算结果的对比。图 5 - 12 中,激光发射功率为 3W,数值计算参数与前面所列实验参数相同。可以看出,热晕发展到稳态的过程是较缓慢的,而且数值模拟计算结果与实验测量结果基本一致。可以验证我们建立的关于热浮力对流速度的数值模型能够描述实际热浮力对流速度的发展过程。实验数据的起伏是由于实验过程中光束的抖动引起的。

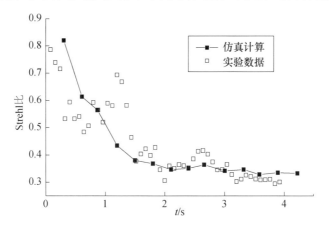

图 5 - 12　瞬态热晕焦平面 Strehl 比随时间的变化过程(激光发射功率为 3W)

图 5 - 13、图 5 - 14 给出了稳态热晕补偿前后实验及计算的焦平面光斑的二维及三维图像。由该图可以看到,由于热对流的作用,热晕发展到稳态时,补偿前的光斑呈明显的新月形分布。自适应光学系统相位补偿效果是很明显的,补偿后的光斑能量集中度大大提高。从图中还可以看到,当 $N_D/N_F \approx 1.5$ 时,其闭环状态的靶面峰值功率密度比 $N_D/N_F = 1.2$ 时小。定性地说明了当发射功率增大到一定后,再增大发射功率,靶面上的焦斑功率密度不仅不能增大反而呈下降趋势,即存在一个临界功率,使焦平面上功率密度达到最大。由图 5 - 13、图 5 - 14 中实验光斑与数值计算光斑的对比可以看出,数值模拟计算结果与实

验测量结果具有很好的一致性。实验与模拟计算得到的临界功率点的参数也是
基本一致的。

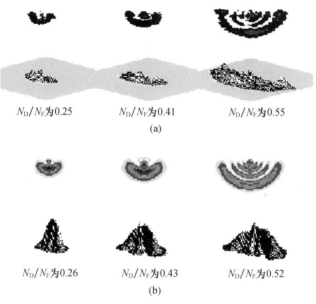

图 5 – 13   稳态热晕补偿前实验与数值计算光斑二维及三维图像
(a)实验光斑;(b)数值计算光斑。

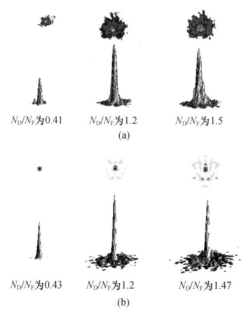

图 5 – 14   稳态热晕补偿后实验与数值计算光斑二维及三维图像
(a)实验光斑;(b)数值计算光斑。

图 5 - 15 给出了稳态热晕补偿前后的焦平面 Strehl 比随热畸变参数 N_D 的变化。可以看到,补偿后的 Strehl 比远大于补偿前的值,补偿效果非常显著。实验与数值计算结果与薄透镜近似分析结果基本一致(这也是自适应光学相位补偿有效性的条件之一),说明本实验条件下的稳态热晕效应能够利用薄透镜近似分析。用几何光学近似分析(闭环)的曲线 E 所得闭环结果与实验及模式计算结果的偏离度较大,说明相位补偿不稳定性并非是几何光学分析的那样具有明确的热畸变参数阈值点。另外,虽然随着 N_D 的增大,即随着激光入射功率的增大补偿效果变差,但热晕越强其相对校正效果(开、闭环 Strehl 比之比)越好。其中有两个方面的原因:①由于实验所用的吸收溶液吸收系数很大,光强衰减严重,因此热晕效应的近似热透镜位置主要位于光束近场,由第 4 章薄透镜近似分析可知,此时有利于热晕效应的相位补偿;②模拟实验的热晕速率较低,还没有达到整束热晕补偿不稳定的阈值。

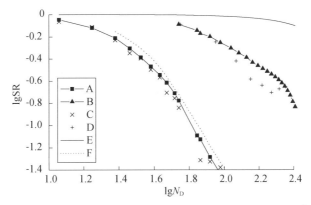

图 5 - 15　稳态热晕补偿前后光斑 Strehl 比随 N_D 的变化关系[13]

A—数值计算开环;B—数值计算闭环;C—实验开环;D—实验闭环;E—几何光学近似(闭环),

即 $S_{BC} = \dfrac{1}{3} + \dfrac{2}{3}\cos\left[\dfrac{1}{3}\arccos\left(1 - \dfrac{13.5N_D}{4\sqrt{2}\pi N_F}\right)\right]$;F—薄透镜近似(开环),即 $S_{BO} = \left[1 + \dfrac{N_D^2}{8\pi^4}\right]^{-1/2}$。

图 5 - 16 给出了稳态热晕补偿前、后的焦平面光斑中心衍射极限环围能量与 N_D/N_F 的关系。图中曲线 E 是无热晕光束焦斑中心衍射极限相对环围能量。由于无热晕时不存在热畸变参数 N_D,故图中曲线 E 是相对于实验中同样 N_D 时的激光发射功率得到。目的是与热晕效应的影响进行对比。由图中实验数据可以看到:当 $N_D/N_F > 1.3$ 时,补偿后的焦斑中心衍射极限环围能量开始出现下降趋势,即补偿后临界功率在 $N_D/N_F \approx 1.3$ 附近。该点值与补偿前临界功率 $N_D/N_F \approx 0.25$ 的比值换算到入射功率比值的倍数接近 1 个量级,有

$$\frac{P_c(\text{闭环})}{P_c(\text{开环})} = \left[\frac{N_D(\text{闭环})}{N_D(\text{开环})}\right]^{3/2} \approx 11 \qquad (5-61)$$

这一结果与理论分析所预计的结论基本一致。相应地,数值计算结果临界

功率位置开环和闭环情况下分别为 0.23、1.2。换算到入射功率比值为 12.5，与实验结果非常一致。

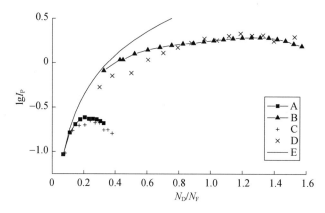

图 5 - 16　稳态热晕补偿前、后光斑中心衍射极限环围能量与 N_D/N_F 的关系
A—数值计算开环；B—数值计算闭环；C—实验开环；D—实验闭环；
E—无热晕光斑中心衍射极限环围能量。

由以上结果可以看到，数值模拟结果与实验结果具有很好的一致性。这说明，对于稳态热晕效应及自适应光学系统闭环校正的数值模拟计算是精确可靠的。

5.2.1.3　小尺度热晕模拟实验研究[14-16]

小尺度热晕不稳定性的模拟实验装置如图 5 - 7 所示。图 5 - 7 中 Mask 是一个平面玻璃，一面镀高反膜，另一面镀增透膜。当增透膜面向前时，其两面反射产生一定对比度的干涉条纹，从而形成对主激光束的一个注入扰动，以进行小尺度热晕实验。为了模拟风速，采用光束旋转系统 r_1 使光束旋转通过模拟吸收池，调整转镜 r_1 的臂长、倾角可得到不同平均风速和风速梯。为便于接收端光强分布的测量，在吸收池出口端要装一台与 r_1 对称的旋转系统 r_2，并由同步控制装置控制 r_1 和 r_2，使光束经 r_2 后又回到静止的光轴上。

图 5 - 17、图 5 - 18 分别为近场光斑光强分布和扰动能量随时间的变化情况。由图可以看出，实验与数值仿真结果是一致的。由图 5 - 18 可以看出，由于小尺度热晕效应，当 $t = 160ms$ 时，扰动能量被迅速放大约 3 倍。随后由于热扩散的作用而趋向稳定。

图 5 - 19 为不同风速风向情况下光束扰动能量随时间的变化。图中 β 为风速梯度，V_0 为平均风速。由图 5 - 19 可以看出：当风向垂直于扰动梯度方向时，对小尺度热晕不稳定性没有抑制作用；而当风向平行扰动梯度方向时，无论是增大平均风速还是增大风速梯度，对扰动能量的增大都有明显的抑制作用。上述初步实验验证了小尺度热晕不稳定性对于高能激光大气传输的影响不会像原先

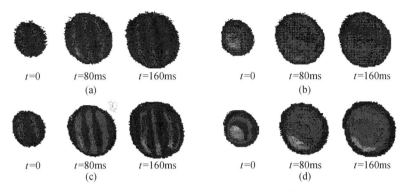

图 5 – 17 近场光斑图像实验与模式计算对比

（a）有扰动实验光斑；（b）无扰动实验光斑；（c）有扰动模式计算光斑；（d）无扰动模式计算光斑。

注：模式计算中发射光束光强分布采用实验中的测量结果，$V=0$，$N_\lambda=35.0$ 波数/s。

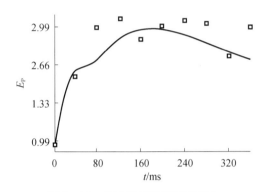

图 5 – 18 扰动能量随时间的变化

注：方框为实验结果，实线为四维模拟程序数值计算结果，$V=0$，$N_\lambda=35.0$ 波数/s。

近似线性化理论预计的那样严重，数值模拟与实验结果的一致性也验证了在 5.1 节中介绍的四维数值模拟计算程序的可靠性。

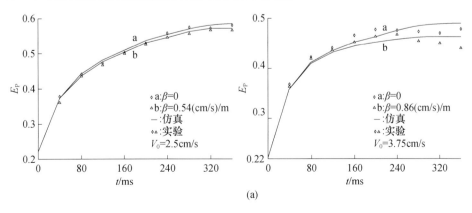

(a)

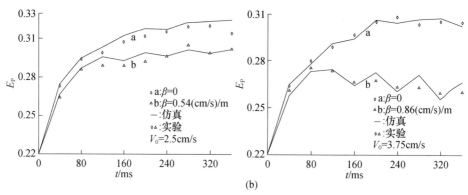

图 5 - 19　热晕速率 $N_\lambda = 28.34$ 波数/s 时不同平均风速、
风向和风速梯度情况下扰动能量随时间的变化
(a)风向平行于条纹方向;(b)风向垂直于条纹方向。

5.2.2　高能激光热晕效应实验研究

当激光能量较低时,若产生明显热晕效应则需要高吸收介质。高吸收特性造成了激光能量的大幅度衰减,与实际的高能激光大气传输存在一定差别。为更准确地模拟实际高能激光大气传输特性,我们建立了高能激光仿真实验平台。下面介绍仿真实验系统结构及一些热晕实验研究。

5.2.2.1　实验系统

高能激光大气传输热晕效应及自适应光学相位补偿室内仿真实验系统布局如图 5 - 20 所示。化学激光器 COIL 产生的主激光,其波长为 1.315 μm,由次镜 T_1 扩束到光束直径为 120mm 后,经反射镜 S 及分光镜 S_1 反射进入自适应光学系统,然后由倒置的扩束镜 T 缩束到光束直径为 50mm 后准直通过热晕模拟管道。光束传输通过管道后再由 T_3 扩束到光束直径为 120mm 后经分光镜 S_2 反射进入能量计测量功率,透射 S_2 部分进入接收端进行远场光斑参数测量。信标光是 He - Ne 激光束,其与主激光同光路反方向传输。光束通过热晕模拟管道后由扩束镜 T 扩束,然后经倾斜镜、变形镜反射到分光镜 S_1 后进入哈特曼波前传感器。波前传感器探测到的波前斜率被送到高速波前处理机,经计算获得用以驱动倾斜镜和变形镜的控制信号,然后由高压放大器放电驱动变形镜和高速倾斜镜,从而实现在主激光上加载由热晕效应引起的波前畸变的共轭波前,完成对主激光经热晕模拟管道传输后的相位补偿。

实验系统各主要部分参数如下:

1. 热晕模拟管道

图 5 - 20 中热晕模拟管道采用的是三节独立的圆柱形管道,长度分别为

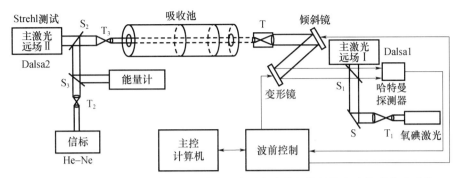

图 5 – 20　高能激光大气传输热晕效应及自适应光学相位补偿室内仿真实验系统

1m、2m、3m。每个管道内的风速、压强、湿度、介质的吸收系数可以通过控制系统对其进行控制。在该管道内可以模拟出实际大气传输情况下的大气参数,包括模拟上行传输中大气参数随高度变化的情况,如风速和风向、非均匀吸收、湿度、压强等。研究表明,温度、密度、压强等参量对 HEL 大气传输的影响相对而言不敏感,而风速、吸收等参量的影响则比较敏感。由于实验中只对非线性热晕效应及其相位补偿进行研究,所以主要考虑风速和吸收系数两个比较敏感的参数。每节管道内充入不同浓度的 CH_4 气体,使得 1m、2m、3m 管道内气体的吸收系数分别为 $5.91 \times 10^{-5} cm^{-1}$、$3.547 \times 10^{-5} cm^{-1}$、$1.18 \times 10^{-5} cm^{-1}$,每节管道内的风速大小根据实验需要变化。激光器出光时间为 2s。

2. 自适应光学系统

变形镜的驱动单元数为 61,驱动器中心距为 16.4mm,最大变形量为 ±$(3\mu m/350V)$;高速倾斜镜最大倾斜角为 ±$(2'/700V)$;用以测量信标光远场波前的哈特曼 – 夏克(H – S)波前传感器,共 52 个子孔径(有遮挡,有效子孔径数为 48),采样频率为 838Hz,波前复原算法采用的是直接斜率法。

3. 光束质量诊断

Dalsa1 和 Dalsa2 分别是用以记录高能激光束进入模拟管道前后远场光强分布的像机,采样频率为 250 帧/s。

5.2.2.2　实验结果与模式计算结果比较

1. 热晕实验远场光斑图像及光斑漂移、扩展变化

图 5 – 21 给出了自适应光学系统开环时远场光斑的二维及三维图像。从图 5 – 21(a)可以看出,在热畸变参数较小,即热畸变效应较弱时,远场光斑没有出现明显的热晕特征。从图 5 – 21(b)、(c)可以看出,当热畸变效应达到一定强度时,光斑出现了空心光束热晕效应容易出现的明显的畸变特征,如在图 5 – 21(b)中可以看到,类似月形光斑中的两个尖角处出现两个小尖峰,与 Gebhardt[13] 给出的几何光学描述基本一致。这种现象在液体管道热晕实验及数

值模拟中已被证实[17]。

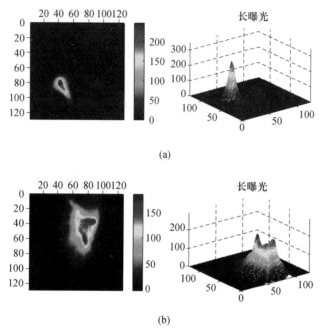

(a)

(b)

图 5 – 21 自适应光学系统开环时不同热畸变参数对应的远场光斑二维及三维图像
(a)$N_D = 37.42$；(b)$N_D = 147.69$。

图 5 – 22 给出了自适应光学系统开、闭环时不同热畸变参数对应的三维远场光斑图像。为了检验自适应光学系统相位补偿的校正效果,进行了不同条件下的开、闭环对比实验。实验中通过调节激光发射功率、管道内的风速等可调控参数,改变热晕相位畸变的强度。考虑到实验过程中激光发射功率、风速等参数的不稳定性,选取一些典型的开、闭环实验结果进行对比分析,使得在不同热畸变强度时对应开、闭环的发射及传输条件基本保持一致。图中的长曝光图像是由热晕模拟管道后的 Dalsa2 采集获得。在自适应光学系统开环,热畸变参数 N_D 为 37.42、166.93、290.3 时,相对应的光束远场 40% 环围能量半径相对扩展倍数为 3.1、5.01、6.68;而在自适应光学系统闭环,热畸变参数 N_D 为 47.8、174.21、294.59 时,相对应的光束远场 40% 环围能量半径相对扩展倍数为 2.24、3.36、4.32。从图 5 – 22 也可以看出,在热畸变参数为 300 范围内,自适应光学系统相位补偿使得远场光斑能量集中度大大提高。

为了定量分析热晕效应及其自适应光学相位补偿的效果,分别在管道前后测量了主激光的远场光斑漂移和扩展。图 5 – 23 给出了不同热畸变强度时远场光斑的质心漂移及二阶矩半径随时间的变化关系。由于激光器输出光束有一定的漂移和扩展,为便于对比,给出了管道前 Dalsa1 测量初始发射光束的漂移扩

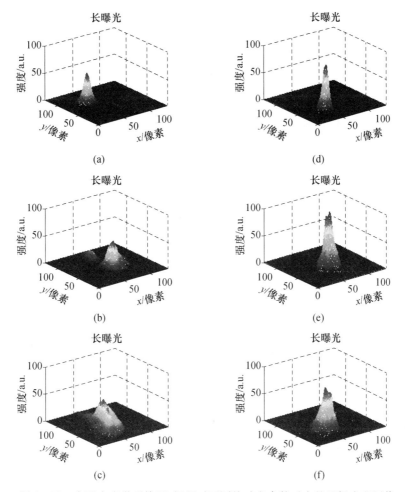

图 5 – 22　自适应光学系统开、闭环时不同热畸变参数对应的远场光斑图像

(a)$N_D = 37.42$(开环);(b)$N_D = 166.93$(开环);(c)$N_D = 290.93$(开环);

(d)$N_D = 47.8$(闭环);(e)$N_D = 174.21$(闭环);(f)$N_D = 294.59$(闭环)。

展参数。可以看出,管道前主激光在 x 和 y 方向的质心漂移为 $-20 \sim 20\mu\text{rad}$,远场光束角扩展约为 $20\mu\text{rad}$。

通过对图 5 – 23 中管道前后(自适应光学系统开环)远场光斑的质心漂移及二阶矩半径的比较可以看出,热晕效应导致激光角偏移和扩展的显著增大。对开、闭环时远场光斑的质心漂移及二阶矩半径的比较可以看出,自适应光学系统对热晕效应的明显校正效果。以中等强度热晕效应为例($N_D \approx 170$),自适应光学系统开环的情况下,y 方向的质心漂移幅度达 $-140\mu\text{rad}$,在 x 方向的质心漂移幅度达 $80\mu\text{rad}$。自适应光学系统闭环的情况下,y 方向的质心漂移幅度约为 $60\mu\text{rad}$,x 方向的质心漂移为 $-20 \sim 20\mu\text{rad}$,基本接近发射光束情况。自适应光学系统开环的情况下,x 方向二阶矩半径扩展了约 40 μrad,y 方向约为 60 μrad (模拟风速方向偏 x 方向,所以在 y 方向的光束扩展更为明显);自适应光学系统闭环的情况下,二阶矩半径扩展约为 30 μrad。

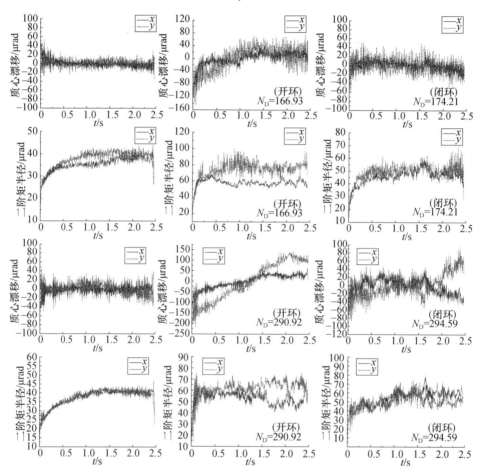

图 5-23　不同热畸变下远场光斑的质心漂移及二阶矩半径随时间的变化关系

当热畸变参数约为 290 时,热晕效应导致的光斑漂移和扩展显著增大,相位校正效果依然显著。只是当 y 方向显著增大后($t > 2$s),达到倾斜镜校正极限时,对 y 方向光束漂移的校正有失控的倾向。

2. 远场光斑参数数值模拟结果与实验结果的比较

利用实验过程中实时测量的一些大气参数及发射系统参数等定量数据进行数值模拟计算,并且把数值计算结果与实验结果进行对比分析。以下将选取某次实验中典型的实验测量值(051218 发号、051204 发号和 051205 发号的激光束)与数值模拟结果为例进行对比分析。这里传输效果的评价因子主要包括:光束在 x、y 方向上的质心漂移及二阶矩半径(μrad),环围能量百分比(一定半径内的光斑能量相对光斑总能量的比值)和衍射极限倍数 β(光束实际大气传输远场 40% 环围能量光斑半径与理想传输情况下 40% 环围能量光斑半径之比)。为方便与实验结果进行对比分析,数值模拟中选用的系统参量同实际系统参量一致。

图 5 - 24 是激光进入管道前的远场光斑漂移和扩展。从图 5 - 24 可以看出:光斑在 x 方向从 6μrad 漂移到 - 17μrad,幅度达 23μrad;光斑在 y 方向从 -40μrad 漂移到 27μrad,幅度达 67μrad。二阶矩半径 x 方向基本保持在 22μrad 左右,二阶矩半径 y 方向从 27μrad 增大到 30μrad。可以看出,y 方向的质心漂移幅度和二阶矩半径都较大于 x 方向,其原因是激光器本身的光束质量引起的。图 5 - 25(a)给出了 051218 发管道后的实验光斑质心漂移和二阶矩半径随时间的变化。实验中三节管道的风速分别为 0.98m/s、0.89m/s 和 0.88m/s,$N_D = 100$。从图 5 - 25(a)中可以看出,x、y 方向的漂移幅度分别增加到 40μrad、130μrad,x、y 方向的二阶矩在 150ms 时间内达到最大值 47μrad、62μrad,然后 x 方向的二阶矩基本保持不变,y 方向的二阶矩逐渐减小。从图 5 - 25(a)中光斑漂移和二阶矩半径实验结果和数值计算结果的比较可以看出,两者基本一致。从长曝光图像可以看出当环围能量为 40% 时,实验结果与数值计算结果所对应的衍射极限倍数也基本一致。

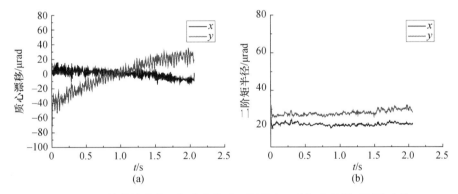

图 5 - 24   管道前激光远场光斑的质心漂移和二阶矩半径随时间的变化
(a)质心漂移随时间的变化;(b)二阶矩半径随时间的变化。

图 5 - 26 给出了 051204 发号的光斑漂移和二阶矩半径随时间的变化以及环围能量随衍射极限倍数的变化。实验中三节管道的风速分别为 0.63m/s、0.63m/s 和 0.6m/s,$N_D = 124$。由实验结果与仿真计算的结果比较可以看出,实验结果中 x、y 方向的漂移分别为 - 20 ~ 20μrad 和 - 60 ~ 30μrad,x、y 方向的二阶矩分别为 35 ~ 40μrad 和 50 ~ 35μrad,40% 环围能量衍射极限倍数为 3.4;数值结果中 x、y 方向的漂移分别为 - 20 ~ 20μrad 和 - 50 ~ 20μrad,x、y 方向的二阶矩分别为 35 ~ 40μrad 和 60 ~ 40μrad,40% 环围能量衍射极限倍数为 3.1。可

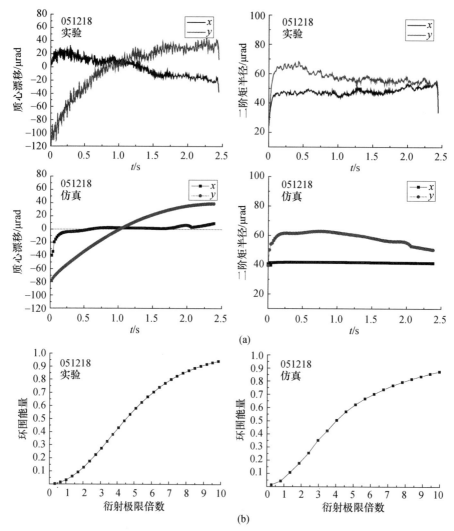

图 5 - 25   管道后激光远场光斑质心漂移、二阶矩半径随时间的变化,
以及环围能量随衍射极限倍数的变化

（a）光斑质心漂移、二阶矩半径随时间的变化;（b)环围能量随衍射极限倍数的变化。

见,二者基本一致。

图 5 - 27 给出了 051205 发号光斑漂移和二阶矩半径随时间的变化以及环围能量随衍射极限倍数的关系。实验中三节管道的风速分别为 0.45m/s、0.43m/s 和 0.4m/s, $N_D = 178$。图示结果的比较可以看出:计算结果和实验结果的漂移是基本一致的, y 方向的二阶矩半径也是一致的,但在 x 方向上的二阶矩半径不一致。实验测量结果表明,在开始 150ms 左右,除 y 方向的扩展外, x 方向也有明显的扩展,在 x 方向上的二阶矩半径为 60μrad,但计算结果中 x 方向上

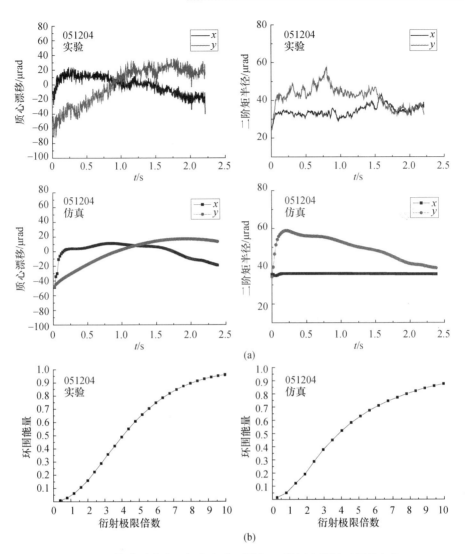

图 5 - 26　管道后激光远场光斑质心漂移、二阶矩半径随时间的变化，
以及环围能量随衍射极限倍数的变化

(a) 光斑质心漂移、二阶矩半径随时间的变化；(b) 环围能量随衍射极限倍数的变化。

的二阶矩半径没有明显扩展，在 x 方向上的二阶矩半径为 $40\mu\mathrm{rad}$。实验中激光出光时间在 $150\mathrm{ms}$ 之前，由于热晕还没有建立稳态，这段时间内热传导是主要的热交换机制，光斑基本对称扩展，因此在 x、y 方向的扩展差别并不明显。数值计算结果中在 x 方向没有明显扩展的原因可能是受风速大小的影响。究其原因，可能是由于通过减小风速来提高 N_{D}，当风速越来越小后，管道中的随机风速相对地越来越大，而计算中没有考虑随机风场的影响。

由以上分析可知,尽管数值计算结果与实验结果存在一定的误差,包括不可忽略的背景噪声、探测器有限的分辨率以及有限的动态响应范围等引起的一些系统误差。但就整体而言,从以上数据的对比分析来看,在热晕效应为中等强度或中等强度以下的数值模拟结果与实验结果基本上是一致的。

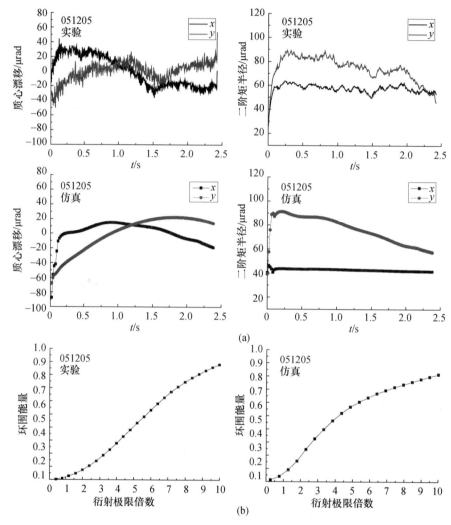

图 5 - 27　管道后激光远场光斑漂移、二阶矩半径随时间的变化,
以及环围能量随衍射极限倍数的变化
(a)光斑漂移、二阶矩半径随时间的变化;(b)环围能量随衍射极限倍数的变化。

3. Strehl 比的实验、数值模拟与理论结果比较

图 5 - 28 给出了稳态热晕补偿前后远场光斑的 Strehl 比随热畸变参数的变化关系。同时,我们利用实验时大气参数和激光功率等参数进行了数值模拟,

数值模拟的结果也示于图中[18]。由图 5 - 28(a)可以看出,在自适应光学系统开环时,实验结果、数值模拟与薄透镜近似分析理论符合较好,表明薄透镜近似分析理论[13]可以对稳态热晕效应下的 Strehl 比进行较有效的描述。从图 5 - 28(a)与(b)对比可以看出,在热畸变参数小于 300 时,补偿后远场光斑的 Strehl 比比补偿前远场光斑的 Strehl 比有明显的提高,且 Strehl 比一般高于 0.4。这一实验结果及数值模拟与美国林肯实验室的定标实验结果[19]、Gebhardt 等[13]波动光学数值计算结果基本一致。另外,从图 5 - 28(b)也可以看出,在自适应光学系统闭环时,随着热畸变效应的增强,实验结果、数值模拟与几何光学近似分析理论结果的偏离逐渐增大,但数值模拟与实验结果保持一致。这表明,随着热晕效应的增强,与几何光学近似条件差别越大。另外,几何光学近似分析理论中没有考虑实际自适应光学系统的具体性能对校正效果的影响,而实际的自适应光学系统对光束波前畸变校正是存在一系列误差的。实验中:由于信标光不够强造成的低信噪比误差以及波前畸变超过探测器的空间动态误差范围时产生的探测误差;因变形镜的有限驱动器个数及驱动量在波前复原时引入的误差;由于光束扰动是动态变化的,自适应光学系统要进行波前测量、波前复原和控制运算,硬件系统存在一定的响应时间,必然存在一定误差即有限带宽误差;因变形镜的线性动态范围有限,当热畸变效应较强,光束相位畸变量超过这一范围时,也必然给相位校正带来一定误差。这些误差的累积直接影响到自适应光学系统对畸变波前校正的效率,导致图 5 - 28(b)中实验获得的 Strehl 比小于理论获得的 Strehl 比。

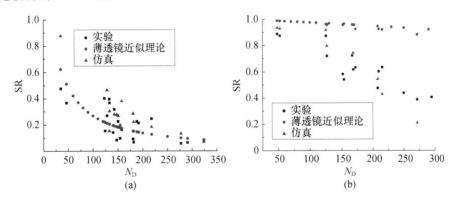

图 5 - 28　热晕补偿前后远场光斑的 Strehl 比(SR)随热畸变参数的变化
(a)开环;(b)闭环。

4. 热晕补偿不稳定性

图 5 - 29 给出了热晕补偿后远场光斑的 Strehl 比随时间的变化关系。可以看出,在热畸变参数 $N_D = 141$ 时,即中等热晕的情况下,相位补偿效果较好,Strehl 比基本能达到一稳定值。当 $N_D = 312$ 时,Strehl 比在前 1.25s 相位补偿起到一

定作用。然而随着激光与介质作用时间的进一步加长,Strehl 比迅速下降。当 $N_D = 403$ 时,相位补偿几乎没有作用。可见,热晕效应越强,Strehl 比随激光与介质作用时间下降得越快。这是非线性热晕效应相位补偿不稳定性的明显特征之一。在 N_D 分别为 141、312、403 时,本实验系统参数条件下所对应的 N_D/N_{FB} 分别为 0.23、0.49、0.62。对于空心平台光束实际自适应光学系统条件下的相位补偿不稳定性阈值[20],数值分析表明,1/e 判据所对应的 N_D/N_{FB} 阈值约为 0.4。当 $N_D/N_{FB} < 0.4$ 时,相位补偿效果比较稳定;当 $N_D/N_{FB} > 0.4$ 时,随着激光与介质相互作用的进一步加长,补偿效果将会迅速变差,出现补偿不稳定性。实验结果与数值分析结果具有较好的一致性。

值得一提的是,我们对高能激光实际大气传输也进行了一些数值计算对比。尽管由于实验中测量参数不太完备,难以进行定量分析。但如图 5 - 30 所示给出的一次激光实验中实测光斑和数值仿真分析计算的对比结果显示,数值仿真计算正确地反映了强激光大气传输的时间演化特征。

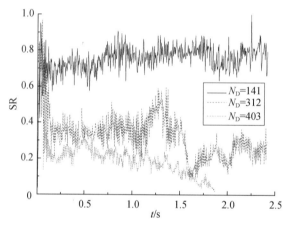

图 5 - 29　热晕补偿后远场光斑 Strehl 比(SR)随时间的变化关系

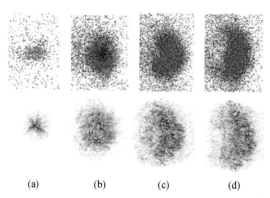

(a)　　　(b)　　　(c)　　　(d)

图 5 - 30　一次激光实验中实测光斑和数值仿真分析计算的结果对比
(a) $t = 0$;(b) $t = 40\text{ms}$;(c) $t = 80\text{ms}$;(d) $t = 120\text{ms}$。

5.3　高能激光大气传输定标规律数值仿真研究

高能激光在大气中传输时,大气湍流效应、非线性热晕效应以及湍流热晕的相互作用会导致激光束传输质量的严重退化,从而对靶上能量集中度产生不利的影响。就具体工程应用而言,所关注的是这些效应究竟会给实际的激光工程应用带来多大的影响,如对光斑扩展、焦平面平均功率密度等重要参量影响的定量关系。然而,由于激光大气传输各种效应以及实际大气的复杂性,尚无简单的解析结果可供使用,从而很难给出具体的、定量的回答。为此,国内外众多研究人员都在致力于寻求定量计算和评价大气对激光工程应用影响的定标关系。

本节利用理论分析、数值模拟相结合的方法,对聚焦平台光束大气传输光束扩展的定标关系进行理论及数值分析,获取定标关系式。

5.3.1　聚焦平台光束大气传输光束扩展理论分析

在实际的激光工程应用中,研究人员通常用焦平面处的光斑扩展及平均功率密度衡量激光束的传输效果。通常认为,影响激光束扩展的扰动源是相互独立的,并且满足均方根半径分析理论。对于包含多少能量比的均方根半径选取,我们对包括高斯以及平台型等光束的激光实际气传输光斑光强分布特征进行了大量计算分析,图 5 – 31 为实心平台光束远场或焦平面内艾里斑光强分布及其环围能量曲线。图 5 – 31(a)中横坐标为数值计算网格点,网格间距为 0.1196 个艾里斑半径,即 $\Delta x = 0.146\lambda L/D$;虚线是以光斑的 63.2% 环围能量半径作为高斯分布 e^{-1} 峰值点半径的高斯分布拟合(总能量相等)结果。由拟合结果可知,63.2% 环围能量半径 $a_{0.632}$ 约为艾里斑半径的 1/2,即 $a_{0.632} = 0.68\lambda L/D$,其内的功率密度则是艾里斑内平均功率密度的 2.4 倍。相对 63.2% 的环围能量而言,在 83.9% 的环围能量中有 20.7% 的能量分布在占艾里斑面积 68.6% 的外环中,而外环的平均功率密度仅为 63.2% 环围能量半径范围内平均功率密度的 15%。由此可见,83.9% 环围能量半径较多地包含较低的强度分布区域,从而低估了实际作用效果。

在实际应用系统中,发射系统一般是有遮拦的,即发射光束为环状光束,而且遮拦比越大,艾里斑外的能量比重就越多。这样,83.9% 环围能量半径就更会过低估计实际作用效果。另外,理论分析和实验结果表明,不论是高斯光束还是平台光束,其大气传输湍流效应长曝光光斑光强分布均可近似为高斯分布。对高斯光束而言,在激光湍流大气传输光斑扩展的计算分析中,是以 e^{-1} 峰值功率点半径为基准。如图 5 – 32 所示,为数值模拟的 25% 遮拦比的环形光束经过湍流大气传输($D/r_0 = 7.3$)后、焦平面上的长曝光光强分布情况。由图可见,其光

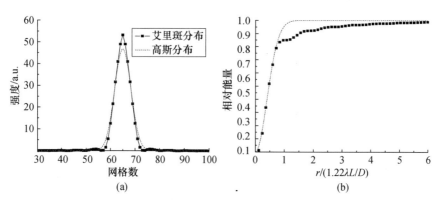

图 5 - 31　艾里斑光强分布及其高斯拟合、积分能量分布的对比

强分布基本上接近高斯分布。此时,83.9% 环围能量半径约为 e^{-1} 峰值功率点半径的 1.83 倍,同上所述,83.9% 环围能量半径过多地包含了较低强度分布的区域。

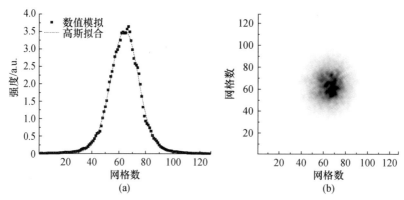

图 5 - 32　环状光束湍流大气传输焦平面长曝光光斑光强分布
（遮拦比 $\varepsilon = 0.25$,$D/r_0 = 7.3$）

对热晕效应而言,由于其不对称的热畸变效应,建议考虑以光斑的长轴、短轴二次矩半径为比例,求 63.2% 环围能量半径范围内的平均功率密度,计算时光斑面积为 $\pi r_x r_y$。当 $r_x = r_y$ 时,结果则与以上对称扩展一致。另外,从大量的数值计算结果看,在湍流效应和热晕效应共同作用下,63.2% 的环围能量光斑半径与二阶矩半径也非常接近。即使在自适应光学相位校正情况下,由于不完全校正的光束随机抖动(包括发射系统跟瞄误差)和高阶波像差的作用,焦平面长曝光光斑光强分布一般都偏离艾里斑,而更接近于高斯分布。如上所述,用63.2% 环围能量半径及其区域内平均功率密度作为评价光束能量集中度的指标是合理的。因此,主要采用这两个评价因子衡量激光大气传输的效果。

一般地,有限聚焦光束通过大气传输在焦平面上的光斑面积[21]可表示为

$$A = A_d + A_t + A_j + A_b \qquad (5-62)$$

式中:A 为激光真实大气传输时焦平面上 63.2% 环围能量半径内的光斑面积,对应于高斯光斑 1/e 峰值功率点边界所包含的面积;A_d、A_t、A_j、A_b 分别为衍射、湍流、抖动、热晕效应在焦平面上所贡献的光斑面积。

因此,衡量激光大气传输效果参量的光束质量因子 β,即光斑扩展倍数可表示为

$$\beta^2 = \frac{(A_d + A_t + A_j) + A_b}{A_0} \qquad (5-63)$$

式中:A_0 为理想实心光束在真空传输的条件下焦平面处 63.2% 环围能量半径内的光斑面积;等号右边分子上括号内部分为线性效应贡献的光斑面积。

根据式(5-63),光束质量因子可表示为

$$\beta^2 = \beta_t^2 + \beta_{tb}^2 \qquad (5-64)$$

式中:β_t 为线性效应(衍射、湍流及抖动)引起的光斑扩展倍数;β_{tb} 为非线性热晕效应造成的光斑扩展倍数。

5.3.2　线性效应引起的光斑扩展

1. 理论分析

本小节主要讨论线性效应引起的光斑扩展。Gebhardt[22] 给出了无热畸变时有限聚焦高斯光束大气传输焦平面上的光斑扩展表达式,即

$$a_L^2(z) = a_d^2 + a_j^2 + a_t^2 \qquad (5-65)$$

式中:a_d、a_j、a_t 分别为由衍射、抖动、湍流效应引起的光斑扩展半径。

由衍射效应引起的光斑的扩展半径可表示为

$$a_d^2 = \beta_0^2 \frac{z^2}{k^2 a_0^2} + a_0^2 \left(1 - \frac{z}{R}\right)^2 \qquad (5-66)$$

式中:β_0 为初始光束质量因子;a_0 为发射光束的初始半径;R 为传输距离;k 为波数。

由抖动效应引起的光斑扩展半径可表示为

$$a_j^2 = 2 < \sigma_j^2 > z^2 \qquad (5-67)$$

式中:$< \sigma_j^2 >$ 为单轴跟踪抖动角方差。

由大气湍流效应引起的光斑扩展半径可表示为

$$a_t^2 = 4 \left(\int_0^L C_n^2(z) \, \mathrm{d}z\right)^{6/5} \lambda^{-2/5} z^2 \qquad (5-68)$$

式中:C_n^2 为折射率结构常数。

对于高斯光束而言,如果用理想高斯光束真空传输在焦平面处的光斑面积,即 $A_D = \frac{4}{\pi}(R\lambda/D)$ 对由线性效应引起的实际光斑面积进行归一化,则焦平面上光斑半径扩展倍数可近似表示为[23]

$$\beta_t^2 = \beta_0^2 + (D/r_0)^2 + (\sigma_j/\sigma_d)^2 \qquad (5-69)$$

式中:D 为发射孔径;λ 为激光波长;r_0 为大气相干长度;σ_d 为发射系统衍射角;等号右边第一项对应光束真空传输时焦平面处的光斑扩展,第二、三项分别对应湍流效应和光束抖动所导致的光斑扩展。

平台光束的传输情况虽然有别于高斯光束,但是对于焦平面处的光斑扩展仍可以采用均方和形式进行研究,即

$$\beta_t^2 = \beta_0^2 + A(D/r_0)^2 + B(\sigma_j/\sigma_d)^2 \qquad (5-70)$$

式中:A、B 为拟合参数。

平台光束焦平面处 63.2% 环围能量半径所对应的发射系统衍射角为[24]

$$\sigma_d^2 = 0.5(0.92\beta_0\lambda/D)^2 \qquad (5-71)$$

所以,A_0 可表示为

$$A_0 \approx \pi\left(\frac{0.65\lambda R}{D}\right)^2 \qquad (5-72)$$

为了获得式(5-70)中的拟合参数 A 和 B,我们利用经过实验验证的高能激光大气传输四维仿真程序,对不同传输场景下光束传输到靶面上光斑的光束质量因子进行了大量的数值计算,拟合出参数 A、B,从而给出聚焦平台光束在线性效应影响下传输到焦平面处光斑扩展的定量表达式。

2. 计算参数选取

在数值模拟中,主要的计算参量:发射光束为平台光束,波长为 1.315μm、3.8μm,发射口径 $D = 0.6$m,发射孔径遮拦比 $\varepsilon = 0.45$,发射系统初始光束质量 β_0 约为 2.3、4.3;激光束水平聚焦传输,传输距离即焦距为 1km、2km 和 5km;在实际的光学跟踪瞄准系统中,ATP(Acquisition Tracking and Pointing)的跟踪精度一般小于 10μrad,因此选取系统单轴跟踪抖动误差 σ_j 为 2.5μrad、5.0μrad、7.5μrad。计算网格点数为 256×256,横向抽样网格间距 $\Delta x = 1.0$cm,相位屏数为 20 个,所有的数值结果均为 30 次传输的长曝光统计结果。折射率起伏功率谱为冯·卡门谱,湍流内尺度 $l_0 = 0.005$m,外尺度 $L_0 = 10$m;折射率结构常数模式为合肥地区白天模式,即

$$C_n^2 = 5.3 \times 10^{-20} h^{10} e^{-\frac{h}{0.61}} + 4.0 \times 10^{-15} h^{-15} e^{-\frac{h}{0.3}} + 1.8 \times 10^{-16} e^{-\frac{h}{7.5}} \qquad (5-73)$$

式中:h 为高度,折射率结构常数 C_n^2 随高度的变化,近地面水平传输,$h = 0$。

3. 数值结果及分析

首先,仅考虑湍流效应对光束扩展的影响。图 5-33(a)、(b)分别给出了波长为 3.8μm、1.315μm 的理想激光束分别水平聚焦传输 5km、1km 处 63.2% 环围能量半径随湍流效应的变化;图 5-33(c)给出了波长为 3.8μm、初始光束质量为 4.3 的激光束水平聚焦传输 5km、1km 处 63.2% 环围能量半径随湍流效应的变化;图 5-33(d)给出了波长为 1.315μm、初始光束质量为 4.3 的激光束水平聚焦传输 2km 处 63.2% 环围能量半径随湍流效应的变化。从图 5-33 可

以看出,在不考虑系统的光束抖动时,湍流效应对光束扩展满足 $\beta^2 = \beta_0^2 + A(D/r_0)^2$ 的定标关系式。对于理想的平台光束而言,拟合参量 $A \approx 0.9$,对于有初始像差的平台光束,尤其是对于波长为 $3.8\mu m$ 的光束而言,拟合参量 $A \approx 1$,这与实验中获得的拟合参量 A 基本一致[25]。可见,用 $\beta^2 = \beta_0^2 + A(D/r_0)^2$ 形式描述平台聚焦光束湍流效应焦平面处 63.2% 环围能量半径的扩展是可行的。

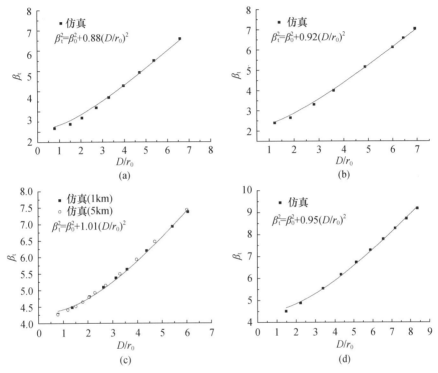

图 5 – 33　焦平面处 63.2% 环围能量半径随湍流效应的变化

其次,考虑发射系统跟踪误差存在时,湍流效应对光束扩展的影响。图 5 – 34(a)给出了在不同跟踪抖动误差条件下波长为 $1.315\mu m$ 的理想平台光束水平聚焦传输到 1km 处 63.2% 环围能量半径随湍流效应的变化;图 5 – 34(b)给出了在不同初始光束质量条件下波长为 $3.8\mu m$ 的平台光束水平聚焦传输到 5km 处 63.2% 环围能量半径随湍流效应的变化。从图 5 – 34 可以看出,在不同系统抖动条件下,光束扩展均较好地符合 $\beta^2 = \beta_0^2 + A(D/r_0)^2 + B(\sigma_j/\sigma_0)^2$ 的定标关系,其中,$A(D/r_0)^2$ 代表单纯的湍流效应引起的光斑扩展项,$B(\sigma_j/\sigma_0)^2$ 代表由光束抖动引起的光斑扩展项。由图 5 – 34(a)可见,对于波长为 $1.315\mu m$ 的激光,在系统跟踪抖动误差分别为 $2.5\mu rad$、$5.0\mu rad$、$7.5\mu rad$ 时,A 分别对应的值为 1.04、1.05、1.02,B 分别所对应的值为 3.82、3.06、2.80。由图 5 – 34(b)

可见,对于波长为 3.8μm,初始光束质量分别为 2.3、4.3 的激光在系统跟踪抖动为 2.5μrad 的条件下水平聚焦传输 5km 时,A 分别所对应的值为 0.95、1.09,B 分别所对应的值为 3.2、4.1。综合考虑以上不同传输情况,$A \approx 1.0$,$B \approx 3.0$。B 的取值一般结合实际的发射系统考虑,光束抖动项 $B(\sigma_j/\sigma_0)^2$ 与光束的抖动误差、发射孔径和激光波长有关。首先从光束的抖动误差角度考虑,若光束的抖动误差越大,则光束的抖动项 $B(\sigma_j/\sigma_0)^2$ 受其影响也越大,由图 5-34(b) 可见,光束的抖动误差越大,B 值越小,因此 B 值应取较靠近影响抖动项大的一边。再者,从发射孔径和激光波长的角度考虑,当发射孔径一定时,若波长越短,则光束抖动项 $B(\sigma_j/\sigma_0)^2$ 受其影响也越大,因此 B 的取值应较靠近波长短的一方。有关不同的初始像差、系统跟踪误差以及大气湍流对激光传输影响的比较在文献[23]中已进行了较为详尽的讨论。

综上所述,在考虑光束本身的像差和发射系统跟踪误差存在的情况下,大气湍流对光束扩展影响的定量关系式可表示为

$$\beta^2 = \beta_0^2 + 1.0\,(D/r_0)^2 + 3.0\,(\sigma_j/\sigma_0)^2 \qquad (5-74)$$

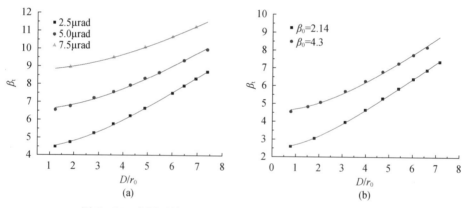

图 5-34　焦平面处 63.2% 环围能量半径随湍流效应的变化

5.3.3　湍流效应与热晕效应相互作用的分析

1. 理论分析

通常认为,大气湍流对热晕的影响主要有两种[26]:一种是,随机变化的温度场或密度场引起折射率的随机扰动,导致光束发生扩展,从而改变其光强分布,而热晕效应与光强分布又是密切相关的,因此湍流扩展将直接影响这种自诱导热畸变效应;另一种是,随机风场的对流作用将改变大气的温度梯度,从而对热晕效应产生影响。Gebhardt 等[22] 就湍流随机风场对热畸变效应的影响进行了理论及实验研究,研究结果表明:在实际大气中,大气湍流随机风场对高能激光大气传输的热畸变效应的影响并不大。本节将着重考虑第一种情况。

当湍流与热晕相互作用时,由于大气湍流是瞬息变化的,随机扰动的湍流场频率($f_t = V/r_0$。其中:r_0 为大气相干长度,是反映大气湍流效应强弱的一个物理量;V 为横向平均风速)范围很宽,因此无法用解析的方法求解这种复杂的相互作用。通常的处理方法是,根据湍流场频率相对建立稳态热晕的特征频率($f_b = V/D$,其中,D 为发射孔径)的快慢进行不同假定的近似分析。

根据光束横截面上扰动尺寸的量级,热晕分为整束热晕和小尺度热晕[27]。若扰动尺度与发射孔径的量级相当,即整束热晕起主要作用时,可假定湍流效应与热晕效应是相互独立的;若扰动尺度与典型的闪烁尺度相当,即当 r_0 较小于发射孔径时,此时湍流菲涅耳数 N_T($N_T = r_0^2/\lambda L$。其中:λ 为激光波长;L 为传输距离)远小于由发射孔径决定的整束菲涅耳数 N_F($N_F = D^2/\lambda L$),则小尺度热晕的影响超过整束热晕占主导作用。在此条件下,可假定热晕是在湍流快速扩展的基础上产生的,尤其对于大发射孔径和短波长的传输情况,小尺度热晕效应比较明显。

由以上讨论可知,湍流场频率的大小与湍流效应的强弱有关,所以针对传输中不同的湍流效应,在处理湍流热晕相互作用时应采取不同的假定。当湍流效应较弱,即扰动尺度与发射孔径的量级相当,整束热晕起主要作用时,Smith 等[26]对激光在湍流热晕综合效应下的传输情况进行了实验研究,取得了与在假定湍流效应与热晕效应是相互独立的基础上建立的均方和半径理论一致的结果,也说明当湍流效应较弱时此假定是合理的。然而在一定的热晕强度下,随着湍流效应的增强,光束横截面上的高空间频率扰动将不断被放大,当大气相干长度较小于发射孔径,即湍流菲涅耳数 N_T 远小于整束菲涅耳数 N_F 时,小尺度热晕起主要作用。若再假定湍流热晕的相互作用是独立的显然不合理,此时必须假定热畸变是在快速变化的湍流扩束之后产生的。通过大量的数值计算也发现,当大气相干长度 r_0 较小于发射孔径尺寸时,若再假定湍流效应与热晕效应是相互独立的,则难以寻找一个拟合表达式能够对不同传输效应下的光斑扩展进行有效地描述。下面结合以上的讨论对湍流热晕相互作用引起焦平面上光斑的扩展进行分析。

一般地,由热晕效应造成的光斑扩展倍数 β_{tb} 可以用 Bradley – Herrmann 热畸变参数 N_D 表示[28],热畸变参数 N_D 的计算公式为

$$N_D = 4\pi\sqrt{2}\,C_0\lambda^{-1}\int_0^R \left\{ \alpha(z)\left(Pe^{-\int_0^z \xi(z')\mathrm{d}z'}\right) \Big/ \left[\,|V + z\boldsymbol{\omega}|D(z)\,\right] \right\}\mathrm{d}z$$

$$(5-75)$$

式中:$C_0 = 1.66\times10^{-9}\,\mathrm{m^3/J}$;$P$ 为激光发射功率;α 为吸收系数;V 为横向平均风速;$\boldsymbol{\omega}$ 为光束在介质中扫描的角速度;ξ 为大气消光系数。

由于湍流效应的强弱对热晕效应的影响不同,因此在不同湍流效应下热畸变参数的计算也不相同。当湍流效应较弱时,在假定湍流热晕相互作用是独立

的条件下,D 为发射光束直径;当湍流效应较强时,假定热畸变的产生是建立在湍流扩束的基础之上,此时 $D(z)$ 的计算应包括无热畸变时所有其他的光束扩展效应,如衍射、湍流、抖动等。Stock[29] 在假定热畸变是在湍流扩束之后产生的基础上,采用多项式

$$\beta_{tb}^2 = A(N_D/N_0) + B(N_D/N_0)^2$$

的形式对由热晕效应引起的光束扩展进行标定,但它并没有给出具体的使用条件和范围。通过大量的数值计算发现,当湍流效应较强时,采用多项式

$$\beta_{tb}^2 = A(N_D/N_0) + B(N_D/N_0)^2$$

的形式能够对焦平面处的光斑扩展进行有效地描述;然而,当湍流效应较弱时,即大气相干长度大于发射孔径或与发射孔径尺寸相当时,若再采用上面多项式的形式描述焦平面处的光斑扩展,则其效果并不理想。为此,本节在

$$\beta_{tb}^2 = A(N_D/N_0) + B(N_D/N_0)^2$$

的基础上构建了一个新的表达式,即

$$\beta_{tb}^2 = a(N_D/N_0)^b + c(N_D/N_0)^d \qquad (5-76)$$

用来描述湍流热相互作用引起的光束扩展,并针对不同的湍流效应对它们的相互作用进行不同的假定。下面将通过数值计算,来验证这种形式的可行性,并给出在不同假定条件下的拟合参数 a、b、c、d 及 N_0 的值。

2. 数值模拟及结果分析

在数值计算分析中,选取波长分别为 $3.8\mu m$、$1.315\mu m$ 的激光束在典型大气条件下水平聚焦传输。激光的发射口径 $D=0.6m$,折射率结构常数 $C_n^2 = 4.18 \times 10^{-15} m^{-2/3}$,大气吸收系数 $\alpha = 3.3 \times 10^{-5} m^{-1}$,横向平均风速 $V = 2m/s$,单轴跟踪抖动误差 σ_j 为 $2.5\mu rad$、$5.0\mu rad$,初始光束质量因子 β_0 为 1.0、2.4、4.2,激光在大气中的传输距离范围为 $1 \sim 10km$,无光束旋转与扫描。计算网格数为 256×256,网格间距为 $0.01m$。需要说明的是,由于高能激光实际大气传输十分复杂,在假定湍流满足 Kolmogorov 理论,大气吸收激光能量导致的加热不改变大气湍流的时空特性,大气温度、折射率扰动满足线性叠加性。

图 5-35 给出了由热晕效应引起的焦平面上 63.2% 环围能量半径的扩展倍数随热畸变参数的变化。图 5-35 中横坐标热畸变参数 N_D 的变化是通过改变不同的参数因子(如发射功率、传输距离、初始光束质量因子等)而变化的。其中,图 5-35(a)上热畸变参数的计算是在假定湍流热晕的相互作用是独立的基础上得到的,即整束热晕占主导优势,传输条件满足大气相干长度 r_0 大于发射孔径 D 或与发射孔径 D 的量级相当。如对于发射孔径为 $0.6m$、波长为 $3.8\mu m$ 的 DF 激光而言,在合肥典型大气条件下近地面水平传输 $10km$ 时的大气相干长度($r_0 \approx 20cm$)与发射孔径尺寸相当。图 5-35(b)中 N_D 的计算是在假定热畸变在湍流扩束的基础上产生的条件下得到的。通过改变不同的参数因子使得传输条件满足大气相干长度 r_0 较小于发射孔径 D。如对于波长为

1.315μm 的激光而言,在合肥典型大气条件下近地面水平传输 5km 时的大气相干长度($r_0 \approx 8cm$)较小于发射孔径尺寸,湍流菲涅耳数远小于由发射口径决定的整束菲涅耳数,小尺度热晕已起到重要作用。由图 5 – 35 可以看出,对于湍流热晕相互作用引起的光斑扩展,在不同湍流效应下采取不同的假定所得到的拟合表达式与数值计算结果能够较好地吻合,其中拟合表达式是通过非线性最小二乘法拟合得到。由此可见,当大气湍流效应不明显,即大气相干长度大于发射孔径或与发射孔径尺寸相当时,在焦平面处由热晕效应引起的光斑扩展倍数,即式(5 – 76)可表示为

$$\beta_{tb}^2 = (N_D/5.56) + 0.7(N_D/5.56)^{1.50} \tag{5 – 77}$$

当湍流效应较强,即大气相干长度较小于发射孔径尺寸时,在焦平面处由热晕效应引起的光斑扩展倍数,即式(5 – 76)可表示为

$$\beta_{tb}^2 = (N_D/15) + 0.7(N_D/15)^2 \tag{5 – 78}$$

因此,由式(5 – 66)、式(5 – 67)、式(5 – 77)、式(5 – 78)结合,可以获得高能激光在湍流热晕综合作用下传输时焦平面处 63.2% 环围能量半径光斑扩展的定标关系式。

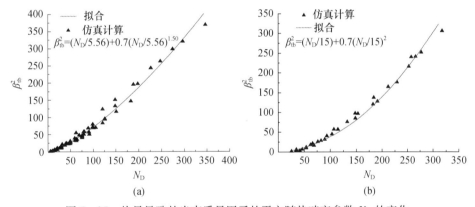

图 5 – 35　热晕导致的光束质量因子的平方随热畸变参数 N_D 的变化

在实际的高能激光工程应用中,不但关心焦平面处 63.2% 环围能量半径内的光斑面积大小以及该面积内的平均功率密度等,而且对焦平面上不同光斑半径内的平均功率密度也较为关注。激光在大气中传输,由于受到诸多大气效应的影响,一般使得焦平面上一定环围能量内的光斑面积大于接收孔径面积,例如远距离能量输送和耦合型的应用等。这时仅用远场峰值功率或一定环围能量半径内的光斑大小来衡量光束传输效果是不够的,此时更为关心的是光束在焦平面上不同半径范围内的平均功率密度,它是衡量激光远场能量集中度的一个物理量。理论与实验均表明,对于平台光束在湍流热晕综合作用下,63.2% 环围能量半径内的长曝光光斑光强分布仍可近似为高斯分布[30]。因此,包含在半径为

r 范围内的光斑的功率可表示为

$$P(r) = P_0 e^{-N_E}(1 - e^{-r^2/a^2}) \tag{5-79}$$

式中:P_0 为激光发射功率;a 为湍流热晕综合作用下焦平面上 63.2% 环围能量半径的大小。

根据上述的光斑扩展定标关系,可以得出光斑半径的大小为

$$a = \beta(0.65\lambda R/D) \tag{5-80}$$

式中:β 为总体光斑扩展倍数。

则相应地在不同半径 r 范围内的平均光强为

$$I(r) = P(r)/(\pi r^2) = P_0 e^{-N_E}[1 - e^{-r^2/(\beta^2(0.65\lambda R/D)^2)}]/(\pi r^2) \tag{5-81}$$

因此,只要知道发射系统的特征参数及大气传输的特征参数,就能够快速地对激光大气传输的效果做出快速预测和有效评估。当然,上述计算分析光束参数和大气参数范围仍然是有限的。尤其是对于非线性热晕效应及其自适应光学校正效果与光束的菲涅耳数 $N_F = D^2/\lambda L$ 是有关的,而对于湍流热晕相互作用不稳定性还与扰动菲涅耳数 $N_T = r_0^2/\lambda L$ 密切相关,因此上述定标关系只能在计算选取的相当的参数方位内使用。另外,由于计算条件的限制,对于强湍流效应、强的湍流热晕相互作用不稳定性等都还有待深入大量的计算分析研究。

5.4 小结与展望

本章介绍了高能激光大气传输及其自适应光学相位校正的仿真方法,实验研究了非线性热晕效应并与高能激光大气传输数值计算模式进行了对比验证,利用理论和数值分析对高能激光大气传输相位补偿过程中的重要因素进行分析。当然,对于湍流与热晕的相互作用问题,国内外学者在这个研究领域已经进行了大量的研究工作,但由于它是一个十分复杂的非线性问题,还有许多问题有待于进一步深入研究。例如,热晕(特别是强热晕)与湍流相互作用条件下的小尺度热晕效应不稳定及其相位校正效率;实际大气条件下,随机风场与风切变的对不稳定性的抑制作用的定量规律等。需要指出的是,这些实验即使在室内模拟条件下进行也是相当困难的。我们做了一些定性与半定量的室内模拟实验研究工作,但定量化还不够的。除需要进一步开展实验研究工作外,还有扩充已经建立的四维模拟计算程序的功能,使之能够进行强热晕及其与湍流相互作用以及超声速、跨声速以及静止区及其相位校正的定量化数值模拟计算。

参考文献

[1] Schonfeld J F. Analysis and modeling of thermal blooming compensation. Proc SPIE,1990,1221.

[2] Karr T J,Rushford M,Murray J R,et al. Measurement of the stimulated thermal Rayleigh scattering instability.

JOSA B,1991,8(5).

［3］Ebstein S M,Duzy C,Myers R. Experimental and theoretical investigation of small – scale blooming. Proc SPIE,1990,1221.

［4］Strohbehn J W. Laser Beam Propagation in the Atmosphere. Berlin：Springe,1978.

［5］Tatarskii V I. 湍流大气中的波传输理论. 温景嵩,宋正方,曾宗泳,等译. 北京：科学出版社,1978.

［6］王英俭,吴毅. 折叠式 FFT 算法对激光大气传输湍流效应的数值模拟. 强激光与粒子束,1992,4(4).

［7］Tyson R. Principles of adaptive optics. 3rd ed. New York：CRC Press,2011.

［8］王英俭,吴毅,龚知本. 自适应光学系统的数值模型. 强激光与粒子束,1994,6(1).

［9］王英俭,吴毅,龚知本. 直接斜率法波前拟合和复原误差的仿真分析. 强激光与粒子束,1996,8(3).

［10］Martin J,Flatté S M. Intensity images and statistics from numerical simulation of wave propagation in 3 – D random media. Applied Optics,1988,27(11).

［11］Johnson B. Thermal – Blooming laboratory experiments. The Lincoln Laboratory Journal,1992,5(1).

［12］Fouche D G,Higgs C,Pearson C F. Scaled atmospheric blooming experiments(SABLE). The Lincoln Laboratory Journal,1992,5(2).

［13］Gebhardt F G. Twenty – five years of thermal blooming：an overview. Proc SPIE,1990,1221.

［14］吴毅,王英俭,龚知本,等. 热晕小尺度不稳定性的研究. 光学学报,1994,14(8).

［15］王英俭,吴毅,龚知本. 非线性热晕效应自适应光学相位补偿. 光学学报,1995,15(10).

［16］Karr T. Thermal blooming compensation instabilities. JOSA A,1989,6(7).

［17］Yura H T. Physical model for strong optical – amplitude fluctuations in a turbulent medium. JOSA,1974,64(1).

［18］乔春红. 高能激光大气传输及其相位补偿的仿真研究［博士论文］. 合肥：中国科学院合肥物质科学研究院, 2009.

［19］Higgs C,Fouche D G,Pearson C. Scaled atmospheric blooming experiment. Proc SPIE,1992,1628.

［20］黄印博. 热晕效应相位补偿定标参数的数值分析［硕士论文］. 合肥：中国科学院安徽光学精密机械研究所,2002.

［21］饶瑞中. 激光大气传输湍流与热晕综合效应. 红外与激光工程,2006,35(2).

［22］Gebhardt F G. High power laser propagation. Applied Optics,1976,15(6).

［23］黄印博,王英俭. 跟踪抖动对激光湍流大气传输光束扩展的影响. 光学学报,2005,25(2).

［24］Breaux H,Evers W,Sepucha R,Whitney C. Algebraic model for cw thermal – blooming effects. Applied Optics,1979,18(15).

［25］石小燕. 发射系统遮拦比对均强聚焦光束光斑扩展影响的研究［硕士论文］：中国科学院安徽光学精密机械研究所,2003.

［26］Smith D C. High – power laser propagation：thermal blooming. Proc IEEE,1977,65(12).

［27］Enguehard S,Hatfield B. Review of the physics of small – scale thermal blooming in uplink propagation. Proc SPIE,1991,1415.

［28］Bradley L C,Herrmann J. Phase compensation for thermal blooming. Applied Optics,1974,13(2).

［29］Stock R D. High energy laser scaling laws. Directed Energy Modeling and Simulation Conference,2003.

［30］王英俭. 激光大气传输及其相位补偿的若干问题探讨［博士论文］. 合肥：中国科学院安徽光学精密机械研究所,1996.

第6章

激光大气传输应用

　　激光大气传输有着极其广泛的应用背景。可以毫不夸张地说,任何在大气中应用的激光工程,从研究到实际应用,都需要掌握激光大气传输的规律、获取大气对激光传输影响的重要定量数据,从而对激光应用工程可行性论证及其系统优化设计提供可靠依据。此外,掌握了激光在大气传输过程产生线性或非线性效应的规律,又可为大气环境探测提供多种可能的方法。因此,激光大气传输在众多领域(包括大气环境探测、激光通信及国家安全等)的应用,一直受到各国科学家的高度重视。

　　大气分子和气溶胶粒子的吸收与散射同时会造成发射或接收激光能量的减弱,这会给激光传输及通信工程带来不利的影响。同时,利用大气散射和大气分子的吸收特性,已发展了一系列以激光雷达为代表的激光大气探测技术。另外,大气湍流引起的介质折射率起伏会导致光波波前畸变,从而破坏光的相干性,造成光束的随机漂移、相位随机起伏、光束截面上能量重新分布(畸变、展宽、破碎等)、能量集中度下降以及由此而引起的光强起伏(闪烁效应),这些效应严重制约了激光通信和成像等激光工程的应用。本章将主要介绍激光雷达探测技术(重点介绍大气湍流探测技术)、激光通信以及光学成像中的大气传输相关问题一些研究进展。

6.1　激光雷达大气探测技术

6.1.1　大气成分探测激光雷达发展简介

　　大气可以划分为由微粒组成的离散混浊大气介质和由热运动分子构成的"连续"湍流大气介质。大气与光波的相互作用会产生分子和小尺度大气气溶胶粒子的瑞利散射、大尺度大气气溶胶粒子的米(Mie)散射、非球形粒子的退偏振散射、散射频率发生变化的拉曼散射以及散射强度比分子瑞利散射大好几个数量级的共振荧光散射等散射过程。激光的散射回波将携带着有关的大气信息,通过对信息的测量即可反演传输过程中的一些大气特征情况。此外,大气分子具有波长范围从红外到紫外,十分丰富的电子光谱吸收带和分子振动、转动光谱吸收带,波长恰与大气中某些分子吸收谱线重合的激光在大气中传输时将受到分子的强烈吸收。利用不同的气体成分有不同的吸收特征,可以为大气环境光学探测技术提供依据,如差分吸收技术。

激光雷达(LIght Detection And Ranging,LIDAR)是以激光为光源,通过探测激光与大气相互作用的辐射信号来遥感大气。由于遥感的目标不一样,导致要测量的辐射信号也不同,这样就产生了不同种类的激光雷达。

1960 年世界上第一台激光器问世之后,激光技术便被迅速地应用于大气探测[1],现代激光雷达技术也随之迅速发展起来。第一个有报道的利用激光雷达来探测大气的是 Fiocco 和他的同事在美国麻省理院研制了一台红宝石激光雷达,用于对平流层和中层大气进行探测[2,3]。几乎与此同时,Ligda[4] 在美国斯坦福研究所也研制了一台红宝石激光雷达用于对流层大气的探测。随着激光技术日新月异的发展,以及先进的信号探测和数据采集处理系统的应用,激光雷达以它的高时间、空间分辨率和测量精度而成为一种重要的主动遥感工具。目前,激光雷达的种类已由早期的米散射激光雷达发展为差分吸收激光雷达、拉曼激光雷达、偏振激光雷达、瑞利激光雷达、多普勒激光雷达和共振荧光激光雷达等多种类型的激光雷达。激光雷达的探测波长也由单一波长发展为多波长。激光雷达的载体由地基型发展为车载、船载、机载、球载及星载。

在地基激光雷达网方面,目前在全球范围建成的用于探测对流层大气气溶胶和云的激光雷达探测网络有 EARLINET(European Aerosol Research Lidar Network)、AD – NET(Asian Dust Network)和 MPLNET(Micro – Pulse Lidar Network)等。EARLINET 始建于 2000 年 2 月,到 2004 年共建成了 24 个激光雷达站点,主要用于监测和研究在欧洲范围内大气气溶胶的输送特征以及大气气溶胶对气候的影响。在这些激光雷达站点不仅配备了偏振 – 米散射激光雷达,同时还配备了拉曼激光雷达。AD – NET 建立于 2001 年 2 月,主要在亚太地区用于监测亚洲沙尘暴的起源和沙尘粒子的输送,集中观测时间在每年的春季。MPLNET 分布在美国国家航空航天局(NASA)的 AERONET(Aerosol Robotic Network)站点中。MPL 激光雷达是米散射激光雷达,这些激光雷达站点主要用于研究沙尘、农作物的燃烧物、烟尘和大陆性大气气溶胶对云形成的影响,大气气溶胶的传输和极地云及降雪等。同时还为空基和星载激光雷达提供数据验证。

在星载激光雷达方面,NASA 的 Langley 研究中心于 1994 年 9 月 9 日成功发射载有米散射激光雷达的“发现号”航天飞机,进行了空间激光雷达技术实验。LITE 是人类第一次实现了空基激光雷达对大气的探测,是激光雷达发展史上具有划时代的里程碑。它开辟了激光雷达大气探测的新纪元。我国也已研制成功大气气溶胶探测机载雷达并开展了飞行测量实验,星载大气探测激光雷达也在研制中。

上述这些激光雷达被广泛应用于探测大气气溶胶、能见度、大气边界层、大气污染气体、水汽、臭氧、大气风场、大气密度、大气温度和大气气压等。随着激光雷达技术的不断发展,它在大气、环境、气象、遥感、军事等领域会有着更为广阔的应用前景。我们在激光雷达大气探测技术和大气探测进展的详细情况已有系统的专著介绍,可参阅《大气探测激光雷达和我国东部重要大气参数高分辨率垂直分布》,本书不做详述,下一节主要介绍多普勒测风激光雷达。

6.1.2　大气风速测量

风是研究环境气候变化和大气科学的一个重要参量,利用大气风场数据可以获得大气的变化过程,促进人类对能量、水、大气气溶胶、化学和其他空气物质圈的了解,提高气象分析与全球环境气候变化的预测能力。精确的大气风场资料可以提高数值天气预报、中长期气候预报的准确性,减少和预防各类航空飞行器起飞和着落过程中事故和灾害的发生。风在激光大气传输中也是一个非常重要的参量,它对大气湍流效应、热晕效应以及自适应光学相位补偿都有着重要影响。

由于风场测量的重要性,近年来,美国、欧洲和日本的一些研究机构纷纷投入测风激光雷达的研究。目前国外地基和机载测风激光雷达已经有了相当多的系统,如美国 CTI 公司的 WindTracer 系统、美国 NASA/Goddard 航天中心的 GLOW 激光雷达、美国 MAC 公司的 GroundWinds 激光雷达、法国 OHP 激光雷达、欧洲空间局(European Space Agency,ESA)星载测风激光雷达等。本章节主要对多普勒测风激光雷达技术进行介绍。

1. 多普勒测风激光雷达原理

多普勒效应是指当波源与观测者之间有相对运动时,观测者所接收到的波的频率不等于波源振动频率的现象。根据多普勒效应,大气介质相对于激光束的运动将导致激光频率的改变。

多普勒测风激光雷达通过二维光束扫描单元,向大气发射一束窄带激光脉冲。激光被大气气溶胶粒子和大气分子散射,其中一部分后向散射光沿发射方向返回激光雷达接收望远镜。由于大气风的作用或大气粒子的运动,接收光频率相对于发射激光存在多普勒频移,激光雷达通过检测后向散射信号的频移量就可以得到风场信息。常用的频移测量技术有相干探测和直接探测两种方式。

相干探测技术采用外差调制,即利用后向散射光与本机振荡光信号的干涉效应,当本振光信号的频率等于发射激光的频率时,差频信号大小即等于回波信号的频移。该技术能获得较高的探测灵敏度和测量精度,但对激光器和本机振荡激光的频率稳定性要求很高,实际探测系统一般较为复杂。

直接探测技术采用上述高分辨光谱方法(使用法布里–珀罗(Fabry – Perot)干涉仪或原子吸收滤波器)检测频移量,该技术使得轻微的频率偏移引起信号强度的巨大改变[5]。如果边缘滤波器的带宽大于激光线宽,则检测结果与激光线宽无关。图 6 – 1 给出了利用 Fabry – Perot 干涉仪测量频移的原理。设边缘

滤波器的透过率为 $T(\nu)$,则无频移的激光回波信号强度 $I(\nu) = CT(\nu)$,C 为定标常数,可以通过边缘滤波器对固定目标的探测信号对比得到。频移的激光回波信号强度为

$$I(\nu + \Delta\nu) = CT(\nu + \Delta\nu)$$

由于

$$T(\nu + \Delta\nu) \approx T(\nu) + T'(\nu)\Delta\nu$$

则频移量为

$$\Delta\nu \approx \frac{I(\nu + \Delta\nu) - I(\nu)}{CT'(\nu)}$$

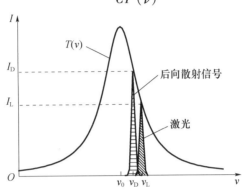

图 6 - 1　多普勒频移测量原理

为了提高检测效率,在边缘检测技术的基础上又发展了双边缘检测技术,如图 6 - 2 所示,在激光频率的两侧采用两个边缘滤波器,根据两个标准具的输出光强的差值可以确定多普勒频移量。

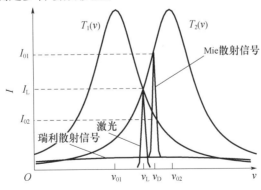

图 6 - 2　双 F - P 标准具的多普勒测量原理

2. 多普勒激光雷达风速测量的典型结果

图 6 - 3 给出了多普勒测风激光雷达和微波雷达在 2006 年 2 月 24 日 16:01 同时探测得到的一组对比结果。多普勒天气微波雷达探测水平风速的高度为

4.3～8.5km。距离分辨率为300m,仅对尺度较大的云粒子的回波信号较强,因此与多普勒测风激光雷达仅获得5个可对比数据。图6-3(a)为二者水平风速廓线比较,点画线是多普勒测风激光雷达探测的水平风速廓线分布,圆圈是微波雷达测量的结果,二者的水平风速变化趋势基本一致,在4.3～5km范围内完全吻合,5～5.5km范围内的水平风速分布也在多普勒天气微波雷达的测量误差范围内。图6-3(b)为风向比较,可以看出微波雷达测量的5个点与多普勒测风激光雷达在相应高度测量得到的风向完全相同。同时,对对流层风场探测来说,多普勒测风激光雷达最低探测高度从0.19km开始,存在盲区较小,距离分辨率为微波雷达的1/10。在晴空天气条件下,多普勒激光雷达可以弥补多普勒天气微波雷达的不足进行大气风场的探测。

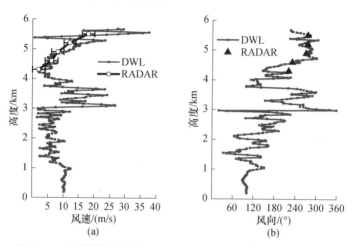

图6-3 多普勒测风激光雷达与微波雷达水平风速和风向比较

6.1.3 大气湍流参数测量

实际大气十分复杂,大气的时间演化规律、传播路径的地理条件、季节、天气状况、空气洁净度等因素都会对湍流的发展产生影响,实时全面准确地确定各个因素是十分困难的。在光传播实验和光学工程应用中光传播距离一般较长,在传播路径范围内地理条件一般比较复杂,因此必须了解湍流特性的路径分布。在近地面水平光传播实验中,一般采用经典的温度脉动仪在光传播路径上布点,或基于光传播效应,即光强闪烁和到达角度起伏反演传输路径上光学湍流,从而了解传输路径上大气湍流。伴随着湍流大气中光传播的不断深入研究,特别在斜程大气光传输应用中更加关注大气折射率结构系数 C_n^2 廓线分布,而天文选址和自适应光学应用中更关注所在地的大气相干长度和等晕角。目前测量 C_n^2 廓线的方法主要有探空气球测量、星光闪烁法和激光雷达探测等。探空气球测量即用气球携带温度脉动仪和各种需要的气象参数传感器如温度、气压、湿度和风速传感器等升入高空,从而获得运动路径上的湍流廓线分布。该方法具有很高的空间分辨率,不足之处在于只能给出有限数量的廓线,且同一廓线上的大气湍流也有一定的时间延迟。与星光闪烁现象相对应的 C_n^2 廓线测量技术有 SCI-DAR(Scintillation Detection and Ranging)等。SCIDAR 技术的概念首先由 Vernin 和 Roddier[6] 提出,基本思想是从双星闪烁的短曝光图像的自相关函数中提取 C_n^2,SCIDAR 技术对双星的要求大大限制了该技术的应用。

1. DIMM 激光雷达测量技术

在天文选址与观测、自适应光学相位校正技术等应用中,广泛使用大气相干长度 r_0 作为整个传播路径上大气湍流强度的度量时,由于到达角起伏方差和空间相干长度具有相同的 C_n^2 路径分布依赖关系,目前较为广泛应用的测量 r_0 的方法是通过到达角起伏方差来实现的。利用类似手段也可以获得等晕角。DIMM 激光雷达是基于到达角起伏测量获取 Fried 参数的,在天文观测中常称为差分像运动法(Differential Image Motion Method,DIMM)。这种方法对测量仪器本身的抖动、接收系统的光束质量、望远镜焦距的温度效应以及星象亮度的起伏等因素都是不敏感的,因而能够获得良好的测量精度。由于天体的运动,接收望远镜的跟踪不可避免地产生机械震动,为克服这方面的影响,通常采用双孔径的差分到达角起伏测量消除机械噪声。典型的测量系统如图 6-4 所示[7]。光线经望远镜前两个入射孔径聚焦在狭缝上,光线通过光楔在 CCD 靶面上形成两个像点,通过测量两个像点的质心的位置分别求出两星象中心位置之差 $\Delta\rho_{ci}$,由下式计算 r_0:

$$r_0 = \left\{ \frac{2f^2[0.36\,(\lambda/D)^{1/3} - 0.242\,(\lambda/d)^{1/3}]\lambda^{5/3}}{<\Delta\rho_{ci}^2> - <\Delta\rho_{ci}>^2} \right\}^{3/5} \qquad (6-1)$$

式中:f 为望远镜焦距;d 为两光路的中心间距(无抖动时两个像的理论间距)。

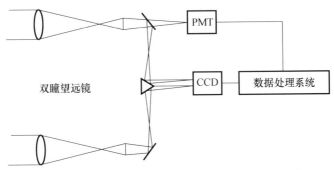

图 6-4　差分像运动法测量大气相干长度和等晕角示意图

等晕角测量利用星光闪烁法,这是由于采用闪烁方法时也具有与等晕角的相似的高度权重函数。理论计算表明,当 $D = 11\mathrm{cm}$ 时即可使两者的权重函数相等[8],并使下列关系成立:

$$\theta_0 = C\left[\lg(1 + \sigma_s^2 / <S>^2)\right]^{-3/5} \qquad (6-2)$$

式中：$<S>$ 为星光信号的平均值；C 为常数，Eaton 等[9]通过大量实验指出，$C = 0.9676$。

式(6-2)在弱湍流和中等强度湍流时具有很好的精度。

图6-5、图6-6分别给出了1992年12月我们在昆明凤凰山云南天文台进行大气相干长度 r_0 和等晕角 θ_0 的测量结果。由图可以看到，r_0 变化比较平稳，等晕角 θ_0 变化较大。这表明，低层大气湍流变化不大，而较高层的大气湍流很不平稳。

在上述系统中，对于整层大气传播问题，光源选择的是大气外天体。晚上有众多二、三等以上的恒星可以选择，而白天只有太阳，通常选择太阳边缘上的一点作为光源[10]。而对于有限距离传输情况，没有现成的光源，这就需要"人造信标"，即将激光聚焦于待测高度，利用其大气后向散射回波作为光源，也就是激光雷达技术。对于整层大气传输，在等晕角内没有合适的光源，可以利用钠导星作为光源。

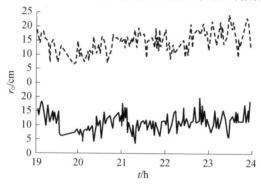

图6-5 大气相干长度 r_0 随时间的变化

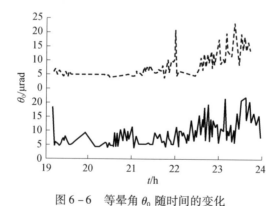

图6-6 等晕角 θ_0 随时间的变化

2. 湍流强度廓线激光雷达测量技术

上一小节介绍的是整个传输路径积分湍流强度参数测量。然而在一些应用中，还需传输路径上的湍流强度分布情况。最为常用的湍流强度垂直廓线分布是利用探空气球携带温度脉动仪进行测量。探空仪随大气风场而漂移,原则上讲,其测量的并非是垂直廓线。另外,探空球既不可能做到与所关心的传输路径重合,也不可能做到与实时同步。中国科学院安徽光学精密机械研究所正在发展湍流折射率结构常数廓线分布激光雷达测量技术,主要有两种技术手段:一是调整发射激光聚焦高度而测量不同高度相干长度,进而反演折射率结构常数廓线;二是对激光束侧向散射形成的光柱进行成像,局段获得横向抖动,从而测量该段高度上的折射率结构常数。

1) 成像激光雷达测量技术[11]

湍流廓线激光雷达是基于瑞利信标的原理,即由雷达的发射系统发射一束聚焦激光束,利用焦点处的大气后向散射,形成一个瑞利信标,作为雷达接收系统的信标。为了达到测量湍流廓线的目的,使聚焦光束的焦点在需要测量的区域进行扫描,接收系统也需要相应调整接收望远镜的焦距和像增强器曝光闸门的延时和闸门宽度,以接收特定高度特定区域的后向散射,如图6-7所示。图中:$h_1, h_2, \cdots, h_n$ 为信标高度,对应的 $\sigma^2(h_1), \sigma^2(h_2), \cdots, \sigma^2(h_n)$ 为探测器在该高度测得的波前方差。

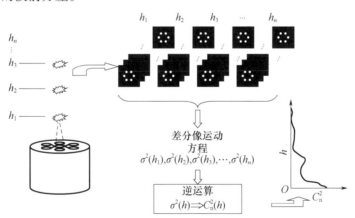

图6-7 成像激光雷达系统原理

由于二次光程回波信号存在倾斜不确定性[12],为了解决这一问题,利用哈特曼波前传感器测量回波光斑信号,再通过 Zernike 多项式对波前进行分解,这样可以分离出倾斜量,得到 Zernike 多项式系数[13]随波前相位变化的情况,然后求得激光传输距离内的大气相干长度,对于不同高度的大气相干长度 $r_0(h)$ 和大气湍流廓线的关系可以用矩阵来描述:

$$\boldsymbol{r}_{0m} = \boldsymbol{H}_{mm}\boldsymbol{C}_{\mathrm{n}m}^2 \tag{6-3}$$

式中:$\boldsymbol{H}_{mm}$ 为由测量高度序列决定的系数矩阵。

只要测量出不同高度的 $r_0(h)$,通过式(6-3)就可以得到所测空间的湍流廓线。

图 6-8 给出了 2007 年 12 月在合肥探测的垂直高度湍流廓线数据,从图可以看到,廓线数据在 10^{-16} 数量级左右波动,与合肥地区冬季湍流廓线的统计规律基本一致。

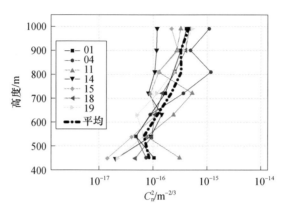

图 6-8 激光雷达探空廓线

2) DCIM 激光雷达测量技术[14]

湍流廓线雷达利用主动激光的后向散射光作为信标,探测不同高度的激光回波信号利用差分像运动(Differential Image Motion, DIM)原理得到不同高度的大气相干长度;通过数据反演得到湍流强度(折射率结构常数)的高度分布廓线。在前期 DIM 激光雷达工作基础上[15,16],通过对雷达系统的改进,实现了在焦平面同时探测不同高度的激光回波信号。通过探测光柱成像的差分运动(Differential Column Image Motion, DCIM)同时得到不同高度的大气相干长度。DCIM 激光雷达与传统 DIM 激光雷达不同之处在于接收探测器倾斜安置,仅利用两光柱成像的连线方向来计算大气相干长度。由于不同高度的信号成像焦平面位置不同,探测器需要倾斜安置。在合适条件下不同高度信号成像的焦平面坐标(x, z)关系近似线性:

$$z = \frac{f}{\Delta}x + f; \Delta \ll h, h \gg \Delta^2/f \qquad (6-4)$$

式中:f 为系统观测无穷远目标时的焦距;Δ 为收发系统间距;h 为信标高度。

在该条件下,探测器倾斜安装能够同时在焦平面探测不同高度的激光回波信号。雷达系统的结构如图 6-9 所示。

DCIM 激光雷达仍然采用差分像运动原理测量,通过统计光柱成像连线方向的差分抖动计算大气相干长度:

$$\sigma_\alpha^2 = 2\lambda^2 r_0^{-5/3}(0.179D^{-1/3} - 0.0968d^{-1/3}) \qquad (6-5)$$

图 6-10 给出了 DCIM 激光雷达测量的 10km 高度的大气相干长度与大气相干长度仪(DIM 原理)测量的整层大气相干长度对比。

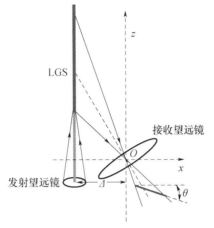

图 6 - 9　DCIM 雷达系统的结构

θ—接收系统焦平面与 x 轴夹角;Δ—发射接收望远镜间距。

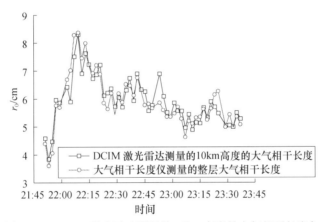

图 6 - 10　DCIM 激光雷达测量的 10km 高度的大气相干长度与
大气相干长度仪测量的整层大气相干长度对比

6.2　激光大气传输在光通信中的应用

无线光通信(Wireless Optical Communication,WOC)也称为自由空间光通信
(Free Space Optical Communication,FSO),是指利用激光作为信息载体,在空间
信道(近地面大气空间、卫星轨道、星际太空)上直接传输话音、数据、图像等信
息的通信方式。在 20 世纪 60 年代曾掀起过无线光通信研究的热潮,但由于受
系统器件设施和光通信技术不完备的限制及大气信道上光传输的随机性和不稳
定性等不利客观因素的制约,并且光纤通信迅猛发展而逐渐成为光通信的主流
方式,无线光通信便在光纤通信快速发展的势头下淡出人们的视野。主要原因
是大气湍流效应能够导致通信突发性错误,甚至通信中断,从而严重影响通信质

量。到目前为止,大气信道传输特性的不稳定问题依然没有得到很好的解决。

6.2.1 大气对通信的影响

从光通信原理可知,通信质量的性能评价函数是信噪比和误码率。信噪比定义为信号功率与噪声功率的比。当信噪比低到一定程度时,会引起对接收信号的误判,即误码率是信噪比的函数。在激光通信过程中,大气分子和气溶胶粒子的衰减会使得接收功率降低,信噪比下降。另外,由大气湍流引入的噪声,也会使信噪比下降。当由大气湍流引起的对接收激光能量的调制较明显时,还可能导致通信突发性错误,甚至是通信中断,从而严重影响通信质量。这些问题在传播距离长和湍流强度大的情况下极为严重,从而制约了自由大气光通信的发展。

对于通信系统直接探测的信号是发射光束经过大气到达接收机上的光强,由大气衰减引起的光强变化可由比尔 – 朗伯定律获知,本节不作重点介绍,重点考虑由大气湍流对通信的影响。当激光信号在大气湍流中传输时,无线光通信系统性能会由于光强闪烁、光束漂移、光束扩展、到达角起伏和焦平面光斑弥散等湍流效应的影响降低。

1. 光强起伏

强度闪烁是大气湍流效应的一个重要表现,也是影响基于直接检测的光通信系统性能的一个主要因素。它会使激光信号受到随机的寄生调制而呈现出额外的大气湍流噪声,使接收信噪比减小,增加了通信系统误码率。这种湍流效应主要是由于同一光源发出的光通过不同路径的光线之间随机干涉的结果。

光强起伏(闪烁)是整个湍流大气光学中研究最广泛、历时最长的复杂问题。这里不再给出弱起伏条件下的一般公式,解析推导的基础是分析空间频域内湍流谱和光传播衍射因子的相互关系,在文献[17]中有详细的描述。光强闪烁是激光在大气中传播一定距离后,接收平面上光密度在空间和时间上的变化。

实验发现,随着传播距离或湍流强度的进一步增大,光强起伏方差不再随之增大,这就是闪烁饱和现象。此时,弱起伏条件下得到的公式不再适用。多种方法试图解决弱、强临界起伏条件下的闪烁问题,得到一般起伏条件下的闪烁方差解析表达式有两种方法:一种是 Rytov 改进模型;另一种是依据弱起伏和强起伏两种极限条件下的闪烁结果的通用模型[18,19]。

Rytov 改进模型的物理思想[20,21]:根据光传播的条件将湍流分为小尺度湍流和大尺度湍流。尺度小于菲涅耳尺度 $\sqrt{L/K}$ 和空间相干尺度 ρ_0 的湍流,它对光产生衍射作用。尺度大于 $\sqrt{L/K}$ 和散射盘尺度 $L/K\rho_0$ 的湍流为大尺度湍流,它对光的作用是折射。假定衍射和折射过程是统计独立的,则湍流对光总的影响可看成是衍射被折射的乘性调制过程。在此基础上使用几何光学方法可以解决大尺度引起的折射问题,引入空间滤波函数来恰当地解释强起伏区光波相干性的损失,从而使得弱起伏条件下的 Rytov 近似方法在饱和区仍然适用。依据

Rytov 近似方法可以得到普适的闪烁指数的表达式。

除闪烁指数,光强概率分布也是其统计特征的重要描述方法。作为随机过程的光波起伏,概率分布是其统计特征的最基本的描述方法。由于相位起伏是湍流介质折射率起伏的线性贡献造成的,当折射率起伏服从正态分布时,相位起伏也服从正态分布[22]。由于两点的相位起伏符合正态分布,两点间的相位差也符合正态分布,达到角起伏也必然服从正态分布。相当充分的实验结果验证了达到角起伏符合正态分布的结论。

相对于相位起伏,光强起伏的概率分布问题要复杂得多。在弱起伏条件下,理论与实验都证明,光强起伏的概率密度分布服从对数正态分布。而在强起伏条件下,特别是在弱、强起伏条件之间的中等起伏条件下,尚不能从光传播的物理过程获得确定的分布形式。光强起伏的概率密度分布直接关系到探测器上的光信号强度波动,影响接收机的阈值判决。光强起伏的概率密度分布对分析通信系统的信噪比及误码率等性能指标具有重要意义。典型的光强起伏概率密度分布:对于弱湍流区,广泛采用光强起伏的对数正态分布模型;对于强湍流区,描述光强起伏的模型有负指数分布[23]、K 分布[24] 和 Beckman 分布[25] 等;Andrews 等[21]基于大尺度起伏调制小尺度起伏思想,提出 Gamma – Gamma 分布来建模从弱至强湍流区的光强起伏概率。

2. 光束漂移

光束漂移是指光束的中心在垂直其传输方向的平面内,以某个统计平均位置为中心发生快速随机运动。光束漂移是影响无线光通信性能的一个重要因素,严重时造成光束脱离接收机视场。

3. 光束扩展

当光束在大气湍流中传输时,接收到的光斑直径或面积将变大,这就是光束扩展。光束扩展会导致单位面积上光强减弱,因此对于相同的通信距离,在大气湍流中的探测信噪比会小于真空中。如前所述,湍流引起的光束扩展可分为长期扩展和短期扩展,长期扩展同时包含短期扩展和光束漂移的综合影响。当湍流较强时,光束破碎成多个子光束,短期扩展光斑也不再是单个光斑而是在接收面内随机起伏的多个斑点。

4. 到达角起伏

相位起伏中与接收口径尺寸相当的倾斜分量将使光波的总体入射方向发生改变,表现为到达角起伏。到达角起伏的相关理论公式见第 3 章。到达角起伏会导致光学接收机焦平面上包含信息的光斑产生抖动,在任何瞬间,包含能量的一部分会被视场光阑所遮挡,导致信号的净损失,从而影响接收机对通信光信号的接收和探测。这种情况可通过由两轴快速倾斜镜组成的简单校正系统改善。倾斜镜位于光瞳成像平面上,可主动补偿大气导致的到达角起伏。注意,倾斜镜校正无法补偿接收光束中更高阶的像差。不过对于光通信链路来说,由于其目的是尽可能收集更多的信号能量,因此也就足够了。不必校正高阶像差意味可构成带宽很低的跟踪系统。

6.2.2 激光通信中大气湍流的影响抑制技术

在不同的应用中,由于通信链路的不同,大气湍流对光信号的影响也不同。如在卫星—地面通信系统的下行链路中,光束经过长距离的真空传播到达大气层顶部时,其直径已扩展得比大气湍流外尺度大,故大气湍流对光信号的影响基本上只有光束扩展和小尺度引起的闪烁效应,此时可以忽略漂移效应;而对于同等条件下的上行链路,光束漂移、扩展和闪烁效应同等重要。另外,对于在大气层内使用的通信系统,各种湍流效应对光信号的影响都比较明显,如近地面长程传输的水平链路中,即使是弱湍流条件,随着传播距离的增加,信号光到达接收孔径时仍然会有较为严重的闪烁效应。因此,在大气激光通信系统的设计和分析以及实施抑制大气湍流技术时,必须考虑这些通信链路的差异性,有针对性的设计可以使通信系统获得最佳效果。

大气激光通信能否大规模的应用到实际中,很大程度上受制于大气湍流的抑制或缓解技术能否得到有效突破。目前所采取的一些方案和技术只能在某些条件下起到一定的缓解作用,还未从根本上解决这个问题。当前,国内外研究者重视的大气湍流影响抑制技术包括大孔径接收、分集、部分相干光传输、时域处理与阈值优化、自适应光学、信道编码(RS 编码、LDPC 编码等)、传输层自动请求重传(ARQ)与前向错误校正(FEC)等[26-29]。本节重点介绍大孔径接收、部分相干光传输、多光束传输技术、自适应光学技术等抑制大气信道对光通信的影响。

1. 大孔径接收技术

实验证明,在相同的湍流效应下:当发射孔径相同时,接收孔径越大,所接收到的功率起伏方差越小;当接收孔径相同时,发射孔径越大,所接收到的功率起伏方差越小。由此可见,不同的接收孔径所对应通信信号的信噪比不同,从而直接影响通信质量。因此,在空间激光通信中根据实际需要设计合理的接收孔径,对于整个系统的优化设计是非常必要的。

对于空间激光通信,主要有地地、地空、空空三种模式,基于接收效率等因素的考虑:对于主要应用于解决最后 1km 问题的地地模式或传输距离不太远的地空模式,往往采用聚焦光束;而对于其他的远距离通信模式,往往是接近准直光束传输。下面利用数值模拟的方法,分别从接收效率和性价比等不同角度对接收孔径选取的参考因素进行探讨。数值仿真计算条件:通信激光波长为 $0.85\mu m$,望远镜的发射孔径为 0.3m,通信距离分别是水平传输 5km 和上行传输 20km。计算网格为 256×256,发射孔径处网格间距为 0.01m。

图 6-11 是不同接收孔径条件下接收效率的概率密度分布[30]。由图 6-11 可知:由于大气湍流效应导致光斑光强在时间和空间上随机变化,不同接收孔径

所得到的激光功率有不同的概率密度分布,峰值概率密度(概率密度的极大值)所对应的接收效率随接收孔径的增大而增高。另外,接收孔径越大,接收效率起伏方差越小,所以探测器所接收信号的信噪比 n_{SNR} 接收功率的平均值与其平方根的比值越高。然而在远距离空间激光通信的系统设计中,大的接收孔径往往很难实现,必须根据实际需要同时考虑接收效率与性价比等因素进行合理设计。

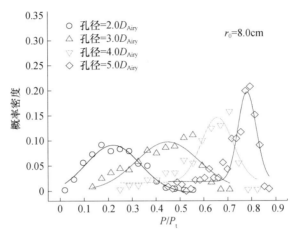

图 6-11 聚焦光束水平传输 5km 时接收效率的概率密度分布

聚焦光束的信噪比随接收孔径的变化如图 6-12 深色线和浅色线分别是不同湍流效应下[30],聚焦光束水平传输 5km 和上行传输 20km 时接收到信号的信噪比随接收孔径 D 的变化关系,图中 D_{Airy} 表示艾里斑直径。由图可见,两种通信模式下得到几乎一致的结果,即 n_{SNR} 随接收孔径的增大近似成抛物线形增长,这是由于大孔径对接收信号具有孔径平滑作用;同时湍流效应越弱,n_{SNR} 增长速度越快,这是由于不同湍流效应下光斑光强空间和时间分布的弥散程度不相同的缘故。

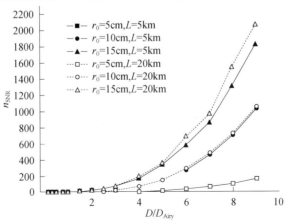

图 6-12 聚焦光束的信噪比随接收孔径的变化

国际电信联盟电信标准(ITU2T)对于现代光通信的普遍要求是比特误码率低于 10^{-12},可接受的最大比特误码率为 10^{-9}[31]。而影响误码率的直接因素是 n_{SNR},忽略探测器本身的散粒噪声、热噪声、暗电流噪声等一切固有噪声,考虑信号质量的下降仅是由湍流效应所致,则当 $n_{SNR} \approx 6$ 时,比特误码率约为 10^{-9}。定义此时的接收孔径为最佳接收孔径。

大气湍流运动是一个完全随机的运动过程,大气相干长度往往在几厘米到几十厘米的量级范围内变化。图 6-13 给出了两种通信模式下最佳接收孔径随大气相干长度的变化关系,实线对应水平通信5km 的情况,虚线对应上行传输20km 的情况。图 6-13 表明,随湍流效应的减弱,最佳接收孔径近似呈指数形式下降。这是由于:在湍流效应较弱时,光斑的能量主要集中在爱里斑内,一定接收孔径内的功率起伏较小;而在湍流效应较强时,光斑严重破碎,不均匀元尺度减小,光强在时间和空间上的随机起伏较大,一定接收孔径内的功率起伏随湍流效应的增强而迅速增大。因此,需要利用大接收孔径的孔径平滑效应才能提高接收信号的信噪比[32]。如当 $r_0 \approx 4cm$ 的强湍流效应情况下,通信系统的接收孔径接近 5 倍艾里斑直径,才能满足国际电信联盟电信标准部对光通信的最低要求。

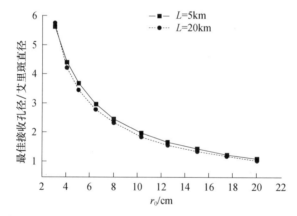

图 6-13　聚焦激光传输时接收孔径随大气相干长度的变化

2. 多光束传输技术

多光束传输技术是一种非相干光束叠加技术,即多个相互间不相干的激光束经过不同的传输路径发送到远场接收端并非相干叠加,以平滑接收信号光强闪烁的技术。实际上,它是一种空间发射分集技术。对于多激光束在湍流大气中的传输问题,目前已有大量的理论研究成果。自多光束发射的概念提出以来,美国的喷气推进实验室和美国麻省理工学院的林肯实验室进行了多次多光束的大气传输实验[33],得到了大量的实验结果。1995 年10 月到1996 年5 月,美日联合进行的多次 GOLD 实验成功验证了多光束发射技术在克服大气湍流效应方面的有效性[34]。Kim 等[35]专门做了 TerraLinkTM8-155 大气闪烁测量实验。

实验结果表明,当接收天线口径一定时,随着发射光束数目的增加,大气湍流引起的接收光强起伏依次减少,采用单光束时强度起伏很大,远场的接收光强分布曲线更接近于指数衰减分布。需要注意的是,对多光束传输技术来说,必须尽量减小各激光发射器输出激光的相干性,否则会在接收面上出现明暗条纹,导致接收光强起伏增大。

图 6 – 14 给出了不同大气湍流条件下单光束、非相干三光束和非相干六光束大气传输过程的数值仿真结果。传输场景参数:主激光波长为 $1.08\mu m$,水平传输距离约为 $1.2km$,ATP 发射孔径为 $0.4m$,发射方式为聚焦发射,发射的激光束数为单光束、非相干三光束和非相干六光束,排布方式为正六边形,单光束的直径为 $10cm$。

图 6 – 14(a) ~ (c)给出了大气湍流结构常数 C_n^2 分别为 $10^{-15}m^{-2/3}$、$10^{-14}m^{-2/3}$、$10^{-13}m^{-2/3}$ 时焦平面处的光强闪烁随接收孔径的变化。由图可以看出,对应同一湍流强度条件下,在接收孔径不是很大且一致的情况下,多光束的束数越多,其对应的闪烁指数相对较小,湍流效应越强,多光束的优势越明显。由此可见,利用多光束可以抑制大气闪烁效应,从而提高通信质量。同时可以看到,不同孔径的光强起伏不同,体现了孔径的平滑效应。

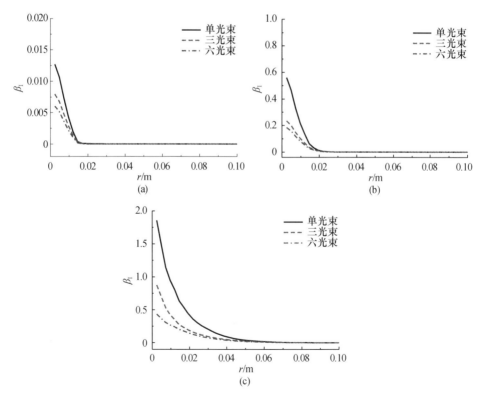

图 6 – 14　不同接收孔径对应的闪烁指数

3. 部分相干光传输技术

20 世纪 70 年代末和 80 年代初期,部分相干光大气传输的理论研究开始发展。1975 年 Wolf 等[36]提出了准单色的高斯部分相干光源的概念,Wu 等[37]通过对高斯—谢尔模型部分相干光大气传输的理论研究,得出了"与完全相干光相比,部分相干光对湍流效应更不敏感"的结论。Korotkova 等[38]使用 ABCD 光线矩阵方法分析部分相干光在湍流大气中传输后的光束参数,并采用起伏光强的 Gamma – Gamma 分布研究了无线光通信系统误码率和信噪比的关系,给出了一些使用部分相干光优化系统性能的理论解释。

相干光束本质上通过单个相干模传输光能量,而部分相干光束实际上通过多个独立的模传输光能量,每个模在湍流介质中都独立地传输[39]。当光束相干长度 l_c 小于光束直径 d 时,部分相干光传输可等效为光束横截面上的大量相互独立的相干子光束传输,各子光束的统计独立性产生了闪烁平滑效应。光束的初始相干长度 l_c 对部分相干光传输的光强闪烁有重要影响:初始相干长度 l_c 越小,光束横截面上独立的相干子光束数目越多,对光强闪烁的抑制能力越强。

陈豫等[40]采用光强起伏对数正态分布模型,分析了大气湍流中部分相干光通信系统的误码率。通信系统参数:准直发射高斯光束,光腰 $\omega_0 = 2.5\,\mathrm{cm}$,电流增益 $G = 100$,系统带宽 $2B = 1/T_b = 4\mathrm{GHz}$,载荷电阻 $R_L = 50\Omega$,有效温度 $T = 300\mathrm{K}$,量子效率 $\eta = 0.8$,接收孔径 $D = 5\mathrm{cm}$,传输距离 $L = 2000\mathrm{m}$,计算孔径平滑的对数方差选取在光束中心处。假定系统噪声为高斯白噪声,其双边功率谱密度 $N_0/2 = 10^{-18}\mathrm{W/Hz}$(高斯白噪声的量级比散粒噪声量级至少大 2,在这里可以忽略散粒噪声影响)。通信波长取为 785nm 和 1550nm,调制方式为 2ASK,解调方式为相干解调。

图 6 – 15 给出了 $C_n^2 = 10^{-13}\mathrm{m}^{-2/3}$,不同光源相干参数时,误码率随发射光功率的变化。

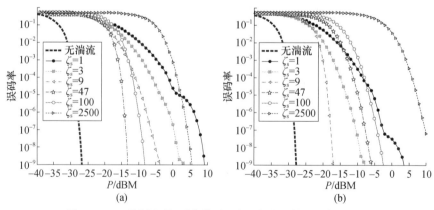

图 6 – 15 不同光源相干参数时,误码率随发射光功率的变化

(a)$\lambda = 785\mathrm{nm}$;(b)$\lambda = 1550\mathrm{nm}$。

光源相干参数 $\zeta_s = 1$ 时为完全相干光, $\zeta_s = 2500$ 时几乎为完全不相干光, ζ_s 越大,光源初始相干度越低,光束相干性越小。当光束相干参数 ζ_s 分别为 1、3、9、47 时,误码率随 ζ_s 增大而减小,即相干参数越大,光源相干度越低,越有利于降低误码率提高通信性能。这是由于光束相干度下降后,光束能量分散到更大的光束半径内,对湍流效应造成的光强起伏有一定的抑制,从而减小接收光功率的波动。但是,当 ζ_s 分别为 47、100、2500 时, ζ_s 越大,误码率也越大。此时过分降低了光束相干性,光束能量集中度严重下降,接收光功率减小带来的误码率权重升高,超过了抑制闪烁效应带来的误码率影响。这种情况下降低光源相干度不仅不能提高通信性能,反而恶化了通信性能。可见,使用一定相干度的部分相干光,能有效抑制湍流效应,提高通信系统性能;但过分降低光源相干度,就会恶化通信系统性能。对于确定的波长和发射光功率,存在最优的相干参数 ζ_s ,使得通信误码率最小。

4. SPGD 自适应光学技术

鉴于自适应光学技术在天文观测和激光传输领域的成功应用,人们进行了大量的实验研究和理论探索,指出:同样可以使用自适应光学相位补偿技术抑制和缓解大气湍流信道对光通信链路产生的不利影响。

Tyson[41]首先理论分析表明,在弱湍流条件下,如果在上行链路和下行链路中将常规自适应光学技术引入激光通信系统中,则可以有效地降低由于大气湍流所造成的信号衰减和上涨幅度。Tyson 通过实验研究表明,在较弱湍流条件下,使用常规自适应光学系统后,通信系统的误码率得到了明显下降。

2002 年,美国劳伦斯 - 利弗莫尔国家实验室采用常规自适应光学系统进行了斜程 28.2km 光通信数值模拟实验,传输速率为 10Gb/s,自适应光学系统用于下行链路波前畸变校正[42]。从结果可以看出,自适应光学校正后相位面比校正前平滑了很多,且光纤耦合效率从 20% 提高到 55%。

从以上研究结果来看,常规自适应光学技术对在弱湍流场景中的通信系统具有很好的改善效果。但在中等湍流到强湍流场景中,常规自适应光学系统的作用很有限。这主要是因为在较强湍流环境中,光波信号的振幅起伏给波前探测带来很大的误差,波前控制器无法准确地复原相位,使得常规自适应光学系统的校正能力受到限制。由于不使用波前传感器的自适应光学系统避开了波前探测这一环节,再加上随机并行优化算法的逐渐成熟而使得该自适应光学系统日益受到人们的重视。Weyrauch 等[43]所采用的实验平台由用于倾斜控制的光束定向系统和基于随机并行梯度下降算法的高分辨率自适应光学系统组成。实验结果证明了在强湍流条件下该自适应光学系统对波前畸变的抑制能力和降低信号衰减的有效性。由于基于随机并行梯度下降算法的自适应光学系统,不但能够工作在弱、中等湍流情况下,而且适应强湍流环境,再加上硬件实现相对简单(不需要波前传感器),因此越来越受到自适应光学系统研究领域的重视。

下面,介绍一个 SPGD 倾斜控制仿真计算结果[44]。波长 632.8nm 的激光准直传输到 10km 处,记录焦平面处 50 帧短曝光光斑图像,由于受到大气湍流的影响,每幅短曝光图像中都包含由湍流引起的倾斜信息即光斑的漂移。然后利用 SPGD 自适应光学系统,对畸变波前中的倾斜项进行补偿。

图 6-16 给出了开、闭环 x、y 方向漂移量的概率密度曲线。可以看出,闭环后的光斑漂移量明显减小,光斑扩展也有所降低。图 6-17 给出了由短曝光累积的长曝光光强分布。补偿后环轴斯特列尔比从 0.058 提高到 0.231。由此可见,利用自适应光学技术可以抑制目标处光斑的漂移和扩展,从而提高激光通信的质量。

实际的湍流是实时变化的,下面给出动态的闭环校正效果。模拟计算参数:发射口径为 0.6m,水平传输为 10km,风速 $v=16$m/s,迭代速率为 750 次/s,通过改变折射率结构常数来改变湍流的强弱。图 6-18、图 6-19 分别给出了大气相干长度 r_0 为 0.12m、0.085m 的开环、闭环质心漂移随时间的变化关系。可以看出,通过 SPGD 自适应光学系统的倾斜校正,可以降低焦平面处的光斑漂移。抑制光斑漂移可以提高一定孔径内的接收功率,从而改善激光大气通信质量。

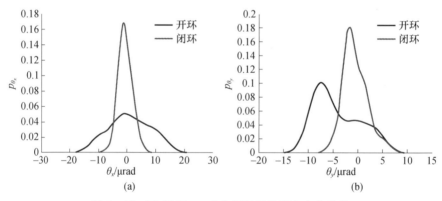

图 6-16　开、闭环 x、y 方向漂移量的概率密度曲线

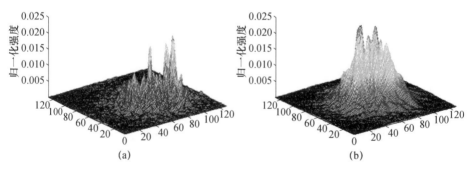

图 6-17　开环、闭环的长曝光光斑图
(a)开环;(b)闭环。

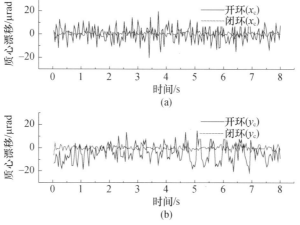

图 6-18 光斑的质心漂移随时间的变化

注：$D = 0.6\,\mathrm{m}, r_0 = 0.12\,\mathrm{m}, v = 16\,\mathrm{m/s}$。

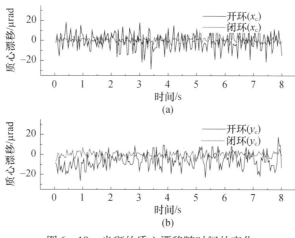

图 6-19 光斑的质心漂移随时间的变化

注：$D = 0.6\,\mathrm{m}, r_0 = 0.085\,\mathrm{m}, v = 16\,\mathrm{m/s}$。

6.3 自适应光学鬼成像[45]

6.3.1 鬼成像系统

鬼成像[46]是一种新型的强度关联计算成像技术。在 20 世纪末期得到了长足发展，从最初的纠缠态光鬼成像到经典非相干光鬼成像，以及对图像分辨率和可见度的深入研究，鬼成像理论逐步丰富成熟。

图 6-20 给出了经典鬼成像系统在大气湍流中的光路。热光被分束器 BS 分为两束：一束光自由传输距离 Z_1 后被含有分辨率的探测器 CCD 接收，此光路

称为"参考臂";另一束光在大气湍流中传输距离 Z_0 后照射在物体上面,物体反射或透射的光在湍流中传输距离 Z_2 后被无分辨率的桶探测器接收,此光路称为"物臂"。经大气环境远距离传输时,须采用透镜将反射或透射光进行聚焦,然后通过光电转换设备实现对物臂光强的测量。通过对两臂探测器测量的光强起伏进行强度关联运算可以获得目标的图像信息。鬼成像系统可成物体的傅里叶变换像,也可成物体的实像。本节考虑成物体实像的情况。

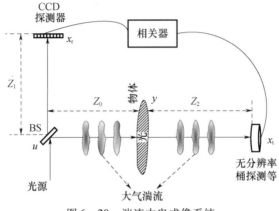

图 6 − 20 湍流中鬼成像系统

假设光源光场形式为 $E(\boldsymbol{u})$,在近轴准单色近似下,根据广义惠更斯 – 菲涅耳积分,得到物臂桶探测器处的光场为

$$E_t(\boldsymbol{x}_t) = \frac{-\mathrm{e}^{\frac{2\mathrm{i}\pi(z_0+z_2)}{\lambda}}}{\lambda^2 z_0 z_2} \int E(\boldsymbol{u}) \mathrm{e}^{\frac{\mathrm{i}\pi}{\lambda z_0}(y-u)^2} \mathrm{e}^{\psi_0(y,u)} \times t(\boldsymbol{y}) \mathrm{e}^{\frac{\mathrm{i}\pi}{\lambda z_2}(x_t-y)^2} \mathrm{e}^{\psi_2(x_t,y)} \mathrm{d}\boldsymbol{y}\mathrm{d}\boldsymbol{u}$$

$$(6-6)$$

式中:$\psi_0(y,u)$、$\psi_2(x_t,y)$ 分别为路径 Z_0、Z_2 湍流引起的光场相位畸变;$t(\boldsymbol{y})$ 为物体的反射率系数;$\psi = \eta + \mathrm{i}\phi,\eta,\phi$ 分别为由湍流引起的振幅和相位起伏,考虑振幅起伏很弱,忽略 η 项。

类似地,可以得到参考臂 CCD 探测器处的光场为

$$E_r(\boldsymbol{x}_r) = \frac{-\mathrm{i}\mathrm{e}^{\frac{2\mathrm{i}\pi z_1}{\lambda}}}{\lambda z_1} \int E(\boldsymbol{u}) \mathrm{e}^{\frac{\mathrm{i}\pi}{\lambda z_1}(x_r-u)^2} \mathrm{d}\boldsymbol{u} \qquad (6-7)$$

根据鬼成像原理[46],可以通过如下强度关联运算获取物体信息:

$$G(\boldsymbol{x}_t,\boldsymbol{x}_r) = \langle I_t(\boldsymbol{x}_t)I_r(\boldsymbol{x}_r)\rangle - \langle I_t(\boldsymbol{x}_t)\rangle\langle I_r(\boldsymbol{x}_r)\rangle$$

$$= \langle E_t^*(\boldsymbol{x}_t)E_t(\boldsymbol{x}_t)E_r^*(\boldsymbol{x}_r)E_r(\boldsymbol{x}_r)\rangle - \langle E_t^*(\boldsymbol{x}_t)E_t(\boldsymbol{x}_t)\rangle\langle E_r^*(\boldsymbol{x}_r)E_r(\boldsymbol{x}_r)\rangle$$

$$(6-8)$$

假设光源为完全非相干光,且强度分布是高斯型的,则

$$\langle E(\boldsymbol{u})E^*(\boldsymbol{u}')\rangle = I_0 \mathrm{e}^{-u^2/\rho_s^2}\delta(\boldsymbol{u}-\boldsymbol{u}') \qquad (6-9)$$

式中:I_0 为光源中心处的平均光强;ρ_s 为光源的尺寸。

对于均值为 0、符合高斯统计分布的完全非相干光而言,二阶关联函数可以表示为[47]

$$\langle E(\boldsymbol{u}_1)E^*(\boldsymbol{u}_1')E(\boldsymbol{u}_2)E^*(\boldsymbol{u}_2')\rangle = \langle E(\boldsymbol{u}_1)E^*(\boldsymbol{u}_1')\rangle$$
$$\langle E(\boldsymbol{u}_2)E^*(\boldsymbol{u}_2')\rangle + \langle E(\boldsymbol{u}_1)E^*(\boldsymbol{u}_2')\rangle \times \langle E(\boldsymbol{u}_2)E^*(\boldsymbol{u}_1')\rangle \quad (6-10)$$

把式(6-6)、式(6-7)、式(6-9)和式(6-10)代入式(6-8)中,可得

$$G(\boldsymbol{x}_t, \boldsymbol{x}_r) = \frac{I_0^2}{\lambda^6 z_0^2 z_1^2 z_2^2} \iiint t(\boldsymbol{y})t^*(\boldsymbol{y}')\mathrm{e}^{(-u_1^2-u_2^2)/\rho_s^2} \times$$
$$\langle \mathrm{e}^{\mathrm{i}\phi_2(\boldsymbol{y},\boldsymbol{x}_t)-\mathrm{i}\phi_2(\boldsymbol{y}',\boldsymbol{x}_t)}\rangle \langle \mathrm{e}^{\mathrm{i}\phi_0(\boldsymbol{u}_1,\boldsymbol{y})-\mathrm{i}\phi_0(\boldsymbol{u}_2,\boldsymbol{y}')}\rangle \times$$
$$\mathrm{e}^{\frac{\mathrm{i}\pi}{\lambda^2 z_1}[(\boldsymbol{x}_r-\boldsymbol{u}_2)^2-(\boldsymbol{x}_r-\boldsymbol{u}_1)^2]} \mathrm{e}^{\frac{\mathrm{i}\pi}{\lambda z_0}[(\boldsymbol{y}-\boldsymbol{u}_1)^2-(\boldsymbol{y}'-\boldsymbol{u}_2)^2]} \times$$
$$\mathrm{e}^{\frac{\mathrm{i}\pi}{\lambda z_2}[(\boldsymbol{x}_t-\boldsymbol{y})^2-(\boldsymbol{x}_t-\boldsymbol{y}')^2]}\,\mathrm{d}\boldsymbol{u}_1\mathrm{d}\boldsymbol{u}_2\mathrm{d}\boldsymbol{y}\mathrm{d}\boldsymbol{y}' \quad (6-11)$$

对于湍流引起的相位畸变的统计平均可以表述为[48]

$$\langle \mathrm{e}^{\mathrm{i}\phi_i(x,y)-\mathrm{i}\phi_i(x',y')}\rangle = \mathrm{e}^{\frac{(x-x')^2+(x-x')(y-y')+(y-y')^2}{-\rho_i^2}} \quad (6-12)$$

式中:ρ_i 为大气湍流的相干长度,可表示成

$$\rho_i = (0.55(2\pi/\lambda)^2 \overline{C_n^{2(i)}} z_i)^{-3/5}$$

其中

$$\overline{C_n^{2(i)}} = \int_0^H C_n^{2(i)}(h)\mathrm{d}h/H$$

其中:$C_n^{2(i)}(h)$ 为高度 h 处的大气折射率结构常数,表征大气湍流的强弱。

物臂是桶探测器,鬼像有如下关系:

$$G(\boldsymbol{x}_r) = \int G(\boldsymbol{x}_t, \boldsymbol{x}_r)\Omega(\boldsymbol{x}_t)\mathrm{d}\boldsymbol{x}_t \quad (6-13)$$

式中:$\Omega(\boldsymbol{x}_t)$ 描述桶探测器函数方程,如坐标位置在桶探测器内,则 $\mathrm{d}(\boldsymbol{x}_t)=1$,否则,$\Omega(\boldsymbol{x}_t)=0$。假设桶探测器相对于光场足够大,于是 $\Omega(\boldsymbol{x}_t)=1$。利用该关系,并把式(6-11)、式(6-12)代入式(6-13),并对 $\boldsymbol{u}_1$、$\boldsymbol{u}_2$ 积分,利用鬼成像成实物像的条件 $Z_0=Z_1$,可得

$$G(\boldsymbol{x}_r) = |t(\boldsymbol{y})|^2 \otimes h(\boldsymbol{y}) \quad (6-14)$$

可以看出,该式具有非相干光成像的形式。式(6-14)中,$\otimes$ 表示卷积,$h(\boldsymbol{y})$ 为该系统的点扩散函数,点扩散函数的扩展面积决定了系统的分辨率。点扩散函数的表达式为

$$h(\boldsymbol{y}) = \mathrm{e}^{-\frac{y^2}{R_{1z}^2}} \quad (6-15)$$

其中:R_{1Z} 决定系统的点扩散函数的扩展面积,最终决定系统的分辨率。其表达式为

$$R_{1Z} = \frac{\lambda z}{\sqrt{2}\,\pi\rho_s}\sqrt{1+\frac{2\rho_s^2}{\rho_0^2}} \quad (6-16)$$

可以看出:①路径 Z_2 段的湍流对光场引起的扰动不会影响鬼成像系统的分辨率;②当路径 Z_0 湍流引起的湍流相干长度 ρ_0 比光源尺寸 ρ_s 大很多倍时,湍流几乎不会引起鬼成像系统分辨率的退化,反之亦成立。Meyers 等[49]认为,湍流对鬼成像系统没有影响是由于湍流相干长度 ρ_0 比光源尺寸 ρ_s 大很多倍。

6.3.2 自适应光学鬼成像系统

由对鬼成像在湍流中的性能以及现有的理论分析[50-55]可以得出,在强湍流情况下鬼成像系统的分辨率会发生退化。因此,在鬼成像系统中引入校正系统削弱湍流的影响是十分重要的研究方向。本节结合自适应光学仿真系统[56,57],首次提出并仿真实现自适应光学鬼成像系统。

图 6-21 给出自适应光学鬼成像系统的光路。根据前面分析可知,路径 Z_2 段的湍流对鬼成像系统的分辨率没有影响,所以,在此系统中只在路径 Z_0 中加入自适应光学系统校正该路径的湍流畸变。不同于图 6-20 中的物臂系统,光束在发射前经自适应光学系统调制,使得光束经湍流路径传输后具有接近真空衍射分布。对于路径 Z_0 的湍流畸变相位信息可以通过在物体附近放置导星,利用波前探测器获得。经校正的光束照在物体上面,物体反射或透射的光经湍流路径 Z_2 后被桶探测器测量获得光强信息。

参考臂光场具有与上一部分相同的分布,对于存在自适应光学系统的物臂,在桶探测器处的光场分布为

$$
\begin{aligned}
E_t(\boldsymbol{x}_t) = & \frac{-\,\mathrm{e}^{\frac{2\mathrm{i}\pi(z_0+z_2)}{\lambda}}}{\lambda^2 z_0 z_2} \iint E(\boldsymbol{u})\,\mathrm{e}^{\frac{\mathrm{i}\pi}{\lambda z_0}(y-u)^2} \times \\
& \mathrm{e}^{\mathrm{i}\phi_0(y,u)-\mathrm{i}\phi_{\mathrm{AM}}(\boldsymbol{u})} t(\boldsymbol{y})\,\mathrm{e}^{\frac{\mathrm{i}\pi}{\lambda z_2}(x_t-y)^2} \\
& \mathrm{e}^{\mathrm{i}\phi_2(x_t,y)}\,\mathrm{d}\boldsymbol{y}\,\mathrm{d}\boldsymbol{u}
\end{aligned}
\tag{6-17}
$$

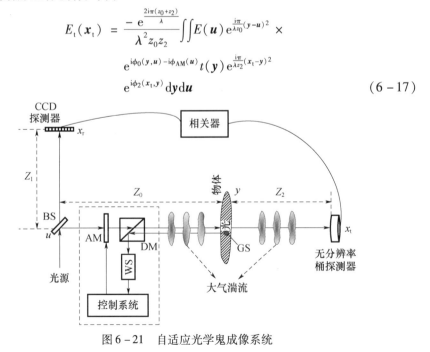

图 6-21 自适应光学鬼成像系统

式中:ϕ_{AM}为自适应光学系统中的波前校正系统引入的相位校正量。

此时存在两种极限情况对应自适应光学鬼成像系统的最高和最差分辨率:第一种,自适应光学完全消除路径 Z_0 湍流引起的相位畸变的影响,此时对应最高分辨率;第二种,自适应光学没有起到校正作用,对应最差分辨率。对于第二种情况,获得的理论分析结果与上一部分完全相同。对于第一种情况,经过类似上一部分的处理后,可以得到类似式(6-13)的鬼像表达式,只是调节点扩散函数扩展面积的参数发生变化。此时的点扩散函数参数用 R_{2Z} 表示,其表达式为

$$R_{2Z} = \frac{\lambda z}{\sqrt{2}\,\pi\rho_s} \qquad (6-18)$$

通过对比式(6-16)和式(6-18)可以看出,使用自适应光学对湍流引起的相位畸变进行校正后鬼成像系统具有更高的分辨率。但对于实际的自适应光学系统,由于系统空间和时间等因素的限制,对湍流只能进行部分校正。这意味着,自适应光学鬼成像系统比式(6-18)的分辨率低,但是比式(6-16)的分辨率高。在几何光学近似下,假设湍流引起的相位畸变被波前探测器完全获取,则补偿误差与自适应光学系统的单元数有关。单元数越多,对应越小的补偿误差。在下面的仿真部分将会证实该理论部分的分析结果。

6.3.3　自适应光学鬼成像系统实验仿真

仿真使用波长为632nm 的热光源,热光源的仿真采用文献[58]中的方法,并且光源尺寸 $\rho_s = 10$cm,设置三段路径的传输距离为2km,网格为256×256,网格间距为2mm。采用文献[13]引入的成像数值仿真模型,上行传输,大气折射率结构常数采用HV21 模型。

图6-22 给出了不同湍流强度下有、无自适应光学系统条件下的鬼成像仿真结果。由图6-22 可以看出,使用自适应光学系统,在大气湍流环境下鬼成像系统的分辨率有了很大提高。

图6-23 给出了不同单元数时自适应光学鬼成像系统的性能。分别选取127 单元和61 单元以及理想的自适应光学系统。从图6-23 可以看出,随着单元数的减小,图像质量有所下降;但相对于未校正情况下获得不可辨认的目标物体,此时的目标物体是可辨认的。

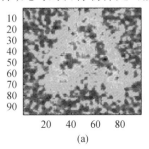
(a)

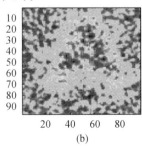
(b)

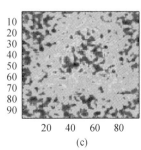
(c)

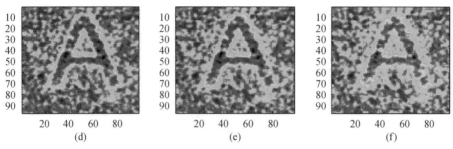

图 6 - 22　仿真结果(大写字母 A)

(a)～(c)在不同湍流强度下自适应光学系统不工作时获得的鬼像;

(d)～(f)对应不同湍流强度下自适应光学鬼成像系统获得的鬼像。

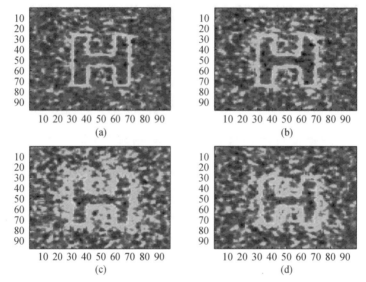

图 6 - 23　仿真结果(大写字母 H)

(a)湍流完全校正;(b)理想自适应光学系统;

(c)127 单元自适应光学系统;(d)61 单元自适应光学系统。

6.4　小结与展望

　　本章首先介绍了基于激光在大气中传输的效应之一到达角起伏测量大气湍流的技术;然后分析了大气对激光通信的影响,讨论了四种抑制大气湍流对通信影响的方法;最后介绍了鬼成像技术。

　　激光大气传输的应用发展十分迅速。在激光大气探测方面,地基激光雷达的最大限制是只能探测局部大气参数时空分布特征。随着航天技术的迅速发展,人们自然会想到将激光雷达放在卫星上,这样可以获取全球大气参数时空分布特征。为此,研制星载激光雷达受到世界各国(特别是发达国家)的重视。但是由于探测方法和技术上的困难,目前只有美国已经研制成功能用于探测全球大气气溶胶的消光特性的星载激光雷达,而探测其他大气参数(如风场)的激光雷达尚在研制中。在我国,目前已经开展了星载大气探测激光雷达的研制工作。在激光通信方面,星地自由空间量子通信技术发展很快,但由于大气衰减等作用,至少其通信的效率会受到制约,这方面的研究还没有得到应有的关注。在激光成像方面,相控技术、偏振技术以及机载激光主动成像技术受大气影响的研究也应得到关注。

参考文献

[1] Goyer G G,Watson R. The Laser and its application to meteorology. Bull Amer Meteorol Soc,1963,44.

[2] Fiocco G,Smullin L D. Detection of scattering layers in the upper atmosphere (60 ~ 140km) by optical radar. Nature,1963,199.

[3] Fiocco G,Grams G. Observation of the aerosol layer at 20km by optical radar. J Atmos Sci,1964,21(3).

[4] Ligda M G H. Meteorological observations with pulsed laser radar. 1st Conf on Laser Technology; San Diego: U. S. Navy,1963:63 −72.

[5] Korb C L,Gentry B M,Weng C Y. Edge technique: theory and application to the lidar measurement of atmospheric wind. Applied Optics,1992,31(21).

[6] Vernin J,Roddier F. Experimental determination of two − dimensional spatiotemporal power spectra of stellar light scintillation. Evidence for a multilayer structure of the air turbulence in the upper troposphere. JOSA,1973,63(3).

[7] 杨高潮,刘晓春,范承玉,等. 大气相干长度与等晕角的测量. 强激光与粒子束,1994,6(2).

[8] Loos G,Hogge C. Turbulence of the upper atmosphere and isoplanatism. Applied Optics,1979,18(15).

[9] Eaton F,Peterson W,Hines J,et al. Isoplanatic angle direct measurements and associated atmospheric conditions. Applied Optics,1985,24(19).

[10] Sarazin M,Roddier F. The ESO differential image motion monitor. Astron Astrophys,1990,227(1).

[11] 张守川,吴毅,侯再红,等. 激光雷达测量大气湍流廓线. 强激光与粒子束,2009,21(12).

[12] 范承玉,宋正方. 人造导引星自适应光学的倾斜决定问题. 天体物理学报,1997,17(1).

[13] 王英俭,吴毅,龚知本. 自适应光学系统的数值模型. 强激光与粒子束,1994,6(1).

[14] Jing X,Hou Z,Wu Y,et al. Development of a differential column image motion light detection and ranging for measuring turbulence profiles. Optics Letters,2013,38(17).

[15] Belen'kii M S,Bruns D,Hughes K A,et al. Cross − path LIDAR for turbulence profile determination. Advanced Maui Optical and Space Surveillance Technologies Conference,Maui,Hawaii,2007:12 −15.

[16] Gimmestad G,Roberts D,Stewart J,et al. Development of a lidar technique for profiling optical turbulence. Optical Engineering. 2012,51(10).

[17] Tatarskii V I. 湍流大气中的波传输理论. 温景嵩,宋正方,曾宗泳,等译. 北京:科学出版社,1978.

[18] Clifford S,Ochs G,Lawrence R. Saturation of optical scintillation by strong turbulence. JOSA,1974,64(2).

[19] Hill R J,Frehlich R G. Onset of strong scintillation with application to remote sensing of turbulence inner scale. Applied Optics,1996,35(6).

[20] Andrews L C,Phillips R L,Hopen C Y,et al. Theory of optical scintillation. JOSA A,1999,16(6).

［21］ Andrews L C，Phillips R L，et al. Laser Beam Scintillation with Applications. Bellingham：SPIE Press，2001.

［22］ Wheelon A D. Electromagnetic Scintillation I. Geometrical Optics. New York：Cambridge University，2001.

［23］ Al‐Habash M，Phillips R，Andrews L. Mathematical model for the irradiance probability density function of a laser beam propagating through turbulent media. Optical Engineering，2001，40(8).

［24］ Andrews L，Phillips R. Mathematical genesis of the IK distribution for random optical fields. JOSA A，1986，3(11).

［25］ Hill R J，Frehlich R G. Probability distribution of irradiance for the onset of strong scintillation. JOSA A，1997，14(7).

［26］ Yuksel H，Davis C C. Aperture averaging analysis and aperture shape invariance of received scintillation in free‐space optical communication links. SPIE Optics + Photonics；2006：International Society for Optics and Photonics.

［27］ Kiasaleh K. Impact of turbulence on multi‐wavelength coherent optical communications. Optics & Photonics 2005；2005：International Society for Optics and Photonics.

［28］ Kiasaleh K. On the scintillation index of a multiwavelength Gaussian beam in a turbulent free‐space optical communications channel. JOSA A，2006，23(3).

［29］ Polynkin P，Peleg A，Klein L，et al. Optimized multiemitter beams for free‐space optical communications through turbulent atmosphere. Optics Letters，2007，32(8).

［30］ 刘建国，黄印博，王英俭. 空间激光通信中光强起伏尺度特征的数值分析. 光学学报，2005，25(8).

［31］ Mynbaev D K，Scheeiner L L. Fiber‐optic communications technology. Upper Saddle River：Prentice Hall，2000.

［32］ Strohbehn J W. Laser Beam Propagation in the Atmosphere. New York：Academic Press，1978.

［33］ Kim I I，Korevaar E J，Hakakha H，et al. Horizontal‐link performance of the STRV‐2 lasercom experiment ground terminals. Proc SPIE，1999，3615.

［34］ Wilson K，Jeganathan M，Lesh J，et al. Results from Phase‐1 and Phase‐2 GOLD experiments. The Telecommunications and Data Acquisition Progress Report，1997.

［35］ Kim I I，Koontz J，Hakakha H，et al. Measurement of scintillation and link margin for the TerraLink laser communication system. Proc SPIE，1998，3232.

［36］ Shirai T，Dogariu A，Wolf E. Mode analysis of spreading of partially coherent beams propagating through atmospheric turbulence. JOSA A，2003，20(6).

［37］ Wu J，Boardman A D. Coherence length of a Gaussian‐Shell model beam and atmospheric turbulence. J Mod Opt，1991，38(7).

［38］ Korotkova O，Andrews L C，Phillips R L. Model for a partially coherent Gaussian beam in atmospheric turbulence with application in lasercom. Opt Eng，2004，43(2).

［39］ Gbur G. Simulating partially coherent fields and other special beam classes in turbulence. Lasers and Applications in Science and Engineering；2007：International Society for Optics and Photonics.

［40］ 陈豫，范承玉，沈红，等. 对数正态分布下的无线光通信系统误码率分析. 量子电子学报，2013，30(2).

［41］ Tyson R K，Canning D E. Indirect measurement of a laser communications bit‐error‐rate reduction with low‐order adaptive optics. Applied Optics，2003，42(21).

［42］ Wilks S C，Morris J R，Brase J M，et al. Modeling of adaptive optics‐based free‐space communications systems. International Symposium on Optical Science and Technology；2002：International Society for Optics and Photonics.

［43］ Weyrauch T，Vorontsov M A，Beresnev L A，et al. Atmospheric compensation over a 2. 3 km propagation path with a multi‐conjugate (piston‐MEMS/modal DM) adaptive system. Proc SPIE，2004，5552.

［44］ Ma H,Zhang P,Zhang J,et al. Tip – tilt adaptive correction based on stochastic parallel gradient descent optimization algorithm. Photonics Asia 2010；2010：International Society for Optics and Photonics.

［45］ Shi D,Fan C,Zhang P,et al. Adaptive optical ghost imaging through atmospheric turbulence. Optics Express. 2012,20(27).

［46］ Shapiro J H,Boyd R W. The physics of ghost imaging. Quantum Information Processing,2012,11(4).

［47］ 李继陶,孙祯培. 统计光学基础. 成都：四川大学出版社,1988.

［48］ 饶瑞中. 光在湍流大气中的传播. 合肥：安徽科学技术出版社,2005.

［49］ Meyers R E,Deacon K S,Shih Y. Turbulence – free ghost imaging. Applied Physics Letters,2011,98(11).

［50］ Hardy N D,Shapiro J H. Reflective ghost imaging through turbulence. Physical Review A,2011,84(6).

［51］ Hardy N D,Shapiro J H. Computational ghost imaging versus imaging laser radar for three – dimensional imaging. Physical Review A,2013,87(2).

［52］ Chan K W C,Simon D,Sergienko A,et al. Theoretical analysis of quantum ghost imaging through turbulence. Physical Review A,2011,84(4).

［53］ Dixon P B,Howland G A,Chan K W C,et al. Quantum ghost imaging through turbulence. Physical Review A,2011,83(5).

［54］ Li C,Wang T,Pu J,et al. Ghost imaging with partially coherent light radiation through turbulent atmosphere. Applied Physics B,2010,99(3).

［55］ Cheng J. Ghost imaging through turbulent atmosphere. Optics Express,2009,17(10).

［56］ 王英俭. 激光大气传输及其相位补偿的若干问题探讨［博士论文］. 合肥：中国科学院安徽光学精密机械研究所,1996.

［57］ 王英俭,吴毅. 扩展物体漫反射光传输及成像的数值模拟研究. 光学学报,1998,18(10).

［58］ 张鹏黎,通过湍流介质的鬼成像研究［博士论文］. 北京：中国科学院研究生院,2010.

附录
常用激光波长大气分子与气溶胶吸收和散射系数

附表 1　常用的激光波长及主要大气衰减因子

波长/μm	辐射源	主要大气衰减因子
0.532	钕玻璃	气溶胶、分子散射
0.6328	氦氖	气溶胶、分子散射
0.6943	红宝石	气溶胶、分子散射
0.86	砷化镓	气溶胶
1.06	钕玻璃	气溶胶,极少量的 O_2 吸收
1.3152	氧碘	气溶胶、水汽和水汽连续吸收
1.536	铒玻璃	水汽、气溶胶
1.55	铒光纤	气溶胶
3.39225	氦氖	甲烷、水汽和水汽连续吸收
3.8007	氟氖	气溶胶、水汽及微量气体的吸收
10.591	二氧化碳	水汽连续吸收、二氧化碳吸收

附表 2 常用激光波长 6 种大气模型的分子吸收和散射系数

$\lambda = 0.532\mu m$

高度/km	热带		中纬度地区				近北极区				美国标准大气	
			夏季		冬季		夏季		冬季			
	分子吸收 k_m/km^{-1}	分子散射 σ_m/km^{-1}	分子吸收 k_m/km^{-1}	分子散射 σ_m/km^{-1}	分子吸收 k_m/km^{-1}	分子散射 σ_m/km^{-1}	分子吸收 k_m/km^{-1}	分子散射 σ_m/km^{-1}	分子吸收 k_m/km^{-1}	分子散射 σ_m/km^{-1}	分子吸收 k_m/km^{-1}	分子散射 σ_m/km^{-1}
0	7.05×10^{-4}	1.26×10^{-2}	6.87×10^{-4}	1.29×10^{-2}	6.75×10^{-4}	1.40×10^{-2}	6.27×10^{-4}	1.32×10^{-2}	6.32×10^{-4}	1.47×10^{-2}	6.20×10^{-4}	1.31×10^{-2}
0~1	6.39×10^{-4}	1.21×10^{-2}	6.29×10^{-4}	1.23×10^{-2}	6.15×10^{-4}	1.32×10^{-2}	5.87×10^{-4}	1.25×10^{-2}	5.79×10^{-4}	1.38×10^{-2}	5.77×10^{-4}	1.25×10^{-2}
1~2	5.36×10^{-4}	1.10×10^{-2}	5.32×10^{-4}	1.11×10^{-2}	5.06×10^{-4}	1.18×10^{-2}	5.10×10^{-4}	1.13×10^{-2}	4.79×10^{-4}	1.21×10^{-2}	5.01×10^{-4}	1.14×10^{-2}
2~3	4.45×10^{-4}	9.94×10^{-3}	4.63×10^{-4}	1.00×10^{-2}	4.28×10^{-4}	1.05×10^{-2}	4.50×10^{-4}	1.02×10^{-2}	4.09×10^{-4}	1.07×10^{-2}	4.31×10^{-4}	1.03×10^{-2}
3~4	3.67×10^{-4}	8.98×10^{-3}	4.15×10^{-4}	9.05×10^{-3}	3.73×10^{-4}	9.40×10^{-3}	4.04×10^{-4}	9.16×10^{-3}	3.59×10^{-4}	9.50×10^{-3}	3.67×10^{-4}	9.27×10^{-3}
4~5	3.16×10^{-4}	8.13×10^{-3}	3.81×10^{-4}	8.17×10^{-3}	3.47×10^{-4}	8.42×10^{-3}	3.72×10^{-4}	8.22×10^{-3}	3.22×10^{-4}	8.47×10^{-3}	3.20×10^{-4}	8.34×10^{-3}
5~6	2.78×10^{-4}	7.35×10^{-3}	3.58×10^{-4}	7.36×10^{-3}	3.39×10^{-4}	7.52×10^{-3}	3.58×10^{-4}	7.39×10^{-3}	2.95×10^{-4}	7.56×10^{-3}	2.85×10^{-4}	7.49×10^{-3}
6~7	2.46×10^{-4}	6.63×10^{-3}	3.48×10^{-4}	6.61×10^{-3}	3.44×10^{-4}	6.70×10^{-3}	3.52×10^{-4}	6.63×10^{-3}	3.07×10^{-4}	6.73×10^{-3}	2.64×10^{-4}	6.70×10^{-3}
7~8	2.19×10^{-4}	5.96×10^{-3}	3.45×10^{-4}	5.93×10^{-3}	3.67×10^{-4}	5.96×10^{-3}	3.45×10^{-4}	5.94×10^{-3}	3.56×10^{-4}	5.97×10^{-3}	2.55×10^{-4}	5.98×10^{-3}
8~9	1.99×10^{-4}	5.34×10^{-3}	3.48×10^{-4}	5.30×10^{-3}	4.21×10^{-4}	5.28×10^{-3}	3.85×10^{-4}	5.30×10^{-3}	4.76×10^{-4}	5.23×10^{-3}	2.74×10^{-4}	5.32×10^{-3}
9~10	1.86×10^{-4}	4.78×10^{-3}	3.53×10^{-4}	4.74×10^{-3}	5.26×10^{-4}	4.66×10^{-3}	4.60×10^{-4}	4.72×10^{-3}	6.44×10^{-4}	4.51×10^{-3}	3.25×10^{-4}	4.72×10^{-3}
10~11	1.79×10^{-4}	4.26×10^{-3}	3.82×10^{-4}	4.21×10^{-3}	6.67×10^{-4}	4.05×10^{-3}	5.65×10^{-4}	4.13×10^{-3}	6.93×10^{-4}	3.85×10^{-3}	4.12×10^{-4}	4.17×10^{-3}
11~12	1.76×10^{-4}	3.78×10^{-3}	4.27×10^{-4}	3.74×10^{-3}	8.29×10^{-4}	3.48×10^{-3}	6.92×10^{-4}	3.55×10^{-3}	6.75×10^{-4}	3.29×10^{-3}	5.24×10^{-4}	3.63×10^{-3}
12~13	1.76×10^{-4}	3.35×10^{-3}	4.77×10^{-4}	3.31×10^{-3}	9.77×10^{-4}	2.98×10^{-3}	7.51×10^{-4}	3.05×10^{-3}	7.79×10^{-4}	2.82×10^{-3}	5.86×10^{-4}	3.10×10^{-3}
13~14	1.74×10^{-4}	2.95×10^{-3}	5.70×10^{-4}	2.87×10^{-3}	1.03×10^{-3}	2.56×10^{-3}	7.74×10^{-4}	2.62×10^{-3}	9.86×10^{-4}	2.41×10^{-3}	6.31×10^{-4}	2.65×10^{-3}
14~15	1.72×10^{-4}	2.60×10^{-3}	6.19×10^{-4}	2.45×10^{-3}	9.94×10^{-4}	2.19×10^{-3}	7.84×10^{-4}	2.25×10^{-3}	1.14×10^{-3}	2.06×10^{-3}	6.95×10^{-4}	2.26×10^{-3}

（续）

$\lambda = 0.532\mu m$

高度/km	热带		中纬度地区				近北极区				美国标准大气	
			夏季		冬季		夏季		冬季			
	分子吸收 k_m/km^{-1}	分子散射 σ_m/km^{-1}	分子吸收 k_m/km^{-1}	分子散射 σ_m/km^{-1}	分子吸收 k_m/km^{-1}	分子散射 σ_m/km^{-1}	分子吸收 k_m/km^{-1}	分子散射 σ_m/km^{-1}	分子吸收 k_m/km^{-1}	分子散射 σ_m/km^{-1}	分子吸收 k_m/km^{-1}	分子散射 σ_m/km^{-1}
15～16	1.72×10^{-4}	2.26×10^{-3}	6.12×10^{-4}	2.09×10^{-3}	9.95×10^{-4}	1.88×10^{-3}	7.99×10^{-4}	1.94×10^{-3}	1.25×10^{-3}	1.76×10^{-3}	7.77×10^{-4}	1.93×10^{-3}
16～17	2.04×10^{-4}	1.95×10^{-3}	6.17×10^{-4}	1.78×10^{-3}	1.06×10^{-3}	1.61×10^{-3}	8.18×10^{-4}	1.66×10^{-3}	1.35×10^{-3}	1.51×10^{-3}	8.94×10^{-4}	1.65×10^{-3}
17～18	3.13×10^{-4}	1.64×10^{-3}	6.78×10^{-4}	1.52×10^{-3}	1.16×10^{-3}	1.38×10^{-3}	8.67×10^{-4}	1.43×10^{-3}	1.48×10^{-3}	1.29×10^{-3}	1.03×10^{-3}	1.41×10^{-3}
18～19	4.98×10^{-4}	1.35×10^{-3}	8.43×10^{-4}	1.29×10^{-3}	1.27×10^{-3}	1.18×10^{-3}	9.71×10^{-4}	1.23×10^{-3}	1.61×10^{-3}	1.11×10^{-3}	1.15×10^{-3}	1.21×10^{-3}
19～20	6.85×10^{-4}	1.12×10^{-3}	1.01×10^{-3}	1.10×10^{-3}	1.38×10^{-3}	1.01×10^{-3}	1.06×10^{-3}	1.06×10^{-3}	1.69×10^{-3}	9.47×10^{-4}	1.25×10^{-3}	1.03×10^{-3}
20～21	7.83×10^{-4}	9.35×10^{-4}	1.09×10^{-3}	9.38×10^{-4}	1.45×10^{-3}	8.63×10^{-4}	1.15×10^{-3}	9.09×10^{-4}	1.65×10^{-3}	8.11×10^{-4}	1.30×10^{-3}	8.82×10^{-4}
21～22	8.57×10^{-4}	7.80×10^{-4}	1.12×10^{-3}	8.00×10^{-4}	1.44×10^{-3}	7.36×10^{-4}	1.23×10^{-3}	7.82×10^{-4}	1.50×10^{-3}	6.93×10^{-4}	1.32×10^{-4}	7.51×10^{-4}
22～23	9.92×10^{-4}	6.57×10^{-4}	1.13×10^{-3}	6.83×10^{-4}	1.36×10^{-3}	6.29×10^{-4}	1.24×10^{-3}	6.72×10^{-4}	1.36×10^{-4}	5.93×10^{-4}	1.32×10^{-4}	6.40×10^{-4}
23～24	1.12×10^{-3}	5.56×10^{-4}	1.14×10^{-3}	5.83×10^{-4}	1.28×10^{-3}	5.38×10^{-4}	1.20×10^{-3}	5.77×10^{-4}	1.22×10^{-3}	5.07×10^{-4}	1.27×10^{-4}	5.46×10^{-4}
24～25	1.20×10^{-3}	4.72×10^{-4}	1.15×10^{-3}	4.98×10^{-4}	1.19×10^{-3}	4.60×10^{-4}	1.14×10^{-3}	4.93×10^{-4}	1.06×10^{-3}	4.33×10^{-4}	1.20×10^{-4}	4.66×10^{-4}
25～30	1.15×10^{-3}	1.48×10^{-3}	9.81×10^{-4}	1.60×10^{-3}	8.55×10^{-4}	1.46×10^{-3}	8.65×10^{-4}	1.60×10^{-3}	7.10×10^{-4}	1.36×10^{-3}	9.04×10^{-4}	1.49×10^{-3}
30～35	7.04×10^{-4}	6.88×10^{-4}	6.23×10^{-4}	7.23×10^{-4}	4.60×10^{-4}	6.57×10^{-4}	5.29×10^{-4}	7.08×10^{-4}	3.72×10^{-4}	6.07×10^{-4}	5.16×10^{-4}	6.78×10^{-4}
35～40	3.08×10^{-4}	3.28×10^{-4}	3.21×10^{-4}	3.29×10^{-4}	2.22×10^{-4}	2.33×10^{-4}	2.88×10^{-4}	2.86×10^{-4}	1.78×10^{-4}	2.54×10^{-4}	2.65×10^{-4}	2.82×10^{-4}
40～45	1.05×10^{-4}	1.62×10^{-4}	1.14×10^{-4}	1.65×10^{-4}	8.69×10^{-5}	1.11×10^{-4}	1.06×10^{-4}	1.76×10^{-4}	6.84×10^{-5}	1.18×10^{-4}	1.03×10^{-4}	1.33×10^{-4}
45～50	3.18×10^{-5}	8.24×10^{-5}	3.49×10^{-5}	8.97×10^{-5}	2.73×10^{-5}	6.79×10^{-5}	3.30×10^{-5}	9.24×10^{-5}	2.07×10^{-5}	5.74×10^{-5}	3.48×10^{-5}	7.71×10^{-5}
50～70	4.08×10^{-6}	5.79×10^{-5}	4.67×10^{-6}	6.26×10^{-5}	3.11×10^{-6}	5.03×10^{-5}	4.46×10^{-6}	7.27×10^{-5}	2.50×10^{-6}	5.65×10^{-5}	3.98×10^{-6}	4.57×10^{-5}
70～100	3.13×10^{-8}	2.84×10^{-6}	3.83×10^{-8}	2.66×10^{-6}	2.91×10^{-8}	3.12×10^{-6}	4.19×10^{-8}	2.77×10^{-6}	3.06×10^{-8}	2.51×10^{-6}	3.20×10^{-8}	3.45×10^{-6}

（续）

$\lambda = 0.6328\,\mu m$

高度/km	热带 分子吸收 k_m/km^{-1}	热带 分子散射 σ_m/km^{-1}	中纬度地区 夏季 分子吸收 k_m/km^{-1}	中纬度地区 夏季 分子散射 σ_m/km^{-1}	中纬度地区 冬季 分子吸收 k_m/km^{-1}	中纬度地区 冬季 分子散射 σ_m/km^{-1}	近北极区 夏季 分子吸收 k_m/km^{-1}	近北极区 夏季 分子散射 σ_m/km^{-1}	近北极区 冬季 分子吸收 k_m/km^{-1}	近北极区 冬季 分子散射 σ_m/km^{-1}	美国标准大气 分子吸收 k_m/km^{-1}	美国标准大气 分子散射 σ_m/km^{-1}
0	3.29×10^{-3}	6.24×10^{-3}	2.98×10^{-3}	6.35×10^{-3}	2.55×10^{-3}	6.90×10^{-3}	2.65×10^{-3}	6.49×10^{-3}	2.55×10^{-3}	7.27×10^{-3}	2.45×10^{-3}	6.49×10^{-3}
0~1	2.88×10^{-3}	5.96×10^{-3}	2.62×10^{-3}	6.05×10^{-3}	2.28×10^{-3}	6.53×10^{-3}	2.36×10^{-3}	6.18×10^{-3}	2.25×10^{-3}	6.79×10^{-3}	2.21×10^{-3}	6.18×10^{-3}
1~2	2.17×10^{-3}	5.42×10^{-3}	1.99×10^{-3}	5.46×10^{-3}	1.81×10^{-3}	5.82×10^{-3}	1.86×10^{-3}	5.58×10^{-3}	1.78×10^{-3}	5.96×10^{-3}	1.79×10^{-3}	5.61×10^{-3}
2~3	1.61×10^{-3}	4.90×10^{-3}	1.54×10^{-3}	4.94×10^{-3}	1.45×10^{-3}	5.19×10^{-3}	1.50×10^{-3}	5.03×10^{-3}	1.43×10^{-3}	5.28×10^{-3}	1.45×10^{-3}	5.07×10^{-3}
3~4	1.20×10^{-3}	4.43×10^{-3}	1.24×10^{-3}	4.46×10^{-3}	1.18×10^{-3}	4.64×10^{-3}	1.23×10^{-3}	4.52×10^{-3}	1.17×10^{-3}	4.69×10^{-3}	1.17×10^{-3}	4.57×10^{-3}
4~5	9.64×10^{-4}	4.01×10^{-3}	1.03×10^{-3}	4.03×10^{-3}	9.96×10^{-4}	4.15×10^{-3}	1.03×10^{-3}	4.06×10^{-3}	9.68×10^{-4}	4.18×10^{-3}	9.63×10^{-4}	4.12×10^{-3}
5~6	7.97×10^{-4}	3.63×10^{-3}	8.85×10^{-4}	3.63×10^{-3}	8.67×10^{-4}	3.71×10^{-3}	8.86×10^{-4}	3.64×10^{-3}	8.16×10^{-4}	3.73×10^{-3}	8.03×10^{-4}	3.70×10^{-3}
6~7	6.62×10^{-4}	3.27×10^{-3}	7.81×10^{-4}	3.26×10^{-3}	7.78×10^{-4}	3.31×10^{-3}	7.86×10^{-4}	3.27×10^{-3}	7.35×10^{-4}	3.32×10^{-3}	6.84×10^{-4}	3.31×10^{-3}
7~8	5.55×10^{-4}	2.94×10^{-3}	7.04×10^{-4}	2.92×10^{-3}	7.30×10^{-4}	2.94×10^{-3}	7.04×10^{-4}	2.93×10^{-3}	7.18×10^{-4}	2.94×10^{-3}	5.98×10^{-4}	2.95×10^{-3}
8~9	4.72×10^{-4}	2.64×10^{-3}	6.50×10^{-4}	2.62×10^{-3}	7.36×10^{-4}	2.60×10^{-3}	6.95×10^{-4}	2.62×10^{-3}	8.01×10^{-4}	2.58×10^{-3}	5.61×10^{-4}	2.63×10^{-3}
9~10	4.09×10^{-4}	2.36×10^{-3}	6.11×10^{-4}	2.34×10^{-3}	8.18×10^{-4}	2.30×10^{-3}	7.41×10^{-4}	2.33×10^{-3}	9.53×10^{-4}	2.22×10^{-3}	5.76×10^{-4}	2.33×10^{-3}
10~11	3.62×10^{-4}	2.10×10^{-3}	6.10×10^{-4}	2.08×10^{-3}	9.50×10^{-4}	2.00×10^{-3}	8.28×10^{-4}	2.04×10^{-3}	9.70×10^{-4}	1.90×10^{-3}	6.44×10^{-4}	2.06×10^{-3}
11~12	3.30×10^{-4}	1.87×10^{-3}	6.36×10^{-4}	1.85×10^{-3}	1.12×10^{-3}	1.72×10^{-3}	9.50×10^{-4}	1.75×10^{-3}	9.17×10^{-4}	1.63×10^{-3}	7.49×10^{-4}	1.79×10^{-3}
12~13	3.05×10^{-4}	1.65×10^{-3}	6.73×10^{-4}	1.63×10^{-3}	1.27×10^{-3}	1.47×10^{-3}	9.96×10^{-4}	1.50×10^{-3}	1.02×10^{-3}	1.39×10^{-3}	7.97×10^{-4}	1.53×10^{-3}
13~14	2.82×10^{-4}	1.46×10^{-3}	7.67×10^{-4}	1.42×10^{-3}	1.32×10^{-3}	1.26×10^{-3}	1.01×10^{-3}	1.29×10^{-3}	1.26×10^{-3}	1.19×10^{-3}	8.32×10^{-4}	1.31×10^{-3}
14~15	2.65×10^{-4}	1.28×10^{-3}	8.10×10^{-4}	1.21×10^{-3}	1.26×10^{-3}	1.08×10^{-3}	1.00×10^{-3}	1.11×10^{-3}	1.44×10^{-3}	1.02×10^{-3}	8.96×10^{-4}	1.12×10^{-3}

（续）

$\lambda = 0.6328\mu m$

高度/km	热带		中纬度地区				近北极区				美国标准大气	
			夏季		冬季		夏季		冬季			
	分子吸收 k_m/km^{-1}	分子散射 σ_m/km^{-1}	分子吸收 k_m/km^{-1}	分子散射 σ_m/km^{-1}	分子吸收 k_m/km^{-1}	分子散射 σ_m/km^{-1}	分子吸收 k_m/km^{-1}	分子散射 σ_m/km^{-1}	分子吸收 k_m/km^{-1}	分子散射 σ_m/km^{-1}	分子吸收 k_m/km^{-1}	分子散射 σ_m/km^{-1}
15~16	2.52×10^{-4}	1.12×10^{-3}	7.88×10^{-4}	1.03×10^{-3}	1.25×10^{-3}	9.27×10^{-4}	1.01×10^{-3}	9.57×10^{-4}	1.57×10^{-3}	8.69×10^{-4}	9.86×10^{-4}	9.54×10^{-4}
16~17	2.82×10^{-4}	9.62×10^{-4}	7.84×10^{-4}	8.80×10^{-4}	1.33×10^{-3}	7.95×10^{-4}	1.03×10^{-3}	8.21×10^{-4}	1.68×10^{-3}	7.45×10^{-4}	1.12×10^{-3}	8.16×10^{-4}
17~18	4.08×10^{-4}	8.08×10^{-4}	8.53×10^{-4}	7.50×10^{-4}	1.44×10^{-3}	6.81×10^{-4}	1.08×10^{-3}	7.06×10^{-4}	1.83×10^{-3}	6.38×10^{-4}	1.28×10^{-3}	6.98×10^{-4}
18~19	6.30×10^{-4}	6.67×10^{-4}	1.05×10^{-3}	6.39×10^{-4}	1.58×10^{-3}	5.83×10^{-4}	1.21×10^{-3}	6.07×10^{-4}	2.00×10^{-3}	5.46×10^{-4}	1.43×10^{-3}	5.96×10^{-4}
19~20	8.55×10^{-4}	5.54×10^{-4}	1.25×10^{-3}	5.44×10^{-4}	1.71×10^{-3}	4.99×10^{-4}	1.31×10^{-3}	5.22×10^{-4}	2.09×10^{-3}	4.67×10^{-4}	1.55×10^{-3}	5.10×10^{-4}
20~21	9.73×10^{-4}	4.61×10^{-4}	1.35×10^{-3}	4.63×10^{-4}	1.79×10^{-3}	4.26×10^{-4}	1.42×10^{-3}	4.49×10^{-4}	2.03×10^{-3}	4.00×10^{-4}	1.61×10^{-3}	4.35×10^{-4}
21~22	1.06×10^{-3}	3.85×10^{-4}	1.38×10^{-3}	3.95×10^{-4}	1.77×10^{-3}	3.63×10^{-4}	1.52×10^{-3}	3.86×10^{-4}	1.85×10^{-3}	3.42×10^{-4}	1.63×10^{-3}	3.71×10^{-4}
22~23	1.22×10^{-3}	3.24×10^{-4}	1.40×10^{-3}	3.37×10^{-4}	1.68×10^{-3}	3.10×10^{-4}	1.53×10^{-3}	3.32×10^{-4}	1.68×10^{-3}	2.92×10^{-4}	1.63×10^{-3}	3.16×10^{-4}
23~24	1.39×10^{-3}	2.75×10^{-4}	1.40×10^{-3}	2.88×10^{-4}	1.57×10^{-3}	2.65×10^{-4}	1.48×10^{-3}	2.85×10^{-4}	1.50×10^{-3}	2.50×10^{-4}	1.56×10^{-3}	2.69×10^{-4}
24~25	1.48×10^{-3}	2.33×10^{-4}	1.42×10^{-3}	2.46×10^{-4}	1.46×10^{-3}	2.27×10^{-4}	1.40×10^{-3}	2.43×10^{-4}	1.31×10^{-3}	2.14×10^{-4}	1.48×10^{-3}	2.30×10^{-4}
25~30	1.41×10^{-3}	7.38×10^{-4}	1.21×10^{-3}	7.89×10^{-4}	1.05×10^{-3}	7.22×10^{-4}	1.06×10^{-3}	7.87×10^{-4}	8.75×10^{-4}	6.73×10^{-4}	1.11×10^{-3}	7.37×10^{-4}
30~35	8.64×10^{-4}	3.39×10^{-4}	7.65×10^{-4}	3.67×10^{-4}	5.67×10^{-4}	3.24×10^{-4}	6.50×10^{-4}	3.69×10^{-4}	4.58×10^{-4}	3.00×10^{-4}	6.35×10^{-4}	3.34×10^{-4}
35~40	3.77×10^{-4}	1.62×10^{-4}	3.93×10^{-4}	1.74×10^{-4}	2.72×10^{-4}	1.45×10^{-4}	3.52×10^{-4}	1.75×10^{-4}	2.19×10^{-4}	1.34×10^{-4}	3.25×10^{-4}	1.59×10^{-4}
40~45	1.28×10^{-4}	7.99×10^{-5}	1.39×10^{-4}	8.62×10^{-5}	1.07×10^{-4}	6.79×10^{-5}	1.29×10^{-4}	8.69×10^{-5}	8.40×10^{-5}	6.18×10^{-5}	1.27×10^{-4}	7.56×10^{-5}
45~50	3.89×10^{-5}	4.06×10^{-5}	4.26×10^{-5}	4.43×10^{-5}	3.33×10^{-5}	3.35×10^{-5}	4.03×10^{-5}	4.56×10^{-5}	2.53×10^{-5}	2.96×10^{-5}	4.25×10^{-5}	3.81×10^{-5}
50~70	4.98×10^{-6}	4.39×10^{-5}	5.71×10^{-6}	4.86×10^{-5}	3.81×10^{-6}	3.50×10^{-5}	5.45×10^{-6}	5.03×10^{-5}	3.06×10^{-6}	2.92×10^{-5}	4.87×10^{-6}	4.10×10^{-5}
70~100	3.86×10^{-8}	3.16×10^{-6}	4.73×10^{-8}	3.66×10^{-6}	3.59×10^{-8}	2.56×10^{-6}	5.17×10^{-8}	3.90×10^{-6}	3.76×10^{-8}	2.19×10^{-6}	3.95×10^{-8}	2.86×10^{-6}

（续）

$\lambda = 0.6943\ \mu m$

高度/km	热带 分子吸收 k_m/km^{-1}	热带 分子散射 σ_m/km^{-1}	中纬度地区 夏季 分子吸收 k_m/km^{-1}	中纬度地区 夏季 分子散射 σ_m/km^{-1}	中纬度地区 冬季 分子吸收 k_m/km^{-1}	中纬度地区 冬季 分子散射 σ_m/km^{-1}	近北极区 夏季 分子吸收 k_m/km^{-1}	近北极区 夏季 分子散射 σ_m/km^{-1}	近北极区 冬季 分子吸收 k_m/km^{-1}	近北极区 冬季 分子散射 σ_m/km^{-1}	美国标准大气 分子吸收 k_m/km^{-1}	美国标准大气 分子散射 σ_m/km^{-1}
0	8.85×10^{-2}	4.28×10^{-3}	6.53×10^{-2}	4.36×10^{-3}	1.69×10^{-2}	4.74×10^{-3}	4.23×10^{-2}	4.46×10^{-3}	6.56×10^{-3}	4.99×10^{-3}	2.78×10^{-2}	4.45×10^{-3}
0~1	7.13×10^{-2}	4.09×10^{-3}	5.20×10^{-2}	4.15×10^{-3}	1.42×10^{-2}	4.48×10^{-3}	3.38×10^{-2}	4.24×10^{-3}	6.37×10^{-3}	4.66×10^{-3}	2.32×10^{-2}	4.24×10^{-3}
1~2	4.58×10^{-2}	3.72×10^{-3}	3.11×10^{-2}	3.75×10^{-3}	9.48×10^{-3}	4.00×10^{-3}	2.11×10^{-2}	3.83×10^{-3}	5.16×10^{-3}	4.09×10^{-3}	1.51×10^{-2}	3.85×10^{-3}
2~3	2.57×10^{-2}	3.37×10^{-3}	1.73×10^{-2}	3.39×10^{-3}	6.19×10^{-3}	3.56×10^{-3}	1.31×10^{-2}	3.45×10^{-3}	3.66×10^{-3}	3.62×10^{-3}	9.29×10^{-3}	3.48×10^{-3}
3~4	1.19×10^{-2}	3.04×10^{-3}	9.26×10^{-3}	3.06×10^{-3}	3.69×10^{-3}	3.18×10^{-3}	7.85×10^{-3}	3.10×10^{-3}	2.40×10^{-3}	3.22×10^{-3}	5.46×10^{-3}	3.14×10^{-3}
4~5	6.27×10^{-3}	2.76×10^{-3}	4.98×10^{-3}	2.77×10^{-3}	2.14×10^{-3}	2.85×10^{-3}	4.57×10^{-3}	2.78×10^{-3}	1.43×10^{-3}	2.87×10^{-3}	3.18×10^{-3}	2.83×10^{-3}
5~6	3.74×10^{-3}	2.49×10^{-3}	2.79×10^{-3}	2.49×10^{-3}	1.31×10^{-3}	2.55×10^{-3}	2.57×10^{-3}	2.50×10^{-3}	8.68×10^{-4}	2.56×10^{-3}	1.88×10^{-3}	2.54×10^{-3}
6~7	2.09×10^{-3}	2.25×10^{-3}	1.73×10^{-3}	2.24×10^{-3}	8.26×10^{-4}	2.27×10^{-3}	1.47×10^{-3}	2.25×10^{-3}	6.04×10^{-4}	2.28×10^{-3}	1.16×10^{-3}	2.27×10^{-3}
7~8	1.24×10^{-3}	2.02×10^{-3}	1.12×10^{-3}	2.01×10^{-3}	5.80×10^{-4}	2.02×10^{-3}	8.93×10^{-4}	2.01×10^{-3}	4.58×10^{-4}	2.02×10^{-3}	7.66×10^{-4}	2.03×10^{-3}
8~9	7.72×10^{-4}	1.81×10^{-3}	7.78×10^{-4}	1.80×10^{-3}	4.79×10^{-4}	1.79×10^{-3}	5.84×10^{-4}	1.80×10^{-3}	4.20×10^{-4}	1.77×10^{-3}	5.37×10^{-4}	1.80×10^{-3}
9~10	5.18×10^{-4}	1.62×10^{-3}	5.70×10^{-4}	1.60×10^{-3}	4.45×10^{-4}	1.58×10^{-3}	4.60×10^{-4}	1.60×10^{-3}	4.53×10^{-4}	1.53×10^{-3}	4.21×10^{-4}	1.60×10^{-3}
10~11	3.81×10^{-4}	1.44×10^{-3}	4.53×10^{-4}	1.43×10^{-3}	4.55×10^{-4}	1.37×10^{-3}	4.46×10^{-4}	1.40×10^{-3}	4.45×10^{-4}	1.31×10^{-3}	3.81×10^{-4}	1.41×10^{-3}
11~12	3.04×10^{-4}	1.28×10^{-3}	3.89×10^{-4}	1.27×10^{-3}	4.85×10^{-4}	1.18×10^{-3}	4.62×10^{-4}	1.20×10^{-3}	4.19×10^{-4}	1.12×10^{-3}	3.80×10^{-4}	1.23×10^{-3}
12~13	2.60×10^{-4}	1.13×10^{-3}	3.56×10^{-4}	1.12×10^{-3}	5.16×10^{-4}	1.01×10^{-3}	4.61×10^{-4}	1.03×10^{-3}	4.35×10^{-4}	9.54×10^{-4}	3.81×10^{-4}	1.05×10^{-3}
13~14	2.23×10^{-4}	1.00×10^{-3}	3.63×10^{-4}	9.73×10^{-4}	5.17×10^{-4}	8.67×10^{-4}	4.47×10^{-4}	8.87×10^{-4}	4.90×10^{-4}	8.15×10^{-4}	3.79×10^{-4}	8.97×10^{-4}
14~15	1.94×10^{-4}	8.79×10^{-4}	3.61×10^{-4}	8.29×10^{-4}	4.87×10^{-4}	7.43×10^{-4}	4.33×10^{-4}	7.64×10^{-4}	5.29×10^{-4}	6.97×10^{-4}	3.84×10^{-4}	7.67×10^{-4}

（续）

λ = 0.6943 μm

高度/km	热带 分子吸收 k_m/km^{-1}	热带 分子散射 σ_m/km^{-1}	中纬度地区 夏季 分子吸收 k_m/km^{-1}	中纬度地区 夏季 分子散射 σ_m/km^{-1}	中纬度地区 冬季 分子吸收 k_m/km^{-1}	中纬度地区 冬季 分子散射 σ_m/km^{-1}	近北极区 夏季 分子吸收 k_m/km^{-1}	近北极区 夏季 分子散射 σ_m/km^{-1}	近北极区 冬季 分子吸收 k_m/km^{-1}	近北极区 冬季 分子散射 σ_m/km^{-1}	美国标准大气 分子吸收 k_m/km^{-1}	美国标准大气 分子散射 σ_m/km^{-1}
15~16	1.69×10^{-4}	7.66×10^{-4}	3.44×10^{-4}	7.06×10^{-4}	4.72×10^{-4}	6.37×10^{-4}	4.24×10^{-4}	6.57×10^{-4}	5.55×10^{-4}	5.96×10^{-4}	3.99×10^{-4}	6.55×10^{-4}
16~17	1.61×10^{-4}	6.60×10^{-4}	3.33×10^{-4}	6.04×10^{-4}	4.80×10^{-4}	5.46×10^{-4}	4.15×10^{-4}	5.64×10^{-4}	5.73×10^{-4}	5.11×10^{-4}	4.25×10^{-4}	5.60×10^{-4}
17~18	1.89×10^{-4}	5.54×10^{-4}	3.41×10^{-4}	5.15×10^{-4}	5.01×10^{-4}	4.68×10^{-4}	4.18×10^{-4}	4.85×10^{-4}	6.05×10^{-4}	4.38×10^{-4}	4.59×10^{-4}	4.79×10^{-4}
18~19	2.47×10^{-4}	4.58×10^{-4}	3.88×10^{-4}	4.38×10^{-4}	5.27×10^{-4}	4.00×10^{-4}	4.41×10^{-4}	4.17×10^{-4}	6.40×10^{-4}	3.75×10^{-4}	4.87×10^{-4}	4.09×10^{-4}
19~20	3.06×10^{-4}	3.80×10^{-4}	4.36×10^{-4}	3.73×10^{-4}	5.54×10^{-4}	3.42×10^{-4}	4.58×10^{-4}	3.58×10^{-4}	6.58×10^{-4}	3.21×10^{-4}	5.12×10^{-4}	3.50×10^{-4}
20~21	3.35×10^{-4}	3.17×10^{-4}	4.53×10^{-4}	3.18×10^{-4}	5.69×10^{-4}	2.92×10^{-4}	4.79×10^{-4}	3.08×10^{-4}	6.31×10^{-4}	2.75×10^{-4}	5.21×10^{-4}	2.99×10^{-4}
21~22	3.54×10^{-4}	2.64×10^{-4}	4.55×10^{-4}	2.71×10^{-4}	5.55×10^{-4}	2.49×10^{-4}	5.00×10^{-4}	2.65×10^{-4}	5.72×10^{-4}	2.35×10^{-4}	5.18×10^{-4}	2.54×10^{-4}
22~23	3.96×10^{-4}	2.22×10^{-4}	4.53×10^{-4}	2.31×10^{-4}	5.21×10^{-4}	2.13×10^{-4}	4.94×10^{-4}	2.28×10^{-4}	5.16×10^{-4}	2.01×10^{-4}	5.11×10^{-4}	2.17×10^{-4}
23~24	4.37×10^{-4}	1.88×10^{-4}	4.48×10^{-4}	1.98×10^{-4}	4.85×10^{-4}	1.82×10^{-4}	4.72×10^{-4}	1.95×10^{-4}	4.60×10^{-4}	1.72×10^{-4}	4.87×10^{-4}	1.85×10^{-4}
24~25	4.59×10^{-4}	1.60×10^{-4}	4.47×10^{-4}	1.69×10^{-4}	4.49×10^{-4}	1.56×10^{-4}	4.43×10^{-4}	1.67×10^{-4}	4.01×10^{-4}	1.47×10^{-4}	4.58×10^{-4}	1.58×10^{-4}
25~30	4.29×10^{-4}	5.06×10^{-4}	3.74×10^{-4}	5.42×10^{-4}	3.21×10^{-4}	4.96×10^{-4}	3.35×10^{-4}	5.41×10^{-4}	2.68×10^{-4}	4.62×10^{-4}	3.43×10^{-4}	5.06×10^{-4}
30~35	2.62×10^{-4}	2.33×10^{-4}	2.35×10^{-4}	2.52×10^{-4}	1.72×10^{-4}	2.23×10^{-4}	2.03×10^{-4}	2.54×10^{-4}	1.40×10^{-4}	2.06×10^{-4}	1.94×10^{-4}	2.30×10^{-4}
35~40	1.17×10^{-4}	1.11×10^{-4}	1.22×10^{-4}	1.20×10^{-4}	8.41×10^{-5}	9.96×10^{-5}	1.11×10^{-4}	1.20×10^{-4}	6.76×10^{-5}	9.22×10^{-5}	1.01×10^{-4}	1.10×10^{-4}
40~45	4.19×10^{-5}	5.48×10^{-5}	4.55×10^{-5}	5.92×10^{-5}	3.43×10^{-5}	4.66×10^{-5}	4.31×10^{-5}	5.97×10^{-5}	2.68×10^{-5}	4.24×10^{-5}	4.09×10^{-5}	5.19×10^{-5}
45~50	1.39×10^{-5}	2.79×10^{-5}	1.54×10^{-5}	3.04×10^{-5}	1.17×10^{-5}	2.30×10^{-5}	1.49×10^{-5}	3.13×10^{-5}	8.87×10^{-6}	2.03×10^{-5}	1.48×10^{-5}	2.61×10^{-5}
50~70	2.06×10^{-6}	3.01×10^{-5}	2.37×10^{-6}	3.34×10^{-6}	1.58×10^{-6}	2.41×10^{-6}	2.34×10^{-6}	3.46×10^{-6}	1.29×10^{-6}	2.01×10^{-6}	1.97×10^{-6}	2.81×10^{-6}
70~100	1.08×10^{-8}	2.17×10^{-6}	1.32×10^{-8}	2.51×10^{-6}	1.01×10^{-8}	1.76×10^{-6}	1.44×10^{-8}	2.68×10^{-6}	1.07×10^{-8}	1.50×10^{-6}	1.10×10^{-8}	1.97×10^{-6}

（续）

$\lambda = 0.86\mu m$

高度/km	热带 夏季 分子吸收 k_m/km^{-1}	热带 夏季 分子散射 σ_m/km^{-1}	中纬度地区 夏季 分子吸收 k_m/km^{-1}	中纬度地区 夏季 分子散射 σ_m/km^{-1}	中纬度地区 冬季 分子吸收 k_m/km^{-1}	中纬度地区 冬季 分子散射 σ_m/km^{-1}	近北极区 夏季 分子吸收 k_m/km^{-1}	近北极区 夏季 分子散射 σ_m/km^{-1}	近北极区 冬季 分子吸收 k_m/km^{-1}	近北极区 冬季 分子散射 σ_m/km^{-1}	美国标准大气 分子吸收 k_m/km^{-1}	美国标准大气 分子散射 σ_m/km^{-1}
0	2.68×10^{-5}	1.80×10^{-3}	2.07×10^{-5}	1.84×10^{-3}	1.03×10^{-5}	2.00×10^{-3}	1.36×10^{-5}	1.88×10^{-3}	6.23×10^{-6}	2.10×10^{-3}	1.10×10^{-5}	1.88×10^{-3}
0~1	3.41×10^{-5}	1.72×10^{-3}	2.62×10^{-5}	1.75×10^{-3}	1.01×10^{-5}	1.89×10^{-3}	1.79×10^{-5}	1.79×10^{-3}	6.17×10^{-6}	1.96×10^{-3}	1.17×10^{-5}	1.79×10^{-3}
1~2	1.55×10^{-5}	1.57×10^{-3}	1.26×10^{-5}	1.58×10^{-3}	7.93×10^{-6}	1.68×10^{-3}	1.02×10^{-5}	1.61×10^{-3}	6.01×10^{-6}	1.72×10^{-3}	8.98×10^{-6}	1.62×10^{-3}
2~3	1.52×10^{-5}	1.42×10^{-3}	1.14×10^{-5}	1.43×10^{-3}	7.21×10^{-6}	1.50×10^{-3}	1.01×10^{-5}	1.45×10^{-3}	5.99×10^{-6}	1.53×10^{-3}	8.40×10^{-6}	1.47×10^{-3}
3~4	8.63×10^{-6}	1.28×10^{-3}	9.91×10^{-6}	1.29×10^{-3}	6.95×10^{-6}	1.34×10^{-3}	9.17×10^{-6}	1.31×10^{-3}	6.16×10^{-6}	1.36×10^{-3}	6.99×10^{-6}	1.32×10^{-3}
4~5	6.92×10^{-6}	1.16×10^{-3}	9.34×10^{-6}	1.17×10^{-3}	7.42×10^{-6}	1.20×10^{-3}	8.91×10^{-6}	1.17×10^{-3}	6.36×10^{-6}	1.21×10^{-3}	6.50×10^{-6}	1.19×10^{-3}
5~6	6.28×10^{-6}	1.05×10^{-3}	9.40×10^{-6}	1.05×10^{-3}	8.39×10^{-6}	1.07×10^{-3}	9.38×10^{-6}	1.05×10^{-3}	6.59×10^{-6}	1.08×10^{-3}	6.33×10^{-6}	1.07×10^{-3}
6~7	5.86×10^{-6}	9.46×10^{-4}	9.92×10^{-6}	9.43×10^{-4}	9.64×10^{-6}	9.56×10^{-4}	1.00×10^{-5}	9.47×10^{-4}	8.13×10^{-6}	9.60×10^{-4}	6.47×10^{-6}	9.57×10^{-4}
7~8	5.52×10^{-6}	8.51×10^{-4}	1.06×10^{-5}	8.45×10^{-4}	1.14×10^{-5}	8.50×10^{-4}	1.06×10^{-5}	8.47×10^{-4}	1.10×10^{-5}	8.51×10^{-4}	6.93×10^{-6}	8.54×10^{-4}
8~9	5.36×10^{-6}	7.63×10^{-4}	1.13×10^{-5}	7.57×10^{-4}	1.43×10^{-5}	7.53×10^{-4}	1.28×10^{-5}	7.57×10^{-4}	1.65×10^{-5}	7.47×10^{-4}	8.36×10^{-6}	7.60×10^{-4}
9~10	5.34×10^{-6}	6.82×10^{-4}	1.20×10^{-5}	6.76×10^{-4}	1.90×10^{-5}	6.65×10^{-4}	1.63×10^{-5}	6.74×10^{-4}	2.39×10^{-5}	6.43×10^{-4}	1.10×10^{-5}	6.74×10^{-4}
10~11	5.47×10^{-6}	6.08×10^{-4}	1.36×10^{-5}	6.01×10^{-4}	2.52×10^{-5}	5.79×10^{-4}	2.10×10^{-5}	5.89×10^{-4}	2.64×10^{-5}	5.50×10^{-4}	1.49×10^{-5}	5.95×10^{-4}
11~12	5.75×10^{-6}	5.40×10^{-4}	1.58×10^{-5}	5.34×10^{-4}	3.20×10^{-5}	4.96×10^{-4}	2.65×10^{-5}	5.06×10^{-4}	2.60×10^{-5}	4.70×10^{-4}	1.98×10^{-5}	5.17×10^{-4}
12~13	6.02×10^{-6}	4.77×10^{-4}	1.81×10^{-5}	4.72×10^{-4}	3.82×10^{-5}	4.26×10^{-4}	2.91×10^{-5}	4.35×10^{-4}	3.04×10^{-5}	4.02×10^{-4}	2.26×10^{-5}	4.42×10^{-4}
13~14	6.16×10^{-6}	4.21×10^{-4}	2.21×10^{-5}	4.10×10^{-4}	4.05×10^{-5}	3.65×10^{-4}	3.03×10^{-5}	3.74×10^{-4}	3.89×10^{-5}	3.43×10^{-4}	2.46×10^{-5}	3.78×10^{-4}
14~15	6.29×10^{-6}	3.70×10^{-4}	2.42×10^{-5}	3.49×10^{-4}	3.93×10^{-5}	3.13×10^{-4}	3.08×10^{-5}	3.22×10^{-4}	4.51×10^{-5}	2.94×10^{-4}	2.73×10^{-5}	3.23×10^{-4}

（续）

$\lambda = 0.86\,\mu m$

高度/km	热带 分子吸收 k_m/km⁻¹	热带 分子散射 σ_m/km⁻¹	中纬度地区 夏季 分子吸收 k_m/km⁻¹	中纬度地区 夏季 分子散射 σ_m/km⁻¹	中纬度地区 冬季 分子吸收 k_m/km⁻¹	中纬度地区 冬季 分子散射 σ_m/km⁻¹	近北极区 夏季 分子吸收 k_m/km⁻¹	近北极区 夏季 分子散射 σ_m/km⁻¹	近北极区 冬季 分子吸收 k_m/km⁻¹	近北极区 冬季 分子散射 σ_m/km⁻¹	美国标准大气 分子吸收 k_m/km⁻¹	美国标准大气 分子散射 σ_m/km⁻¹
15~16	6.43×10^{-6}	3.23×10^{-4}	2.41×10^{-5}	2.98×10^{-4}	3.95×10^{-5}	2.68×10^{-4}	3.16×10^{-5}	2.77×10^{-4}	4.99×10^{-5}	2.51×10^{-4}	3.07×10^{-5}	2.76×10^{-4}
16~17	7.87×10^{-6}	2.78×10^{-4}	2.44×10^{-5}	2.54×10^{-4}	4.22×10^{-5}	2.30×10^{-4}	3.24×10^{-5}	2.37×10^{-4}	5.38×10^{-5}	2.15×10^{-4}	3.55×10^{-5}	2.36×10^{-4}
17~18	1.23×10^{-5}	2.34×10^{-4}	2.69×10^{-5}	2.17×10^{-4}	4.63×10^{-5}	1.97×10^{-4}	3.44×10^{-5}	2.04×10^{-4}	5.89×10^{-5}	1.84×10^{-4}	4.10×10^{-5}	2.02×10^{-4}
18~19	1.98×10^{-5}	1.93×10^{-4}	3.35×10^{-5}	1.85×10^{-4}	5.07×10^{-5}	1.69×10^{-4}	3.86×10^{-5}	1.76×10^{-4}	6.44×10^{-5}	1.58×10^{-4}	4.58×10^{-5}	1.72×10^{-4}
19~20	2.74×10^{-5}	1.60×10^{-4}	4.03×10^{-5}	1.57×10^{-4}	5.51×10^{-5}	1.44×10^{-4}	4.22×10^{-5}	1.51×10^{-4}	6.77×10^{-5}	1.35×10^{-4}	4.99×10^{-5}	1.47×10^{-4}
20~21	3.13×10^{-5}	1.33×10^{-4}	4.34×10^{-5}	1.34×10^{-4}	5.80×10^{-5}	1.23×10^{-4}	4.57×10^{-5}	1.30×10^{-4}	6.58×10^{-5}	1.16×10^{-4}	5.20×10^{-5}	1.26×10^{-4}
21~22	3.42×10^{-5}	1.11×10^{-4}	4.45×10^{-5}	1.14×10^{-4}	5.74×10^{-5}	1.05×10^{-4}	4.92×10^{-5}	1.12×10^{-4}	6.00×10^{-5}	9.89×10^{-5}	5.27×10^{-5}	1.07×10^{-4}
22~23	3.96×10^{-5}	9.37×10^{-5}	4.53×10^{-5}	9.75×10^{-5}	5.44×10^{-5}	8.97×10^{-5}	4.96×10^{-5}	9.59×10^{-5}	5.44×10^{-5}	8.46×10^{-5}	5.27×10^{-5}	9.13×10^{-5}
23~24	4.49×10^{-5}	7.94×10^{-5}	4.54×10^{-5}	8.32×10^{-5}	5.10×10^{-5}	7.67×10^{-5}	4.80×10^{-5}	8.23×10^{-5}	4.87×10^{-5}	7.23×10^{-5}	5.06×10^{-5}	7.79×10^{-5}
24~25	4.80×10^{-5}	6.73×10^{-5}	4.61×10^{-5}	7.11×10^{-5}	4.75×10^{-5}	6.56×10^{-5}	4.53×10^{-5}	7.04×10^{-5}	4.25×10^{-5}	6.18×10^{-5}	4.79×10^{-5}	6.65×10^{-5}
25~30	4.59×10^{-5}	2.10×10^{-4}	3.91×10^{-5}	2.28×10^{-4}	3.42×10^{-5}	2.09×10^{-4}	3.45×10^{-5}	2.28×10^{-4}	2.84×10^{-5}	1.95×10^{-4}	3.61×10^{-5}	2.13×10^{-4}
30~35	2.80×10^{-5}	9.82×10^{-5}	2.48×10^{-5}	1.03×10^{-4}	1.84×10^{-5}	9.37×10^{-5}	2.11×10^{-5}	1.01×10^{-4}	1.49×10^{-5}	8.66×10^{-5}	2.06×10^{-5}	9.67×10^{-5}
35~40	1.22×10^{-5}	4.68×10^{-5}	1.27×10^{-5}	4.69×10^{-5}	8.84×10^{-6}	3.33×10^{-5}	1.14×10^{-5}	4.08×10^{-5}	7.09×10^{-6}	3.62×10^{-5}	1.05×10^{-5}	4.02×10^{-5}
40~45	4.17×10^{-6}	2.31×10^{-5}	4.50×10^{-6}	2.35×10^{-5}	3.45×10^{-6}	1.58×10^{-5}	4.19×10^{-6}	2.51×10^{-5}	2.72×10^{-6}	1.69×10^{-5}	4.11×10^{-6}	1.90×10^{-5}
45~50	1.26×10^{-6}	1.18×10^{-5}	1.38×10^{-6}	1.28×10^{-5}	1.08×10^{-6}	9.69×10^{-6}	1.31×10^{-6}	1.32×10^{-5}	8.22×10^{-7}	8.19×10^{-6}	1.38×10^{-6}	1.10×10^{-5}
50~70	1.62×10^{-7}	8.26×10^{-6}	1.85×10^{-7}	8.93×10^{-6}	1.24×10^{-7}	7.18×10^{-6}	1.77×10^{-7}	1.04×10^{-5}	9.93×10^{-8}	8.06×10^{-6}	1.58×10^{-7}	6.52×10^{-6}
70~100	1.25×10^{-9}	4.05×10^{-7}	1.54×10^{-9}	3.80×10^{-7}	1.16×10^{-9}	4.45×10^{-7}	1.68×10^{-9}	3.95×10^{-7}	1.22×10^{-9}	3.59×10^{-7}	1.28×10^{-9}	4.92×10^{-7}

（续）

$\lambda = 1.06\mu m$

高度/km	热带		中纬度地区				近北极区				美国标准大气	
			夏季		冬季		夏季		冬季			
	分子吸收 k_m/km^{-1}	分子散射 σ_m/km^{-1}	分子吸收 k_m/km^{-1}	分子散射 σ_m/km^{-1}	分子吸收 k_m/km^{-1}	分子散射 σ_m/km^{-1}	分子吸收 k_m/km^{-1}	分子散射 σ_m/km^{-1}	分子吸收 k_m/km^{-1}	分子散射 σ_m/km^{-1}	分子吸收 k_m/km^{-1}	分子散射 σ_m/km^{-1}
0	2.72×10^{-3}	7.77×10^{-4}	2.84×10^{-3}	7.92×10^{-4}	3.40×10^{-3}	8.60×10^{-4}	2.98×10^{-3}	8.09×10^{-4}	3.79×10^{-3}	9.06×10^{-4}	2.99×10^{-3}	8.08×10^{-4}
0~1	2.49×10^{-3}	2.02×10^{-5}	2.57×10^{-3}	4.06×10^{-4}	3.04×10^{-3}	8.13×10^{-4}	2.70×10^{-3}	7.70×10^{-4}	3.31×10^{-3}	8.46×10^{-4}	2.72×10^{-3}	7.71×10^{-4}
1~2	2.07×10^{-3}	6.75×10^{-4}	2.11×10^{-3}	6.81×10^{-4}	2.43×10^{-3}	7.26×10^{-4}	2.21×10^{-3}	6.95×10^{-4}	2.55×10^{-3}	7.43×10^{-4}	2.24×10^{-3}	6.99×10^{-4}
2~3	1.70×10^{-3}	6.11×10^{-4}	1.73×10^{-3}	6.15×10^{-4}	1.93×10^{-3}	6.47×10^{-4}	1.80×10^{-3}	6.27×10^{-4}	2.00×10^{-3}	6.58×10^{-4}	1.84×10^{-3}	6.32×10^{-4}
3~4	1.40×10^{-3}	5.52×10^{-4}	1.42×10^{-3}	5.56×10^{-4}	1.54×10^{-3}	5.78×10^{-4}	1.46×10^{-3}	5.63×10^{-4}	1.58×10^{-3}	5.84×10^{-4}	1.50×10^{-3}	5.70×10^{-4}
4~5	1.15×10^{-3}	5.00×10^{-4}	1.16×10^{-3}	5.02×10^{-4}	1.24×10^{-3}	5.18×10^{-4}	1.18×10^{-3}	5.06×10^{-4}	1.26×10^{-3}	5.21×10^{-4}	1.22×10^{-3}	5.13×10^{-4}
5~6	9.42×10^{-4}	4.52×10^{-4}	9.45×10^{-4}	4.52×10^{-4}	9.90×10^{-4}	4.63×10^{-4}	9.53×10^{-4}	4.54×10^{-4}	1.00×10^{-3}	4.65×10^{-4}	9.80×10^{-4}	4.61×10^{-4}
6~7	7.67×10^{-4}	4.08×10^{-4}	7.63×10^{-4}	4.06×10^{-4}	7.87×10^{-4}	4.12×10^{-4}	7.69×10^{-4}	4.08×10^{-4}	7.94×10^{-4}	4.14×10^{-4}	7.86×10^{-4}	4.12×10^{-4}
7~8	6.22×10^{-4}	3.67×10^{-4}	6.14×10^{-4}	3.64×10^{-4}	6.21×10^{-4}	3.66×10^{-4}	6.17×10^{-4}	3.65×10^{-4}	6.24×10^{-4}	3.67×10^{-4}	6.27×10^{-4}	3.68×10^{-4}
8~9	5.00×10^{-4}	3.29×10^{-4}	4.92×10^{-4}	3.26×10^{-4}	4.88×10^{-4}	3.24×10^{-4}	4.93×10^{-4}	3.26×10^{-4}	4.80×10^{-4}	3.22×10^{-4}	4.96×10^{-4}	3.27×10^{-4}
9~10	4.00×10^{-4}	2.94×10^{-4}	3.93×10^{-4}	2.91×10^{-4}	3.81×10^{-4}	2.87×10^{-4}	3.91×10^{-4}	2.90×10^{-4}	3.57×10^{-4}	2.77×10^{-4}	3.91×10^{-4}	2.90×10^{-4}
10~11	3.18×10^{-4}	2.62×10^{-4}	3.11×10^{-4}	2.59×10^{-4}	2.88×10^{-4}	2.49×10^{-4}	2.99×10^{-4}	2.54×10^{-4}	2.61×10^{-4}	2.37×10^{-4}	3.05×10^{-4}	2.57×10^{-4}
11~12	2.51×10^{-4}	2.33×10^{-4}	2.45×10^{-4}	2.30×10^{-4}	2.13×10^{-4}	2.14×10^{-4}	2.21×10^{-4}	2.18×10^{-4}	1.91×10^{-4}	2.03×10^{-4}	2.31×10^{-4}	2.23×10^{-4}
12~13	1.96×10^{-4}	2.06×10^{-4}	1.92×10^{-4}	2.03×10^{-4}	1.57×10^{-4}	1.84×10^{-4}	1.63×10^{-4}	1.87×10^{-4}	1.39×10^{-4}	1.73×10^{-4}	1.69×10^{-4}	1.91×10^{-4}
13~14	1.53×10^{-4}	1.82×10^{-4}	1.45×10^{-4}	1.77×10^{-4}	1.15×10^{-4}	1.57×10^{-4}	1.21×10^{-4}	1.61×10^{-4}	1.02×10^{-4}	1.48×10^{-4}	1.23×10^{-4}	1.63×10^{-4}
14~15	1.18×10^{-4}	1.60×10^{-4}	1.05×10^{-4}	1.51×10^{-4}	8.50×10^{-5}	1.35×10^{-4}	8.96×10^{-5}	1.39×10^{-4}	7.49×10^{-5}	1.26×10^{-4}	9.02×10^{-5}	1.39×10^{-4}

（续）

$\lambda = 1.06\ \mu m$

高度/km	热带 夏季 分子吸收 k_m/km^{-1}	热带 夏季 分子散射 σ_m/km^{-1}	中纬度地区 夏季 分子吸收 k_m/km^{-1}	中纬度地区 夏季 分子散射 σ_m/km^{-1}	中纬度地区 冬季 分子吸收 k_m/km^{-1}	中纬度地区 冬季 分子散射 σ_m/km^{-1}	近北极区 夏季 分子吸收 k_m/km^{-1}	近北极区 夏季 分子散射 σ_m/km^{-1}	近北极区 冬季 分子吸收 k_m/km^{-1}	近北极区 冬季 分子散射 σ_m/km^{-1}	美国标准大气 分子吸收 k_m/km^{-1}	美国标准大气 分子散射 σ_m/km^{-1}
15~16	8.98×10^{-5}	1.39×10^{-4}	7.66×10^{-5}	1.28×10^{-4}	6.26×10^{-5}	1.16×10^{-4}	6.64×10^{-5}	1.19×10^{-4}	5.52×10^{-5}	1.08×10^{-4}	6.61×10^{-5}	1.19×10^{-4}
16~17	6.67×10^{-5}	1.20×10^{-4}	5.61×10^{-5}	1.10×10^{-4}	4.62×10^{-5}	9.90×10^{-5}	4.91×10^{-5}	1.02×10^{-4}	4.08×10^{-5}	9.28×10^{-5}	4.85×10^{-5}	1.02×10^{-4}
17~18	4.72×10^{-5}	1.01×10^{-4}	4.10×10^{-5}	9.35×10^{-5}	3.42×10^{-5}	8.49×10^{-5}	3.64×10^{-5}	8.80×10^{-5}	3.03×10^{-5}	7.95×10^{-5}	3.57×10^{-5}	8.69×10^{-5}
18~19	3.24×10^{-5}	8.32×10^{-5}	2.99×10^{-5}	7.96×10^{-5}	2.53×10^{-5}	7.27×10^{-5}	2.72×10^{-5}	7.56×10^{-5}	2.26×10^{-5}	6.81×10^{-5}	2.64×10^{-5}	7.43×10^{-5}
19~20	2.25×10^{-5}	6.90×10^{-5}	2.20×10^{-5}	6.77×10^{-5}	1.88×10^{-5}	6.21×10^{-5}	2.03×10^{-5}	6.50×10^{-5}	1.69×10^{-5}	5.83×10^{-5}	1.95×10^{-5}	6.35×10^{-5}
20~21	1.58×10^{-5}	5.75×10^{-5}	1.62×10^{-5}	5.77×10^{-5}	1.40×10^{-5}	5.31×10^{-5}	1.53×10^{-5}	5.59×10^{-5}	1.26×10^{-5}	4.98×10^{-5}	1.45×10^{-5}	5.42×10^{-5}
21~22	1.13×10^{-5}	4.80×10^{-5}	1.20×10^{-5}	4.92×10^{-5}	1.05×10^{-5}	4.53×10^{-5}	1.15×10^{-5}	4.81×10^{-5}	9.44×10^{-6}	4.26×10^{-5}	1.08×10^{-5}	4.62×10^{-5}
22~23	8.22×10^{-6}	4.04×10^{-5}	8.94×10^{-6}	4.20×10^{-5}	7.85×10^{-6}	3.87×10^{-5}	8.76×10^{-6}	4.13×10^{-5}	7.08×10^{-6}	3.64×10^{-5}	8.07×10^{-6}	3.94×10^{-5}
23~24	6.19×10^{-6}	3.42×10^{-5}	6.73×10^{-6}	3.59×10^{-5}	5.93×10^{-6}	3.31×10^{-5}	6.64×10^{-6}	3.55×10^{-5}	5.32×10^{-6}	3.12×10^{-5}	6.08×10^{-6}	3.36×10^{-5}
24~25	4.72×10^{-6}	2.90×10^{-5}	5.13×10^{-6}	3.06×10^{-5}	4.51×10^{-6}	2.83×10^{-5}	5.04×10^{-6}	3.03×10^{-5}	4.00×10^{-6}	2.66×10^{-5}	4.62×10^{-6}	2.87×10^{-5}
25~30	2.42×10^{-6}	9.07×10^{-6}	2.54×10^{-6}	9.84×10^{-6}	2.16×10^{-6}	9.00×10^{-6}	2.45×10^{-6}	9.81×10^{-6}	1.85×10^{-6}	8.39×10^{-6}	2.25×10^{-6}	9.18×10^{-6}
30~35	8.22×10^{-7}	4.23×10^{-6}	8.25×10^{-7}	4.45×10^{-6}	6.29×10^{-7}	4.04×10^{-6}	7.68×10^{-7}	4.35×10^{-6}	5.24×10^{-7}	3.73×10^{-6}	6.86×10^{-7}	4.17×10^{-6}
35~40	2.86×10^{-7}	2.02×10^{-6}	3.07×10^{-7}	2.02×10^{-6}	2.13×10^{-7}	1.43×10^{-6}	2.86×10^{-7}	1.76×10^{-6}	1.75×10^{-7}	1.56×10^{-6}	2.55×10^{-7}	1.73×10^{-6}
40~45	8.97×10^{-8}	9.96×10^{-7}	9.86×10^{-8}	1.01×10^{-6}	7.24×10^{-8}	6.81×10^{-7}	9.35×10^{-8}	1.08×10^{-6}	5.77×10^{-8}	7.27×10^{-7}	8.68×10^{-8}	8.18×10^{-7}
45~50	2.63×10^{-8}	5.07×10^{-7}	2.93×10^{-8}	5.51×10^{-7}	2.17×10^{-8}	4.17×10^{-7}	2.83×10^{-8}	5.68×10^{-7}	1.66×10^{-8}	3.53×10^{-7}	2.77×10^{-8}	4.74×10^{-7}
50~70	3.25×10^{-9}	3.56×10^{-7}	3.75×10^{-9}	3.85×10^{-7}	2.42×10^{-9}	3.09×10^{-7}	3.65×10^{-9}	4.47×10^{-7}	1.92×10^{-9}	3.47×10^{-7}	3.12×10^{-9}	2.81×10^{-7}
70~100	2.32×10^{-11}	1.75×10^{-7}	2.88×10^{-11}	1.64×10^{-7}	2.10×10^{-11}	1.92×10^{-7}	3.16×10^{-11}	1.70×10^{-7}	2.15×10^{-11}	1.55×10^{-7}	2.33×10^{-11}	2.12×10^{-7}

（续）

$\lambda = 1.3152\,\mu m$

高度/km	热带 分子吸收 k_m/km^{-1}	热带 分子散射 $\sigma_m/\mathrm{km}^{-1}$	中纬度地区 夏季 分子吸收 k_m/km^{-1}	中纬度地区 夏季 分子散射 $\sigma_m/\mathrm{km}^{-1}$	中纬度地区 冬季 分子吸收 k_m/km^{-1}	中纬度地区 冬季 分子散射 $\sigma_m/\mathrm{km}^{-1}$	近北极区 夏季 分子吸收 k_m/km^{-1}	近北极区 夏季 分子散射 $\sigma_m/\mathrm{km}^{-1}$	近北极区 冬季 分子吸收 k_m/km^{-1}	近北极区 冬季 分子散射 $\sigma_m/\mathrm{km}^{-1}$	美国标准大气 分子吸收 k_m/km^{-1}	美国标准大气 分子散射 $\sigma_m/\mathrm{km}^{-1}$
0	9.82×10^{-2}	3.27×10^{-4}	6.81×10^{-2}	3.33×10^{-4}	1.38×10^{-2}	3.62×10^{-4}	4.11×10^{-2}	3.40×10^{-4}	4.10×10^{-2}	3.81×10^{-4}	2.53×10^{-2}	3.40×10^{-4}
0~1	7.64×10^{-2}	3.12×10^{-4}	5.22×10^{-2}	3.17×10^{-4}	1.13×10^{-2}	3.42×10^{-4}	3.14×10^{-2}	3.23×10^{-4}	4.29×10^{-2}	3.55×10^{-4}	2.04×10^{-2}	3.24×10^{-4}
1~2	4.62×10^{-2}	2.84×10^{-4}	2.95×10^{-2}	2.86×10^{-4}	7.18×10^{-3}	3.05×10^{-4}	1.85×10^{-2}	2.92×10^{-4}	3.41×10^{-2}	3.12×10^{-4}	1.26×10^{-2}	2.94×10^{-4}
2~3	2.40×10^{-2}	2.57×10^{-4}	1.53×10^{-2}	2.59×10^{-4}	4.41×10^{-3}	2.72×10^{-4}	1.09×10^{-2}	2.63×10^{-4}	2.32×10^{-2}	2.77×10^{-4}	7.27×10^{-3}	2.66×10^{-4}
3~4	1.00×10^{-2}	2.32×10^{-4}	7.48×10^{-3}	2.34×10^{-4}	2.39×10^{-3}	2.43×10^{-4}	6.06×10^{-3}	2.37×10^{-4}	1.36×10^{-2}	2.46×10^{-4}	3.89×10^{-3}	2.40×10^{-4}
4~5	4.74×10^{-3}	2.10×10^{-4}	3.56×10^{-3}	2.11×10^{-4}	1.16×10^{-3}	2.18×10^{-4}	3.18×10^{-3}	2.12×10^{-4}	6.69×10^{-3}	2.19×10^{-4}	2.03×10^{-3}	2.16×10^{-4}
5~6	2.55×10^{-3}	1.90×10^{-4}	1.73×10^{-3}	1.90×10^{-4}	5.80×10^{-4}	1.94×10^{-4}	1.54×10^{-3}	1.91×10^{-4}	3.03×10^{-3}	1.96×10^{-4}	1.02×10^{-3}	1.94×10^{-4}
6~7	1.23×10^{-3}	1.71×10^{-4}	9.16×10^{-4}	1.71×10^{-4}	2.56×10^{-4}	1.73×10^{-4}	7.47×10^{-4}	1.71×10^{-4}	1.49×10^{-3}	1.74×10^{-4}	5.31×10^{-4}	1.73×10^{-4}
7~8	5.82×10^{-4}	1.54×10^{-4}	4.68×10^{-4}	1.53×10^{-4}	1.08×10^{-4}	1.54×10^{-4}	3.15×10^{-4}	1.54×10^{-4}	6.59×10^{-4}	1.54×10^{-4}	2.56×10^{-4}	1.55×10^{-4}
8~9	2.63×10^{-4}	1.38×10^{-4}	2.34×10^{-4}	1.37×10^{-4}	5.30×10^{-5}	1.36×10^{-4}	1.16×10^{-4}	1.37×10^{-4}	3.40×10^{-4}	1.35×10^{-4}	1.18×10^{-4}	1.38×10^{-4}
9~10	1.11×10^{-4}	1.23×10^{-4}	1.19×10^{-4}	1.22×10^{-4}	2.90×10^{-5}	1.20×10^{-4}	4.22×10^{-5}	1.22×10^{-4}	2.37×10^{-4}	1.17×10^{-4}	5.00×10^{-5}	1.22×10^{-4}
10~11	4.54×10^{-5}	1.10×10^{-4}	5.32×10^{-5}	1.09×10^{-4}	1.80×10^{-5}	1.05×10^{-4}	2.01×10^{-5}	1.07×10^{-4}	1.56×10^{-4}	9.96×10^{-5}	2.57×10^{-5}	1.08×10^{-4}
11~12	1.98×10^{-5}	9.78×10^{-5}	2.15×10^{-5}	9.67×10^{-5}	1.19×10^{-5}	8.99×10^{-5}	1.26×10^{-5}	9.16×10^{-5}	1.05×10^{-5}	8.51×10^{-5}	1.53×10^{-5}	9.37×10^{-5}
12~13	1.18×10^{-5}	8.65×10^{-5}	1.14×10^{-5}	8.54×10^{-5}	8.31×10^{-6}	7.71×10^{-5}	8.68×10^{-6}	7.88×10^{-5}	7.27×10^{-6}	7.28×10^{-5}	9.69×10^{-6}	8.01×10^{-5}
13~14	8.19×10^{-6}	7.63×10^{-5}	7.66×10^{-6}	7.42×10^{-5}	5.86×10^{-6}	6.62×10^{-5}	6.14×10^{-6}	6.77×10^{-5}	5.08×10^{-6}	6.22×10^{-5}	6.50×10^{-6}	6.84×10^{-5}
14~15	6.03×10^{-6}	6.71×10^{-5}	5.26×10^{-6}	6.33×10^{-5}	4.13×10^{-6}	5.67×10^{-5}	4.38×10^{-6}	5.83×10^{-5}	3.59×10^{-6}	5.32×10^{-5}	4.47×10^{-6}	5.85×10^{-5}

（续）

$\lambda = 1.3152\,\mu m$

高度/km	热带 夏季 分子吸收 k_m/km^{-1}	热带 夏季 分子散射 $\sigma_m/\mathrm{km}^{-1}$	热带 冬季 分子吸收 k_m/km^{-1}	热带 冬季 分子散射 $\sigma_m/\mathrm{km}^{-1}$	中纬度地区 夏季 分子吸收 k_m/km^{-1}	中纬度地区 夏季 分子散射 $\sigma_m/\mathrm{km}^{-1}$	中纬度地区 冬季 分子吸收 k_m/km^{-1}	中纬度地区 冬季 分子散射 $\sigma_m/\mathrm{km}^{-1}$	近北极区 夏季 分子吸收 k_m/km^{-1}	近北极区 夏季 分子散射 $\sigma_m/\mathrm{km}^{-1}$	近北极区 冬季 分子吸收 k_m/km^{-1}	近北极区 冬季 分子散射 $\sigma_m/\mathrm{km}^{-1}$	美国标准大气 分子吸收 k_m/km^{-1}	美国标准大气 分子散射 $\sigma_m/\mathrm{km}^{-1}$
15~16	4.36×10^{-6}	5.85×10^{-5}	3.67×10^{-6}	5.39×10^{-5}	3.14×10^{-6}	5.01×10^{-5}	2.93×10^{-6}	4.86×10^{-5}	3.14×10^{-6}	5.01×10^{-5}	2.53×10^{-6}	4.55×10^{-5}	3.14×10^{-6}	5.00×10^{-5}
16~17	3.11×10^{-6}	5.04×10^{-5}	2.58×10^{-6}	4.61×10^{-5}	2.23×10^{-6}	4.30×10^{-5}	2.07×10^{-6}	4.16×10^{-5}	2.23×10^{-6}	4.30×10^{-5}	1.80×10^{-6}	3.90×10^{-5}	2.20×10^{-6}	4.27×10^{-5}
17~18	2.10×10^{-6}	4.23×10^{-5}	1.81×10^{-6}	3.93×10^{-5}	1.60×10^{-6}	3.70×10^{-5}	1.47×10^{-6}	3.57×10^{-5}	1.60×10^{-6}	3.70×10^{-5}	1.27×10^{-6}	3.34×10^{-5}	1.55×10^{-6}	3.65×10^{-5}
18~19	1.37×10^{-6}	3.50×10^{-5}	1.26×10^{-6}	3.34×10^{-5}	1.14×10^{-6}	3.18×10^{-5}	1.04×10^{-6}	3.05×10^{-5}	1.14×10^{-6}	3.18×10^{-5}	9.02×10^{-7}	2.86×10^{-5}	1.09×10^{-6}	3.12×10^{-5}
19~20	9.02×10^{-7}	2.90×10^{-5}	8.84×10^{-7}	2.85×10^{-5}	8.20×10^{-7}	2.73×10^{-5}	7.32×10^{-7}	2.61×10^{-5}	8.20×10^{-7}	2.73×10^{-5}	6.37×10^{-7}	2.45×10^{-5}	7.70×10^{-7}	2.67×10^{-5}
20~21	6.02×10^{-7}	2.42×10^{-5}	6.20×10^{-7}	2.43×10^{-5}	5.87×10^{-7}	2.35×10^{-5}	5.17×10^{-7}	2.23×10^{-5}	5.87×10^{-7}	2.35×10^{-5}	4.53×10^{-7}	2.10×10^{-5}	5.41×10^{-7}	2.28×10^{-5}
21~22	4.07×10^{-7}	2.02×10^{-5}	4.36×10^{-7}	2.07×10^{-5}	4.21×10^{-7}	2.02×10^{-5}	3.66×10^{-7}	1.90×10^{-5}	4.21×10^{-7}	2.02×10^{-5}	3.21×10^{-7}	1.79×10^{-5}	3.82×10^{-7}	1.94×10^{-5}
22~23	2.81×10^{-7}	1.70×10^{-5}	3.11×10^{-7}	1.77×10^{-5}	3.05×10^{-7}	1.74×10^{-5}	2.59×10^{-7}	1.63×10^{-5}	3.05×10^{-7}	1.74×10^{-5}	2.29×10^{-7}	1.53×10^{-5}	2.70×10^{-7}	1.65×10^{-5}
23~24	1.97×10^{-7}	1.44×10^{-5}	2.22×10^{-7}	1.51×10^{-5}	2.19×10^{-7}	1.49×10^{-5}	1.86×10^{-7}	1.39×10^{-5}	2.19×10^{-7}	1.49×10^{-5}	1.64×10^{-7}	1.31×10^{-5}	1.92×10^{-7}	1.41×10^{-5}
24~25	1.37×10^{-7}	1.22×10^{-5}	1.59×10^{-7}	1.29×10^{-5}	1.57×10^{-7}	1.28×10^{-5}	1.33×10^{-7}	1.19×10^{-5}	1.57×10^{-7}	1.28×10^{-5}	1.17×10^{-7}	1.12×10^{-5}	1.38×10^{-7}	1.20×10^{-5}
25~30	5.73×10^{-8}	3.81×10^{-5}	6.66×10^{-8}	4.13×10^{-5}	6.67×10^{-8}	4.12×10^{-5}	5.49×10^{-8}	3.78×10^{-5}	6.67×10^{-8}	4.12×10^{-5}	4.75×10^{-8}	3.52×10^{-5}	5.76×10^{-8}	3.86×10^{-6}
30~35	1.19×10^{-8}	1.78×10^{-5}	1.40×10^{-8}	1.87×10^{-5}	1.43×10^{-8}	1.83×10^{-5}	1.08×10^{-8}	1.70×10^{-5}	1.43×10^{-8}	1.83×10^{-5}	9.23×10^{-9}	1.57×10^{-5}	1.16×10^{-8}	1.75×10^{-6}
35~40	2.72×10^{-9}	8.48×10^{-6}	3.16×10^{-9}	8.49×10^{-6}	3.19×10^{-9}	7.39×10^{-6}	2.09×10^{-9}	6.03×10^{-6}	3.19×10^{-9}	7.39×10^{-6}	1.78×10^{-9}	6.55×10^{-6}	2.62×10^{-9}	7.28×10^{-6}
40~45	6.38×10^{-10}	4.18×10^{-6}	7.44×10^{-10}	4.26×10^{-6}	7.61×10^{-10}	4.55×10^{-6}	4.57×10^{-10}	2.86×10^{-6}	7.61×10^{-10}	4.55×10^{-6}	3.77×10^{-10}	3.06×10^{-6}	5.70×10^{-10}	3.44×10^{-6}
45~50	1.66×10^{-10}	2.13×10^{-6}	1.97×10^{-10}	2.32×10^{-6}	2.09×10^{-10}	2.39×10^{-6}	1.12×10^{-10}	1.75×10^{-6}	2.09×10^{-10}	2.39×10^{-6}	8.57×10^{-11}	1.48×10^{-6}	1.45×10^{-10}	1.99×10^{-6}
50~70	1.69×10^{-11}	1.50×10^{-6}	2.05×10^{-11}	1.62×10^{-6}	2.19×10^{-11}	1.88×10^{-6}	1.07×10^{-11}	1.30×10^{-6}	2.19×10^{-11}	1.88×10^{-6}	7.65×10^{-12}	1.46×10^{-6}	1.45×10^{-11}	1.18×10^{-6}
70~100	6.27×10^{-14}	7.34×10^{-8}	8.56×10^{-14}	6.88×10^{-8}	9.82×10^{-14}	7.15×10^{-8}	3.84×10^{-14}	8.06×10^{-8}	9.82×10^{-14}	7.15×10^{-8}	2.65×10^{-14}	6.49×10^{-8}	5.04×10^{-14}	8.91×10^{-8}

（续）

$\lambda = 1.536\mu m$

高度/km	热带		中纬度地区				近北极区				美国标准大气	
			夏季		冬季		夏季		冬季			
	分子吸收 k_m/km^{-1}	分子散射 σ_m/km^{-1}	分子吸收 k_m/km^{-1}	分子散射 σ_m/km^{-1}	分子吸收 k_m/km^{-1}	分子散射 σ_m/km^{-1}	分子吸收 k_m/km^{-1}	分子散射 σ_m/km^{-1}	分子吸收 k_m/km^{-1}	分子散射 σ_m/km^{-1}	分子吸收 k_m/km^{-1}	分子散射 σ_m/km^{-1}
0	2.38×10^{-2}	1.75×10^{-4}	1.61×10^{-2}	1.79×10^{-4}	3.28×10^{-3}	1.94×10^{-4}	9.61×10^{-3}	1.82×10^{-4}	1.18×10^{-3}	2.04×10^{-4}	6.36×10^{-3}	1.82×10^{-4}
0~1	1.94×10^{-2}	1.67×10^{-4}	1.28×10^{-2}	1.70×10^{-4}	2.76×10^{-3}	1.83×10^{-4}	7.59×10^{-3}	1.74×10^{-4}	1.16×10^{-3}	1.91×10^{-4}	5.18×10^{-3}	1.74×10^{-4}
1~2	1.20×10^{-2}	1.52×10^{-4}	7.46×10^{-3}	1.54×10^{-4}	1.83×10^{-3}	1.64×10^{-4}	4.58×10^{-3}	1.57×10^{-4}	9.43×10^{-4}	1.67×10^{-4}	3.25×10^{-3}	1.58×10^{-4}
2~3	6.37×10^{-3}	1.38×10^{-4}	4.03×10^{-3}	1.39×10^{-4}	1.19×10^{-3}	1.46×10^{-4}	2.82×10^{-3}	1.41×10^{-4}	6.72×10^{-4}	1.48×10^{-4}	1.90×10^{-3}	1.42×10^{-4}
3~4	2.72×10^{-3}	1.25×10^{-4}	2.00×10^{-3}	1.25×10^{-4}	6.86×10^{-4}	1.30×10^{-4}	1.61×10^{-3}	1.27×10^{-4}	4.28×10^{-4}	1.32×10^{-4}	1.06×10^{-3}	1.29×10^{-4}
4~5	1.34×10^{-3}	1.13×10^{-4}	1.00×10^{-3}	1.13×10^{-4}	3.75×10^{-4}	1.17×10^{-4}	8.88×10^{-4}	1.14×10^{-4}	2.45×10^{-4}	1.18×10^{-4}	5.92×10^{-4}	1.16×10^{-4}
5~6	7.41×10^{-4}	1.02×10^{-4}	5.17×10^{-4}	1.02×10^{-4}	2.14×10^{-4}	1.04×10^{-4}	4.67×10^{-4}	1.02×10^{-4}	1.41×10^{-4}	1.05×10^{-4}	3.28×10^{-4}	1.04×10^{-4}
6~7	3.81×10^{-4}	9.19×10^{-5}	2.89×10^{-4}	9.16×10^{-5}	1.18×10^{-4}	9.30×10^{-5}	2.41×10^{-4}	9.20×10^{-5}	9.13×10^{-5}	9.33×10^{-5}	1.87×10^{-4}	9.30×10^{-5}
7~8	1.98×10^{-4}	8.27×10^{-5}	1.66×10^{-4}	8.22×10^{-5}	6.98×10^{-5}	8.26×10^{-5}	1.27×10^{-4}	8.24×10^{-5}	6.01×10^{-5}	8.27×10^{-5}	1.11×10^{-4}	8.30×10^{-5}
8~9	1.05×10^{-4}	7.41×10^{-5}	9.72×10^{-5}	7.36×10^{-5}	4.77×10^{-5}	7.32×10^{-5}	6.49×10^{-5}	7.36×10^{-5}	4.34×10^{-5}	7.25×10^{-5}	6.61×10^{-5}	7.38×10^{-5}
9~10	5.79×10^{-5}	6.63×10^{-5}	5.97×10^{-5}	6.57×10^{-5}	3.56×10^{-5}	6.46×10^{-5}	3.90×10^{-5}	6.55×10^{-5}	3.21×10^{-5}	6.25×10^{-5}	4.16×10^{-5}	6.55×10^{-5}
10~11	3.42×10^{-5}	5.91×10^{-5}	3.59×10^{-5}	5.84×10^{-5}	2.53×10^{-5}	5.62×10^{-5}	2.64×10^{-5}	5.72×10^{-5}	2.25×10^{-5}	5.34×10^{-5}	2.88×10^{-5}	5.79×10^{-5}
11~12	2.30×10^{-5}	5.25×10^{-5}	2.29×10^{-5}	5.19×10^{-5}	1.79×10^{-5}	4.82×10^{-5}	1.83×10^{-5}	4.92×10^{-5}	1.59×10^{-5}	4.57×10^{-5}	2.04×10^{-5}	5.03×10^{-5}
12~13	1.67×10^{-5}	4.64×10^{-5}	1.63×10^{-5}	4.58×10^{-5}	1.29×10^{-5}	4.14×10^{-5}	1.32×10^{-5}	4.23×10^{-5}	1.14×10^{-5}	3.90×10^{-5}	1.43×10^{-5}	4.30×10^{-5}
13~14	1.28×10^{-5}	4.09×10^{-5}	1.20×10^{-5}	3.98×10^{-5}	9.36×10^{-6}	3.55×10^{-5}	9.62×10^{-6}	3.63×10^{-5}	8.24×10^{-6}	3.34×10^{-5}	1.01×10^{-5}	3.67×10^{-5}
14~15	9.88×10^{-6}	3.60×10^{-5}	8.56×10^{-6}	3.40×10^{-5}	6.81×10^{-6}	3.04×10^{-5}	7.01×10^{-6}	3.13×10^{-5}	5.90×10^{-6}	2.85×10^{-5}	7.27×10^{-6}	3.14×10^{-5}

（续）

$\lambda = 1.536\,\mu m$

高度/km	热带		中纬度地区				近北极区				美国标准大气	
			夏季		冬季		夏季		冬季			
	分子吸收 $k_{\rm m}/{\rm km}^{-1}$	分子散射 $\sigma_{\rm m}/{\rm km}^{-1}$	分子吸收 $k_{\rm m}/{\rm km}^{-1}$	分子散射 $\sigma_{\rm m}/{\rm km}^{-1}$	分子吸收 $k_{\rm m}/{\rm km}^{-1}$	分子散射 $\sigma_{\rm m}/{\rm km}^{-1}$	分子吸收 $k_{\rm m}/{\rm km}^{-1}$	分子散射 $\sigma_{\rm m}/{\rm km}^{-1}$	分子吸收 $k_{\rm m}/{\rm km}^{-1}$	分子散射 $\sigma_{\rm m}/{\rm km}^{-1}$	分子吸收 $k_{\rm m}/{\rm km}^{-1}$	分子散射 $\sigma_{\rm m}/{\rm km}^{-1}$
15~16	7.51×10^{-6}	3.14×10^{-5}	6.09×10^{-6}	2.89×10^{-5}	4.88×10^{-6}	2.61×10^{-5}	5.11×10^{-6}	2.69×10^{-5}	4.25×10^{-6}	2.44×10^{-5}	5.20×10^{-6}	2.68×10^{-5}
16~17	5.55×10^{-6}	2.70×10^{-5}	4.37×10^{-6}	2.47×10^{-5}	3.52×10^{-6}	2.23×10^{-5}	3.70×10^{-6}	2.31×10^{-5}	3.07×10^{-6}	2.09×10^{-5}	3.72×10^{-6}	2.29×10^{-5}
17~18	3.80×10^{-6}	2.27×10^{-5}	3.11×10^{-6}	2.11×10^{-5}	2.53×10^{-6}	1.91×10^{-5}	2.59×10^{-6}	1.98×10^{-5}	2.12×10^{-6}	1.79×10^{-5}	2.65×10^{-6}	1.96×10^{-5}
18~19	2.49×10^{-6}	1.88×10^{-5}	2.11×10^{-6}	1.79×10^{-5}	1.74×10^{-6}	1.64×10^{-5}	1.86×10^{-6}	1.71×10^{-5}	1.50×10^{-6}	1.53×10^{-5}	1.82×10^{-6}	1.68×10^{-5}
19~20	1.57×10^{-7}	1.56×10^{-5}	5.49×10^{-7}	1.53×10^{-5}	4.24×10^{-7}	1.40×10^{-5}	4.93×10^{-7}	1.47×10^{-5}	9.22×10^{-8}	1.31×10^{-5}	4.51×10^{-7}	1.43×10^{-5}
20~21	8.29×10^{-8}	1.30×10^{-5}	5.52×10^{-8}	1.30×10^{-5}	2.80×10^{-8}	1.20×10^{-5}	5.35×10^{-8}	1.26×10^{-5}	1.71×10^{-8}	1.12×10^{-5}	3.50×10^{-8}	1.22×10^{-5}
21~22	8.82×10^{-9}	1.08×10^{-5}	1.58×10^{-8}	1.11×10^{-5}	7.96×10^{-9}	1.02×10^{-5}	1.65×10^{-8}	1.08×10^{-5}	6.24×10^{-9}	9.61×10^{-6}	9.25×10^{-9}	1.04×10^{-5}
22~23	3.38×10^{-9}	9.10×10^{-6}	5.07×10^{-9}	9.47×10^{-6}	4.71×10^{-9}	8.72×10^{-6}	6.08×10^{-9}	9.32×10^{-6}	4.67×10^{-9}	8.22×10^{-6}	4.52×10^{-9}	8.88×10^{-6}
23~24	6.25×10^{-10}	7.72×10^{-6}	3.58×10^{-9}	8.09×10^{-6}	3.55×10^{-9}	7.46×10^{-6}	4.22×10^{-9}	8.00×10^{-6}	3.43×10^{-9}	7.03×10^{-6}	3.35×10^{-9}	7.57×10^{-6}
24~25	2.08×10^{-10}	6.55×10^{-6}	2.67×10^{-9}	6.91×10^{-6}	2.59×10^{-9}	6.37×10^{-6}	3.05×10^{-9}	6.84×10^{-6}	2.54×10^{-9}	6.00×10^{-6}	2.50×10^{-9}	6.46×10^{-6}
25~30	8.88×10^{-10}	2.05×10^{-5}	6.45×10^{-9}	2.22×10^{-5}	1.16×10^{-9}	2.03×10^{-5}	1.64×10^{-9}	2.21×10^{-5}	1.06×10^{-9}	1.89×10^{-5}	1.31×10^{-9}	2.07×10^{-5}
30~35	2.04×10^{-10}	9.54×10^{-6}	2.63×10^{-10}	1.00×10^{-5}	2.06×10^{-10}	9.11×10^{-6}	2.72×10^{-10}	9.81×10^{-6}	1.83×10^{-10}	8.42×10^{-6}	2.21×10^{-10}	9.40×10^{-6}
35~40	1.25×10^{-11}	4.55×10^{-6}	1.42×10^{-11}	4.56×10^{-6}	3.53×10^{-12}	3.24×10^{-6}	5.13×10^{-12}	3.96×10^{-6}	3.04×10^{-12}	3.52×10^{-6}	4.26×10^{-12}	3.91×10^{-6}
40~45	1.07×10^{-12}	2.25×10^{-6}	1.24×10^{-12}	2.28×10^{-6}	7.70×10^{-13}	1.54×10^{-6}	1.25×10^{-12}	2.44×10^{-6}	6.40×10^{-13}	1.64×10^{-6}	9.57×10^{-13}	1.84×10^{-6}
45~50	2.80×10^{-13}	1.14×10^{-6}	3.29×10^{-13}	1.24×10^{-6}	1.86×10^{-13}	9.41×10^{-7}	3.44×10^{-13}	1.28×10^{-6}	1.46×10^{-13}	7.96×10^{-7}	2.42×10^{-13}	1.07×10^{-6}
50~70	2.88×10^{-14}	8.03×10^{-7}	3.44×10^{-14}	8.68×10^{-7}	1.81×10^{-14}	6.98×10^{-7}	3.61×10^{-14}	1.01×10^{-6}	1.28×10^{-14}	7.83×10^{-7}	2.46×10^{-14}	6.33×10^{-7}
70~100	1.05×10^{-16}	3.94×10^{-8}	1.41×10^{-16}	3.69×10^{-8}	6.29×10^{-17}	4.32×10^{-8}	1.61×10^{-16}	3.83×10^{-8}	4.33×10^{-17}	3.48×10^{-8}	8.28×10^{-17}	4.78×10^{-8}

（续）

$\lambda = 1.55\ \mu m$

高度/km	热带		中纬度地区				近北极区				美国标准大气	
			夏季		冬季		夏季		冬季			
	分子吸收 k_m/km^{-1}	分子散射 $\sigma_m/\mathrm{km}^{-1}$	分子吸收 k_m/km^{-1}	分子散射 $\sigma_m/\mathrm{km}^{-1}$	分子吸收 k_m/km^{-1}	分子散射 $\sigma_m/\mathrm{km}^{-1}$	分子吸收 k_m/km^{-1}	分子散射 $\sigma_m/\mathrm{km}^{-1}$	分子吸收 k_m/km^{-1}	分子散射 $\sigma_m/\mathrm{km}^{-1}$	分子吸收 k_m/km^{-1}	分子散射 $\sigma_m/\mathrm{km}^{-1}$
0	5.50×10^{-3}	1.69×10^{-4}	4.08×10^{-3}	1.72×10^{-4}	1.01×10^{-3}	1.87×10^{-4}	2.61×10^{-3}	1.76×10^{-4}	3.15×10^{-4}	1.97×10^{-4}	1.69×10^{-3}	1.76×10^{-4}
0~1	4.62×10^{-3}	1.61×10^{-4}	3.35×10^{-3}	1.64×10^{-4}	8.56×10^{-4}	1.77×10^{-4}	2.17×10^{-3}	1.67×10^{-4}	3.47×10^{-4}	1.84×10^{-4}	1.46×10^{-3}	1.68×10^{-4}
1~2	3.38×10^{-3}	1.47×10^{-4}	2.22×10^{-3}	1.48×10^{-4}	6.48×10^{-4}	1.58×10^{-4}	1.54×10^{-3}	1.51×10^{-4}	3.28×10^{-4}	1.62×10^{-4}	1.08×10^{-3}	1.52×10^{-4}
2~3	2.12×10^{-3}	1.33×10^{-4}	1.39×10^{-3}	1.34×10^{-4}	4.63×10^{-4}	1.41×10^{-4}	1.06×10^{-3}	1.36×10^{-4}	2.47×10^{-4}	1.43×10^{-4}	7.23×10^{-4}	1.37×10^{-4}
3~4	1.04×10^{-3}	1.20×10^{-4}	7.80×10^{-4}	1.21×10^{-4}	2.92×10^{-4}	1.26×10^{-4}	6.73×10^{-4}	1.23×10^{-4}	1.79×10^{-4}	1.27×10^{-4}	4.41×10^{-4}	1.24×10^{-4}
4~5	5.78×10^{-4}	1.09×10^{-4}	4.45×10^{-4}	1.09×10^{-4}	1.69×10^{-4}	1.13×10^{-4}	4.09×10^{-4}	1.10×10^{-4}	9.83×10^{-5}	1.13×10^{-4}	2.70×10^{-4}	1.12×10^{-4}
5~6	3.61×10^{-4}	9.84×10^{-5}	2.56×10^{-4}	9.84×10^{-5}	9.29×10^{-5}	1.01×10^{-4}	2.44×10^{-4}	9.88×10^{-5}	4.71×10^{-5}	1.01×10^{-4}	1.65×10^{-4}	1.00×10^{-4}
6~7	2.00×10^{-4}	8.87×10^{-5}	1.52×10^{-4}	8.84×10^{-5}	4.41×10^{-5}	8.97×10^{-5}	1.29×10^{-4}	8.88×10^{-5}	2.41×10^{-5}	9.01×10^{-5}	9.25×10^{-5}	8.97×10^{-5}
7~8	1.07×10^{-4}	7.98×10^{-5}	9.01×10^{-5}	7.93×10^{-5}	1.77×10^{-5}	7.97×10^{-5}	6.09×10^{-5}	7.95×10^{-5}	8.89×10^{-6}	7.98×10^{-5}	4.96×10^{-5}	8.01×10^{-5}
8~9	5.33×10^{-5}	7.15×10^{-5}	4.69×10^{-5}	7.10×10^{-5}	7.59×10^{-6}	7.06×10^{-5}	2.28×10^{-5}	7.10×10^{-5}	2.78×10^{-6}	7.00×10^{-5}	2.43×10^{-5}	7.12×10^{-5}
9~10	2.35×10^{-5}	6.39×10^{-5}	2.62×10^{-5}	6.33×10^{-5}	2.95×10^{-6}	6.23×10^{-5}	6.35×10^{-6}	6.32×10^{-5}	1.82×10^{-6}	6.03×10^{-5}	8.71×10^{-6}	6.32×10^{-5}
10~11	8.44×10^{-6}	5.70×10^{-5}	1.08×10^{-5}	5.64×10^{-5}	1.12×10^{-6}	5.42×10^{-5}	1.49×10^{-6}	5.52×10^{-5}	7.98×10^{-7}	5.16×10^{-5}	3.39×10^{-6}	5.58×10^{-5}
11~12	2.84×10^{-6}	5.06×10^{-5}	3.16×10^{-6}	5.00×10^{-5}	3.67×10^{-7}	4.65×10^{-5}	4.21×10^{-7}	4.74×10^{-5}	3.47×10^{-7}	4.41×10^{-5}	1.33×10^{-6}	4.85×10^{-5}
12~13	7.69×10^{-7}	4.48×10^{-5}	6.80×10^{-7}	4.42×10^{-5}	2.07×10^{-7}	3.99×10^{-5}	2.01×10^{-7}	4.08×10^{-5}	1.72×10^{-7}	3.77×10^{-5}	5.57×10^{-7}	4.15×10^{-5}
13~14	2.82×10^{-7}	3.95×10^{-5}	2.19×10^{-7}	3.84×10^{-5}	1.36×10^{-7}	3.42×10^{-5}	1.21×10^{-7}	3.50×10^{-5}	1.11×10^{-7}	3.22×10^{-5}	2.41×10^{-7}	3.54×10^{-5}
14~15	1.50×10^{-7}	3.47×10^{-5}	1.08×10^{-7}	3.28×10^{-5}	1.01×10^{-7}	2.93×10^{-5}	8.78×10^{-8}	3.02×10^{-5}	8.74×10^{-8}	2.75×10^{-5}	1.26×10^{-7}	3.03×10^{-5}

（续）

$\lambda = 1.55\,\mu m$

高度/km	热带		中纬度地区				近北极区				美国标准大气	
			夏季		冬季		夏季		冬季			
	分子吸收 k_m/km^{-1}	分子散射 $\sigma_m/\mathrm{km}^{-1}$	分子吸收 k_m/km^{-1}	分子散射 $\sigma_m/\mathrm{km}^{-1}$	分子吸收 k_m/km^{-1}	分子散射 $\sigma_m/\mathrm{km}^{-1}$	分子吸收 k_m/km^{-1}	分子散射 $\sigma_m/\mathrm{km}^{-1}$	分子吸收 k_m/km^{-1}	分子散射 $\sigma_m/\mathrm{km}^{-1}$	分子吸收 k_m/km^{-1}	分子散射 $\sigma_m/\mathrm{km}^{-1}$
15~16	8.59×10^{-8}	3.03×10^{-5}	6.87×10^{-8}	2.79×10^{-5}	7.56×10^{-8}	2.51×10^{-5}	6.82×10^{-8}	2.59×10^{-5}	6.75×10^{-8}	2.36×10^{-5}	7.64×10^{-8}	2.59×10^{-5}
16~17	5.70×10^{-8}	2.61×10^{-5}	4.88×10^{-8}	2.38×10^{-5}	5.70×10^{-8}	2.15×10^{-5}	5.24×10^{-8}	2.23×10^{-5}	5.06×10^{-8}	2.02×10^{-5}	5.13×10^{-8}	2.21×10^{-5}
17~18	4.06×10^{-9}	2.19×10^{-5}	3.57×10^{-8}	2.03×10^{-5}	4.30×10^{-8}	1.85×10^{-5}	4.02×10^{-8}	1.91×10^{-5}	3.82×10^{-8}	1.73×10^{-5}	3.78×10^{-8}	1.89×10^{-5}
18~19	9.79×10^{-10}	1.81×10^{-5}	2.62×10^{-8}	1.73×10^{-5}	3.09×10^{-8}	1.58×10^{-5}	3.10×10^{-8}	1.65×10^{-5}	2.78×10^{-8}	1.48×10^{-5}	2.85×10^{-8}	1.62×10^{-5}
19~20	6.05×10^{-10}	1.50×10^{-5}	7.13×10^{-10}	1.47×10^{-5}	2.29×10^{-8}	1.35×10^{-5}	2.42×10^{-8}	1.41×10^{-5}	2.07×10^{-8}	1.27×10^{-5}	1.97×10^{-8}	1.38×10^{-5}
20~21	3.77×10^{-10}	1.25×10^{-5}	4.51×10^{-10}	1.26×10^{-5}	1.62×10^{-8}	1.15×10^{-5}	1.84×10^{-8}	1.22×10^{-5}	1.54×10^{-8}	1.08×10^{-5}	1.47×10^{-8}	1.18×10^{-5}
21~22	2.39×10^{-10}	1.04×10^{-5}	2.86×10^{-10}	1.07×10^{-5}	1.21×10^{-8}	9.85×10^{-6}	1.34×10^{-8}	1.05×10^{-5}	1.16×10^{-8}	9.27×10^{-6}	2.37×10^{-10}	1.00×10^{-5}
22~23	1.56×10^{-10}	8.78×10^{-6}	1.86×10^{-10}	9.14×10^{-6}	1.48×10^{-10}	8.41×10^{-6}	1.90×10^{-10}	8.99×10^{-6}	8.46×10^{-9}	7.93×10^{-6}	1.56×10^{-10}	8.56×10^{-6}
23~24	1.06×10^{-10}	7.44×10^{-6}	1.25×10^{-10}	7.80×10^{-6}	1.02×10^{-10}	7.19×10^{-6}	1.27×10^{-10}	7.71×10^{-6}	8.98×10^{-11}	6.78×10^{-6}	1.06×10^{-10}	7.31×10^{-6}
24~25	7.47×10^{-11}	6.31×10^{-6}	8.67×10^{-11}	6.66×10^{-6}	7.26×10^{-11}	6.15×10^{-6}	8.74×10^{-11}	6.60×10^{-6}	6.48×10^{-11}	5.79×10^{-6}	7.49×10^{-11}	6.24×10^{-6}
25~30	1.53×10^{-9}	2.00×10^{-5}	2.17×10^{-9}	2.14×10^{-5}	2.04×10^{-9}	1.96×10^{-5}	2.38×10^{-9}	2.13×10^{-5}	1.91×10^{-9}	1.82×10^{-5}	1.93×10^{-9}	2.00×10^{-5}
30~35	3.72×10^{-10}	9.20×10^{-6}	4.68×10^{-10}	9.95×10^{-6}	4.17×10^{-10}	8.79×10^{-6}	4.81×10^{-10}	1.00×10^{-5}	3.76×10^{-10}	8.12×10^{-6}	4.21×10^{-10}	9.06×10^{-6}
35~40	1.54×10^{-12}	4.39×10^{-6}	1.79×10^{-12}	4.73×10^{-6}	1.24×10^{-12}	3.93×10^{-6}	1.81×10^{-12}	4.75×10^{-6}	1.07×10^{-12}	3.64×10^{-6}	1.50×10^{-12}	4.32×10^{-6}
40~45	3.78×10^{-13}	2.17×10^{-6}	4.38×10^{-13}	2.34×10^{-6}	2.71×10^{-13}	1.84×10^{-6}	4.41×10^{-13}	2.36×10^{-6}	2.25×10^{-13}	1.68×10^{-6}	3.37×10^{-13}	2.05×10^{-6}
45~50	9.82×10^{-14}	1.10×10^{-6}	1.15×10^{-13}	1.20×10^{-6}	6.56×10^{-14}	9.08×10^{-7}	1.21×10^{-13}	1.24×10^{-6}	5.13×10^{-14}	8.02×10^{-7}	8.50×10^{-14}	1.03×10^{-6}
50~70	1.01×10^{-14}	1.19×10^{-6}	1.21×10^{-14}	1.32×10^{-6}	6.38×10^{-15}	9.50×10^{-7}	1.27×10^{-14}	1.36×10^{-6}	4.51×10^{-15}	7.92×10^{-7}	8.67×10^{-15}	1.11×10^{-6}
70~100	3.71×10^{-17}	8.58×10^{-8}	5.02×10^{-17}	9.93×10^{-8}	2.23×10^{-17}	6.94×10^{-8}	5.72×10^{-17}	1.06×10^{-7}	1.54×10^{-17}	5.93×10^{-8}	2.94×10^{-17}	7.76×10^{-8}

（续）

$\lambda = 3.3925\ \mu m$

高度/km	热带		中纬度地区 夏季		中纬度地区 冬季		近北极区 夏季		近北极区 冬季		美国标准大气	
	分子吸收 k_m/km^{-1}	分子散射 σ_m/km^{-1}	分子吸收 k_m/km^{-1}	分子散射 σ_m/km^{-1}	分子吸收 k_m/km^{-1}	分子散射 σ_m/km^{-1}	分子吸收 k_m/km^{-1}	分子散射 σ_m/km^{-1}	分子吸收 k_m/km^{-1}	分子散射 σ_m/km^{-1}	分子吸收 k_m/km^{-1}	分子散射 σ_m/km^{-1}
0	1.52×10^{0}	7.34×10^{-6}	1.49×10^{0}	7.48×10^{-6}	1.56×10^{0}	8.13×10^{-6}	1.50×10^{0}	7.64×10^{-6}	1.63×10^{0}	8.56×10^{-6}	1.52×10^{0}	7.64×10^{-6}
0~1	1.44×10^{0}	7.01×10^{-6}	1.45×10^{0}	7.12×10^{-6}	1.52×10^{0}	7.68×10^{-6}	1.49×10^{0}	7.27×10^{-6}	1.56×10^{0}	7.99×10^{-6}	1.48×10^{0}	7.28×10^{-6}
1~2	1.36×10^{0}	6.38×10^{-6}	1.36×10^{0}	6.43×10^{-6}	1.40×10^{0}	6.86×10^{-6}	1.40×10^{0}	6.57×10^{-6}	1.46×10^{0}	7.01×10^{-6}	1.36×10^{0}	6.60×10^{-6}
2~3	1.25×10^{0}	5.77×10^{-6}	1.30×10^{0}	5.81×10^{-6}	1.30×10^{0}	6.11×10^{-6}	1.27×10^{0}	5.92×10^{-6}	1.35×10^{0}	6.22×10^{-6}	1.28×10^{0}	5.97×10^{-6}
3~4	1.16×10^{0}	5.22×10^{-6}	1.19×10^{0}	5.26×10^{-6}	1.22×10^{0}	5.46×10^{-6}	1.24×10^{0}	5.32×10^{-6}	1.24×10^{0}	5.52×10^{-6}	1.25×10^{0}	5.38×10^{-6}
4~5	1.09×10^{0}	4.73×10^{-6}	1.09×10^{0}	4.75×10^{-6}	1.14×10^{0}	4.89×10^{-6}	1.18×10^{0}	4.78×10^{-6}	1.17×10^{0}	4.92×10^{-6}	1.16×10^{0}	4.85×10^{-6}
5~6	1.04×10^{0}	4.27×10^{-6}	1.10×10^{0}	4.27×10^{-6}	1.11×10^{0}	4.37×10^{-6}	1.04×10^{0}	4.29×10^{-6}	1.11×10^{0}	4.39×10^{-6}	1.11×10^{0}	4.35×10^{-6}
6~7	9.89×10^{-1}	3.85×10^{-6}	1.01×10^{0}	3.84×10^{-6}	9.96×10^{-1}	3.89×10^{-6}	9.77×10^{-1}	3.85×10^{-6}	1.02×10^{0}	3.91×10^{-6}	1.01×10^{0}	3.89×10^{-6}
7~8	9.10×10^{-1}	3.46×10^{-6}	9.00×10^{-1}	3.44×10^{-6}	8.84×10^{-1}	3.46×10^{-6}	9.26×10^{-1}	3.45×10^{-6}	8.52×10^{-1}	3.47×10^{-6}	9.62×10^{-1}	3.48×10^{-6}
8~9	8.22×10^{-1}	3.10×10^{-6}	8.66×10^{-1}	3.08×10^{-6}	8.17×10^{-1}	3.07×10^{-6}	7.84×10^{-1}	3.08×10^{-6}	8.22×10^{-1}	3.04×10^{-6}	8.87×10^{-1}	3.09×10^{-6}
9~10	7.64×10^{-1}	2.78×10^{-6}	7.49×10^{-1}	2.75×10^{-6}	6.90×10^{-1}	2.71×10^{-6}	7.28×10^{-1}	2.74×10^{-6}	7.32×10^{-1}	2.62×10^{-6}	7.68×10^{-1}	2.74×10^{-6}
10~11	7.19×10^{-1}	2.47×10^{-6}	6.14×10^{-1}	2.45×10^{-6}	6.27×10^{-1}	2.36×10^{-6}	6.72×10^{-1}	2.40×10^{-6}	5.67×10^{-1}	2.24×10^{-6}	7.26×10^{-1}	2.42×10^{-6}
11~12	6.70×10^{-1}	2.20×10^{-6}	5.73×10^{-1}	2.17×10^{-6}	4.86×10^{-1}	2.02×10^{-6}	5.43×10^{-1}	2.06×10^{-6}	4.94×10^{-1}	1.91×10^{-6}	5.99×10^{-1}	2.11×10^{-6}
12~13	5.44×10^{-1}	1.94×10^{-6}	4.91×10^{-1}	1.92×10^{-6}	4.40×10^{-1}	1.73×10^{-6}	4.53×10^{-1}	1.77×10^{-6}	3.88×10^{-1}	1.64×10^{-6}	5.04×10^{-1}	1.80×10^{-6}
13~14	4.89×10^{-1}	1.71×10^{-6}	4.18×10^{-1}	1.67×10^{-6}	3.36×10^{-1}	1.49×10^{-6}	3.56×10^{-1}	1.52×10^{-6}	3.38×10^{-1}	1.40×10^{-6}	4.10×10^{-1}	1.54×10^{-6}
14~15	3.86×10^{-1}	1.51×10^{-6}	3.18×10^{-1}	1.42×10^{-6}	2.79×10^{-1}	1.27×10^{-6}	2.90×10^{-1}	1.31×10^{-6}	2.34×10^{-1}	1.19×10^{-6}	3.34×10^{-1}	1.31×10^{-6}

（续）

$\lambda = 3.39225\ \mu m$

高度/km	热带		中纬度地区				近北极区				美国标准大气	
			夏季		冬季		夏季		冬季			
	分子吸收 k_m/km^{-1}	分子散射 σ_m/km^{-1}	分子吸收 k_m/km^{-1}	分子散射 σ_m/km^{-1}	分子吸收 k_m/km^{-1}	分子散射 σ_m/km^{-1}	分子吸收 k_m/km^{-1}	分子散射 σ_m/km^{-1}	分子吸收 k_m/km^{-1}	分子散射 σ_m/km^{-1}	分子吸收 k_m/km^{-1}	分子散射 σ_m/km^{-1}
15~16	3.09×10^{-1}	1.31×10^{-6}	2.37×10^{-1}	1.21×10^{-6}	2.17×10^{-1}	1.09×10^{-6}	2.29×10^{-1}	1.13×10^{-6}	1.80×10^{-1}	1.02×10^{-6}	2.43×10^{-1}	1.12×10^{-6}
16~17	2.24×10^{-1}	1.13×10^{-6}	1.94×10^{-1}	1.04×10^{-6}	1.55×10^{-1}	9.36×10^{-7}	1.57×10^{-1}	9.67×10^{-7}	1.35×10^{-1}	8.77×10^{-7}	2.04×10^{-1}	9.61×10^{-7}
17~18	1.68×10^{-1}	9.51×10^{-7}	1.39×10^{-1}	8.83×10^{-7}	1.15×10^{-1}	8.02×10^{-7}	1.33×10^{-1}	8.31×10^{-7}	1.02×10^{-1}	7.51×10^{-7}	1.48×10^{-1}	8.21×10^{-7}
18~19	1.24×10^{-1}	7.86×10^{-7}	1.08×10^{-1}	7.52×10^{-7}	8.74×10^{-2}	6.86×10^{-7}	9.07×10^{-2}	7.15×10^{-7}	7.50×10^{-2}	6.43×10^{-7}	1.06×10^{-1}	7.02×10^{-7}
19~20	8.53×10^{-2}	6.52×10^{-7}	7.89×10^{-2}	6.40×10^{-7}	6.31×10^{-2}	5.87×10^{-7}	6.64×10^{-2}	6.14×10^{-7}	5.47×10^{-2}	5.50×10^{-7}	7.65×10^{-2}	6.00×10^{-7}
20~21	6.18×10^{-2}	5.43×10^{-7}	5.80×10^{-2}	5.45×10^{-7}	4.64×10^{-2}	5.01×10^{-7}	4.82×10^{-2}	5.28×10^{-7}	3.46×10^{-2}	4.71×10^{-7}	5.70×10^{-2}	5.12×10^{-7}
21~22	4.25×10^{-2}	4.53×10^{-7}	3.94×10^{-2}	4.65×10^{-7}	2.98×10^{-2}	4.28×10^{-7}	3.05×10^{-2}	4.54×10^{-7}	2.41×10^{-2}	4.03×10^{-7}	4.03×10^{-2}	4.36×10^{-7}
22~23	2.73×10^{-2}	3.81×10^{-7}	2.57×10^{-2}	3.97×10^{-7}	1.97×10^{-2}	3.65×10^{-7}	2.17×10^{-2}	3.90×10^{-7}	1.72×10^{-2}	3.44×10^{-7}	2.63×10^{-2}	3.72×10^{-7}
23~24	1.81×10^{-2}	3.23×10^{-7}	1.67×10^{-2}	3.39×10^{-7}	1.45×10^{-2}	3.12×10^{-7}	1.40×10^{-2}	3.35×10^{-7}	1.08×10^{-2}	2.94×10^{-7}	1.76×10^{-2}	3.17×10^{-7}
24~25	1.34×10^{-2}	2.74×10^{-7}	1.10×10^{-2}	2.89×10^{-7}	9.26×10^{-3}	2.67×10^{-7}	1.05×10^{-2}	2.87×10^{-7}	7.87×10^{-3}	2.51×10^{-7}	1.31×10^{-2}	2.71×10^{-7}
25~30	4.85×10^{-3}	8.57×10^{-7}	4.13×10^{-3}	9.29×10^{-7}	3.24×10^{-3}	8.50×10^{-7}	3.83×10^{-3}	9.27×10^{-7}	2.72×10^{-3}	7.92×10^{-7}	5.01×10^{-3}	8.68×10^{-7}
30~35	8.67×10^{-4}	4.00×10^{-7}	7.04×10^{-4}	4.20×10^{-7}	5.21×10^{-4}	3.82×10^{-7}	7.54×10^{-4}	4.11×10^{-7}	4.79×10^{-4}	3.53×10^{-7}	8.53×10^{-4}	3.94×10^{-7}
35~40	1.67×10^{-4}	1.91×10^{-7}	1.27×10^{-4}	1.91×10^{-7}	8.28×10^{-5}	1.36×10^{-7}	1.35×10^{-4}	1.66×10^{-7}	8.66×10^{-5}	1.47×10^{-7}	1.51×10^{-4}	1.64×10^{-7}
40~45	2.65×10^{-5}	9.40×10^{-8}	2.46×10^{-5}	9.57×10^{-8}	1.42×10^{-5}	6.44×10^{-8}	2.26×10^{-5}	1.02×10^{-7}	1.14×10^{-5}	6.87×10^{-8}	2.70×10^{-5}	7.73×10^{-8}
45~50	4.71×10^{-6}	4.78×10^{-8}	4.79×10^{-6}	5.21×10^{-8}	2.45×10^{-6}	3.94×10^{-8}	4.38×10^{-6}	5.37×10^{-8}	1.94×10^{-6}	3.33×10^{-8}	4.16×10^{-6}	4.48×10^{-8}
50~70	3.14×10^{-7}	3.36×10^{-8}	3.44×10^{-7}	3.64×10^{-8}	1.99×10^{-7}	2.92×10^{-8}	3.30×10^{-7}	4.22×10^{-8}	1.25×10^{-7}	3.28×10^{-8}	2.75×10^{-7}	2.65×10^{-8}
70~100	7.07×10^{-10}	1.65×10^{-9}	9.33×10^{-10}	1.55×10^{-9}	4.67×10^{-10}	1.81×10^{-9}	1.11×10^{-9}	1.61×10^{-9}	3.73×10^{-10}	1.46×10^{-9}	5.74×10^{-10}	2.00×10^{-9}

（续）

$\lambda = 3.8007\,\mu m$

高度/km	热带 分子吸收 k_m/km^{-1}	热带 分子散射 σ_m/km^{-1}	中纬度地区 夏季 分子吸收 k_m/km^{-1}	中纬度地区 夏季 分子散射 σ_m/km^{-1}	中纬度地区 冬季 分子吸收 k_m/km^{-1}	中纬度地区 冬季 分子散射 σ_m/km^{-1}	近北极区 夏季 分子吸收 k_m/km^{-1}	近北极区 夏季 分子散射 σ_m/km^{-1}	近北极区 冬季 分子吸收 k_m/km^{-1}	近北极区 冬季 分子散射 σ_m/km^{-1}	美国标准大气 分子吸收 k_m/km^{-1}	美国标准大气 分子散射 σ_m/km^{-1}
0	1.32×10^{-2}	4.66×10^{-6}	9.89×10^{-3}	4.75×10^{-6}	3.90×10^{-3}	5.15×10^{-6}	6.97×10^{-3}	4.85×10^{-6}	3.02×10^{-3}	5.43×10^{-6}	5.18×10^{-3}	4.84×10^{-6}
0~1	1.08×10^{-2}	4.45×10^{-6}	8.17×10^{-3}	4.51×10^{-6}	3.75×10^{-3}	4.87×10^{-6}	5.92×10^{-3}	4.61×10^{-6}	2.99×10^{-3}	5.07×10^{-6}	4.66×10^{-3}	4.62×10^{-6}
1~2	7.15×10^{-3}	4.05×10^{-6}	5.23×10^{-3}	4.08×10^{-6}	2.90×10^{-3}	4.35×10^{-6}	4.09×10^{-3}	4.17×10^{-6}	2.49×10^{-3}	4.45×10^{-6}	3.43×10^{-3}	4.19×10^{-6}
2~3	4.36×10^{-3}	3.66×10^{-6}	3.40×10^{-3}	3.69×10^{-6}	2.27×10^{-3}	3.87×10^{-6}	2.94×10^{-3}	3.75×10^{-6}	2.02×10^{-3}	3.94×10^{-6}	2.56×10^{-3}	3.79×10^{-6}
3~4	2.56×10^{-3}	3.31×10^{-6}	2.31×10^{-3}	3.33×10^{-6}	1.80×10^{-3}	3.46×10^{-6}	2.16×10^{-3}	3.38×10^{-6}	1.65×10^{-3}	3.50×10^{-6}	1.94×10^{-3}	3.42×10^{-6}
4~5	1.80×10^{-3}	3.00×10^{-6}	1.69×10^{-3}	3.01×10^{-6}	1.45×10^{-3}	3.10×10^{-6}	1.67×10^{-3}	3.03×10^{-6}	1.40×10^{-3}	3.12×10^{-6}	1.52×10^{-3}	3.07×10^{-6}
5~6	1.44×10^{-3}	2.71×10^{-6}	1.35×10^{-3}	2.71×10^{-6}	1.22×10^{-3}	2.77×10^{-6}	1.34×10^{-3}	2.72×10^{-6}	1.22×10^{-3}	2.79×10^{-6}	1.27×10^{-3}	2.76×10^{-6}
6~7	1.18×10^{-3}	2.44×10^{-6}	1.08×10^{-3}	2.43×10^{-6}	1.04×10^{-3}	2.47×10^{-6}	1.11×10^{-3}	2.44×10^{-6}	1.05×10^{-3}	2.48×10^{-6}	1.12×10^{-3}	2.47×10^{-6}
7~8	1.01×10^{-3}	2.20×10^{-6}	9.59×10^{-4}	2.18×10^{-6}	9.24×10^{-4}	2.19×10^{-6}	9.15×10^{-4}	2.19×10^{-6}	9.18×10^{-4}	2.20×10^{-6}	9.40×10^{-4}	2.20×10^{-6}
8~9	8.31×10^{-4}	1.97×10^{-6}	8.10×10^{-4}	1.95×10^{-6}	7.57×10^{-4}	1.94×10^{-6}	7.87×10^{-4}	1.95×10^{-6}	7.36×10^{-4}	1.93×10^{-6}	7.89×10^{-4}	1.96×10^{-6}
9~10	7.35×10^{-4}	1.76×10^{-6}	6.87×10^{-4}	1.74×10^{-6}	6.74×10^{-4}	1.72×10^{-6}	6.90×10^{-4}	1.74×10^{-6}	6.46×10^{-4}	1.66×10^{-6}	7.23×10^{-4}	1.74×10^{-6}
10~11	6.33×10^{-4}	1.57×10^{-6}	5.97×10^{-4}	1.55×10^{-6}	5.59×10^{-4}	1.49×10^{-6}	5.51×10^{-4}	1.52×10^{-6}	5.12×10^{-4}	1.42×10^{-6}	5.94×10^{-4}	1.54×10^{-6}
11~12	5.25×10^{-4}	1.39×10^{-6}	5.15×10^{-4}	1.38×10^{-6}	4.80×10^{-4}	1.28×10^{-6}	4.58×10^{-4}	1.31×10^{-6}	4.12×10^{-4}	1.21×10^{-6}	5.12×10^{-4}	1.34×10^{-6}
12~13	4.50×10^{-4}	1.23×10^{-6}	4.12×10^{-4}	1.22×10^{-6}	3.49×10^{-4}	1.10×10^{-6}	3.86×10^{-4}	1.12×10^{-6}	3.26×10^{-4}	1.04×10^{-6}	4.33×10^{-4}	1.14×10^{-6}
13~14	3.84×10^{-4}	1.09×10^{-6}	3.62×10^{-4}	1.06×10^{-6}	3.00×10^{-4}	9.43×10^{-7}	3.12×10^{-4}	9.65×10^{-7}	2.59×10^{-4}	8.87×10^{-7}	3.33×10^{-4}	9.76×10^{-7}
14~15	3.23×10^{-4}	9.56×10^{-7}	2.83×10^{-4}	9.02×10^{-7}	2.25×10^{-4}	8.08×10^{-7}	2.31×10^{-4}	8.31×10^{-7}	2.00×10^{-4}	7.58×10^{-7}	2.52×10^{-4}	8.34×10^{-7}

（续）

$\lambda = 3.8007\,\mu m$

高度/km	热带		中纬度地区				近北极区				美国标准大气	
			夏季		冬季		夏季		冬季			
	分子吸收 $k_{\mathrm{m}}/\mathrm{km}^{-1}$	分子散射 $\sigma_{\mathrm{m}}/\mathrm{km}^{-1}$	分子吸收 $k_{\mathrm{m}}/\mathrm{km}^{-1}$	分子散射 $\sigma_{\mathrm{m}}/\mathrm{km}^{-1}$	分子吸收 $k_{\mathrm{m}}/\mathrm{km}^{-1}$	分子散射 $\sigma_{\mathrm{m}}/\mathrm{km}^{-1}$	分子吸收 $k_{\mathrm{m}}/\mathrm{km}^{-1}$	分子散射 $\sigma_{\mathrm{m}}/\mathrm{km}^{-1}$	分子吸收 $k_{\mathrm{m}}/\mathrm{km}^{-1}$	分子散射 $\sigma_{\mathrm{m}}/\mathrm{km}^{-1}$	分子吸收 $k_{\mathrm{m}}/\mathrm{km}^{-1}$	分子散射 $\sigma_{\mathrm{m}}/\mathrm{km}^{-1}$
15~16	2.61×10^{-4}	8.33×10^{-7}	2.04×10^{-4}	7.68×10^{-7}	1.73×10^{-4}	6.93×10^{-7}	1.71×10^{-4}	7.15×10^{-7}	1.48×10^{-4}	6.49×10^{-7}	2.04×10^{-4}	7.13×10^{-7}
16~17	1.97×10^{-4}	7.18×10^{-7}	1.58×10^{-4}	6.57×10^{-7}	1.23×10^{-4}	5.93×10^{-7}	1.31×10^{-4}	6.13×10^{-7}	1.09×10^{-4}	5.56×10^{-7}	1.54×10^{-4}	6.09×10^{-7}
17~18	1.45×10^{-4}	6.03×10^{-7}	1.13×10^{-4}	5.60×10^{-7}	9.36×10^{-5}	5.09×10^{-7}	9.31×10^{-5}	5.27×10^{-7}	8.39×10^{-5}	4.76×10^{-7}	1.09×10^{-4}	5.21×10^{-7}
18~19	1.07×10^{-4}	4.98×10^{-7}	8.55×10^{-5}	4.77×10^{-7}	6.74×10^{-5}	4.35×10^{-7}	7.31×10^{-5}	4.53×10^{-7}	5.85×10^{-5}	4.08×10^{-7}	8.03×10^{-5}	4.45×10^{-7}
19~20	7.17×10^{-5}	4.14×10^{-7}	6.07×10^{-5}	4.06×10^{-7}	4.68×10^{-5}	3.72×10^{-7}	5.06×10^{-5}	3.90×10^{-7}	3.85×10^{-5}	3.49×10^{-7}	6.06×10^{-5}	3.81×10^{-7}
20~21	4.60×10^{-5}	3.44×10^{-7}	4.00×10^{-5}	3.46×10^{-7}	3.35×10^{-5}	3.18×10^{-7}	3.32×10^{-5}	3.35×10^{-7}	2.52×10^{-5}	2.99×10^{-7}	4.05×10^{-5}	3.25×10^{-7}
21~22	3.06×10^{-5}	2.88×10^{-7}	2.80×10^{-5}	2.95×10^{-7}	2.36×10^{-5}	2.71×10^{-7}	2.19×10^{-5}	2.88×10^{-7}	1.72×10^{-5}	2.55×10^{-7}	2.83×10^{-5}	2.77×10^{-7}
22~23	1.84×10^{-5}	2.42×10^{-7}	1.79×10^{-5}	2.52×10^{-7}	1.44×10^{-5}	2.32×10^{-7}	1.62×10^{-5}	2.48×10^{-7}	1.20×10^{-5}	2.18×10^{-7}	1.75×10^{-5}	2.36×10^{-7}
23~24	1.21×10^{-5}	2.05×10^{-7}	1.19×10^{-5}	2.15×10^{-7}	9.78×10^{-6}	1.98×10^{-7}	1.02×10^{-5}	2.12×10^{-7}	7.65×10^{-6}	1.87×10^{-7}	1.17×10^{-5}	2.01×10^{-7}
24~25	8.71×10^{-6}	1.74×10^{-7}	7.39×10^{-6}	1.84×10^{-7}	6.44×10^{-6}	1.69×10^{-7}	6.97×10^{-6}	1.82×10^{-7}	5.19×10^{-6}	1.59×10^{-7}	8.48×10^{-6}	1.72×10^{-7}
25~30	3.24×10^{-6}	5.43×10^{-7}	2.97×10^{-6}	5.89×10^{-7}	2.27×10^{-6}	5.39×10^{-7}	2.67×10^{-6}	5.88×10^{-7}	2.06×10^{-6}	5.02×10^{-7}	3.23×10^{-6}	5.50×10^{-7}
30~35	5.66×10^{-7}	2.53×10^{-7}	4.79×10^{-7}	2.67×10^{-7}	3.71×10^{-7}	2.42×10^{-7}	5.29×10^{-7}	2.61×10^{-7}	3.60×10^{-7}	2.24×10^{-7}	5.74×10^{-7}	2.50×10^{-7}
35~40	1.13×10^{-7}	1.21×10^{-7}	9.28×10^{-8}	1.21×10^{-7}	6.52×10^{-8}	8.60×10^{-8}	9.99×10^{-8}	1.05×10^{-7}	6.16×10^{-8}	9.34×10^{-8}	1.07×10^{-7}	1.04×10^{-7}
40~45	2.11×10^{-8}	5.97×10^{-8}	2.03×10^{-8}	6.07×10^{-8}	1.23×10^{-8}	4.08×10^{-8}	1.90×10^{-8}	6.49×10^{-8}	1.03×10^{-8}	4.36×10^{-8}	1.84×10^{-8}	4.90×10^{-8}
45~50	4.11×10^{-9}	3.03×10^{-8}	4.42×10^{-9}	3.30×10^{-8}	2.48×10^{-9}	2.50×10^{-8}	4.49×10^{-9}	3.40×10^{-8}	1.88×10^{-9}	2.11×10^{-8}	3.61×10^{-9}	2.84×10^{-8}
50~70	3.13×10^{-10}	2.13×10^{-8}	3.80×10^{-10}	2.31×10^{-8}	1.94×10^{-10}	1.85×10^{-8}	3.97×10^{-10}	2.68×10^{-8}	1.37×10^{-10}	2.08×10^{-8}	2.73×10^{-10}	1.68×10^{-8}
70~100	2.83×10^{-13}	1.05×10^{-9}	3.64×10^{-13}	9.81×10^{-10}	2.22×10^{-13}	1.15×10^{-9}	4.03×10^{-13}	1.02×10^{-9}	1.87×10^{-13}	9.26×10^{-10}	2.43×10^{-13}	1.27×10^{-9}

（续）

$\lambda = 10.591\,\mu m$

高度/km	热带 分子吸收 k_m/km^{-1}	热带 分子散射 σ_m/km^{-1}	中纬度地区 夏季 分子吸收 k_m/km^{-1}	中纬度地区 夏季 分子散射 σ_m/km^{-1}	中纬度地区 冬季 分子吸收 k_m/km^{-1}	中纬度地区 冬季 分子散射 σ_m/km^{-1}	近北极区 夏季 分子吸收 k_m/km^{-1}	近北极区 夏季 分子散射 σ_m/km^{-1}	近北极区 冬季 分子吸收 k_m/km^{-1}	近北极区 冬季 分子散射 σ_m/km^{-1}	美国标准大气 分子吸收 k_m/km^{-1}	美国标准大气 分子散射 σ_m/km^{-1}
0	4.13×10^{-1}	$<1.0 \times 10^{-6}$	2.80×10^{-1}	$<1.0 \times 10^{-6}$	6.73×10^{-2}	$<1.0 \times 10^{-6}$	1.67×10^{-1}	$<1.0 \times 10^{-6}$	3.43×10^{-2}	$<1.0 \times 10^{-6}$	1.10×10^{-1}	$<1.0 \times 10^{-6}$
$0 \sim 1$	3.23×10^{-1}	$<1.00 \times 10^{-6}$	2.17×10^{-1}	$<1.00 \times 10^{-6}$	6.01×10^{-2}	$<1.00 \times 10^{-6}$	1.34×10^{-1}	$<1.00 \times 10^{-6}$	3.47×10^{-2}	$<1.00 \times 10^{-6}$	9.53×10^{-2}	$<1.00 \times 10^{-6}$
$1 \sim 2$	2.07×10^{-1}	$<1.00 \times 10^{-6}$	1.34×10^{-1}	$<1.00 \times 10^{-6}$	4.87×10^{-2}	$<1.00 \times 10^{-6}$	9.17×10^{-2}	$<1.00 \times 10^{-6}$	3.36×10^{-2}	$<1.00 \times 10^{-6}$	7.16×10^{-2}	$<1.00 \times 10^{-6}$
$2 \sim 3$	1.20×10^{-1}	$<1.00 \times 10^{-6}$	8.53×10^{-2}	$<1.00 \times 10^{-6}$	4.11×10^{-2}	$<1.00 \times 10^{-6}$	6.66×10^{-2}	$<1.00 \times 10^{-6}$	2.99×10^{-2}	$<1.00 \times 10^{-6}$	5.49×10^{-2}	$<1.00 \times 10^{-6}$
$3 \sim 4$	7.14×10^{-2}	$<1.00 \times 10^{-6}$	6.05×10^{-2}	$<1.00 \times 10^{-6}$	3.39×10^{-2}	$<1.00 \times 10^{-6}$	4.99×10^{-2}	$<1.00 \times 10^{-6}$	2.56×10^{-2}	$<1.00 \times 10^{-6}$	4.25×10^{-2}	$<1.00 \times 10^{-6}$
$4 \sim 5$	5.29×10^{-2}	$<1.00 \times 10^{-6}$	4.70×10^{-2}	$<1.00 \times 10^{-6}$	2.76×10^{-2}	$<1.00 \times 10^{-6}$	3.94×10^{-2}	$<1.00 \times 10^{-6}$	2.10×10^{-2}	$<1.00 \times 10^{-6}$	3.36×10^{-2}	$<1.00 \times 10^{-6}$
$5 \sim 6$	4.24×10^{-2}	$<1.00 \times 10^{-6}$	3.84×10^{-2}	$<1.00 \times 10^{-6}$	2.26×10^{-2}	$<1.00 \times 10^{-6}$	3.14×10^{-2}	$<1.00 \times 10^{-6}$	1.66×10^{-2}	$<1.00 \times 10^{-6}$	2.73×10^{-2}	$<1.00 \times 10^{-6}$
$6 \sim 7$	3.42×10^{-2}	$<1.00 \times 10^{-6}$	3.17×10^{-2}	$<1.00 \times 10^{-6}$	1.85×10^{-2}	$<1.00 \times 10^{-6}$	2.48×10^{-2}	$<1.00 \times 10^{-6}$	1.31×10^{-2}	$<1.00 \times 10^{-6}$	2.21×10^{-2}	$<1.00 \times 10^{-6}$
$7 \sim 8$	2.79×10^{-2}	$<1.00 \times 10^{-6}$	2.60×10^{-2}	$<1.00 \times 10^{-6}$	1.50×10^{-2}	$<1.00 \times 10^{-6}$	1.98×10^{-2}	$<1.00 \times 10^{-6}$	1.01×10^{-2}	$<1.00 \times 10^{-6}$	1.78×10^{-2}	$<1.00 \times 10^{-6}$
$8 \sim 9$	2.26×10^{-2}	$<1.00 \times 10^{-6}$	2.12×10^{-2}	$<1.00 \times 10^{-6}$	1.21×10^{-2}	$<1.00 \times 10^{-6}$	1.56×10^{-2}	$<1.00 \times 10^{-6}$	8.30×10^{-3}	$<1.00 \times 10^{-6}$	1.42×10^{-2}	$<1.00 \times 10^{-6}$
$9 \sim 10$	1.82×10^{-2}	$<1.00 \times 10^{-6}$	1.70×10^{-2}	$<1.00 \times 10^{-6}$	9.61×10^{-3}	$<1.00 \times 10^{-6}$	1.20×10^{-2}	$<1.00 \times 10^{-6}$	7.65×10^{-3}	$<1.00 \times 10^{-6}$	1.10×10^{-2}	$<1.00 \times 10^{-6}$
$10 \sim 11$	1.43×10^{-2}	$<1.00 \times 10^{-6}$	1.37×10^{-2}	$<1.00 \times 10^{-6}$	8.34×10^{-3}	$<1.00 \times 10^{-6}$	1.06×10^{-2}	$<1.00 \times 10^{-6}$	7.57×10^{-3}	$<1.00 \times 10^{-6}$	8.67×10^{-3}	$<1.00 \times 10^{-6}$
$11 \sim 12$	1.12×10^{-2}	$<1.00 \times 10^{-6}$	1.07×10^{-2}	$<1.00 \times 10^{-6}$	8.08×10^{-3}	$<1.00 \times 10^{-6}$	1.06×10^{-2}	$<1.00 \times 10^{-6}$	7.64×10^{-3}	$<1.00 \times 10^{-6}$	7.42×10^{-3}	$<1.00 \times 10^{-6}$
$12 \sim 13$	8.63×10^{-3}	$<1.00 \times 10^{-6}$	8.13×10^{-3}	$<1.00 \times 10^{-6}$	8.00×10^{-3}	$<1.00 \times 10^{-6}$	1.04×10^{-2}	$<1.00 \times 10^{-6}$	7.47×10^{-3}	$<1.00 \times 10^{-6}$	7.47×10^{-3}	$<1.00 \times 10^{-6}$
$13 \sim 14$	6.49×10^{-3}	$<1.00 \times 10^{-6}$	7.16×10^{-3}	$<1.00 \times 10^{-6}$	7.48×10^{-3}	$<1.00 \times 10^{-6}$	1.01×10^{-2}	$<1.00 \times 10^{-6}$	7.55×10^{-3}	$<1.00 \times 10^{-6}$	7.45×10^{-3}	$<1.00 \times 10^{-6}$
$14 \sim 15$	4.70×10^{-3}	$<1.00 \times 10^{-6}$	6.79×10^{-3}	$<1.00 \times 10^{-6}$	7.55×10^{-3}	$<1.00 \times 10^{-6}$	9.95×10^{-3}	$<1.00 \times 10^{-6}$	7.40×10^{-3}	$<1.00 \times 10^{-6}$	7.32×10^{-3}	$<1.00 \times 10^{-6}$

（续）

$\lambda = 10.591\ \mu m$

高度/km	热带		中纬度地区 夏季		中纬度地区 冬季		近北极区 夏季		近北极区 冬季		美国标准大气	
	分子吸收 k_m/km^{-1}	分子散射 σ_m/km^{-1}	分子吸收 k_m/km^{-1}	分子散射 σ_m/km^{-1}	分子吸收 k_m/km^{-1}	分子散射 σ_m/km^{-1}	分子吸收 k_m/km^{-1}	分子散射 σ_m/km^{-1}	分子吸收 k_m/km^{-1}	分子散射 σ_m/km^{-1}	分子吸收 k_m/km^{-1}	分子散射 σ_m/km^{-1}
15~16	3.33×10^{-3}	$<1.00\times10^{-6}$	6.72×10^{-3}	$<1.00\times10^{-6}$	7.14×10^{-3}	$<1.00\times10^{-6}$	9.67×10^{-3}	$<1.00\times10^{-6}$	6.83×10^{-3}	$<1.00\times10^{-6}$	6.77×10^{-3}	$<1.00\times10^{-6}$
16~17	2.71×10^{-3}	$<1.00\times10^{-6}$	6.36×10^{-3}	$<1.00\times10^{-6}$	6.83×10^{-3}	$<1.00\times10^{-6}$	9.70×10^{-3}	$<1.00\times10^{-6}$	6.34×10^{-3}	$<1.00\times10^{-6}$	6.70×10^{-3}	$<1.00\times10^{-6}$
17~18	2.74×10^{-3}	$<1.00\times10^{-6}$	6.34×10^{-3}	$<1.00\times10^{-6}$	6.13×10^{-3}	$<1.00\times10^{-6}$	9.12×10^{-3}	$<1.00\times10^{-6}$	5.99×10^{-3}	$<1.00\times10^{-6}$	6.32×10^{-3}	$<1.00\times10^{-6}$
18~19	2.98×10^{-3}	$<1.00\times10^{-6}$	6.24×10^{-3}	$<1.00\times10^{-6}$	5.42×10^{-3}	$<1.00\times10^{-6}$	8.18×10^{-3}	$<1.00\times10^{-6}$	5.31×10^{-3}	$<1.00\times10^{-6}$	5.79×10^{-3}	$<1.00\times10^{-6}$
19~20	3.48×10^{-3}	$<1.00\times10^{-6}$	6.11×10^{-3}	$<1.00\times10^{-6}$	5.18×10^{-3}	$<1.00\times10^{-6}$	7.49×10^{-3}	$<1.00\times10^{-6}$	4.60×10^{-3}	$<1.00\times10^{-6}$	5.40×10^{-3}	$<1.00\times10^{-6}$
20~21	3.84×10^{-3}	$<1.00\times10^{-6}$	5.84×10^{-3}	$<1.00\times10^{-6}$	4.71×10^{-3}	$<1.00\times10^{-6}$	6.77×10^{-3}	$<1.00\times10^{-6}$	4.20×10^{-3}	$<1.00\times10^{-6}$	4.81×10^{-3}	$<1.00\times10^{-6}$
21~22	3.63×10^{-3}	$<1.00\times10^{-6}$	5.79×10^{-3}	$<1.00\times10^{-6}$	3.86×10^{-3}	$<1.00\times10^{-6}$	6.52×10^{-3}	$<1.00\times10^{-6}$	3.71×10^{-3}	$<1.00\times10^{-6}$	4.60×10^{-3}	$<1.00\times10^{-6}$
22~23	3.83×10^{-3}	$<1.00\times10^{-6}$	4.69×10^{-3}	$<1.00\times10^{-6}$	3.55×10^{-3}	$<1.00\times10^{-6}$	5.38×10^{-3}	$<1.00\times10^{-6}$	3.07×10^{-3}	$<1.00\times10^{-6}$	4.10×10^{-3}	$<1.00\times10^{-6}$
23~24	3.13×10^{-3}	$<1.00\times10^{-6}$	4.07×10^{-3}	$<1.00\times10^{-6}$	2.86×10^{-3}	$<1.00\times10^{-6}$	4.54×10^{-3}	$<1.00\times10^{-6}$	2.30×10^{-3}	$<1.00\times10^{-6}$	3.60×10^{-3}	$<1.00\times10^{-6}$
24~25	3.12×10^{-3}	$<1.00\times10^{-6}$	3.72×10^{-3}	$<1.00\times10^{-6}$	2.51×10^{-3}	$<1.00\times10^{-6}$	4.11×10^{-3}	$<1.00\times10^{-6}$	1.77×10^{-3}	$<1.00\times10^{-6}$	3.27×10^{-3}	$<1.00\times10^{-6}$
25~30	1.82×10^{-3}	$<1.00\times10^{-6}$	2.41×10^{-3}	$<1.00\times10^{-6}$	1.18×10^{-3}	$<1.00\times10^{-6}$	2.64×10^{-3}	$<1.00\times10^{-6}$	9.64×10^{-4}	$<1.00\times10^{-6}$	1.64×10^{-3}	$<1.00\times10^{-6}$
30~35	7.93×10^{-4}	$<1.00\times10^{-6}$	1.09×10^{-3}	$<1.00\times10^{-6}$	4.25×10^{-4}	$<1.00\times10^{-6}$	1.01×10^{-3}	$<1.00\times10^{-6}$	3.07×10^{-4}	$<1.00\times10^{-6}$	5.82×10^{-4}	$<1.00\times10^{-6}$
35~40	3.23×10^{-4}	$<1.00\times10^{-6}$	3.74×10^{-4}	$<1.00\times10^{-6}$	1.52×10^{-4}	$<1.00\times10^{-6}$	4.25×10^{-4}	$<1.00\times10^{-6}$	1.02×10^{-4}	$<1.00\times10^{-6}$	2.52×10^{-4}	$<1.00\times10^{-6}$
40~45	1.26×10^{-4}	$<1.00\times10^{-6}$	1.54×10^{-4}	$<1.00\times10^{-6}$	6.00×10^{-5}	$<1.00\times10^{-6}$	1.83×10^{-4}	$<1.00\times10^{-6}$	3.61×10^{-5}	$<1.00\times10^{-6}$	9.37×10^{-5}	$<1.00\times10^{-6}$
45~50	3.95×10^{-5}	$<1.00\times10^{-6}$	6.34×10^{-5}	$<1.00\times10^{-6}$	2.48×10^{-5}	$<1.00\times10^{-6}$	6.53×10^{-5}	$<1.00\times10^{-6}$	1.40×10^{-5}	$<1.00\times10^{-6}$	3.53×10^{-5}	$<1.00\times10^{-6}$
50~70	3.69×10^{-6}	$<1.00\times10^{-6}$	5.30×10^{-6}	$<1.00\times10^{-6}$	2.51×10^{-6}	$<1.00\times10^{-6}$	6.11×10^{-6}	$<1.00\times10^{-6}$	1.53×10^{-6}	$<1.00\times10^{-6}$	3.11×10^{-6}	$<1.00\times10^{-6}$
70~100	2.06×10^{-9}	$<1.00\times10^{-6}$	2.40×10^{-9}	$<1.00\times10^{-6}$	2.46×10^{-9}	$<1.00\times10^{-6}$	2.35×10^{-9}	$<1.00\times10^{-6}$	4.16×10^{-9}	$<1.00\times10^{-6}$	2.00×10^{-3}	$<1.00\times10^{-6}$

附表 3　常用激光气溶胶的吸收和散射系数

$\lambda = 0.532\mu m$

高度/km	乡村型,能见度23km		乡村型,能见度5km		城市型,能见度5km		海洋型,能见度23km		沙漠型,风速10m/s		沙漠型,风速2m/s	
	气溶胶吸收 k_a/km^{-1}	气溶胶散射 σ_a/km^{-1}	气溶胶吸收 k_a/km^{-1}	气溶胶散射 σ_a/km^{-1}	气溶胶吸收 k_a/km^{-1}	气溶胶散射 σ_a/km^{-1}	气溶胶吸收 k_a/km^{-1}	气溶胶散射 σ_a/km^{-1}	气溶胶吸收 k_a/km^{-1}	气溶胶散射 σ_a/km^{-1}	气溶胶吸收 k_a/km^{-1}	气溶胶散射 σ_a/km^{-1}
0	7.54×10^{-3}	1.71×10^{-1}	3.23×10^{-2}	7.90×10^{-1}	2.63×10^{-1}	5.54×10^{-1}	1.51×10^{-3}	1.71×10^{-1}	4.10×10^{-2}	5.43×10^{-2}	7.02×10^{-4}	4.36×10^{-2}
0~1	6.72×10^{-3}	1.38×10^{-1}	3.74×10^{-2}	7.85×10^{-1}	2.62×10^{-1}	5.55×10^{-1}	1.32×10^{-3}	1.39×10^{-1}	3.23×10^{-2}	4.28×10^{-2}	5.52×10^{-4}	3.43×10^{-2}
1~2	4.50×10^{-3}	8.98×10^{-2}	1.57×10^{-2}	2.92×10^{-1}	9.48×10^{-2}	2.10×10^{-1}	8.65×10^{-4}	9.05×10^{-2}	2.01×10^{-2}	2.67×10^{-2}	3.43×10^{-4}	2.13×10^{-2}
2~3	2.45×10^{-3}	5.85×10^{-2}	2.25×10^{-3}	5.54×10^{-2}	1.11×10^{-2}	4.99×10^{-2}	9.83×10^{-4}	5.87×10^{-2}	1.03×10^{-2}	1.68×10^{-2}	3.14×10^{-4}	1.31×10^{-2}
3~4	9.86×10^{-4}	3.52×10^{-2}	7.12×10^{-4}	2.84×10^{-2}	9.86×10^{-4}	3.54×10^{-2}	9.86×10^{-4}	3.52×10^{-2}	4.08×10^{-4}	1.08×10^{-2}	3.29×10^{-4}	8.71×10^{-3}
4~5	5.13×10^{-4}	2.18×10^{-2}	3.03×10^{-4}	1.65×10^{-2}	5.13×10^{-4}	2.20×10^{-2}	5.13×10^{-4}	2.18×10^{-2}	3.52×10^{-4}	9.30×10^{-3}	3.27×10^{-4}	8.64×10^{-3}
5~6	3.25×10^{-4}	1.60×10^{-2}	1.60×10^{-4}	1.18×10^{-2}	3.25×10^{-4}	1.61×10^{-2}	3.25×10^{-4}	1.60×10^{-2}	3.20×10^{-4}	8.45×10^{-3}	3.20×10^{-4}	8.45×10^{-3}
6~7	2.66×10^{-4}	1.37×10^{-2}	1.10×10^{-4}	9.66×10^{-3}	2.66×10^{-4}	1.38×10^{-2}	2.66×10^{-4}	1.37×10^{-2}	2.61×10^{-4}	6.92×10^{-3}	2.61×10^{-4}	6.92×10^{-3}
7~8	1.78×10^{-4}	1.07×10^{-2}	6.99×10^{-5}	7.82×10^{-3}	1.78×10^{-4}	1.07×10^{-2}	1.78×10^{-4}	1.07×10^{-2}	1.72×10^{-4}	4.57×10^{-3}	1.72×10^{-4}	4.57×10^{-3}
8~9	9.65×10^{-5}	7.87×10^{-3}	4.53×10^{-5}	6.43×10^{-3}	9.65×10^{-5}	7.89×10^{-3}	9.65×10^{-5}	7.91×10^{-3}	9.34×10^{-5}	2.47×10^{-3}	9.34×10^{-5}	2.47×10^{-3}
9~10	5.57×10^{-5}	6.21×10^{-3}	3.37×10^{-5}	5.40×10^{-3}	5.57×10^{-5}	6.20×10^{-3}	5.57×10^{-5}	6.26×10^{-3}	5.41×10^{-5}	1.44×10^{-3}	5.41×10^{-5}	1.44×10^{-3}
10~11	2.19×10^{-5}	5.21×10^{-3}	1.51×10^{-5}	4.63×10^{-3}	2.19×10^{-5}	5.17×10^{-3}	2.19×10^{-5}	5.26×10^{-3}	2.10×10^{-5}	9.84×10^{-4}	2.10×10^{-5}	9.84×10^{-4}
11~12	$<1.00 \times 10^{-6}$	4.49×10^{-3}	$<1.00 \times 10^{-6}$	4.01×10^{-3}	$<1.00 \times 10^{-6}$	4.37×10^{-3}	$<1.00 \times 10^{-6}$	4.53×10^{-3}	$<1.00 \times 10^{-6}$	7.43×10^{-4}	$<1.00 \times 10^{-6}$	7.43×10^{-4}
12~13	$<1.00 \times 10^{-6}$	3.91×10^{-3}	$<1.00 \times 10^{-6}$	3.49×10^{-3}	$<1.00 \times 10^{-6}$	3.70×10^{-3}	$<1.00 \times 10^{-6}$	3.95×10^{-3}	$<1.00 \times 10^{-6}$	5.98×10^{-4}	$<1.00 \times 10^{-6}$	5.98×10^{-4}
13~14	$<1.00 \times 10^{-6}$	3.37×10^{-3}	$<1.00 \times 10^{-6}$	3.07×10^{-3}	$<1.00 \times 10^{-6}$	3.15×10^{-3}	$<1.00 \times 10^{-6}$	3.45×10^{-3}	$<1.00 \times 10^{-6}$	4.96×10^{-4}	$<1.00 \times 10^{-6}$	4.96×10^{-4}
14~15	$<1.00 \times 10^{-6}$	2.88×10^{-3}	$<1.00 \times 10^{-6}$	2.73×10^{-3}	$<1.00 \times 10^{-6}$	2.70×10^{-3}	$<1.00 \times 10^{-6}$	3.03×10^{-3}	$<1.00 \times 10^{-6}$	4.33×10^{-4}	$<1.00 \times 10^{-6}$	4.33×10^{-4}

（续）

λ = 0.532 μm

高度/km	乡村型，能见度23km 气溶胶吸收 k_a/km^{-1}	乡村型，能见度23km 气溶胶散射 σ_a/km^{-1}	乡村型，能见度5km 气溶胶吸收 k_a/km^{-1}	乡村型，能见度5km 气溶胶散射 σ_a/km^{-1}	城市型，能见度5km 气溶胶吸收 k_a/km^{-1}	城市型，能见度5km 气溶胶散射 σ_a/km^{-1}	海洋型，能见度23km 气溶胶吸收 k_a/km^{-1}	海洋型，能见度23km 气溶胶散射 σ_a/km^{-1}	沙漠型，风速10m/s 气溶胶吸收 k_a/km^{-1}	沙漠型，风速10m/s 气溶胶散射 σ_a/km^{-1}	沙漠型，风速2m/s 气溶胶吸收 k_a/km^{-1}	沙漠型，风速2m/s 气溶胶散射 σ_a/km^{-1}
15~16	$<1.00\times10^{-6}$	2.49×10^{-3}	$<1.00\times10^{-6}$	2.43×10^{-3}	$<1.00\times10^{-6}$	2.34×10^{-3}	$<1.00\times10^{-6}$	2.67×10^{-3}	$<1.00\times10^{-6}$	4.03×10^{-4}	$<1.00\times10^{-6}$	4.03×10^{-4}
16~17	$<1.00\times10^{-6}$	2.20×10^{-3}	$<1.00\times10^{-6}$	2.16×10^{-3}	$<1.00\times10^{-6}$	2.07×10^{-3}	$<1.00\times10^{-6}$	2.37×10^{-3}	$<1.00\times10^{-6}$	4.19×10^{-4}	$<1.00\times10^{-6}$	4.19×10^{-4}
17~18	$<1.00\times10^{-6}$	2.01×10^{-3}	$<1.00\times10^{-6}$	1.90×10^{-3}	$<1.00\times10^{-6}$	1.91×10^{-3}	$<1.00\times10^{-6}$	2.13×10^{-3}	$<1.00\times10^{-6}$	4.88×10^{-4}	$<1.00\times10^{-6}$	4.88×10^{-4}
18~19	$<1.00\times10^{-6}$	1.87×10^{-3}	$<1.00\times10^{-6}$	1.66×10^{-3}	$<1.00\times10^{-6}$	1.78×10^{-3}	$<1.00\times10^{-6}$	1.93×10^{-3}	$<1.00\times10^{-6}$	5.70×10^{-4}	$<1.00\times10^{-6}$	5.70×10^{-4}
19~20	$<1.00\times10^{-6}$	1.71×10^{-3}	$<1.00\times10^{-6}$	1.42×10^{-3}	$<1.00\times10^{-6}$	1.64×10^{-3}	$<1.00\times10^{-6}$	1.73×10^{-3}	$<1.00\times10^{-6}$	6.07×10^{-4}	$<1.00\times10^{-6}$	6.07×10^{-4}
20~21	$<1.00\times10^{-6}$	1.51×10^{-3}	$<1.00\times10^{-6}$	1.21×10^{-3}	$<1.00\times10^{-6}$	1.45×10^{-3}	$<1.00\times10^{-6}$	1.50×10^{-3}	$<1.00\times10^{-6}$	5.65×10^{-4}	$<1.00\times10^{-6}$	5.65×10^{-4}
21~22	$<1.00\times10^{-6}$	1.28×10^{-3}	$<1.00\times10^{-6}$	1.03×10^{-3}	$<1.00\times10^{-6}$	1.23×10^{-3}	$<1.00\times10^{-6}$	1.26×10^{-3}	$<1.00\times10^{-6}$	4.76×10^{-4}	$<1.00\times10^{-6}$	4.76×10^{-4}
22~23	$<1.00\times10^{-6}$	1.06×10^{-3}	$<1.00\times10^{-6}$	8.72×10^{-4}	$<1.00\times10^{-6}$	1.01×10^{-3}	$<1.00\times10^{-6}$	1.03×10^{-3}	$<1.00\times10^{-6}$	3.69×10^{-4}	$<1.00\times10^{-6}$	3.69×10^{-4}
23~24	$<1.00\times10^{-6}$	8.39×10^{-4}	$<1.00\times10^{-6}$	7.31×10^{-4}	$<1.00\times10^{-6}$	8.02×10^{-4}	$<1.00\times10^{-6}$	8.13×10^{-4}	$<1.00\times10^{-6}$	2.53×10^{-4}	$<1.00\times10^{-6}$	2.53×10^{-4}
24~25	$<1.00\times10^{-6}$	6.67×10^{-4}	$<1.00\times10^{-6}$	6.09×10^{-4}	$<1.00\times10^{-6}$	6.35×10^{-4}	$<1.00\times10^{-6}$	6.41×10^{-4}	$<1.00\times10^{-6}$	1.67×10^{-4}	$<1.00\times10^{-6}$	1.67×10^{-4}
25~30	$<1.00\times10^{-6}$	3.94×10^{-4}	$<1.00\times10^{-6}$	3.54×10^{-4}	$<1.00\times10^{-6}$	3.73×10^{-4}	$<1.00\times10^{-6}$	3.73×10^{-4}	$<1.00\times10^{-6}$	3.91×10^{-5}	$<1.00\times10^{-6}$	3.91×10^{-5}
30~35	$<1.00\times10^{-6}$	1.73×10^{-4}	$<1.00\times10^{-6}$	1.46×10^{-4}	$<1.00\times10^{-6}$	1.60×10^{-4}	$<1.00\times10^{-6}$	1.62×10^{-4}	$<1.00\times10^{-6}$	7.00×10^{-6}	$<1.00\times10^{-6}$	7.00×10^{-6}
35~40	$<1.00\times10^{-6}$	8.24×10^{-5}	$<1.00\times10^{-6}$	6.61×10^{-5}	$<1.00\times10^{-6}$	7.63×10^{-5}	$<1.00\times10^{-6}$	7.73×10^{-5}	$<1.00\times10^{-6}$	2.00×10^{-6}	$<1.00\times10^{-6}$	2.00×10^{-6}
40~45	$<1.00\times10^{-6}$	4.07×10^{-5}	$<1.00\times10^{-6}$	3.08×10^{-5}	$<1.00\times10^{-6}$	3.64×10^{-5}	$<1.00\times10^{-6}$	3.82×10^{-5}	$<1.00\times10^{-6}$	1.00×10^{-6}	$<1.00\times10^{-6}$	1.00×10^{-6}
45~50	$<1.00\times10^{-6}$	2.09×10^{-5}	$<1.00\times10^{-6}$	1.49×10^{-5}	$<1.00\times10^{-6}$	1.84×10^{-5}	$<1.00\times10^{-6}$	1.94×10^{-5}	$<1.00\times10^{-6}$	$<1.00\times10^{-6}$	$<1.00\times10^{-6}$	$<1.00\times10^{-6}$
50~70	$<1.00\times10^{-6}$	5.68×10^{-6}	$<1.00\times10^{-6}$	3.71×10^{-6}	$<1.00\times10^{-6}$	4.90×10^{-6}	$<1.00\times10^{-6}$	5.20×10^{-6}	$<1.00\times10^{-6}$	$<1.00\times10^{-6}$	$<1.00\times10^{-6}$	$<1.00\times10^{-6}$
70~100	$<1.00\times10^{-6}$	2.78×10^{-7}	$<1.00\times10^{-6}$	1.79×10^{-7}	$<1.00\times10^{-6}$	2.24×10^{-7}	$<1.00\times10^{-6}$	2.45×10^{-7}	$<1.00\times10^{-6}$	$<1.00\times10^{-6}$	$<1.00\times10^{-6}$	$<1.00\times10^{-6}$

（续）

$\lambda = 0.6328\mu m$

高度/km	乡村型，能见度23km 气溶胶吸收 k_a/km^{-1}	气溶胶散射 σ_a/km^{-1}	乡村型，能见度5km 气溶胶吸收 k_a/km^{-1}	气溶胶散射 σ_a/km^{-1}	城市型，能见度5km 气溶胶吸收 k_a/km^{-1}	气溶胶散射 σ_a/km^{-1}	海洋型，能见度23km 气溶胶吸收 k_a/km^{-1}	气溶胶散射 σ_a/km^{-1}	沙漠型，风速10m/s 气溶胶吸收 k_a/km^{-1}	气溶胶散射 σ_a/km^{-1}	沙漠型，风速2m/s 气溶胶吸收 k_a/km^{-1}	气溶胶散射 σ_a/km^{-1}
0	6.75×10^{-3}	1.36×10^{-1}	2.90×10^{-2}	6.43×10^{-1}	2.24×10^{-1}	4.54×10^{-1}	1.30×10^{-3}	1.57×10^{-1}	1.59×10^{-3}	4.84×10^{-2}	3.41×10^{-4}	3.54×10^{-2}
0~1	6.01×10^{-3}	1.09×10^{-1}	3.35×10^{-2}	6.36×10^{-1}	2.23×10^{-1}	4.54×10^{-1}	1.13×10^{-3}	1.26×10^{-1}	1.25×10^{-3}	3.82×10^{-2}	2.70×10^{-4}	2.78×10^{-2}
1~2	4.02×10^{-3}	6.94×10^{-2}	1.40×10^{-2}	2.33×10^{-1}	8.09×10^{-2}	1.70×10^{-1}	7.40×10^{-4}	8.04×10^{-2}	7.83×10^{-4}	2.38×10^{-2}	1.70×10^{-4}	1.73×10^{-2}
2~3	2.16×10^{-3}	4.40×10^{-2}	1.99×10^{-2}	4.14×10^{-1}	9.44×10^{-3}	3.73×10^{-2}	8.40×10^{-4}	4.84×10^{-2}	5.11×10^{-4}	1.44×10^{-2}	2.20×10^{-4}	1.06×10^{-2}
3~4	8.42×10^{-4}	2.53×10^{-2}	6.08×10^{-3}	1.97×10^{-2}	8.42×10^{-4}	2.54×10^{-2}	8.42×10^{-4}	2.53×10^{-2}	3.51×10^{-4}	8.57×10^{-3}	2.80×10^{-4}	6.91×10^{-3}
4~5	4.38×10^{-4}	1.49×10^{-2}	2.58×10^{-3}	1.06×10^{-2}	4.38×10^{-4}	1.50×10^{-2}	4.38×10^{-4}	1.48×10^{-2}	3.00×10^{-4}	7.39×10^{-3}	2.80×10^{-4}	6.86×10^{-3}
5~6	2.78×10^{-4}	1.05×10^{-2}	1.36×10^{-3}	7.10×10^{-3}	2.78×10^{-4}	1.06×10^{-2}	2.78×10^{-4}	1.05×10^{-2}	2.80×10^{-4}	6.71×10^{-3}	2.80×10^{-4}	6.71×10^{-3}
6~7	2.27×10^{-4}	8.88×10^{-3}	9.43×10^{-4}	5.65×10^{-3}	2.27×10^{-4}	8.93×10^{-3}	2.27×10^{-4}	8.89×10^{-3}	2.30×10^{-4}	5.48×10^{-3}	2.30×10^{-4}	5.48×10^{-3}
7~8	1.52×10^{-4}	6.69×10^{-3}	5.97×10^{-4}	4.42×10^{-3}	1.52×10^{-4}	6.72×10^{-3}	1.52×10^{-4}	6.71×10^{-3}	1.50×10^{-4}	3.63×10^{-3}	1.50×10^{-4}	3.63×10^{-3}
8~9	8.24×10^{-5}	4.65×10^{-3}	3.87×10^{-4}	3.54×10^{-3}	8.24×10^{-5}	4.66×10^{-3}	8.24×10^{-5}	4.67×10^{-3}	8.00×10^{-5}	1.96×10^{-3}	8.00×10^{-5}	1.96×10^{-3}
9~10	4.76×10^{-5}	3.51×10^{-3}	2.88×10^{-4}	2.94×10^{-3}	4.76×10^{-5}	3.51×10^{-3}	4.76×10^{-5}	3.53×10^{-3}	5.00×10^{-5}	1.14×10^{-3}	5.00×10^{-5}	1.14×10^{-3}
10~11	1.87×10^{-5}	2.87×10^{-3}	1.29×10^{-4}	2.52×10^{-3}	1.87×10^{-5}	2.85×10^{-3}	1.87×10^{-5}	2.90×10^{-3}	2.00×10^{-5}	7.73×10^{-4}	2.00×10^{-5}	7.73×10^{-4}
11~12	$<1.00\times10^{-6}$	2.44×10^{-3}	$<1.00\times10^{-6}$	2.20×10^{-3}	$<1.00\times10^{-6}$	2.38×10^{-3}	$<1.00\times10^{-6}$	2.46×10^{-3}	$<1.00\times10^{-6}$	5.82×10^{-4}	$<1.00\times10^{-6}$	5.82×10^{-4}
12~13	$<1.00\times10^{-6}$	2.11×10^{-3}	$<1.00\times10^{-6}$	1.92×10^{-3}	$<1.00\times10^{-6}$	2.01×10^{-3}	$<1.00\times10^{-6}$	2.13×10^{-3}	$<1.00\times10^{-6}$	4.61×10^{-4}	$<1.00\times10^{-6}$	4.61×10^{-4}
13~14	$<1.00\times10^{-6}$	1.81×10^{-3}	$<1.00\times10^{-6}$	1.71×10^{-3}	$<1.00\times10^{-6}$	1.70×10^{-3}	$<1.00\times10^{-6}$	1.85×10^{-3}	$<1.00\times10^{-6}$	3.91×10^{-4}	$<1.00\times10^{-6}$	3.91×10^{-4}
14~15	$<1.00\times10^{-6}$	1.56×10^{-3}	$<1.00\times10^{-6}$	1.55×10^{-3}	$<1.00\times10^{-6}$	1.46×10^{-3}	$<1.00\times10^{-6}$	1.63×10^{-3}	$<1.00\times10^{-6}$	3.41×10^{-4}	$<1.00\times10^{-6}$	3.41×10^{-4}

（续）

$\lambda = 0.6328\ \mu m$

高度/km	乡村型，能见度 23km 气溶胶吸收 k_a/km⁻¹	乡村型，能见度 23km 气溶胶散射 σ_a/km⁻¹	乡村型，能见度 5km 气溶胶吸收 k_a/km⁻¹	乡村型，能见度 5km 气溶胶散射 σ_a/km⁻¹	城市型，能见度 5km 气溶胶吸收 k_a/km⁻¹	城市型，能见度 5km 气溶胶散射 σ_a/km⁻¹	海洋型，能见度 23km 气溶胶吸收 k_a/km⁻¹	海洋型，能见度 23km 气溶胶散射 σ_a/km⁻¹	沙漠型，风速 10m/s 气溶胶吸收 k_a/km⁻¹	沙漠型，风速 10m/s 气溶胶散射 σ_a/km⁻¹	沙漠型，风速 2m/s 气溶胶吸收 k_a/km⁻¹	沙漠型，风速 2m/s 气溶胶散射 σ_a/km⁻¹
15～16	$<1.00\times10^{-6}$	1.35×10^{-3}	$<1.00\times10^{-6}$	1.40×10^{-3}	$<1.00\times10^{-6}$	1.28×10^{-3}	$<1.00\times10^{-6}$	1.44×10^{-3}	$<1.00\times10^{-6}$	3.10×10^{-4}	$<1.00\times10^{-6}$	3.10×10^{-4}
16～17	$<1.00\times10^{-6}$	1.22×10^{-3}	$<1.00\times10^{-6}$	1.26×10^{-3}	$<1.00\times10^{-6}$	1.15×10^{-3}	$<1.00\times10^{-6}$	1.30×10^{-3}	$<1.00\times10^{-6}$	3.31×10^{-4}	$<1.00\times10^{-6}$	3.31×10^{-4}
17～18	$<1.00\times10^{-6}$	1.14×10^{-3}	$<1.00\times10^{-6}$	1.12×10^{-3}	$<1.00\times10^{-6}$	1.09×10^{-3}	$<1.00\times10^{-6}$	1.20×10^{-3}	$<1.00\times10^{-6}$	3.81×10^{-4}	$<1.00\times10^{-6}$	3.81×10^{-4}
18～19	$<1.00\times10^{-6}$	1.10×10^{-3}	$<1.00\times10^{-6}$	9.83×10^{-4}	$<1.00\times10^{-6}$	1.05×10^{-3}	$<1.00\times10^{-6}$	1.13×10^{-3}	$<1.00\times10^{-6}$	4.41×10^{-4}	$<1.00\times10^{-6}$	4.41×10^{-4}
19～20	$<1.00\times10^{-6}$	1.03×10^{-3}	$<1.00\times10^{-6}$	8.47×10^{-4}	$<1.00\times10^{-6}$	9.96×10^{-4}	$<1.00\times10^{-6}$	1.04×10^{-3}	$<1.00\times10^{-6}$	4.71×10^{-4}	$<1.00\times10^{-6}$	4.71×10^{-4}
20～21	$<1.00\times10^{-6}$	9.16×10^{-4}	$<1.00\times10^{-6}$	7.21×10^{-4}	$<1.00\times10^{-6}$	8.88×10^{-4}	$<1.00\times10^{-6}$	9.14×10^{-4}	$<1.00\times10^{-6}$	4.41×10^{-4}	$<1.00\times10^{-6}$	4.41×10^{-4}
21～22	$<1.00\times10^{-6}$	7.77×10^{-4}	$<1.00\times10^{-6}$	6.10×10^{-4}	$<1.00\times10^{-6}$	7.53×10^{-4}	$<1.00\times10^{-6}$	7.67×10^{-4}	$<1.00\times10^{-6}$	3.71×10^{-4}	$<1.00\times10^{-6}$	3.71×10^{-4}
22～23	$<1.00\times10^{-6}$	6.34×10^{-4}	$<1.00\times10^{-6}$	5.15×10^{-4}	$<1.00\times10^{-6}$	6.12×10^{-4}	$<1.00\times10^{-6}$	6.21×10^{-4}	$<1.00\times10^{-6}$	2.90×10^{-4}	$<1.00\times10^{-6}$	2.90×10^{-4}
23～24	$<1.00\times10^{-6}$	4.92×10^{-4}	$<1.00\times10^{-6}$	4.29×10^{-4}	$<1.00\times10^{-6}$	4.74×10^{-4}	$<1.00\times10^{-6}$	4.79×10^{-4}	$<1.00\times10^{-6}$	2.00×10^{-4}	$<1.00\times10^{-6}$	2.00×10^{-4}
24～25	$<1.00\times10^{-6}$	3.81×10^{-4}	$<1.00\times10^{-6}$	3.54×10^{-4}	$<1.00\times10^{-6}$	3.65×10^{-4}	$<1.00\times10^{-6}$	3.68×10^{-4}	$<1.00\times10^{-6}$	1.30×10^{-4}	$<1.00\times10^{-6}$	1.30×10^{-4}
25～30	$<1.00\times10^{-6}$	2.17×10^{-4}	$<1.00\times10^{-6}$	1.99×10^{-4}	$<1.00\times10^{-6}$	2.07×10^{-4}	$<1.00\times10^{-6}$	2.07×10^{-4}	$<1.00\times10^{-6}$	3.00×10^{-5}	$<1.00\times10^{-6}$	3.00×10^{-5}
30～35	$<1.00\times10^{-6}$	9.54×10^{-5}	$<1.00\times10^{-6}$	8.19×10^{-5}	$<1.00\times10^{-6}$	8.89×10^{-5}	$<1.00\times10^{-6}$	8.99×10^{-5}	$<1.00\times10^{-6}$	1.00×10^{-5}	$<1.00\times10^{-6}$	1.00×10^{-5}
35～40	$<1.00\times10^{-6}$	4.62×10^{-5}	$<1.00\times10^{-6}$	3.81×10^{-5}	$<1.00\times10^{-6}$	4.32×10^{-5}	$<1.00\times10^{-6}$	4.37×10^{-5}	$<1.00\times10^{-6}$	$<1.00\times10^{-6}$	$<1.00\times10^{-6}$	$<1.00\times10^{-6}$
40～45	$<1.00\times10^{-6}$	2.28×10^{-5}	$<1.00\times10^{-6}$	1.79×10^{-5}	$<1.00\times10^{-6}$	2.07×10^{-5}	$<1.00\times10^{-6}$	2.15×10^{-5}	$<1.00\times10^{-6}$	$<1.00\times10^{-6}$	$<1.00\times10^{-6}$	$<1.00\times10^{-6}$
45～50	$<1.00\times10^{-6}$	1.17×10^{-5}	$<1.00\times10^{-6}$	8.76×10^{-6}	$<1.00\times10^{-6}$	1.05×10^{-5}	$<1.00\times10^{-6}$	1.10×10^{-5}	$<1.00\times10^{-6}$	$<1.00\times10^{-6}$	$<1.00\times10^{-6}$	$<1.00\times10^{-6}$
50～70	$<1.00\times10^{-6}$	3.16×10^{-6}	$<1.00\times10^{-6}$	2.19×10^{-6}	$<1.00\times10^{-6}$	2.77×10^{-6}	$<1.00\times10^{-6}$	2.92×10^{-6}	$<1.00\times10^{-6}$	$<1.00\times10^{-6}$	$<1.00\times10^{-6}$	$<1.00\times10^{-6}$
70～100	$<1.00\times10^{-6}$	1.52×10^{-7}	$<1.00\times10^{-6}$	1.03×10^{-7}	$<1.00\times10^{-6}$	1.25×10^{-7}	$<1.00\times10^{-6}$	1.35×10^{-7}	$<1.00\times10^{-6}$	$<1.00\times10^{-6}$	$<1.00\times10^{-6}$	$<1.00\times10^{-6}$

（续）

$\lambda = 0.6943\mu m$

高度/km	乡村型,能见度23km 气溶胶吸收 k_a/km^{-1}	乡村型,能见度23km 气溶胶散射 σ_a/km^{-1}	乡村型,能见度5km 气溶胶吸收 k_a/km^{-1}	乡村型,能见度5km 气溶胶散射 σ_a/km^{-1}	城市型,能见度5km 气溶胶吸收 k_a/km^{-1}	城市型,能见度5km 气溶胶散射 σ_a/km^{-1}	海洋型,能见度23km 气溶胶吸收 k_a/km^{-1}	海洋型,能见度23km 气溶胶散射 σ_a/km^{-1}	沙漠型,风速10m/s 气溶胶吸收 k_a/km^{-1}	沙漠型,风速10m/s 气溶胶散射 σ_a/km^{-1}	沙漠型,风速2m/s 气溶胶吸收 k_a/km^{-1}	沙漠型,风速2m/s 气溶胶散射 σ_a/km^{-1}
0	6.35×10^{-3}	1.18×10^{-1}	2.73×10^{-2}	5.64×10^{-1}	2.04×10^{-1}	3.99×10^{-1}	1.19×10^{-3}	1.50×10^{-1}	4.01×10^{-4}	4.58×10^{-2}	1.68×10^{-4}	3.17×10^{-2}
0~1	5.65×10^{-3}	9.38×10^{-2}	3.15×10^{-2}	5.56×10^{-1}	2.03×10^{-1}	4.00×10^{-1}	1.03×10^{-3}	1.20×10^{-1}	3.16×10^{-4}	3.61×10^{-2}	1.32×10^{-4}	2.49×10^{-2}
1~2	3.78×10^{-3}	5.96×10^{-2}	1.32×10^{-2}	2.03×10^{-1}	7.35×10^{-2}	1.49×10^{-1}	6.77×10^{-4}	7.62×10^{-2}	1.97×10^{-4}	2.25×10^{-2}	8.23×10^{-5}	1.55×10^{-2}
2~3	2.02×10^{-4}	3.73×10^{-2}	1.86×10^{-3}	3.50×10^{-2}	8.58×10^{-3}	3.16×10^{-2}	7.68×10^{-4}	4.39×10^{-2}	2.67×10^{-4}	1.33×10^{-2}	1.75×10^{-4}	9.42×10^{-3}
3~4	7.70×10^{-4}	2.09×10^{-2}	5.56×10^{-4}	1.61×10^{-2}	7.70×10^{-4}	2.10×10^{-2}	7.70×10^{-4}	2.09×10^{-2}	3.24×10^{-4}	7.52×10^{-3}	2.62×10^{-4}	6.07×10^{-3}
4~5	4.01×10^{-4}	1.21×10^{-2}	2.36×10^{-4}	8.36×10^{-3}	4.01×10^{-4}	1.21×10^{-2}	4.01×10^{-4}	1.21×10^{-2}	2.80×10^{-4}	6.48×10^{-3}	2.60×10^{-4}	6.02×10^{-3}
5~6	2.54×10^{-4}	8.39×10^{-3}	1.25×10^{-4}	5.46×10^{-3}	2.54×10^{-4}	8.44×10^{-3}	2.54×10^{-4}	8.39×10^{-3}	2.54×10^{-4}	5.89×10^{-3}	2.54×10^{-4}	5.89×10^{-3}
6~7	2.08×10^{-4}	7.07×10^{-3}	8.63×10^{-5}	4.28×10^{-3}	2.08×10^{-4}	7.10×10^{-3}	2.08×10^{-4}	7.07×10^{-3}	2.08×10^{-4}	4.82×10^{-3}	2.08×10^{-4}	4.82×10^{-3}
7~8	1.39×10^{-4}	5.24×10^{-3}	5.46×10^{-5}	3.29×10^{-3}	1.39×10^{-4}	5.26×10^{-3}	1.39×10^{-4}	5.26×10^{-3}	1.38×10^{-4}	3.18×10^{-3}	1.38×10^{-4}	3.18×10^{-3}
8~9	7.53×10^{-5}	3.55×10^{-3}	3.54×10^{-5}	2.59×10^{-3}	7.53×10^{-5}	3.55×10^{-3}	7.53×10^{-5}	3.56×10^{-3}	7.43×10^{-5}	1.72×10^{-3}	7.43×10^{-5}	1.72×10^{-3}
9~10	4.35×10^{-5}	2.61×10^{-3}	2.63×10^{-5}	2.14×10^{-3}	4.35×10^{-5}	2.61×10^{-3}	4.35×10^{-5}	2.63×10^{-3}	4.31×10^{-5}	1.00×10^{-3}	4.31×10^{-5}	1.00×10^{-3}
10~11	1.71×10^{-5}	2.11×10^{-3}	1.18×10^{-5}	1.83×10^{-3}	1.71×10^{-5}	2.09×10^{-3}	1.71×10^{-5}	2.12×10^{-3}	1.70×10^{-5}	6.76×10^{-4}	1.70×10^{-5}	6.76×10^{-4}
11~12	$<1.00\times10^{-6}$	1.77×10^{-3}	$<1.00\times10^{-6}$	1.60×10^{-3}	$<1.00\times10^{-6}$	1.73×10^{-3}	$<1.00\times10^{-6}$	1.79×10^{-3}	$<1.00\times10^{-6}$	5.02×10^{-4}	$<1.00\times10^{-6}$	5.02×10^{-4}
12~13	$<1.00\times10^{-6}$	1.53×10^{-3}	$<1.00\times10^{-6}$	1.41×10^{-3}	$<1.00\times10^{-6}$	1.46×10^{-3}	$<1.00\times10^{-6}$	1.54×10^{-3}	$<1.00\times10^{-6}$	4.04×10^{-4}	$<1.00\times10^{-6}$	4.04×10^{-4}
13~14	$<1.00\times10^{-6}$	1.31×10^{-3}	$<1.00\times10^{-6}$	1.26×10^{-3}	$<1.00\times10^{-6}$	1.24×10^{-3}	$<1.00\times10^{-6}$	1.34×10^{-3}	$<1.00\times10^{-6}$	3.36×10^{-4}	$<1.00\times10^{-6}$	3.36×10^{-4}
14~15	$<1.00\times10^{-6}$	1.12×10^{-3}	$<1.00\times10^{-6}$	1.15×10^{-3}	$<1.00\times10^{-6}$	1.06×10^{-3}	$<1.00\times10^{-6}$	1.17×10^{-3}	$<1.00\times10^{-6}$	2.93×10^{-4}	$<1.00\times10^{-6}$	2.93×10^{-4}

（续）

$\lambda = 0.6943 \mu m$

高度/km	乡村型，能见度23km 气溶胶吸收 k_a/km^{-1}	乡村型，能见度23km 气溶胶散射 $\sigma_a/\mathrm{km}^{-1}$	乡村型，能见度5km 气溶胶吸收 k_a/km^{-1}	乡村型，能见度5km 气溶胶散射 $\sigma_a/\mathrm{km}^{-1}$	城市型，能见度5km 气溶胶吸收 k_a/km^{-1}	城市型，能见度5km 气溶胶散射 $\sigma_a/\mathrm{km}^{-1}$	海洋型，能见度23km 气溶胶吸收 k_a/km^{-1}	海洋型，能见度23km 气溶胶散射 $\sigma_a/\mathrm{km}^{-1}$	沙漠型，风速10m/s 气溶胶吸收 k_a/km^{-1}	沙漠型，风速10m/s 气溶胶散射 $\sigma_a/\mathrm{km}^{-1}$	沙漠型，风速2m/s 气溶胶吸收 k_a/km^{-1}	沙漠型，风速2m/s 气溶胶散射 $\sigma_a/\mathrm{km}^{-1}$
15~16	$<1.00\times10^{-6}$	9.81×10^{-4}	$<1.00\times10^{-6}$	1.05×10^{-3}	$<1.00\times10^{-6}$	9.30×10^{-4}	$<1.00\times10^{-6}$	1.04×10^{-3}	$<1.00\times10^{-6}$	2.73×10^{-4}	$<1.00\times10^{-6}$	2.73×10^{-4}
16~17	$<1.00\times10^{-6}$	8.89×10^{-4}	$<1.00\times10^{-6}$	9.49×10^{-4}	$<1.00\times10^{-6}$	8.45×10^{-4}	$<1.00\times10^{-6}$	9.45×10^{-4}	$<1.00\times10^{-6}$	2.83×10^{-4}	$<1.00\times10^{-6}$	2.83×10^{-4}
17~18	$<1.00\times10^{-6}$	8.49×10^{-4}	$<1.00\times10^{-6}$	8.48×10^{-4}	$<1.00\times10^{-6}$	8.13×10^{-4}	$<1.00\times10^{-6}$	8.88×10^{-4}	$<1.00\times10^{-6}$	3.29×10^{-4}	$<1.00\times10^{-6}$	3.29×10^{-4}
18~19	$<1.00\times10^{-6}$	8.27×10^{-4}	$<1.00\times10^{-6}$	7.46×10^{-4}	$<1.00\times10^{-6}$	7.98×10^{-4}	$<1.00\times10^{-6}$	8.47×10^{-4}	$<1.00\times10^{-6}$	3.85×10^{-4}	$<1.00\times10^{-6}$	3.85×10^{-4}
19~20	$<1.00\times10^{-6}$	7.86×10^{-4}	$<1.00\times10^{-6}$	6.43×10^{-4}	$<1.00\times10^{-6}$	7.63×10^{-4}	$<1.00\times10^{-6}$	7.93×10^{-4}	$<1.00\times10^{-6}$	4.10×10^{-4}	$<1.00\times10^{-6}$	4.10×10^{-4}
20~21	$<1.00\times10^{-6}$	7.02×10^{-4}	$<1.00\times10^{-6}$	5.48×10^{-4}	$<1.00\times10^{-6}$	6.83×10^{-4}	$<1.00\times10^{-6}$	7.01×10^{-4}	$<1.00\times10^{-6}$	3.81×10^{-4}	$<1.00\times10^{-6}$	3.81×10^{-4}
21~22	$<1.00\times10^{-6}$	5.96×10^{-4}	$<1.00\times10^{-6}$	4.63×10^{-4}	$<1.00\times10^{-6}$	5.79×10^{-4}	$<1.00\times10^{-6}$	5.89×10^{-4}	$<1.00\times10^{-6}$	3.22×10^{-4}	$<1.00\times10^{-6}$	3.22×10^{-4}
22~23	$<1.00\times10^{-6}$	4.83×10^{-4}	$<1.00\times10^{-6}$	3.90×10^{-4}	$<1.00\times10^{-6}$	4.69×10^{-4}	$<1.00\times10^{-6}$	4.74×10^{-4}	$<1.00\times10^{-6}$	2.49×10^{-4}	$<1.00\times10^{-6}$	2.49×10^{-4}
23~24	$<1.00\times10^{-6}$	3.71×10^{-4}	$<1.00\times10^{-6}$	3.23×10^{-4}	$<1.00\times10^{-6}$	3.58×10^{-4}	$<1.00\times10^{-6}$	3.62×10^{-4}	$<1.00\times10^{-6}$	1.70×10^{-4}	$<1.00\times10^{-6}$	1.70×10^{-4}
24~25	$<1.00\times10^{-6}$	2.83×10^{-4}	$<1.00\times10^{-6}$	2.66×10^{-4}	$<1.00\times10^{-6}$	2.72×10^{-4}	$<1.00\times10^{-6}$	2.74×10^{-4}	$<1.00\times10^{-6}$	1.13×10^{-4}	$<1.00\times10^{-6}$	1.13×10^{-4}
25~30	$<1.00\times10^{-6}$	1.59×10^{-4}	$<1.00\times10^{-6}$	1.47×10^{-4}	$<1.00\times10^{-6}$	1.52×10^{-4}	$<1.00\times10^{-6}$	1.52×10^{-4}	$<1.00\times10^{-6}$	2.70×10^{-5}	$<1.00\times10^{-6}$	2.70×10^{-5}
30~35	$<1.00\times10^{-6}$	7.10×10^{-5}	$<1.00\times10^{-6}$	6.18×10^{-5}	$<1.00\times10^{-6}$	6.65×10^{-5}	$<1.00\times10^{-6}$	6.72×10^{-5}	$<1.00\times10^{-6}$	6.00×10^{-6}	$<1.00\times10^{-6}$	6.00×10^{-6}
35~40	$<1.00\times10^{-6}$	3.50×10^{-5}	$<1.00\times10^{-6}$	2.95×10^{-5}	$<1.00\times10^{-6}$	3.29×10^{-5}	$<1.00\times10^{-6}$	3.33×10^{-5}	$<1.00\times10^{-6}$	2.00×10^{-6}	$<1.00\times10^{-6}$	2.00×10^{-6}
40~45	$<1.00\times10^{-6}$	1.73×10^{-5}	$<1.00\times10^{-6}$	1.39×10^{-5}	$<1.00\times10^{-6}$	1.58×10^{-5}	$<1.00\times10^{-6}$	1.64×10^{-5}	$<1.00\times10^{-6}$	1.00×10^{-6}	$<1.00\times10^{-6}$	1.00×10^{-6}
45~50	$<1.00\times10^{-6}$	8.86×10^{-6}	$<1.00\times10^{-6}$	6.84×10^{-6}	$<1.00\times10^{-6}$	8.01×10^{-6}	$<1.00\times10^{-6}$	8.36×10^{-6}	$<1.00\times10^{-6}$	$<1.00\times10^{-6}$	$<1.00\times10^{-6}$	$<1.00\times10^{-6}$
50~70	$<1.00\times10^{-6}$	2.38×10^{-6}	$<1.00\times10^{-6}$	1.71×10^{-6}	$<1.00\times10^{-6}$	2.12×10^{-6}	$<1.00\times10^{-6}$	2.22×10^{-6}	$<1.00\times10^{-6}$	$<1.00\times10^{-6}$	$<1.00\times10^{-6}$	$<1.00\times10^{-6}$
70~100	$<1.00\times10^{-6}$	1.13×10^{-7}	$<1.00\times10^{-6}$	7.92×10^{-8}	$<1.00\times10^{-6}$	9.46×10^{-8}	$<1.00\times10^{-6}$	1.02×10^{-7}	$<1.00\times10^{-6}$	$<1.00\times10^{-6}$	$<1.00\times10^{-6}$	$<1.00\times10^{-6}$

（续）

$\lambda = 0.86\mu m$

高度/km	乡村型，能见度23km 气溶胶吸收 k_a/km^{-1}	乡村型，能见度23km 气溶胶散射 σ_a/km^{-1}	乡村型，能见度5km 气溶胶吸收 k_a/km^{-1}	乡村型，能见度5km 气溶胶散射 σ_a/km^{-1}	城市型，能见度5km 气溶胶吸收 k_a/km^{-1}	城市型，能见度5km 气溶胶散射 σ_a/km^{-1}	海洋型，能见度23km 气溶胶吸收 k_a/km^{-1}	海洋型，能见度23km 气溶胶散射 σ_a/km^{-1}	沙漠型，风速10m/s 气溶胶吸收 k_a/km^{-1}	沙漠型，风速10m/s 气溶胶散射 σ_a/km^{-1}	沙漠型，风速2m/s 气溶胶吸收 k_a/km^{-1}	沙漠型，风速2m/s 气溶胶散射 σ_a/km^{-1}
0	6.79×10^{-3}	9.11×10^{-2}	2.93×10^{-2}	4.44×10^{-1}	1.78×10^{-1}	3.15×10^{-1}	1.31×10^{-3}	1.40×10^{-1}	1.97×10^{-4}	3.74×10^{-2}	1.15×10^{-4}	2.24×10^{-2}
0~1	6.02×10^{-3}	7.21×10^{-2}	3.37×10^{-2}	4.36×10^{-1}	1.77×10^{-1}	3.15×10^{-1}	1.14×10^{-3}	1.11×10^{-1}	1.55×10^{-4}	2.94×10^{-2}	9.04×10^{-5}	1.76×10^{-2}
1~2	4.02×10^{-3}	4.53×10^{-2}	1.40×10^{-2}	1.57×10^{-1}	6.42×10^{-2}	1.17×10^{-1}	7.45×10^{-4}	6.96×10^{-2}	9.65×10^{-5}	1.84×10^{-2}	5.62×10^{-5}	1.10×10^{-2}
2~3	2.13×10^{-3}	2.76×10^{-2}	1.97×10^{-2}	2.59×10^{-2}	7.58×10^{-3}	2.33×10^{-2}	8.16×10^{-4}	3.74×10^{-2}	2.59×10^{-4}	1.02×10^{-2}	1.89×10^{-4}	6.55×10^{-3}
3~4	8.03×10^{-4}	1.48×10^{-2}	5.80×10^{-3}	1.11×10^{-2}	8.03×10^{-4}	1.49×10^{-2}	8.03×10^{-4}	1.48×10^{-2}	3.81×10^{-4}	5.09×10^{-3}	3.08×10^{-4}	4.11×10^{-3}
4~5	4.18×10^{-4}	8.21×10^{-3}	2.46×10^{-3}	5.36×10^{-3}	4.18×10^{-4}	8.23×10^{-3}	4.18×10^{-4}	8.20×10^{-3}	3.29×10^{-4}	4.38×10^{-3}	3.06×10^{-4}	4.07×10^{-3}
5~6	2.65×10^{-4}	5.51×10^{-3}	1.30×10^{-3}	3.27×10^{-3}	2.65×10^{-4}	5.53×10^{-3}	2.65×10^{-4}	5.51×10^{-3}	2.98×10^{-4}	3.98×10^{-3}	2.98×10^{-4}	3.98×10^{-3}
6~7	2.17×10^{-4}	4.60×10^{-3}	9.00×10^{-4}	2.48×10^{-3}	2.17×10^{-4}	4.61×10^{-3}	2.17×10^{-4}	4.60×10^{-3}	2.44×10^{-4}	3.26×10^{-3}	2.44×10^{-4}	3.26×10^{-3}
7~8	1.45×10^{-4}	3.29×10^{-3}	5.69×10^{-4}	1.81×10^{-3}	1.45×10^{-4}	3.30×10^{-3}	1.45×10^{-4}	3.30×10^{-3}	1.61×10^{-4}	2.15×10^{-3}	1.61×10^{-4}	2.15×10^{-3}
8~9	7.86×10^{-5}	2.08×10^{-3}	3.69×10^{-4}	1.37×10^{-3}	7.86×10^{-5}	2.08×10^{-3}	7.86×10^{-5}	2.09×10^{-3}	8.74×10^{-5}	1.16×10^{-3}	8.74×10^{-5}	1.16×10^{-3}
9~10	4.54×10^{-5}	1.44×10^{-3}	2.75×10^{-4}	1.11×10^{-3}	4.54×10^{-5}	1.44×10^{-3}	4.54×10^{-5}	1.45×10^{-3}	5.11×10^{-5}	6.77×10^{-4}	5.11×10^{-5}	6.77×10^{-4}
10~11	1.78×10^{-5}	1.11×10^{-3}	1.23×10^{-4}	9.42×10^{-4}	1.78×10^{-5}	1.10×10^{-3}	1.78×10^{-5}	1.11×10^{-3}	2.00×10^{-5}	4.51×10^{-4}	2.00×10^{-5}	4.51×10^{-4}
11~12	$<1.00 \times 10^{-6}$	9.04×10^{-4}	$<1.00 \times 10^{-4}$	8.26×10^{-4}	$<1.00 \times 10^{-6}$	8.88×10^{-4}	$<1.00 \times 10^{-6}$	9.11×10^{-4}	$<1.00 \times 10^{-6}$	3.28×10^{-4}	$<1.00 \times 10^{-6}$	3.28×10^{-4}
12~13	$<1.00 \times 10^{-6}$	7.70×10^{-4}	$<1.00 \times 10^{-4}$	7.34×10^{-4}	$<1.00 \times 10^{-6}$	7.40×10^{-4}	$<1.00 \times 10^{-6}$	7.76×10^{-4}	$<1.00 \times 10^{-6}$	2.63×10^{-4}	$<1.00 \times 10^{-6}$	2.63×10^{-4}
13~14	$<1.00 \times 10^{-6}$	6.57×10^{-4}	$<1.00 \times 10^{-4}$	6.71×10^{-4}	$<1.00 \times 10^{-6}$	6.25×10^{-4}	$<1.00 \times 10^{-6}$	6.69×10^{-4}	$<1.00 \times 10^{-6}$	2.19×10^{-4}	$<1.00 \times 10^{-6}$	2.19×10^{-4}
14~15	$<1.00 \times 10^{-6}$	5.66×10^{-4}	$<1.00 \times 10^{-4}$	6.27×10^{-4}	$<1.00 \times 10^{-6}$	5.39×10^{-4}	$<1.00 \times 10^{-6}$	5.86×10^{-4}	$<1.00 \times 10^{-6}$	1.92×10^{-4}	$<1.00 \times 10^{-6}$	1.92×10^{-4}

（续）

$\lambda = 0.86\mu m$

高度/km	乡村型，能见度 23km 气溶胶吸收 k_a/km^{-1}	乡村型，能见度 23km 气溶胶散射 σ_a/km^{-1}	乡村型，能见度 5km 气溶胶吸收 k_a/km^{-1}	乡村型，能见度 5km 气溶胶散射 σ_a/km^{-1}	城市型，能见度 5km 气溶胶吸收 k_a/km^{-1}	城市型，能见度 5km 气溶胶散射 σ_a/km^{-1}	海洋型，能见度 23km 气溶胶吸收 k_a/km^{-1}	海洋型，能见度 23km 气溶胶散射 σ_a/km^{-1}	沙漠型，风速 10m/s 气溶胶吸收 k_a/km^{-1}	沙漠型，风速 10m/s 气溶胶散射 σ_a/km^{-1}	沙漠型，风速 2m/s 气溶胶吸收 k_a/km^{-1}	沙漠型，风速 2m/s 气溶胶散射 σ_a/km^{-1}
15~16	$<1.00\times10^{-6}$	4.98×10^{-4}	$<1.00\times10^{-6}$	5.83×10^{-4}	$<1.00\times10^{-6}$	4.77×10^{-4}	$<1.00\times10^{-6}$	5.24×10^{-4}	$<1.00\times10^{-6}$	1.78×10^{-4}	$<1.00\times10^{-6}$	1.78×10^{-4}
16~17	$<1.00\times10^{-6}$	4.63×10^{-4}	$<1.00\times10^{-6}$	5.36×10^{-4}	$<1.00\times10^{-6}$	4.45×10^{-4}	$<1.00\times10^{-6}$	4.87×10^{-4}	$<1.00\times10^{-6}$	1.85×10^{-4}	$<1.00\times10^{-6}$	1.85×10^{-4}
17~18	$<1.00\times10^{-6}$	4.61×10^{-4}	$<1.00\times10^{-6}$	4.85×10^{-4}	$<1.00\times10^{-6}$	4.46×10^{-4}	$<1.00\times10^{-6}$	4.78×10^{-4}	$<1.00\times10^{-6}$	2.15×10^{-4}	$<1.00\times10^{-6}$	2.15×10^{-4}
18~19	$<1.00\times10^{-6}$	4.69×10^{-4}	$<1.00\times10^{-6}$	4.30×10^{-4}	$<1.00\times10^{-6}$	4.57×10^{-4}	$<1.00\times10^{-6}$	4.78×10^{-4}	$<1.00\times10^{-6}$	2.52×10^{-4}	$<1.00\times10^{-6}$	2.52×10^{-4}
19~20	$<1.00\times10^{-6}$	4.60×10^{-4}	$<1.00\times10^{-6}$	3.71×10^{-4}	$<1.00\times10^{-6}$	4.50×10^{-4}	$<1.00\times10^{-6}$	4.63×10^{-4}	$<1.00\times10^{-6}$	2.68×10^{-4}	$<1.00\times10^{-6}$	2.68×10^{-4}
20~21	$<1.00\times10^{-6}$	4.15×10^{-4}	$<1.00\times10^{-6}$	3.15×10^{-4}	$<1.00\times10^{-6}$	4.07×10^{-4}	$<1.00\times10^{-6}$	4.15×10^{-4}	$<1.00\times10^{-6}$	2.49×10^{-4}	$<1.00\times10^{-6}$	2.49×10^{-4}
21~22	$<1.00\times10^{-6}$	3.52×10^{-4}	$<1.00\times10^{-6}$	2.66×10^{-4}	$<1.00\times10^{-6}$	3.45×10^{-4}	$<1.00\times10^{-6}$	3.49×10^{-4}	$<1.00\times10^{-6}$	2.10×10^{-4}	$<1.00\times10^{-6}$	2.10×10^{-4}
22~23	$<1.00\times10^{-6}$	2.82×10^{-4}	$<1.00\times10^{-6}$	2.23×10^{-4}	$<1.00\times10^{-6}$	2.76×10^{-4}	$<1.00\times10^{-6}$	2.78×10^{-4}	$<1.00\times10^{-6}$	1.62×10^{-4}	$<1.00\times10^{-6}$	1.62×10^{-4}
23~24	$<1.00\times10^{-6}$	2.10×10^{-4}	$<1.00\times10^{-6}$	1.83×10^{-4}	$<1.00\times10^{-6}$	2.05×10^{-4}	$<1.00\times10^{-6}$	2.06×10^{-4}	$<1.00\times10^{-6}$	1.12×10^{-4}	$<1.00\times10^{-6}$	1.12×10^{-4}
24~25	$<1.00\times10^{-6}$	1.55×10^{-4}	$<1.00\times10^{-6}$	1.49×10^{-4}	$<1.00\times10^{-6}$	1.50×10^{-4}	$<1.00\times10^{-6}$	1.51×10^{-4}	$<1.00\times10^{-6}$	7.43×10^{-5}	$<1.00\times10^{-6}$	7.43×10^{-5}
25~30	$<1.00\times10^{-6}$	8.25×10^{-5}	$<1.00\times10^{-6}$	7.90×10^{-5}	$<1.00\times10^{-6}$	7.95×10^{-5}	$<1.00\times10^{-6}$	7.95×10^{-5}	$<1.00\times10^{-6}$	1.70×10^{-5}	$<1.00\times10^{-6}$	1.70×10^{-5}
30~35	$<1.00\times10^{-6}$	3.92×10^{-5}	$<1.00\times10^{-6}$	3.53×10^{-5}	$<1.00\times10^{-6}$	3.73×10^{-5}	$<1.00\times10^{-6}$	3.76×10^{-5}	$<1.00\times10^{-6}$	5.00×10^{-6}	$<1.00\times10^{-6}$	5.00×10^{-6}
35~40	$<1.00\times10^{-6}$	2.03×10^{-5}	$<1.00\times10^{-6}$	1.80×10^{-5}	$<1.00\times10^{-6}$	1.95×10^{-5}	$<1.00\times10^{-6}$	1.96×10^{-5}	$<1.00\times10^{-6}$	2.00×10^{-6}	$<1.00\times10^{-6}$	2.00×10^{-6}
40~45	$<1.00\times10^{-6}$	1.00×10^{-5}	$<1.00\times10^{-6}$	8.63×10^{-6}	$<1.00\times10^{-6}$	9.43×10^{-6}	$<1.00\times10^{-6}$	9.68×10^{-6}	$<1.00\times10^{-6}$	1.00×10^{-6}	$<1.00\times10^{-6}$	1.00×10^{-6}
45~50	$<1.00\times10^{-6}$	5.15×10^{-6}	$<1.00\times10^{-6}$	4.30×10^{-6}	$<1.00\times10^{-6}$	4.79×10^{-6}	$<1.00\times10^{-6}$	4.94×10^{-6}	$<1.00\times10^{-6}$	$<1.00\times10^{-6}$	$<1.00\times10^{-6}$	$<1.00\times10^{-6}$
50~70	$<1.00\times10^{-6}$	1.36×10^{-6}	$<1.00\times10^{-6}$	1.08×10^{-6}	$<1.00\times10^{-6}$	1.25×10^{-6}	$<1.00\times10^{-6}$	1.29×10^{-6}	$<1.00\times10^{-6}$	$<1.00\times10^{-6}$	$<1.00\times10^{-6}$	$<1.00\times10^{-6}$
70~100	$<1.00\times10^{-6}$	6.24×10^{-8}	$<1.00\times10^{-6}$	4.82×10^{-8}	$<1.00\times10^{-6}$	5.47×10^{-8}	$<1.00\times10^{-6}$	5.76×10^{-8}	$<1.00\times10^{-6}$	$<1.00\times10^{-6}$	$<1.00\times10^{-6}$	$<1.00\times10^{-6}$

（续）

$\lambda = 1.06\mu m$

高度/km	乡村型，能见度23km 气溶胶吸收 k_a/km^{-1}	乡村型，能见度23km 气溶胶散射 σ_a/km^{-1}	乡村型，能见度5km 气溶胶吸收 k_a/km^{-1}	乡村型，能见度5km 气溶胶散射 σ_a/km^{-1}	城市型，能见度5km 气溶胶吸收 k_a/km^{-1}	城市型，能见度5km 气溶胶散射 σ_a/km^{-1}	海洋型，能见度23km 气溶胶吸收 k_a/km^{-1}	海洋型，能见度23km 气溶胶散射 σ_a/km^{-1}	沙漠型，风速10m/s 气溶胶吸收 k_a/km^{-1}	沙漠型，风速10m/s 气溶胶散射 σ_a/km^{-1}	沙漠型，风速2m/s 气溶胶吸收 k_a/km^{-1}	沙漠型，风速2m/s 气溶胶散射 σ_a/km^{-1}
0	7.33×10^{-3}	6.10×10^{-2}	3.18×10^{-2}	3.02×10^{-1}	1.47×10^{-1}	2.15×10^{-1}	1.46×10^{-3}	1.29×10^{-1}	8.54×10^{-5}	3.18×10^{-2}	8.03×10^{-5}	1.70×10^{-2}
0~1	6.46×10^{-3}	4.78×10^{-2}	3.63×10^{-2}	2.93×10^{-1}	1.46×10^{-1}	2.16×10^{-1}	1.26×10^{-3}	1.02×10^{-1}	6.72×10^{-5}	2.51×10^{-2}	6.32×10^{-5}	1.34×10^{-2}
1~2	4.30×10^{-3}	2.97×10^{-2}	1.50×10^{-2}	1.04×10^{-1}	5.29×10^{-2}	7.95×10^{-2}	8.27×10^{-4}	6.34×10^{-2}	4.21×10^{-5}	1.56×10^{-2}	3.91×10^{-5}	8.30×10^{-3}
2~3	2.27×10^{-3}	1.76×10^{-2}	2.10×10^{-3}	1.65×10^{-2}	6.37×10^{-3}	1.49×10^{-2}	8.73×10^{-4}	3.11×10^{-2}	2.22×10^{-4}	8.20×10^{-3}	1.70×10^{-4}	4.81×10^{-3}
3~4	8.43×10^{-4}	8.84×10^{-3}	6.09×10^{-4}	6.57×10^{-3}	8.43×10^{-4}	8.85×10^{-3}	8.43×10^{-4}	8.83×10^{-3}	3.55×10^{-4}	3.48×10^{-3}	2.86×10^{-4}	2.81×10^{-3}
4~5	4.39×10^{-4}	4.81×10^{-3}	2.59×10^{-4}	3.06×10^{-3}	4.39×10^{-4}	4.82×10^{-3}	4.39×10^{-4}	4.81×10^{-3}	3.06×10^{-4}	3.00×10^{-3}	2.84×10^{-4}	2.79×10^{-3}
5~6	2.78×10^{-4}	3.18×10^{-3}	1.36×10^{-4}	1.81×10^{-3}	2.78×10^{-4}	3.19×10^{-3}	2.78×10^{-4}	3.18×10^{-3}	2.78×10^{-4}	2.73×10^{-3}	2.78×10^{-4}	2.73×10^{-3}
6~7	2.28×10^{-4}	2.64×10^{-3}	9.45×10^{-5}	1.34×10^{-3}	2.28×10^{-4}	2.65×10^{-3}	2.28×10^{-4}	2.64×10^{-3}	2.28×10^{-4}	2.23×10^{-3}	2.28×10^{-4}	2.23×10^{-3}
7~8	1.53×10^{-4}	1.86×10^{-3}	5.98×10^{-5}	9.54×10^{-4}	1.53×10^{-4}	1.87×10^{-3}	1.53×10^{-4}	1.87×10^{-3}	1.50×10^{-4}	1.48×10^{-3}	1.50×10^{-4}	1.48×10^{-3}
8~9	8.25×10^{-5}	1.14×10^{-3}	3.87×10^{-5}	7.02×10^{-4}	8.25×10^{-5}	1.14×10^{-3}	8.25×10^{-5}	1.14×10^{-3}	8.13×10^{-5}	7.97×10^{-4}	8.13×10^{-5}	7.97×10^{-4}
9~10	4.76×10^{-5}	7.59×10^{-4}	2.88×10^{-5}	5.61×10^{-4}	4.76×10^{-5}	7.58×10^{-4}	4.76×10^{-5}	7.62×10^{-4}	4.71×10^{-5}	4.64×10^{-4}	4.71×10^{-5}	4.64×10^{-4}
10~11	1.87×10^{-5}	5.58×10^{-4}	1.29×10^{-5}	4.67×10^{-4}	1.87×10^{-5}	5.55×10^{-4}	1.87×10^{-5}	5.61×10^{-4}	1.90×10^{-5}	3.04×10^{-4}	1.90×10^{-5}	3.04×10^{-4}
11~12	$<1.00\times10^{-6}$	4.37×10^{-4}	$<1.00\times10^{-6}$	4.01×10^{-4}	$<1.00\times10^{-6}$	4.30×10^{-4}	$<1.00\times10^{-6}$	4.40×10^{-4}	$<1.00\times10^{-6}$	2.16×10^{-4}	$<1.00\times10^{-6}$	2.16×10^{-4}
12~13	$<1.00\times10^{-6}$	3.70×10^{-4}	$<1.00\times10^{-6}$	3.59×10^{-4}	$<1.00\times10^{-6}$	3.57×10^{-4}	$<1.00\times10^{-6}$	3.72×10^{-4}	$<1.00\times10^{-6}$	1.73×10^{-4}	$<1.00\times10^{-6}$	1.73×10^{-4}
13~14	$<1.00\times10^{-6}$	3.15×10^{-4}	$<1.00\times10^{-6}$	3.31×10^{-4}	$<1.00\times10^{-6}$	3.01×10^{-4}	$<1.00\times10^{-6}$	3.20×10^{-4}	$<1.00\times10^{-6}$	1.44×10^{-4}	$<1.00\times10^{-6}$	1.44×10^{-4}
14~15	$<1.00\times10^{-6}$	2.71×10^{-4}	$<1.00\times10^{-6}$	3.12×10^{-4}	$<1.00\times10^{-6}$	2.60×10^{-4}	$<1.00\times10^{-6}$	2.80×10^{-4}	$<1.00\times10^{-6}$	1.26×10^{-4}	$<1.00\times10^{-6}$	1.26×10^{-4}

（续）

$\lambda = 1.06\,\mu m$

高度/km	乡村型，能见度23km 气溶胶吸收 k_a/km^{-1}	乡村型，能见度23km 气溶胶散射 $\sigma_a/\mathrm{km}^{-1}$	乡村型，能见度5km 气溶胶吸收 k_a/km^{-1}	乡村型，能见度5km 气溶胶散射 $\sigma_a/\mathrm{km}^{-1}$	城市型，能见度5km 气溶胶吸收 k_a/km^{-1}	城市型，能见度5km 气溶胶散射 $\sigma_a/\mathrm{km}^{-1}$	海洋型，能见度23km 气溶胶吸收 k_a/km^{-1}	海洋型，能见度23km 气溶胶散射 $\sigma_a/\mathrm{km}^{-1}$	沙漠型，风速10m/s 气溶胶吸收 k_a/km^{-1}	沙漠型，风速10m/s 气溶胶散射 $\sigma_a/\mathrm{km}^{-1}$	沙漠型，风速2m/s 气溶胶吸收 k_a/km^{-1}	沙漠型，风速2m/s 气溶胶散射 $\sigma_a/\mathrm{km}^{-1}$
15~16	$<1.00\times10^{-6}$	2.40×10^{-4}	$<1.00\times10^{-6}$	2.94×10^{-4}	$<1.00\times10^{-6}$	2.31×10^{-4}	$<1.00\times10^{-6}$	2.51×10^{-4}	$<1.00\times10^{-6}$	1.17×10^{-4}	$<1.00\times10^{-5}$	1.17×10^{-4}
16~17	$<1.00\times10^{-6}$	2.26×10^{-4}	$<1.00\times10^{-6}$	2.72×10^{-4}	$<1.00\times10^{-6}$	2.18×10^{-4}	$<1.00\times10^{-6}$	2.36×10^{-4}	$<1.00\times10^{-6}$	1.22×10^{-4}	$<1.00\times10^{-5}$	1.22×10^{-4}
17~18	$<1.00\times10^{-6}$	2.30×10^{-4}	$<1.00\times10^{-6}$	2.47×10^{-4}	$<1.00\times10^{-6}$	2.23×10^{-4}	$<1.00\times10^{-6}$	2.37×10^{-4}	$<1.00\times10^{-6}$	1.42×10^{-4}	$<1.00\times10^{-5}$	1.42×10^{-4}
18~19	$<1.00\times10^{-6}$	2.38×10^{-4}	$<1.00\times10^{-6}$	2.20×10^{-4}	$<1.00\times10^{-6}$	2.33×10^{-4}	$<1.00\times10^{-6}$	2.42×10^{-4}	$<1.00\times10^{-6}$	1.65×10^{-4}	$<1.00\times10^{-5}$	1.65×10^{-4}
19~20	$<1.00\times10^{-6}$	2.37×10^{-4}	$<1.00\times10^{-6}$	1.90×10^{-4}	$<1.00\times10^{-6}$	2.32×10^{-4}	$<1.00\times10^{-6}$	2.38×10^{-4}	$<1.00\times10^{-6}$	1.77×10^{-4}	$<1.00\times10^{-5}$	1.77×10^{-4}
20~21	$<1.00\times10^{-6}$	2.15×10^{-4}	$<1.00\times10^{-6}$	1.61×10^{-4}	$<1.00\times10^{-6}$	2.11×10^{-4}	$<1.00\times10^{-6}$	2.15×10^{-4}	$<1.00\times10^{-6}$	1.64×10^{-4}	$<1.00\times10^{-5}$	1.64×10^{-4}
21~22	$<1.00\times10^{-6}$	1.82×10^{-4}	$<1.00\times10^{-6}$	1.36×10^{-4}	$<1.00\times10^{-6}$	1.79×10^{-4}	$<1.00\times10^{-6}$	1.81×10^{-4}	$<1.00\times10^{-6}$	1.39×10^{-4}	$<1.00\times10^{-5}$	1.39×10^{-4}
22~23	$<1.00\times10^{-6}$	1.45×10^{-4}	$<1.00\times10^{-6}$	1.14×10^{-4}	$<1.00\times10^{-6}$	1.42×10^{-4}	$<1.00\times10^{-6}$	1.43×10^{-4}	$<1.00\times10^{-6}$	1.08×10^{-4}	$<1.00\times10^{-5}$	1.08×10^{-4}
23~24	$<1.00\times10^{-6}$	1.07×10^{-4}	$<1.00\times10^{-6}$	9.32×10^{-5}	$<1.00\times10^{-6}$	1.04×10^{-4}	$<1.00\times10^{-6}$	1.05×10^{-4}	$<1.00\times10^{-6}$	7.33×10^{-5}	$<1.00\times10^{-5}$	7.33×10^{-5}
24~25	$<1.00\times10^{-6}$	7.75×10^{-5}	$<1.00\times10^{-6}$	7.55×10^{-5}	$<1.00\times10^{-6}$	7.55×10^{-5}	$<1.00\times10^{-6}$	7.58×10^{-5}	$<1.00\times10^{-6}$	4.81×10^{-5}	$<1.00\times10^{-5}$	4.81×10^{-5}
25~30	$<1.00\times10^{-6}$	4.02×10^{-5}	$<1.00\times10^{-6}$	3.91×10^{-5}	$<1.00\times10^{-6}$	3.89×10^{-5}	$<1.00\times10^{-6}$	3.90×10^{-5}	$<1.00\times10^{-6}$	1.10×10^{-5}	$<1.00\times10^{-5}$	1.10×10^{-5}
30~35	$<1.00\times10^{-6}$	2.40×10^{-5}	$<1.00\times10^{-6}$	2.23×10^{-5}	$<1.00\times10^{-6}$	2.32×10^{-5}	$<1.00\times10^{-6}$	2.33×10^{-5}	$<1.00\times10^{-6}$	4.00×10^{-6}	$<1.00\times10^{-5}$	4.00×10^{-6}
35~40	$<1.00\times10^{-6}$	1.37×10^{-5}	$<1.00\times10^{-6}$	1.27×10^{-5}	$<1.00\times10^{-6}$	1.33×10^{-5}	$<1.00\times10^{-6}$	1.33×10^{-5}	$<1.00\times10^{-6}$	$<1.00\times10^{-6}$	$<1.00\times10^{-5}$	$<1.00\times10^{-6}$
40~45	$<1.00\times10^{-6}$	6.75×10^{-6}	$<1.00\times10^{-6}$	6.14×10^{-6}	$<1.00\times10^{-6}$	6.48×10^{-6}	$<1.00\times10^{-6}$	6.59×10^{-6}	$<1.00\times10^{-6}$	$<1.00\times10^{-6}$	$<1.00\times10^{-5}$	$<1.00\times10^{-6}$
45~50	$<1.00\times10^{-6}$	3.45×10^{-6}	$<1.00\times10^{-6}$	3.09×10^{-6}	$<1.00\times10^{-6}$	3.30×10^{-6}	$<1.00\times10^{-6}$	3.36×10^{-6}	$<1.00\times10^{-6}$	$<1.00\times10^{-6}$	$<1.00\times10^{-5}$	$<1.00\times10^{-6}$
50~70	$<1.00\times10^{-6}$	9.03×10^{-7}	$<1.00\times10^{-6}$	7.82×10^{-7}	$<1.00\times10^{-6}$	8.55×10^{-7}	$<1.00\times10^{-6}$	8.73×10^{-7}	$<1.00\times10^{-6}$	$<1.00\times10^{-6}$	$<1.00\times10^{-5}$	$<1.00\times10^{-6}$
70~100	$<1.00\times10^{-6}$	3.98×10^{-8}	$<1.00\times10^{-6}$	3.37×10^{-8}	$<1.00\times10^{-6}$	3.65×10^{-8}	$<1.00\times10^{-6}$	3.78×10^{-8}	$<1.00\times10^{-6}$	$<1.00\times10^{-6}$	$<1.00\times10^{-5}$	$<1.00\times10^{-6}$

（续）

$\lambda = 1.3152\mu m$

高度/km	乡村型，能见度23km 气溶胶吸收 k_a/km^{-1}	气溶胶散射 σ_a/km^{-1}	乡村型，能见度5km 气溶胶吸收 k_a/km^{-1}	气溶胶散射 σ_a/km^{-1}	城市型，能见度5km 气溶胶吸收 k_a/km^{-1}	气溶胶散射 σ_a/km^{-1}	海洋型，能见度23km 气溶胶吸收 k_a/km^{-1}	气溶胶散射 σ_a/km^{-1}	沙漠型，风速10m/s 气溶胶吸收 k_a/km^{-1}	气溶胶散射 σ_a/km^{-1}	沙漠型，风速2m/s 气溶胶吸收 k_a/km^{-1}	气溶胶散射 σ_a/km^{-1}
0	6.81×10^{-3}	4.59×10^{-2}	2.96×10^{-2}	2.30×10^{-1}	1.27×10^{-1}	1.63×10^{-1}	1.46×10^{-3}	1.20×10^{-1}	6.72×10^{-5}	2.71×10^{-2}	6.62×10^{-5}	1.15×10^{-2}
0~1	6.00×10^{-3}	3.57×10^{-2}	3.37×10^{-2}	2.22×10^{-1}	1.27×10^{-1}	1.64×10^{-1}	1.25×10^{-3}	9.42×10^{-2}	5.31×10^{-5}	2.14×10^{-2}	5.21×10^{-5}	9.07×10^{-3}
1~2	3.99×10^{-3}	2.21×10^{-2}	1.39×10^{-2}	7.80×10^{-2}	4.59×10^{-2}	6.03×10^{-2}	8.15×10^{-4}	5.84×10^{-2}	3.31×10^{-5}	1.33×10^{-2}	3.21×10^{-5}	5.64×10^{-3}
2~3	2.08×10^{-3}	1.26×10^{-2}	1.93×10^{-3}	1.18×10^{-2}	5.54×10^{-3}	1.07×10^{-2}	8.04×10^{-4}	2.72×10^{-2}	2.02×10^{-4}	6.45×10^{-3}	1.55×10^{-4}	3.12×10^{-3}
3~4	7.44×10^{-4}	5.85×10^{-3}	5.37×10^{-4}	4.30×10^{-3}	7.44×10^{-4}	5.86×10^{-3}	7.44×10^{-4}	5.85×10^{-3}	3.27×10^{-4}	2.04×10^{-3}	2.63×10^{-4}	1.65×10^{-3}
4~5	3.87×10^{-4}	3.13×10^{-3}	2.28×10^{-4}	1.94×10^{-3}	3.87×10^{-4}	3.14×10^{-3}	3.87×10^{-4}	3.13×10^{-3}	2.82×10^{-4}	1.76×10^{-3}	2.62×10^{-4}	1.63×10^{-3}
5~6	2.45×10^{-4}	2.04×10^{-3}	1.20×10^{-4}	1.10×10^{-3}	2.45×10^{-4}	2.05×10^{-3}	2.45×10^{-4}	2.04×10^{-3}	2.56×10^{-4}	1.60×10^{-3}	2.56×10^{-4}	1.60×10^{-3}
6~7	2.01×10^{-4}	1.69×10^{-3}	8.33×10^{-5}	8.03×10^{-4}	2.01×10^{-4}	1.69×10^{-3}	2.01×10^{-4}	1.69×10^{-3}	2.09×10^{-4}	1.31×10^{-3}	2.09×10^{-4}	1.31×10^{-3}
7~8	1.35×10^{-4}	1.17×10^{-3}	5.27×10^{-5}	5.53×10^{-4}	1.35×10^{-4}	1.17×10^{-3}	1.35×10^{-4}	1.17×10^{-3}	1.39×10^{-4}	8.64×10^{-4}	1.39×10^{-4}	8.64×10^{-4}
8~9	7.27×10^{-5}	6.87×10^{-4}	3.42×10^{-5}	3.93×10^{-4}	7.27×10^{-5}	6.87×10^{-4}	7.27×10^{-5}	6.88×10^{-4}	7.53×10^{-5}	4.67×10^{-4}	7.53×10^{-5}	4.67×10^{-4}
9~10	4.20×10^{-5}	4.40×10^{-4}	2.54×10^{-5}	3.09×10^{-4}	4.20×10^{-5}	4.40×10^{-4}	4.20×10^{-5}	4.41×10^{-4}	4.31×10^{-5}	2.72×10^{-4}	4.31×10^{-5}	2.72×10^{-4}
10~11	1.65×10^{-5}	3.08×10^{-4}	1.14×10^{-5}	2.52×10^{-4}	1.65×10^{-5}	3.07×10^{-4}	1.65×10^{-5}	3.09×10^{-4}	1.70×10^{-5}	1.77×10^{-4}	1.70×10^{-5}	1.77×10^{-4}
11~12	$<1.00\times10^{-6}$	2.31×10^{-4}	$<1.00\times10^{-6}$	2.14×10^{-4}	$<1.00\times10^{-6}$	2.28×10^{-4}	$<1.00\times10^{-6}$	2.32×10^{-4}	$<1.00\times10^{-6}$	1.23×10^{-4}	$<1.00\times10^{-6}$	1.23×10^{-4}
12~13	$<1.00\times10^{-6}$	1.93×10^{-4}	$<1.00\times10^{-6}$	1.93×10^{-4}	$<1.00\times10^{-6}$	1.88×10^{-4}	$<1.00\times10^{-6}$	1.95×10^{-4}	$<1.00\times10^{-6}$	9.85×10^{-5}	$<1.00\times10^{-6}$	9.85×10^{-5}
13~14	$<1.00\times10^{-6}$	1.64×10^{-4}	$<1.00\times10^{-6}$	1.81×10^{-4}	$<1.00\times10^{-6}$	1.58×10^{-4}	$<1.00\times10^{-6}$	1.66×10^{-4}	$<1.00\times10^{-6}$	8.23×10^{-5}	$<1.00\times10^{-6}$	8.23×10^{-5}
14~15	$<1.00\times10^{-6}$	1.42×10^{-4}	$<1.00\times10^{-6}$	1.74×10^{-4}	$<1.00\times10^{-6}$	1.37×10^{-4}	$<1.00\times10^{-6}$	1.45×10^{-4}	$<1.00\times10^{-6}$	7.23×10^{-5}	$<1.00\times10^{-6}$	7.23×10^{-5}

（续）

$\lambda = 1.3152 \mu m$

高度/km	乡村型，能见度23km 气溶胶吸收 k_a/km^{-1}	乡村型，能见度23km 气溶胶散射 $\sigma_a/\mathrm{km}^{-1}$	乡村型，能见度5km 气溶胶吸收 k_a/km^{-1}	乡村型，能见度5km 气溶胶散射 $\sigma_a/\mathrm{km}^{-1}$	城市型，能见度5km 气溶胶吸收 k_a/km^{-1}	城市型，能见度5km 气溶胶散射 $\sigma_a/\mathrm{km}^{-1}$	海洋型，能见度23km 气溶胶吸收 k_a/km^{-1}	海洋型，能见度23km 气溶胶散射 $\sigma_a/\mathrm{km}^{-1}$	沙漠型，风速10m/s 气溶胶吸收 k_a/km^{-1}	沙漠型，风速10m/s 气溶胶散射 $\sigma_a/\mathrm{km}^{-1}$	沙漠型，风速2m/s 气溶胶吸收 k_a/km^{-1}	沙漠型，风速2m/s 气溶胶散射 $\sigma_a/\mathrm{km}^{-1}$
15~16	$<1.00\times10^{-6}$	1.27×10^{-4}	$<1.00\times10^{-6}$	1.66×10^{-4}	$<1.00\times10^{-6}$	1.23×10^{-4}	$<1.00\times10^{-6}$	1.31×10^{-4}	$<1.00\times10^{-6}$	6.62×10^{-5}	$<1.00\times10^{-6}$	6.62×10^{-5}
16~17	$<1.00\times10^{-6}$	1.22×10^{-4}	$<1.00\times10^{-6}$	1.55×10^{-4}	$<1.00\times10^{-6}$	1.18×10^{-4}	$<1.00\times10^{-6}$	1.26×10^{-4}	$<1.00\times10^{-6}$	6.92×10^{-5}	$<1.00\times10^{-6}$	6.92×10^{-5}
17~18	$<1.00\times10^{-6}$	1.28×10^{-4}	$<1.00\times10^{-6}$	1.42×10^{-4}	$<1.00\times10^{-6}$	1.25×10^{-4}	$<1.00\times10^{-6}$	1.31×10^{-4}	$<1.00\times10^{-6}$	8.03×10^{-5}	$<1.00\times10^{-6}$	8.03×10^{-5}
18~19	$<1.00\times10^{-6}$	1.37×10^{-4}	$<1.00\times10^{-6}$	1.27×10^{-4}	$<1.00\times10^{-6}$	1.34×10^{-4}	$<1.00\times10^{-6}$	1.38×10^{-4}	$<1.00\times10^{-6}$	9.44×10^{-5}	$<1.00\times10^{-6}$	9.44×10^{-5}
19~20	$<1.00\times10^{-6}$	1.38×10^{-4}	$<1.00\times10^{-6}$	1.10×10^{-4}	$<1.00\times10^{-6}$	1.36×10^{-4}	$<1.00\times10^{-6}$	1.39×10^{-4}	$<1.00\times10^{-6}$	1.01×10^{-4}	$<1.00\times10^{-6}$	1.01×10^{-4}
20~21	$<1.00\times10^{-6}$	1.26×10^{-4}	$<1.00\times10^{-6}$	9.33×10^{-5}	$<1.00\times10^{-6}$	1.25×10^{-4}	$<1.00\times10^{-6}$	1.26×10^{-4}	$<1.00\times10^{-6}$	9.34×10^{-5}	$<1.00\times10^{-6}$	9.34×10^{-5}
21~22	$<1.00\times10^{-6}$	1.07×10^{-4}	$<1.00\times10^{-6}$	7.84×10^{-5}	$<1.00\times10^{-6}$	1.06×10^{-4}	$<1.00\times10^{-6}$	1.06×10^{-4}	$<1.00\times10^{-6}$	7.93×10^{-5}	$<1.00\times10^{-6}$	7.93×10^{-5}
22~23	$<1.00\times10^{-6}$	8.45×10^{-5}	$<1.00\times10^{-6}$	6.55×10^{-5}	$<1.00\times10^{-6}$	8.34×10^{-5}	$<1.00\times10^{-6}$	8.38×10^{-5}	$<1.00\times10^{-6}$	6.12×10^{-5}	$<1.00\times10^{-6}$	6.12×10^{-5}
23~24	$<1.00\times10^{-6}$	6.11×10^{-5}	$<1.00\times10^{-6}$	5.34×10^{-5}	$<1.00\times10^{-6}$	6.01×10^{-5}	$<1.00\times10^{-6}$	6.04×10^{-5}	$<1.00\times10^{-6}$	4.21×10^{-5}	$<1.00\times10^{-6}$	4.21×10^{-5}
24~25	$<1.00\times10^{-6}$	4.33×10^{-5}	$<1.00\times10^{-6}$	4.29×10^{-5}	$<1.00\times10^{-6}$	4.24×10^{-5}	$<1.00\times10^{-6}$	4.26×10^{-5}	$<1.00\times10^{-6}$	2.80×10^{-5}	$<1.00\times10^{-6}$	2.80×10^{-5}
25~30	$<1.00\times10^{-6}$	2.16×10^{-5}	$<1.00\times10^{-6}$	2.16×10^{-5}	$<1.00\times10^{-6}$	2.11×10^{-5}	$<1.00\times10^{-6}$	2.11×10^{-5}	$<1.00\times10^{-6}$	7.00×10^{-6}	$<1.00\times10^{-6}$	7.00×10^{-6}
30~35	$<1.00\times10^{-6}$	1.64×10^{-5}	$<1.00\times10^{-6}$	1.57×10^{-5}	$<1.00\times10^{-6}$	1.61×10^{-5}	$<1.00\times10^{-6}$	1.61×10^{-5}	$<1.00\times10^{-6}$	3.00×10^{-6}	$<1.00\times10^{-6}$	3.00×10^{-6}
35~40	$<1.00\times10^{-6}$	1.01×10^{-5}	$<1.00\times10^{-6}$	9.63×10^{-6}	$<1.00\times10^{-6}$	9.90×10^{-6}	$<1.00\times10^{-6}$	9.92×10^{-6}	$<1.00\times10^{-6}$	1.00×10^{-6}	$<1.00\times10^{-6}$	1.00×10^{-6}
40~45	$<1.00\times10^{-6}$	4.96×10^{-6}	$<1.00\times10^{-6}$	4.71×10^{-6}	$<1.00\times10^{-6}$	4.85×10^{-6}	$<1.00\times10^{-6}$	4.90×10^{-6}	$<1.00\times10^{-6}$	1.00×10^{-6}	$<1.00\times10^{-6}$	1.00×10^{-6}
45~50	$<1.00\times10^{-6}$	2.54×10^{-6}	$<1.00\times10^{-6}$	2.39×10^{-6}	$<1.00\times10^{-6}$	2.48×10^{-6}	$<1.00\times10^{-6}$	2.50×10^{-6}	$<1.00\times10^{-6}$	$<1.00\times10^{-6}$	$<1.00\times10^{-6}$	$<1.00\times10^{-6}$
50~70	$<1.00\times10^{-6}$	6.58×10^{-7}	$<1.00\times10^{-6}$	6.07×10^{-7}	$<1.00\times10^{-6}$	6.37×10^{-7}	$<1.00\times10^{-6}$	6.45×10^{-7}	$<1.00\times10^{-6}$	$<1.00\times10^{-6}$	$<1.00\times10^{-6}$	$<1.00\times10^{-6}$
70~100	$<1.00\times10^{-6}$	2.81×10^{-8}	$<1.00\times10^{-6}$	2.56×10^{-8}	$<1.00\times10^{-6}$	2.67×10^{-8}	$<1.00\times10^{-6}$	2.73×10^{-8}	$<1.00\times10^{-6}$	$<1.00\times10^{-6}$	$<1.00\times10^{-6}$	$<1.00\times10^{-6}$

（续）

$\lambda = 1.536\mu m$

高度/km	乡村型，能见度23km 气溶胶吸收 k_a/km^{-1}	乡村型，能见度23km 气溶胶散射 σ_a/km^{-1}	乡村型，能见度5km 气溶胶吸收 k_a/km^{-1}	乡村型，能见度5km 气溶胶散射 σ_a/km^{-1}	城市型，能见度5km 气溶胶吸收 k_a/km^{-1}	城市型，能见度5km 气溶胶散射 σ_a/km^{-1}	海洋型，能见度23km 气溶胶吸收 k_a/km^{-1}	海洋型，能见度23km 气溶胶散射 σ_a/km^{-1}	沙漠型，风速10m/s 气溶胶吸收 k_a/km^{-1}	沙漠型，风速10m/s 气溶胶散射 σ_a/km^{-1}	沙漠型，风速2m/s 气溶胶吸收 k_a/km^{-1}	沙漠型，风速2m/s 气溶胶散射 σ_a/km^{-1}
0	6.36×10^{-3}	3.31×10^{-2}	2.77×10^{-2}	1.68×10^{-1}	1.10×10^{-1}	1.19×10^{-1}	1.46×10^{-3}	1.13×10^{-1}	5.92×10^{-5}	2.46×10^{-2}	5.82×10^{-5}	9.14×10^{-3}
0~1	5.59×10^{-3}	2.55×10^{-2}	3.15×10^{-2}	1.60×10^{-1}	1.10×10^{-1}	1.19×10^{-1}	1.24×10^{-3}	8.79×10^{-2}	4.61×10^{-5}	1.94×10^{-2}	4.61×10^{-5}	7.18×10^{-3}
1~2	3.71×10^{-3}	1.57×10^{-2}	1.30×10^{-2}	5.56×10^{-2}	3.98×10^{-2}	4.39×10^{-2}	8.05×10^{-4}	5.44×10^{-2}	2.90×10^{-5}	1.21×10^{-2}	2.90×10^{-5}	4.47×10^{-3}
2~3	1.91×10^{-3}	8.42×10^{-3}	1.78×10^{-3}	8.02×10^{-3}	4.81×10^{-3}	7.22×10^{-3}	7.45×10^{-4}	2.40×10^{-2}	1.70×10^{-4}	5.60×10^{-3}	1.32×10^{-4}	2.38×10^{-3}
3~4	6.57×10^{-4}	3.44×10^{-3}	4.75×10^{-3}	2.53×10^{-3}	6.57×10^{-3}	3.44×10^{-3}	6.57×10^{-4}	3.44×10^{-3}	2.76×10^{-4}	1.39×10^{-3}	2.22×10^{-4}	1.12×10^{-3}
4~5	3.42×10^{-4}	1.84×10^{-3}	2.02×10^{-4}	1.13×10^{-3}	3.42×10^{-4}	1.84×10^{-3}	3.42×10^{-4}	1.84×10^{-3}	2.38×10^{-4}	1.20×10^{-3}	2.20×10^{-4}	1.11×10^{-3}
5~6	2.17×10^{-4}	1.20×10^{-3}	1.06×10^{-4}	6.41×10^{-4}	2.17×10^{-4}	1.20×10^{-3}	2.17×10^{-4}	1.20×10^{-3}	2.15×10^{-4}	1.09×10^{-3}	2.15×10^{-4}	1.09×10^{-3}
6~7	1.78×10^{-4}	9.87×10^{-4}	7.37×10^{-5}	4.65×10^{-4}	1.78×10^{-4}	9.88×10^{-4}	1.78×10^{-4}	9.87×10^{-4}	1.77×10^{-4}	8.92×10^{-4}	1.77×10^{-4}	8.92×10^{-4}
7~8	1.19×10^{-4}	6.82×10^{-4}	4.66×10^{-5}	3.18×10^{-4}	1.19×10^{-4}	6.83×10^{-4}	1.19×10^{-4}	6.83×10^{-4}	1.17×10^{-4}	5.90×10^{-4}	1.17×10^{-4}	5.90×10^{-4}
8~9	6.43×10^{-5}	3.98×10^{-4}	3.02×10^{-5}	2.25×10^{-4}	6.43×10^{-5}	3.98×10^{-4}	6.43×10^{-5}	3.98×10^{-4}	6.32×10^{-5}	3.19×10^{-4}	6.32×10^{-5}	3.19×10^{-4}
9~10	3.72×10^{-5}	2.53×10^{-4}	2.25×10^{-5}	1.76×10^{-4}	3.72×10^{-5}	2.53×10^{-4}	3.72×10^{-5}	2.54×10^{-4}	3.71×10^{-5}	1.85×10^{-4}	3.71×10^{-5}	1.85×10^{-4}
10~11	1.46×10^{-5}	1.72×10^{-4}	1.01×10^{-5}	1.40×10^{-4}	1.46×10^{-5}	1.71×10^{-4}	1.46×10^{-5}	1.72×10^{-4}	1.50×10^{-5}	1.19×10^{-4}	1.50×10^{-5}	1.19×10^{-4}
11~12	$<1.00 \times 10^{-6}$	1.23×10^{-4}	$<1.00 \times 10^{-6}$	1.14×10^{-4}	$<1.00 \times 10^{-6}$	1.22×10^{-4}	$<1.00 \times 10^{-6}$	1.24×10^{-4}	$<1.00 \times 10^{-6}$	8.23×10^{-5}	$<1.00 \times 10^{-6}$	8.23×10^{-5}
12~13	$<1.00 \times 10^{-6}$	1.03×10^{-4}	$<1.00 \times 10^{-6}$	1.03×10^{-4}	$<1.00 \times 10^{-6}$	1.00×10^{-4}	$<1.00 \times 10^{-6}$	1.04×10^{-4}	$<1.00 \times 10^{-6}$	6.62×10^{-5}	$<1.00 \times 10^{-6}$	6.62×10^{-5}
13~14	$<1.00 \times 10^{-6}$	8.76×10^{-5}	$<1.00 \times 10^{-6}$	9.66×10^{-5}	$<1.00 \times 10^{-6}$	8.45×10^{-5}	$<1.00 \times 10^{-6}$	8.87×10^{-5}	$<1.00 \times 10^{-6}$	5.52×10^{-5}	$<1.00 \times 10^{-6}$	5.52×10^{-5}
14~15	$<1.00 \times 10^{-6}$	7.56×10^{-5}	$<1.00 \times 10^{-6}$	9.28×10^{-5}	$<1.00 \times 10^{-6}$	7.31×10^{-5}	$<1.00 \times 10^{-6}$	7.77×10^{-5}	$<1.00 \times 10^{-6}$	4.81×10^{-5}	$<1.00 \times 10^{-6}$	4.81×10^{-5}

（续）

$\lambda = 1.536\,\mu m$

高度/km	乡村型,能见度23km		乡村型,能见度5km		城市型,能见度5km		海洋型,能见度23km		沙漠型,风速10m/s		沙漠型,风速2m/s	
	气溶胶吸收 k_a/km^{-1}	气溶胶散射 $\sigma_a/\mathrm{km}^{-1}$	气溶胶吸收 k_a/km^{-1}	气溶胶散射 $\sigma_a/\mathrm{km}^{-1}$	气溶胶吸收 k_a/km^{-1}	气溶胶散射 $\sigma_a/\mathrm{km}^{-1}$	气溶胶吸收 k_a/km^{-1}	气溶胶散射 $\sigma_a/\mathrm{km}^{-1}$	气溶胶吸收 k_a/km^{-1}	气溶胶散射 $\sigma_a/\mathrm{km}^{-1}$	气溶胶吸收 k_a/km^{-1}	气溶胶散射 $\sigma_a/\mathrm{km}^{-1}$
15~16	$<1.00\times10^{-6}$	6.77×10^{-6}	$<1.00\times10^{-6}$	8.84×10^{-5}	$<1.00\times10^{-6}$	6.56×10^{-5}	$<1.00\times10^{-6}$	7.01×10^{-5}	$<1.00\times10^{-6}$	4.41×10^{-5}	$<1.00\times10^{-6}$	4.41×10^{-5}
16~17	$<1.00\times10^{-6}$	6.50×10^{-6}	$<1.00\times10^{-6}$	8.28×10^{-5}	$<1.00\times10^{-6}$	6.32×10^{-5}	$<1.00\times10^{-6}$	6.73×10^{-5}	$<1.00\times10^{-6}$	4.61×10^{-5}	$<1.00\times10^{-6}$	4.61×10^{-5}
17~18	$<1.00\times10^{-6}$	6.82×10^{-6}	$<1.00\times10^{-6}$	7.59×10^{-5}	$<1.00\times10^{-6}$	6.67×10^{-5}	$<1.00\times10^{-6}$	6.98×10^{-5}	$<1.00\times10^{-6}$	5.41×10^{-5}	$<1.00\times10^{-6}$	5.41×10^{-5}
18~19	$<1.00\times10^{-6}$	7.29×10^{-6}	$<1.00\times10^{-6}$	6.78×10^{-5}	$<1.00\times10^{-6}$	7.17×10^{-5}	$<1.00\times10^{-6}$	7.37×10^{-5}	$<1.00\times10^{-6}$	6.32×10^{-5}	$<1.00\times10^{-6}$	6.32×10^{-5}
19~20	$<1.00\times10^{-6}$	7.36×10^{-6}	$<1.00\times10^{-6}$	5.86×10^{-5}	$<1.00\times10^{-6}$	7.27×10^{-5}	$<1.00\times10^{-6}$	7.39×10^{-5}	$<1.00\times10^{-6}$	6.72×10^{-5}	$<1.00\times10^{-6}$	6.72×10^{-5}
20~21	$<1.00\times10^{-6}$	6.73×10^{-6}	$<1.00\times10^{-6}$	4.98×10^{-5}	$<1.00\times10^{-6}$	6.65×10^{-5}	$<1.00\times10^{-6}$	6.73×10^{-5}	$<1.00\times10^{-6}$	6.22×10^{-5}	$<1.00\times10^{-6}$	6.22×10^{-5}
21~22	$<1.00\times10^{-6}$	5.69×10^{-6}	$<1.00\times10^{-6}$	4.18×10^{-5}	$<1.00\times10^{-6}$	5.63×10^{-5}	$<1.00\times10^{-6}$	5.67×10^{-5}	$<1.00\times10^{-6}$	5.21×10^{-5}	$<1.00\times10^{-6}$	5.21×10^{-5}
22~23	$<1.00\times10^{-6}$	4.50×10^{-6}	$<1.00\times10^{-6}$	3.49×10^{-5}	$<1.00\times10^{-6}$	4.44×10^{-5}	$<1.00\times10^{-6}$	4.47×10^{-5}	$<1.00\times10^{-6}$	4.11×10^{-5}	$<1.00\times10^{-6}$	4.11×10^{-5}
23~24	$<1.00\times10^{-6}$	3.26×10^{-6}	$<1.00\times10^{-6}$	2.85×10^{-5}	$<1.00\times10^{-6}$	3.21×10^{-5}	$<1.00\times10^{-6}$	3.22×10^{-5}	$<1.00\times10^{-6}$	2.80×10^{-5}	$<1.00\times10^{-6}$	2.80×10^{-5}
24~25	$<1.00\times10^{-6}$	2.31×10^{-6}	$<1.00\times10^{-6}$	2.29×10^{-5}	$<1.00\times10^{-6}$	2.26×10^{-5}	$<1.00\times10^{-6}$	2.27×10^{-5}	$<1.00\times10^{-6}$	1.80×10^{-5}	$<1.00\times10^{-6}$	1.80×10^{-5}
25~30	$<1.00\times10^{-6}$	1.15×10^{-6}	$<1.00\times10^{-6}$	1.15×10^{-5}	$<1.00\times10^{-6}$	1.12×10^{-5}	$<1.00\times10^{-6}$	1.13×10^{-5}	$<1.00\times10^{-6}$	4.00×10^{-6}	$<1.00\times10^{-6}$	4.00×10^{-6}
30~35	$<1.00\times10^{-6}$	1.27×10^{-6}	$<1.00\times10^{-6}$	1.23×10^{-5}	$<1.00\times10^{-6}$	1.25×10^{-5}	$<1.00\times10^{-6}$	1.25×10^{-5}	$<1.00\times10^{-6}$	3.00×10^{-6}	$<1.00\times10^{-6}$	3.00×10^{-6}
35~40	$<1.00\times10^{-6}$	8.27×10^{-7}	$<1.00\times10^{-6}$	8.04×10^{-6}	$<1.00\times10^{-6}$	8.19×10^{-6}	$<1.00\times10^{-6}$	8.20×10^{-6}	$<1.00\times10^{-6}$	1.00×10^{-6}	$<1.00\times10^{-6}$	1.00×10^{-6}
40~45	$<1.00\times10^{-6}$	4.08×10^{-7}	$<1.00\times10^{-6}$	3.95×10^{-6}	$<1.00\times10^{-6}$	4.02×10^{-6}	$<1.00\times10^{-6}$	4.05×10^{-6}	$<1.00\times10^{-6}$	1.00×10^{-6}	$<1.00\times10^{-6}$	1.00×10^{-6}
45~50	$<1.00\times10^{-6}$	2.09×10^{-7}	$<1.00\times10^{-6}$	2.01×10^{-6}	$<1.00\times10^{-6}$	2.05×10^{-6}	$<1.00\times10^{-6}$	2.07×10^{-6}	$<1.00\times10^{-6}$	$<1.00\times10^{-6}$	$<1.00\times10^{-6}$	$<1.00\times10^{-6}$
50~70	$<1.00\times10^{-6}$	5.38×10^{-8}	$<1.00\times10^{-6}$	5.11×10^{-7}	$<1.00\times10^{-6}$	5.27×10^{-7}	$<1.00\times10^{-6}$	5.31×10^{-7}	$<1.00\times10^{-6}$	$<1.00\times10^{-6}$	$<1.00\times10^{-6}$	$<1.00\times10^{-6}$
70~100	$<1.00\times10^{-6}$	2.27×10^{-8}	$<1.00\times10^{-6}$	2.13×10^{-8}	$<1.00\times10^{-6}$	2.19×10^{-8}	$<1.00\times10^{-6}$	2.22×10^{-8}	$<1.00\times10^{-6}$	$<1.00\times10^{-6}$	$<1.00\times10^{-6}$	$<1.00\times10^{-6}$

（续）

$\lambda = 1.55\,\mu m$

高度/km	乡村型，能见度23km		乡村型，能见度5km		城市型，能见度5km		海洋型，能见度23km		沙漠型，风速10m/s		沙漠型，风速2m/s	
	气溶胶吸收 k_a/km^{-1}	气溶胶散射 σ_a/km^{-1}	气溶胶吸收 k_a/km^{-1}	气溶胶散射 σ_a/km^{-1}	气溶胶吸收 k_a/km^{-1}	气溶胶散射 σ_a/km^{-1}	气溶胶吸收 k_a/km^{-1}	气溶胶散射 σ_a/km^{-1}	气溶胶吸收 k_a/km^{-1}	气溶胶散射 σ_a/km^{-1}	气溶胶吸收 k_a/km^{-1}	气溶胶散射 σ_a/km^{-1}
0	6.25×10^{-3}	3.28×10^{-2}	2.72×10^{-2}	1.66×10^{-1}	1.10×10^{-1}	1.18×10^{-1}	1.47×10^{-3}	1.13×10^{-1}	5.92×10^{-5}	2.47×10^{-2}	5.82×10^{-5}	9.23×10^{-3}
0~1	5.49×10^{-3}	2.52×10^{-2}	3.10×10^{-2}	1.58×10^{-1}	1.09×10^{-1}	1.18×10^{-1}	1.24×10^{-3}	8.76×10^{-2}	4.61×10^{-5}	1.95×10^{-2}	4.61×10^{-5}	7.25×10^{-3}
1~2	3.65×10^{-3}	1.55×10^{-2}	1.28×10^{-2}	5.50×10^{-2}	3.96×10^{-2}	4.34×10^{-2}	8.06×10^{-4}	5.41×10^{-2}	2.90×10^{-5}	1.21×10^{-2}	2.80×10^{-5}	4.51×10^{-3}
2~3	1.88×10^{-3}	8.32×10^{-3}	1.75×10^{-3}	7.92×10^{-3}	4.78×10^{-3}	7.12×10^{-3}	7.37×10^{-4}	2.39×10^{-2}	1.72×10^{-4}	5.63×10^{-3}	1.33×10^{-4}	2.40×10^{-3}
3~4	6.44×10^{-4}	3.37×10^{-3}	4.65×10^{-4}	2.48×10^{-3}	6.44×10^{-4}	3.38×10^{-3}	6.44×10^{-4}	3.37×10^{-3}	2.79×10^{-4}	1.42×10^{-3}	2.26×10^{-4}	1.14×10^{-3}
4~5	3.35×10^{-4}	1.80×10^{-3}	1.98×10^{-4}	1.11×10^{-3}	3.35×10^{-4}	1.80×10^{-3}	3.35×10^{-4}	1.80×10^{-3}	2.41×10^{-4}	1.22×10^{-3}	2.23×10^{-4}	1.13×10^{-3}
5~6	2.13×10^{-4}	1.17×10^{-3}	1.04×10^{-4}	6.27×10^{-4}	2.13×10^{-4}	1.17×10^{-3}	2.13×10^{-4}	1.17×10^{-3}	2.18×10^{-4}	1.11×10^{-3}	2.18×10^{-4}	1.11×10^{-3}
6~7	1.74×10^{-4}	9.66×10^{-4}	7.22×10^{-5}	4.54×10^{-4}	1.74×10^{-4}	9.68×10^{-4}	1.74×10^{-4}	9.67×10^{-4}	1.79×10^{-4}	9.08×10^{-4}	1.79×10^{-4}	9.08×10^{-4}
7~8	1.17×10^{-4}	6.68×10^{-4}	4.57×10^{-5}	3.10×10^{-4}	1.17×10^{-4}	6.69×10^{-4}	1.17×10^{-4}	6.68×10^{-4}	1.18×10^{-4}	6.00×10^{-4}	1.18×10^{-4}	6.00×10^{-4}
8~9	6.30×10^{-5}	3.89×10^{-4}	2.96×10^{-5}	2.19×10^{-4}	6.30×10^{-5}	3.89×10^{-4}	6.30×10^{-5}	3.90×10^{-4}	6.42×10^{-5}	3.24×10^{-4}	6.42×10^{-5}	3.24×10^{-4}
9~10	3.64×10^{-5}	2.47×10^{-4}	2.20×10^{-5}	1.72×10^{-4}	3.64×10^{-5}	2.47×10^{-4}	3.64×10^{-5}	2.48×10^{-4}	3.71×10^{-5}	1.88×10^{-4}	3.71×10^{-5}	1.88×10^{-4}
10~11	1.44×10^{-5}	1.68×10^{-4}	9.94×10^{-6}	1.36×10^{-4}	1.44×10^{-5}	1.67×10^{-4}	1.44×10^{-5}	1.68×10^{-4}	1.50×10^{-5}	1.21×10^{-4}	1.50×10^{-5}	1.21×10^{-4}
11~12	$<1.00\times10^{-6}$	1.20×10^{-4}	$<1.00\times10^{-6}$	1.12×10^{-4}	$<1.00\times10^{-6}$	1.19×10^{-4}	$<1.00\times10^{-6}$	1.21×10^{-4}	$<1.00\times10^{-6}$	8.33×10^{-5}	$<1.00\times10^{-6}$	8.33×10^{-5}
12~13	$<1.00\times10^{-6}$	1.01×10^{-4}	$<1.00\times10^{-6}$	1.01×10^{-4}	$<1.00\times10^{-6}$	9.80×10^{-5}	$<1.00\times10^{-6}$	1.01×10^{-4}	$<1.00\times10^{-6}$	6.72×10^{-5}	$<1.00\times10^{-6}$	6.72×10^{-5}
13~14	$<1.00\times10^{-6}$	8.53×10^{-5}	$<1.00\times10^{-6}$	9.43×10^{-5}	$<1.00\times10^{-6}$	8.23×10^{-5}	$<1.00\times10^{-6}$	8.64×10^{-5}	$<1.00\times10^{-6}$	5.52×10^{-5}	$<1.00\times10^{-6}$	5.52×10^{-5}
14~15	$<1.00\times10^{-6}$	7.37×10^{-5}	$<1.00\times10^{-6}$	9.06×10^{-5}	$<1.00\times10^{-6}$	7.12×10^{-5}	$<1.00\times10^{-6}$	7.57×10^{-5}	$<1.00\times10^{-6}$	4.91×10^{-5}	$<1.00\times10^{-6}$	4.91×10^{-5}

（续）

$\lambda = 1.55\ \mu m$

高度/km	乡村型，能见度23km		乡村型，能见度5km		城市型，能见度5km		海洋型，能见度23km		沙漠型，风速10m/s		沙漠型，风速2m/s	
	气溶胶吸收 k_a/km^{-1}	气溶胶散射 $\sigma_a/\mathrm{km}^{-1}$	气溶胶吸收 k_a/km^{-1}	气溶胶散射 $\sigma_a/\mathrm{km}^{-1}$	气溶胶吸收 k_a/km^{-1}	气溶胶散射 $\sigma_a/\mathrm{km}^{-1}$	气溶胶吸收 k_a/km^{-1}	气溶胶散射 $\sigma_a/\mathrm{km}^{-1}$	气溶胶吸收 k_a/km^{-1}	气溶胶散射 $\sigma_a/\mathrm{km}^{-1}$	气溶胶吸收 k_a/km^{-1}	气溶胶散射 $\sigma_a/\mathrm{km}^{-1}$
15~16	$<1.00\times10^{-6}$	6.60×10^{-5}	$<1.00\times10^{-6}$	8.65×10^{-5}	$<1.00\times10^{-6}$	6.39×10^{-5}	$<1.00\times10^{-6}$	6.83×10^{-6}	$<1.00\times10^{-6}$	4.51×10^{-5}	$<1.00\times10^{-6}$	4.51×10^{-5}
16~17	$<1.00\times10^{-6}$	6.34×10^{-5}	$<1.00\times10^{-6}$	8.10×10^{-5}	$<1.00\times10^{-6}$	6.17×10^{-5}	$<1.00\times10^{-6}$	6.56×10^{-6}	$<1.00\times10^{-6}$	4.71×10^{-5}	$<1.00\times10^{-6}$	4.71×10^{-5}
17~18	$<1.00\times10^{-6}$	6.66×10^{-5}	$<1.00\times10^{-6}$	7.42×10^{-5}	$<1.00\times10^{-6}$	6.52×10^{-5}	$<1.00\times10^{-6}$	6.82×10^{-6}	$<1.00\times10^{-6}$	5.52×10^{-5}	$<1.00\times10^{-6}$	5.52×10^{-5}
18~19	$<1.00\times10^{-6}$	7.12×10^{-5}	$<1.00\times10^{-6}$	6.63×10^{-5}	$<1.00\times10^{-6}$	7.01×10^{-5}	$<1.00\times10^{-6}$	7.20×10^{-6}	$<1.00\times10^{-6}$	6.42×10^{-5}	$<1.00\times10^{-6}$	6.42×10^{-5}
19~20	$<1.00\times10^{-6}$	7.21×10^{-5}	$<1.00\times10^{-6}$	5.74×10^{-5}	$<1.00\times10^{-6}$	7.11×10^{-5}	$<1.00\times10^{-6}$	7.23×10^{-6}	$<1.00\times10^{-6}$	6.82×10^{-5}	$<1.00\times10^{-6}$	6.82×10^{-5}
20~21	$<1.00\times10^{-6}$	6.59×10^{-5}	$<1.00\times10^{-6}$	4.87×10^{-5}	$<1.00\times10^{-6}$	6.51×10^{-5}	$<1.00\times10^{-6}$	6.58×10^{-6}	$<1.00\times10^{-6}$	6.32×10^{-5}	$<1.00\times10^{-6}$	6.32×10^{-5}
21~22	$<1.00\times10^{-6}$	5.57×10^{-5}	$<1.00\times10^{-6}$	4.09×10^{-5}	$<1.00\times10^{-6}$	5.51×10^{-5}	$<1.00\times10^{-6}$	5.55×10^{-6}	$<1.00\times10^{-6}$	5.31×10^{-5}	$<1.00\times10^{-6}$	5.31×10^{-5}
22~23	$<1.00\times10^{-6}$	4.41×10^{-5}	$<1.00\times10^{-6}$	3.42×10^{-5}	$<1.00\times10^{-6}$	4.35×10^{-5}	$<1.00\times10^{-6}$	4.37×10^{-6}	$<1.00\times10^{-6}$	4.11×10^{-5}	$<1.00\times10^{-6}$	4.11×10^{-5}
23~24	$<1.00\times10^{-6}$	3.19×10^{-5}	$<1.00\times10^{-6}$	2.78×10^{-5}	$<1.00\times10^{-6}$	3.14×10^{-5}	$<1.00\times10^{-6}$	3.15×10^{-6}	$<1.00\times10^{-6}$	2.80×10^{-5}	$<1.00\times10^{-6}$	2.80×10^{-5}
24~25	$<1.00\times10^{-6}$	2.26×10^{-5}	$<1.00\times10^{-6}$	2.24×10^{-5}	$<1.00\times10^{-6}$	2.21×10^{-5}	$<1.00\times10^{-6}$	2.22×10^{-6}	$<1.00\times10^{-6}$	1.90×10^{-5}	$<1.00\times10^{-6}$	1.90×10^{-5}
25~30	$<1.00\times10^{-6}$	1.13×10^{-5}	$<1.00\times10^{-6}$	1.12×10^{-5}	$<1.00\times10^{-6}$	1.10×10^{-5}	$<1.00\times10^{-6}$	1.10×10^{-6}	$<1.00\times10^{-6}$	4.00×10^{-6}	$<1.00\times10^{-6}$	4.00×10^{-6}
30~35	$<1.00\times10^{-6}$	1.25×10^{-5}	$<1.00\times10^{-6}$	1.21×10^{-5}	$<1.00\times10^{-6}$	1.23×10^{-5}	$<1.00\times10^{-6}$	1.24×10^{-6}	$<1.00\times10^{-6}$	3.00×10^{-6}	$<1.00\times10^{-6}$	3.00×10^{-6}
35~40	$<1.00\times10^{-6}$	8.19×10^{-6}	$<1.00\times10^{-6}$	7.97×10^{-6}	$<1.00\times10^{-6}$	8.10×10^{-6}	$<1.00\times10^{-6}$	8.12×10^{-6}	$<1.00\times10^{-6}$	1.00×10^{-6}	$<1.00\times10^{-6}$	1.00×10^{-6}
40~45	$<1.00\times10^{-6}$	4.04×10^{-6}	$<1.00\times10^{-6}$	3.91×10^{-6}	$<1.00\times10^{-6}$	3.98×10^{-6}	$<1.00\times10^{-6}$	4.01×10^{-6}	$<1.00\times10^{-6}$	1.00×10^{-6}	$<1.00\times10^{-6}$	1.00×10^{-6}
45~50	$<1.00\times10^{-6}$	2.07×10^{-6}	$<1.00\times10^{-6}$	1.99×10^{-6}	$<1.00\times10^{-6}$	2.03×10^{-6}	$<1.00\times10^{-6}$	2.05×10^{-6}	$<1.00\times10^{-6}$	$<1.00\times10^{-6}$	$<1.00\times10^{-6}$	$<1.00\times10^{-6}$
50~70	$<1.00\times10^{-6}$	5.32×10^{-7}	$<1.00\times10^{-6}$	5.06×10^{-7}	$<1.00\times10^{-6}$	5.22×10^{-7}	$<1.00\times10^{-6}$	5.26×10^{-7}	$<1.00\times10^{-6}$	$<1.00\times10^{-6}$	$<1.00\times10^{-6}$	$<1.00\times10^{-6}$
70~100	$<1.00\times10^{-6}$	2.24×10^{-8}	$<1.00\times10^{-6}$	2.11×10^{-8}	$<1.00\times10^{-6}$	2.17×10^{-8}	$<1.00\times10^{-6}$	2.20×10^{-8}	$<1.00\times10^{-6}$	$<1.00\times10^{-6}$	$<1.00\times10^{-6}$	$<1.00\times10^{-6}$

（续）

$\lambda = 3.39225\,\mu m$

高度/km	乡村型,能见度23km 气溶胶吸收 k_a/km^{-1}	乡村型,能见度23km 气溶胶散射 σ_a/km^{-1}	乡村型,能见度5km 气溶胶吸收 k_a/km^{-1}	乡村型,能见度5km 气溶胶散射 σ_a/km^{-1}	城市型,能见度5km 气溶胶吸收 k_a/km^{-1}	城市型,能见度5km 气溶胶散射 σ_a/km^{-1}	海洋型,能见度23km 气溶胶吸收 k_a/km^{-1}	海洋型,能见度23km 气溶胶散射 σ_a/km^{-1}	沙漠型,风速10m/s 气溶胶吸收 k_a/km^{-1}	沙漠型,风速10m/s 气溶胶散射 σ_a/km^{-1}	沙漠型,风速2m/s 气溶胶吸收 k_a/km^{-1}	沙漠型,风速2m/s 气溶胶散射 σ_a/km^{-1}
0	3.30×10^{-3}	1.58×10^{-2}	1.93×10^{-2}	8.01×10^{-2}	6.39×10^{-2}	5.21×10^{-2}	9.82×10^{-3}	7.55×10^{-2}	8.11×10^{-4}	2.02×10^{-2}	5.71×10^{-4}	3.45×10^{-3}
0~1	2.24×10^{-3}	1.21×10^{-2}	1.56×10^{-2}	7.63×10^{-2}	6.38×10^{-2}	5.24×10^{-2}	7.04×10^{-3}	5.78×10^{-2}	6.39×10^{-4}	1.59×10^{-2}	4.48×10^{-4}	2.71×10^{-3}
1~2	1.25×10^{-3}	7.41×10^{-3}	4.63×10^{-3}	2.65×10^{-2}	2.32×10^{-2}	1.93×10^{-2}	4.16×10^{-3}	3.54×10^{-2}	3.99×10^{-4}	9.90×10^{-3}	2.79×10^{-4}	1.68×10^{-3}
2~3	5.88×10^{-4}	3.11×10^{-3}	6.01×10^{-4}	3.09×10^{-3}	2.66×10^{-3}	2.36×10^{-3}	1.88×10^{-3}	1.45×10^{-2}	1.83×10^{-4}	3.97×10^{-3}	1.29×10^{-4}	7.06×10^{-4}
3~4	1.66×10^{-4}	3.14×10^{-4}	1.20×10^{-4}	2.27×10^{-4}	1.66×10^{-4}	3.14×10^{-4}	1.66×10^{-4}	3.14×10^{-4}	4.31×10^{-5}	8.98×10^{-5}	3.41×10^{-5}	7.35×10^{-5}
4~5	8.66×10^{-5}	1.63×10^{-4}	5.11×10^{-5}	9.64×10^{-5}	8.66×10^{-5}	1.63×10^{-4}	8.66×10^{-5}	1.63×10^{-4}	3.71×10^{-5}	7.76×10^{-5}	3.41×10^{-5}	7.25×10^{-5}
5~6	5.49×10^{-5}	1.04×10^{-4}	2.69×10^{-5}	5.08×10^{-5}	5.49×10^{-5}	1.04×10^{-4}	5.49×10^{-5}	1.04×10^{-4}	3.31×10^{-5}	7.15×10^{-5}	3.31×10^{-5}	7.15×10^{-5}
6~7	4.50×10^{-5}	8.48×10^{-5}	1.87×10^{-5}	3.52×10^{-5}	4.50×10^{-5}	8.48×10^{-5}	4.50×10^{-5}	8.48×10^{-5}	2.70×10^{-5}	5.83×10^{-5}	2.70×10^{-5}	5.83×10^{-5}
7~8	3.01×10^{-5}	5.68×10^{-5}	1.18×10^{-5}	2.23×10^{-5}	3.01×10^{-5}	5.68×10^{-5}	3.01×10^{-5}	5.68×10^{-5}	1.80×10^{-5}	3.81×10^{-5}	1.80×10^{-5}	3.81×10^{-5}
8~9	1.63×10^{-5}	3.07×10^{-5}	7.65×10^{-6}	1.44×10^{-5}	1.63×10^{-5}	3.07×10^{-5}	1.63×10^{-5}	3.07×10^{-5}	1.00×10^{-5}	2.00×10^{-5}	1.00×10^{-5}	2.00×10^{-5}
9~10	9.41×10^{-6}	1.77×10^{-5}	5.70×10^{-6}	1.07×10^{-5}	9.41×10^{-6}	1.77×10^{-5}	9.41×10^{-6}	1.77×10^{-5}	6.00×10^{-6}	1.20×10^{-5}	6.00×10^{-6}	1.20×10^{-5}
10~11	3.68×10^{-6}	9.49×10^{-6}	3.22×10^{-6}	7.06×10^{-6}	3.68×10^{-6}	9.49×10^{-6}	3.68×10^{-6}	9.49×10^{-6}	3.31×10^{-5}	3.31×10^{-5}	3.31×10^{-5}	3.31×10^{-5}
11~12	$<1.00\times10^{-6}$	4.54×10^{-6}	$<1.00\times10^{-6}$	4.36×10^{-6}	$<1.00\times10^{-6}$	4.54×10^{-6}	$<1.00\times10^{-6}$	4.54×10^{-6}	$<1.00\times10^{-6}$	5.52×10^{-6}	$<1.00\times10^{-6}$	5.52×10^{-5}
12~13	$<1.00\times10^{-6}$	3.65×10^{-6}	$<1.00\times10^{-6}$	4.07×10^{-6}	$<1.00\times10^{-6}$	3.65×10^{-6}	$<1.00\times10^{-6}$	3.65×10^{-6}	$<1.00\times10^{-6}$	4.41×10^{-6}	$<1.00\times10^{-6}$	4.41×10^{-5}
13~14	$<1.00\times10^{-6}$	3.03×10^{-6}	$<1.00\times10^{-6}$	4.01×10^{-6}	$<1.00\times10^{-6}$	3.03×10^{-6}	$<1.00\times10^{-6}$	3.03×10^{-6}	$<1.00\times10^{-6}$	3.71×10^{-6}	$<1.00\times10^{-6}$	3.71×10^{-5}
14~15	$<1.00\times10^{-6}$	2.65×10^{-6}	$<1.00\times10^{-6}$	4.08×10^{-6}	$<1.00\times10^{-6}$	2.65×10^{-6}	$<1.00\times10^{-6}$	2.65×10^{-6}	$<1.00\times10^{-6}$	3.21×10^{-6}	$<1.00\times10^{-6}$	3.21×10^{-5}

（续）

$\lambda = 3.39225\ \mu m$

高度/km	乡村型,能见度23km		乡村型,能见度5km		城市型,能见度5km		海洋型,能见度23km		沙漠型,风速10m/s		沙漠型,风速2m/s	
	气溶胶吸收 k_a/km^{-1}	气溶胶散射 $\sigma_a/\mathrm{km}^{-1}$	气溶胶吸收 k_a/km^{-1}	气溶胶散射 $\sigma_a/\mathrm{km}^{-1}$	气溶胶吸收 k_a/km^{-1}	气溶胶散射 $\sigma_a/\mathrm{km}^{-1}$	气溶胶吸收 k_a/km^{-1}	气溶胶散射 $\sigma_a/\mathrm{km}^{-1}$	气溶胶吸收 k_a/km^{-1}	气溶胶散射 $\sigma_a/\mathrm{km}^{-1}$	气溶胶吸收 k_a/km^{-1}	气溶胶散射 $\sigma_a/\mathrm{km}^{-1}$
15~16	$<1.00\times10^{-6}$	2.46×10^{-6}	$<1.00\times10^{-6}$	4.06×10^{-6}	$<1.00\times10^{-6}$	2.46×10^{-6}	$<1.00\times10^{-6}$	2.46×10^{-6}	$<1.00\times10^{-6}$	3.00×10^{-5}	$<1.00\times10^{-6}$	3.00×10^{-5}
16~17	$<1.00\times10^{-6}$	2.55×10^{-6}	$<1.00\times10^{-6}$	3.93×10^{-6}	$<1.00\times10^{-6}$	2.55×10^{-6}	$<1.00\times10^{-6}$	2.55×10^{-6}	$<1.00\times10^{-6}$	3.10×10^{-5}	$<1.00\times10^{-6}$	3.10×10^{-5}
17~18	$<1.00\times10^{-6}$	2.99×10^{-6}	$<1.00\times10^{-6}$	3.68×10^{-6}	$<1.00\times10^{-6}$	2.99×10^{-6}	$<1.00\times10^{-6}$	2.99×10^{-6}	$<1.00\times10^{-6}$	3.61×10^{-5}	$<1.00\times10^{-6}$	3.61×10^{-5}
18~19	$<1.00\times10^{-6}$	3.48×10^{-6}	$<1.00\times10^{-6}$	3.33×10^{-6}	$<1.00\times10^{-6}$	3.48×10^{-6}	$<1.00\times10^{-6}$	3.48×10^{-6}	$<1.00\times10^{-6}$	4.21×10^{-5}	$<1.00\times10^{-6}$	4.21×10^{-5}
19~20	$<1.00\times10^{-6}$	3.70×10^{-6}	$<1.00\times10^{-6}$	2.89×10^{-6}	$<1.00\times10^{-6}$	3.70×10^{-6}	$<1.00\times10^{-6}$	3.70×10^{-6}	$<1.00\times10^{-6}$	4.51×10^{-5}	$<1.00\times10^{-6}$	4.51×10^{-5}
20~21	$<1.00\times10^{-6}$	3.45×10^{-6}	$<1.00\times10^{-6}$	2.45×10^{-6}	$<1.00\times10^{-6}$	3.45×10^{-6}	$<1.00\times10^{-6}$	3.45×10^{-6}	$<1.00\times10^{-6}$	4.21×10^{-5}	$<1.00\times10^{-6}$	4.21×10^{-5}
21~22	$<1.00\times10^{-6}$	2.91×10^{-6}	$<1.00\times10^{-6}$	2.04×10^{-6}	$<1.00\times10^{-6}$	2.91×10^{-6}	$<1.00\times10^{-6}$	2.91×10^{-6}	$<1.00\times10^{-6}$	3.61×10^{-5}	$<1.00\times10^{-6}$	3.61×10^{-5}
22~23	$<1.00\times10^{-6}$	2.26×10^{-6}	$<1.00\times10^{-6}$	1.69×10^{-6}	$<1.00\times10^{-6}$	2.26×10^{-6}	$<1.00\times10^{-6}$	2.26×10^{-6}	$<1.00\times10^{-6}$	2.70×10^{-5}	$<1.00\times10^{-6}$	2.70×10^{-5}
23~24	$<1.00\times10^{-6}$	1.55×10^{-6}	$<1.00\times10^{-6}$	1.36×10^{-6}	$<1.00\times10^{-6}$	1.55×10^{-6}	$<1.00\times10^{-6}$	1.55×10^{-6}	$<1.00\times10^{-6}$	1.90×10^{-5}	$<1.00\times10^{-6}$	1.90×10^{-5}
24~25	$<1.00\times10^{-6}$	1.03×10^{-6}	$<1.00\times10^{-6}$	1.07×10^{-6}	$<1.00\times10^{-6}$	1.03×10^{-6}	$<1.00\times10^{-6}$	1.03×10^{-6}	$<1.00\times10^{-6}$	1.20×10^{-5}	$<1.00\times10^{-6}$	1.20×10^{-5}
25~30	$<1.00\times10^{-6}$	4.51×10^{-7}	$<1.00\times10^{-6}$	4.90×10^{-7}	$<1.00\times10^{-6}$	4.51×10^{-7}	$<1.00\times10^{-6}$	4.51×10^{-7}	$<1.00\times10^{-6}$	3.00×10^{-6}	$<1.00\times10^{-6}$	3.00×10^{-6}
30~35	$<1.00\times10^{-6}$	3.42×10^{-7}	$<1.00\times10^{-6}$	3.42×10^{-7}	$<1.00\times10^{-6}$	3.42×10^{-7}	$<1.00\times10^{-6}$	3.42×10^{-7}	$<1.00\times10^{-6}$	1.00×10^{-6}	$<1.00\times10^{-6}$	1.00×10^{-6}
35~40	$<1.00\times10^{-6}$	2.51×10^{-7}	$<1.00\times10^{-6}$	2.51×10^{-7}	$<1.00\times10^{-6}$	2.51×10^{-7}	$<1.00\times10^{-6}$	2.51×10^{-7}	$<1.00\times10^{-6}$	1.00×10^{-6}	$<1.00\times10^{-6}$	1.00×10^{-6}
40~45	$<1.00\times10^{-6}$	1.24×10^{-7}	$<1.00\times10^{-6}$	1.24×10^{-7}	$<1.00\times10^{-6}$	1.24×10^{-7}	$<1.00\times10^{-6}$	1.24×10^{-7}	$<1.00\times10^{-6}$	$<1.00\times10^{-6}$	$<1.00\times10^{-6}$	$<1.00\times10^{-6}$
45~50	$<1.00\times10^{-6}$	6.34×10^{-7}	$<1.00\times10^{-6}$	6.34×10^{-7}	$<1.00\times10^{-6}$	6.34×10^{-7}	$<1.00\times10^{-6}$	6.34×10^{-7}	$<1.00\times10^{-6}$	$<1.00\times10^{-6}$	$<1.00\times10^{-6}$	$<1.00\times10^{-6}$
50~70	$<1.00\times10^{-6}$	1.62×10^{-7}	$<1.00\times10^{-6}$	1.62×10^{-7}	$<1.00\times10^{-6}$	1.62×10^{-7}	$<1.00\times10^{-6}$	1.62×10^{-7}	$<1.00\times10^{-6}$	$<1.00\times10^{-6}$	$<1.00\times10^{-6}$	$<1.00\times10^{-6}$
70~100	$<1.00\times10^{-6}$	6.64×10^{-9}	$<1.00\times10^{-6}$	6.64×10^{-9}	$<1.00\times10^{-6}$	6.64×10^{-9}	$<1.00\times10^{-6}$	6.64×10^{-9}	$<1.00\times10^{-6}$	$<1.00\times10^{-6}$	$<1.00\times10^{-6}$	$<1.00\times10^{-6}$

（续）

$\lambda = 3.8007\ \mu m$

高度/km	乡村型,能见度23km 气溶胶吸收 k_a/km^{-1}	乡村型,能见度23km 气溶胶散射 $\sigma_a/\mathrm{km}^{-1}$	乡村型,能见度5km 气溶胶吸收 k_a/km^{-1}	乡村型,能见度5km 气溶胶散射 $\sigma_a/\mathrm{km}^{-1}$	城市型,能见度5km 气溶胶吸收 k_a/km^{-1}	城市型,能见度5km 气溶胶散射 $\sigma_a/\mathrm{km}^{-1}$	海洋型,能见度23km 气溶胶吸收 k_a/km^{-1}	海洋型,能见度23km 气溶胶散射 $\sigma_a/\mathrm{km}^{-1}$	沙漠型,风速10m/s 气溶胶吸收 k_a/km^{-1}	沙漠型,风速10m/s 气溶胶散射 $\sigma_a/\mathrm{km}^{-1}$	沙漠型,风速2m/s 气溶胶吸收 k_a/km^{-1}	沙漠型,风速2m/s 气溶胶散射 $\sigma_a/\mathrm{km}^{-1}$
0	1.47×10^{-3}	1.58×10^{-2}	7.33×10^{-3}	8.10×10^{-2}	5.77×10^{-2}	4.96×10^{-2}	2.32×10^{-3}	7.20×10^{-2}	8.00×10^{-4}	2.03×10^{-2}	6.67×10^{-4}	3.58×10^{-3}
0~1	1.16×10^{-3}	1.20×10^{-2}	7.16×10^{-3}	7.62×10^{-2}	5.75×10^{-2}	4.99×10^{-2}	1.68×10^{-3}	5.46×10^{-2}	6.30×10^{-4}	1.60×10^{-2}	5.25×10^{-4}	2.81×10^{-3}
1~2	7.22×10^{-4}	7.34×10^{-3}	2.57×10^{-3}	2.63×10^{-2}	2.09×10^{-2}	1.83×10^{-2}	1.00×10^{-3}	3.33×10^{-2}	3.94×10^{-4}	9.97×10^{-3}	3.26×10^{-4}	1.75×10^{-3}
2~3	3.41×10^{-4}	3.03×10^{-3}	3.29×10^{-4}	3.03×10^{-3}	2.35×10^{-3}	2.20×10^{-3}	4.78×10^{-4}	1.37×10^{-2}	1.77×10^{-4}	4.00×10^{-3}	1.45×10^{-4}	7.35×10^{-4}
3~4	8.61×10^{-5}	2.37×10^{-4}	6.22×10^{-5}	1.71×10^{-4}	8.61×10^{-5}	2.37×10^{-4}	8.61×10^{-5}	2.37×10^{-4}	3.71×10^{-5}	9.89×10^{-5}	3.00×10^{-5}	7.96×10^{-5}
4~5	4.48×10^{-5}	1.23×10^{-4}	2.64×10^{-5}	7.27×10^{-5}	4.48×10^{-5}	1.23×10^{-4}	4.48×10^{-5}	1.23×10^{-4}	3.21×10^{-5}	8.46×10^{-5}	2.90×10^{-5}	7.95×10^{-5}
5~6	2.84×10^{-5}	7.82×10^{-5}	1.39×10^{-5}	3.83×10^{-5}	2.84×10^{-5}	7.82×10^{-5}	2.84×10^{-5}	7.82×10^{-5}	2.90×10^{-5}	7.75×10^{-5}	2.90×10^{-5}	7.75×10^{-5}
6~7	2.33×10^{-5}	6.40×10^{-5}	9.65×10^{-6}	2.66×10^{-5}	2.33×10^{-5}	6.40×10^{-5}	2.33×10^{-5}	6.40×10^{-5}	2.40×10^{-5}	6.34×10^{-5}	2.40×10^{-5}	6.34×10^{-5}
7~8	1.56×10^{-5}	4.29×10^{-5}	6.11×10^{-6}	1.68×10^{-5}	1.56×10^{-5}	4.29×10^{-5}	1.56×10^{-5}	4.29×10^{-5}	1.60×10^{-5}	4.11×10^{-5}	1.60×10^{-5}	4.11×10^{-5}
8~9	8.43×10^{-6}	2.32×10^{-5}	3.96×10^{-6}	1.09×10^{-5}	8.43×10^{-6}	2.32×10^{-5}	8.43×10^{-6}	2.32×10^{-5}	8.00×10^{-6}	2.30×10^{-5}	8.00×10^{-6}	2.30×10^{-5}
9~10	4.87×10^{-6}	1.34×10^{-5}	2.95×10^{-6}	8.11×10^{-6}	4.87×10^{-6}	1.34×10^{-5}	4.87×10^{-6}	1.34×10^{-5}	5.00×10^{-6}	1.30×10^{-5}	5.00×10^{-6}	1.30×10^{-5}
10~11	2.55×10^{-5}	7.23×10^{-5}	2.24×10^{-5}	5.39×10^{-5}	2.55×10^{-5}	7.23×10^{-5}	2.55×10^{-5}	7.23×10^{-5}	3.41×10^{-5}	3.41×10^{-5}	3.41×10^{-5}	3.41×10^{-5}
11~12	$<1.00\times10^{-6}$	3.55×10^{-6}	$<1.00\times10^{-6}$	3.41×10^{-6}	$<1.00\times10^{-6}$	3.55×10^{-6}	$<1.00\times10^{-6}$	3.55×10^{-6}	$<1.00\times10^{-6}$	5.82×10^{-6}	$<1.00\times10^{-6}$	5.82×10^{-6}
12~13	$<1.00\times10^{-6}$	2.85×10^{-6}	$<1.00\times10^{-6}$	3.18×10^{-6}	$<1.00\times10^{-6}$	2.85×10^{-6}	$<1.00\times10^{-6}$	2.85×10^{-6}	$<1.00\times10^{-6}$	4.61×10^{-6}	$<1.00\times10^{-6}$	4.61×10^{-6}
13~14	$<1.00\times10^{-6}$	2.37×10^{-6}	$<1.00\times10^{-6}$	3.14×10^{-6}	$<1.00\times10^{-6}$	2.37×10^{-6}	$<1.00\times10^{-6}$	2.37×10^{-6}	$<1.00\times10^{-6}$	3.91×10^{-6}	$<1.00\times10^{-6}$	3.91×10^{-6}
14~15	$<1.00\times10^{-6}$	2.07×10^{-6}	$<1.00\times10^{-6}$	3.19×10^{-6}	$<1.00\times10^{-6}$	2.07×10^{-6}	$<1.00\times10^{-6}$	2.07×10^{-6}	$<1.00\times10^{-6}$	3.41×10^{-5}	$<1.00\times10^{-6}$	3.41×10^{-5}

（续）

$\lambda = 3.8007\ \mu m$

高度/km	乡村型,能见度23km		乡村型,能见度5km		城市型,能见度5km		海洋型,能见度23km		沙漠型,风速10m/s		沙漠型,风速2m/s	
	气溶胶吸收 k_a/km^{-1}	气溶胶散射 σ_a/km^{-1}	气溶胶吸收 k_a/km^{-1}	气溶胶散射 σ_a/km^{-1}	气溶胶吸收 k_a/km^{-1}	气溶胶散射 σ_a/km^{-1}	气溶胶吸收 k_a/km^{-1}	气溶胶散射 σ_a/km^{-1}	气溶胶吸收 k_a/km^{-1}	气溶胶散射 σ_a/km^{-1}	气溶胶吸收 k_a/km^{-1}	气溶胶散射 σ_a/km^{-1}
15~16	$<1.00\times10^{-6}$	1.92×10^{-6}	$<1.00\times10^{-6}$	3.18×10^{-6}	$<1.00\times10^{-6}$	1.92×10^{-6}	$<1.00\times10^{-6}$	1.92×10^{-6}	$<1.00\times10^{-6}$	3.10×10^{-5}	$<1.00\times10^{-6}$	3.10×10^{-5}
16~17	$<1.00\times10^{-6}$	2.00×10^{-6}	$<1.00\times10^{-6}$	3.07×10^{-6}	$<1.00\times10^{-6}$	2.00×10^{-6}	$<1.00\times10^{-6}$	2.00×10^{-6}	$<1.00\times10^{-6}$	3.31×10^{-5}	$<1.00\times10^{-6}$	3.31×10^{-5}
17~18	$<1.00\times10^{-6}$	2.34×10^{-6}	$<1.00\times10^{-6}$	2.87×10^{-6}	$<1.00\times10^{-6}$	2.34×10^{-6}	$<1.00\times10^{-6}$	2.34×10^{-6}	$<1.00\times10^{-6}$	3.81×10^{-5}	$<1.00\times10^{-6}$	3.81×10^{-5}
18~19	$<1.00\times10^{-6}$	2.72×10^{-6}	$<1.00\times10^{-6}$	2.60×10^{-6}	$<1.00\times10^{-6}$	2.72×10^{-6}	$<1.00\times10^{-6}$	2.72×10^{-6}	$<1.00\times10^{-6}$	4.41×10^{-5}	$<1.00\times10^{-6}$	4.41×10^{-5}
19~20	$<1.00\times10^{-6}$	2.90×10^{-6}	$<1.00\times10^{-6}$	2.26×10^{-6}	$<1.00\times10^{-6}$	2.90×10^{-6}	$<1.00\times10^{-6}$	2.90×10^{-6}	$<1.00\times10^{-6}$	4.71×10^{-5}	$<1.00\times10^{-6}$	4.71×10^{-5}
20~21	$<1.00\times10^{-6}$	2.69×10^{-6}	$<1.00\times10^{-6}$	1.91×10^{-6}	$<1.00\times10^{-6}$	2.69×10^{-6}	$<1.00\times10^{-6}$	2.69×10^{-6}	$<1.00\times10^{-6}$	4.41×10^{-5}	$<1.00\times10^{-6}$	4.41×10^{-5}
21~22	$<1.00\times10^{-6}$	2.28×10^{-6}	$<1.00\times10^{-6}$	1.60×10^{-6}	$<1.00\times10^{-6}$	2.28×10^{-6}	$<1.00\times10^{-6}$	2.28×10^{-6}	$<1.00\times10^{-6}$	3.71×10^{-5}	$<1.00\times10^{-6}$	3.71×10^{-5}
22~23	$<1.00\times10^{-6}$	1.77×10^{-6}	$<1.00\times10^{-6}$	1.32×10^{-6}	$<1.00\times10^{-6}$	1.77×10^{-6}	$<1.00\times10^{-6}$	1.77×10^{-6}	$<1.00\times10^{-6}$	2.90×10^{-5}	$<1.00\times10^{-6}$	2.90×10^{-5}
23~24	$<1.00\times10^{-6}$	1.22×10^{-6}	$<1.00\times10^{-6}$	1.06×10^{-6}	$<1.00\times10^{-6}$	1.22×10^{-6}	$<1.00\times10^{-6}$	1.22×10^{-6}	$<1.00\times10^{-6}$	2.00×10^{-5}	$<1.00\times10^{-6}$	2.00×10^{-5}
24~25	$<1.00\times10^{-6}$	8.03×10^{-7}	$<1.00\times10^{-6}$	8.38×10^{-7}	$<1.00\times10^{-6}$	8.03×10^{-7}	$<1.00\times10^{-6}$	8.03×10^{-7}	$<1.00\times10^{-6}$	1.30×10^{-5}	$<1.00\times10^{-6}$	1.30×10^{-5}
25~30	$<1.00\times10^{-6}$	3.53×10^{-7}	$<1.00\times10^{-6}$	3.83×10^{-7}	$<1.00\times10^{-6}$	3.53×10^{-7}	$<1.00\times10^{-6}$	3.53×10^{-7}	$<1.00\times10^{-6}$	3.00×10^{-6}	$<1.00\times10^{-6}$	3.00×10^{-6}
30~35	$<1.00\times10^{-6}$	2.90×10^{-6}	$<1.00\times10^{-6}$	2.90×10^{-6}	$<1.00\times10^{-6}$	2.90×10^{-6}	$<1.00\times10^{-6}$	2.90×10^{-6}	$<1.00\times10^{-6}$	1.00×10^{-6}	$<1.00\times10^{-6}$	2.00×10^{-6}
35~40	$<1.00\times10^{-6}$	2.13×10^{-6}	$<1.00\times10^{-6}$	2.13×10^{-6}	$<1.00\times10^{-6}$	2.13×10^{-6}	$<1.00\times10^{-6}$	2.13×10^{-6}	$<1.00\times10^{-6}$	$<1.00\times10^{-6}$	$<1.00\times10^{-6}$	$<1.00\times10^{-6}$
40~45	$<1.00\times10^{-6}$	1.05×10^{-6}	$<1.00\times10^{-6}$	1.05×10^{-6}	$<1.00\times10^{-6}$	1.05×10^{-6}	$<1.00\times10^{-6}$	1.05×10^{-6}	$<1.00\times10^{-6}$	$<1.00\times10^{-6}$	$<1.00\times10^{-6}$	$<1.00\times10^{-6}$
45~50	$<1.00\times10^{-6}$	5.38×10^{-7}	$<1.00\times10^{-6}$	5.38×10^{-7}	$<1.00\times10^{-6}$	5.38×10^{-7}	$<1.00\times10^{-6}$	5.38×10^{-7}	$<1.00\times10^{-6}$	$<1.00\times10^{-6}$	$<1.00\times10^{-6}$	$<1.00\times10^{-6}$
50~70	$<1.00\times10^{-6}$	1.37×10^{-7}	$<1.00\times10^{-6}$	1.37×10^{-7}	$<1.00\times10^{-6}$	1.37×10^{-7}	$<1.00\times10^{-6}$	1.37×10^{-7}	$<1.00\times10^{-6}$	$<1.00\times10^{-6}$	$<1.00\times10^{-6}$	$<1.00\times10^{-6}$
70~100	$<1.00\times10^{-6}$	5.63×10^{-9}	$<1.00\times10^{-6}$	5.63×10^{-9}	$<1.00\times10^{-6}$	5.63×10^{-9}	$<1.00\times10^{-6}$	5.63×10^{-9}	$<1.00\times10^{-6}$	$<1.00\times10^{-6}$	$<1.00\times10^{-6}$	$<1.00\times10^{-6}$

（续）

$\lambda = 10.591\,\mu m$

高度/km	乡村型,能见度23km		乡村型,能见度5km		城市型,能见度5km		海洋型,能见度23km		沙漠型,风速10m/s		沙漠型,风速2m/s	
	气溶胶吸收 k_a/km^{-1}	气溶胶散射 σ_a/km^{-1}	气溶胶吸收 k_a/km^{-1}	气溶胶散射 σ_a/km^{-1}	气溶胶吸收 k_a/km^{-1}	气溶胶散射 σ_a/km^{-1}	气溶胶吸收 k_a/km^{-1}	气溶胶散射 σ_a/km^{-1}	气溶胶吸收 k_a/km^{-1}	气溶胶散射 σ_a/km^{-1}	气溶胶吸收 k_a/km^{-1}	气溶胶散射 σ_a/km^{-1}
0	5.36×10^{-3}	7.01×10^{-3}	2.70×10^{-2}	3.25×10^{-2}	4.03×10^{-2}	2.87×10^{-2}	8.48×10^{-3}	1.09×10^{-2}	6.99×10^{-3}	1.45×10^{-2}	1.10×10^{-3}	2.11×10^{-3}
0~1	4.16×10^{-3}	5.85×10^{-3}	2.60×10^{-2}	3.44×10^{-2}	4.03×10^{-2}	2.87×10^{-2}	6.16×10^{-3}	8.52×10^{-3}	5.51×10^{-3}	1.14×10^{-2}	8.66×10^{-4}	1.66×10^{-3}
1~2	2.57×10^{-3}	3.77×10^{-3}	9.16×10^{-3}	1.33×10^{-2}	1.47×10^{-2}	1.05×10^{-2}	3.66×10^{-3}	5.26×10^{-3}	3.43×10^{-3}	7.14×10^{-3}	5.38×10^{-4}	1.03×10^{-3}
2~3	1.22×10^{-3}	1.50×10^{-3}	1.18×10^{-3}	1.48×10^{-3}	1.84×10^{-3}	1.17×10^{-3}	1.75×10^{-3}	2.11×10^{-3}	1.44×10^{-3}	2.83×10^{-3}	2.72×10^{-4}	4.12×10^{-4}
3~4	3.19×10^{-4}	1.81×10^{-4}	2.30×10^{-4}	1.31×10^{-4}	3.19×10^{-4}	1.81×10^{-4}	3.19×10^{-4}	1.81×10^{-5}	1.34×10^{-4}	1.34×10^{-4}	1.09×10^{-4}	1.09×10^{-4}
4~5	1.66×10^{-4}	9.45×10^{-6}	9.78×10^{-5}	5.57×10^{-6}	1.66×10^{-4}	9.45×10^{-6}	1.66×10^{-4}	9.45×10^{-6}	1.16×10^{-4}	1.16×10^{-4}	1.08×10^{-4}	1.08×10^{-4}
5~6	1.05×10^{-4}	5.99×10^{-6}	5.15×10^{-5}	2.94×10^{-6}	1.05×10^{-4}	5.99×10^{-6}	1.05×10^{-4}	5.99×10^{-6}	1.05×10^{-4}	1.05×10^{-4}	1.05×10^{-4}	1.05×10^{-4}
6~7	8.60×10^{-5}	4.90×10^{-6}	3.57×10^{-5}	2.03×10^{-6}	8.60×10^{-5}	4.90×10^{-6}	8.60×10^{-5}	4.90×10^{-6}	8.54×10^{-5}	8.54×10^{-5}	8.54×10^{-5}	8.54×10^{-5}
7~8	5.77×10^{-5}	3.29×10^{-6}	2.26×10^{-5}	1.29×10^{-6}	5.77×10^{-5}	3.29×10^{-6}	5.77×10^{-5}	3.29×10^{-6}	5.72×10^{-5}	5.72×10^{-5}	5.72×10^{-5}	5.72×10^{-5}
8~9	3.12×10^{-5}	1.78×10^{-6}	1.46×10^{-5}	8.34×10^{-7}	3.12×10^{-5}	1.78×10^{-6}	3.12×10^{-5}	1.78×10^{-6}	3.10×10^{-5}	3.10×10^{-5}	3.10×10^{-5}	3.10×10^{-5}
9~10	1.80×10^{-5}	1.03×10^{-6}	1.09×10^{-5}	6.21×10^{-7}	1.80×10^{-5}	1.03×10^{-6}	1.80×10^{-5}	1.03×10^{-6}	1.80×10^{-5}	1.80×10^{-5}	1.80×10^{-5}	1.80×10^{-5}
10~11	2.33×10^{-5}	5.08×10^{-7}	1.94×10^{-5}	3.72×10^{-7}	2.33×10^{-5}	5.08×10^{-7}	2.33×10^{-5}	5.08×10^{-7}	1.70×10^{-5}	1.70×10^{-5}	1.70×10^{-5}	1.70×10^{-5}
11~12	$<1.00\times10^{-6}$	1.89×10^{-7}	$<1.00\times10^{-6}$	1.82×10^{-7}	$<1.00\times10^{-6}$	1.89×10^{-7}	$<1.00\times10^{-6}$	1.89×10^{-7}	$<1.00\times10^{-6}$	1.90×10^{-5}	$<1.00\times10^{-6}$	1.90×10^{-5}
12~13	$<1.00\times10^{-6}$	1.52×10^{-7}	$<1.00\times10^{-6}$	1.70×10^{-7}	$<1.00\times10^{-6}$	1.52×10^{-7}	$<1.00\times10^{-6}$	1.52×10^{-7}	$<1.00\times10^{-6}$	1.50×10^{-5}	$<1.00\times10^{-6}$	1.50×10^{-5}

（续）

$\lambda = 10.591\,\mu m$

高度/km	乡村型，能见度23km 气溶胶吸收 k_a/km^{-1}	乡村型，能见度23km 气溶胶散射 $\sigma_a/\mathrm{km}^{-1}$	乡村型，能见度5km 气溶胶吸收 k_a/km^{-1}	乡村型，能见度5km 气溶胶散射 $\sigma_a/\mathrm{km}^{-1}$	城市型，能见度5km 气溶胶吸收 k_a/km^{-1}	城市型，能见度5km 气溶胶散射 $\sigma_a/\mathrm{km}^{-1}$	海洋型，能见度23km 气溶胶吸收 k_a/km^{-1}	海洋型，能见度23km 气溶胶散射 $\sigma_a/\mathrm{km}^{-1}$	沙漠型，风速10m/s 气溶胶吸收 k_a/km^{-1}	沙漠型，风速10m/s 气溶胶散射 $\sigma_a/\mathrm{km}^{-1}$	沙漠型，风速2m/s 气溶胶吸收 k_a/km^{-1}	沙漠型，风速2m/s 气溶胶散射 $\sigma_a/\mathrm{km}^{-1}$
13~14	$<1.00\times10^{-6}$	1.26×10^{-7}	$<1.00\times10^{-6}$	1.67×10^{-7}	$<1.00\times10^{-6}$	1.26×10^{-7}	$<1.00\times10^{-6}$	1.26×10^{-7}	$<1.00\times10^{-6}$	1.30×10^{-5}	$<1.00\times10^{-6}$	1.30×10^{-5}
14~15	$<1.00\times10^{-6}$	1.10×10^{-7}	$<1.00\times10^{-6}$	1.70×10^{-7}	$<1.00\times10^{-6}$	1.10×10^{-7}	$<1.00\times10^{-6}$	1.10×10^{-7}	$<1.00\times10^{-6}$	1.10×10^{-5}	$<1.00\times10^{-6}$	1.10×10^{-5}
15~16	$<1.00\times10^{-6}$	1.02×10^{-7}	$<1.00\times10^{-6}$	1.69×10^{-7}	$<1.00\times10^{-6}$	1.02×10^{-7}	$<1.00\times10^{-6}$	1.02×10^{-7}	$<1.00\times10^{-6}$	1.00×10^{-5}	$<1.00\times10^{-6}$	1.00×10^{-5}
16~17	$<1.00\times10^{-6}$	1.06×10^{-7}	$<1.00\times10^{-6}$	1.64×10^{-7}	$<1.00\times10^{-6}$	1.06×10^{-7}	$<1.00\times10^{-6}$	1.06×10^{-7}	$<1.00\times10^{-6}$	1.10×10^{-5}	$<1.00\times10^{-6}$	1.10×10^{-5}
17~18	$<1.00\times10^{-6}$	1.25×10^{-7}	$<1.00\times10^{-6}$	1.53×10^{-7}	$<1.00\times10^{-6}$	1.25×10^{-7}	$<1.00\times10^{-6}$	1.25×10^{-7}	$<1.00\times10^{-6}$	1.20×10^{-5}	$<1.00\times10^{-6}$	1.20×10^{-5}
18~19	$<1.00\times10^{-6}$	1.45×10^{-7}	$<1.00\times10^{-6}$	1.39×10^{-7}	$<1.00\times10^{-6}$	1.45×10^{-7}	$<1.00\times10^{-6}$	1.45×10^{-7}	$<1.00\times10^{-6}$	1.40×10^{-5}	$<1.00\times10^{-6}$	1.40×10^{-5}
19~20	$<1.00\times10^{-6}$	1.54×10^{-7}	$<1.00\times10^{-6}$	1.20×10^{-7}	$<1.00\times10^{-6}$	1.54×10^{-7}	$<1.00\times10^{-6}$	1.54×10^{-7}	$<1.00\times10^{-6}$	1.50×10^{-5}	$<1.00\times10^{-6}$	1.50×10^{-5}
20~21	$<1.00\times10^{-6}$	1.44×10^{-7}	$<1.00\times10^{-6}$	1.02×10^{-7}	$<1.00\times10^{-6}$	1.44×10^{-7}	$<1.00\times10^{-6}$	1.44×10^{-7}	$<1.00\times10^{-6}$	1.40×10^{-5}	$<1.00\times10^{-6}$	1.40×10^{-5}
21~22	$<1.00\times10^{-6}$	1.21×10^{-7}	$<1.00\times10^{-6}$	8.51×10^{-8}	$<1.00\times10^{-6}$	1.21×10^{-7}	$<1.00\times10^{-6}$	1.21×10^{-7}	$<1.00\times10^{-6}$	1.20×10^{-5}	$<1.00\times10^{-6}$	1.20×10^{-5}
22~23	$<1.00\times10^{-6}$	9.41×10^{-8}	$<1.00\times10^{-6}$	7.06×10^{-8}	$<1.00\times10^{-6}$	9.41×10^{-8}	$<1.00\times10^{-6}$	9.41×10^{-8}	$<1.00\times10^{-6}$	9.00×10^{-6}	$<1.00\times10^{-6}$	9.00×10^{-6}
23~24	$<1.00\times10^{-6}$	6.48×10^{-8}	$<1.00\times10^{-6}$	5.67×10^{-8}	$<1.00\times10^{-6}$	6.48×10^{-8}	$<1.00\times10^{-6}$	6.48×10^{-8}	$<1.00\times10^{-6}$	6.00×10^{-6}	$<1.00\times10^{-6}$	6.00×10^{-6}
24~25	$<1.00\times10^{-6}$	4.28×10^{-8}	$<1.00\times10^{-6}$	4.46×10^{-8}	$<1.00\times10^{-6}$	4.28×10^{-8}	$<1.00\times10^{-6}$	4.28×10^{-8}	$<1.00\times10^{-6}$	4.00×10^{-6}	$<1.00\times10^{-6}$	4.00×10^{-6}
25~30	$<1.00\times10^{-6}$	1.88×10^{-8}	$<1.00\times10^{-6}$	2.04×10^{-8}	$<1.00\times10^{-6}$	1.88×10^{-8}	$<1.00\times10^{-6}$	1.88×10^{-8}	$<1.00\times10^{-6}$	1.00×10^{-6}	$<1.00\times10^{-6}$	1.00×10^{-6}
30~35	$<1.00\times10^{-6}$	6.88×10^{-7}	$<1.00\times10^{-6}$	6.88×10^{-7}	$<1.00\times10^{-6}$	6.88×10^{-7}	$<1.00\times10^{-6}$	6.88×10^{-7}	$<1.00\times10^{-6}$	1.00×10^{-6}	$<1.00\times10^{-6}$	1.00×10^{-6}

（续）

$\lambda = 10.591\ \mu m$

高度/km	乡村型，能见度23km		乡村型，能见度5km		城市型，能见度5km		海洋型，能见度23km		沙漠型，风速10m/s		沙漠型，风速2m/s	
	气溶胶吸收 k_a/km^{-1}	气溶胶散射 σ_a/km^{-1}	气溶胶吸收 k_a/km^{-1}	气溶胶散射 σ_a/km^{-1}	气溶胶吸收 k_a/km^{-1}	气溶胶散射 σ_a/km^{-1}	气溶胶吸收 k_a/km^{-1}	气溶胶散射 σ_a/km^{-1}	气溶胶吸收 k_a/km^{-1}	气溶胶散射 σ_a/km^{-1}	气溶胶吸收 k_a/km^{-1}	气溶胶散射 σ_a/km^{-1}
35~40	$<1.00\times10^{-6}$	5.12×10^{-7}	$<1.00\times10^{-6}$	5.12×10^{-7}	$<1.00\times10^{-6}$	5.12×10^{-7}	$<1.00\times10^{-6}$	5.12×10^{-7}	$<1.00\times10^{-6}$	$<1.00\times10^{-6}$	$<1.00\times10^{-6}$	$<1.00\times10^{-6}$
40~45	$<1.00\times10^{-6}$	2.53×10^{-7}	$<1.00\times10^{-6}$	2.53×10^{-7}	$<1.00\times10^{-6}$	2.53×10^{-7}	$<1.00\times10^{-6}$	2.53×10^{-7}	$<1.00\times10^{-6}$	$<1.00\times10^{-6}$	$<1.00\times10^{-6}$	$<1.00\times10^{-6}$
45~50	$<1.00\times10^{-6}$	1.29×10^{-7}	$<1.00\times10^{-6}$	1.29×10^{-7}	$<1.00\times10^{-6}$	1.29×10^{-7}	$<1.00\times10^{-6}$	1.29×10^{-7}	$<1.00\times10^{-6}$	$<1.00\times10^{-6}$	$<1.00\times10^{-6}$	$<1.00\times10^{-6}$
50~70	$<1.00\times10^{-6}$	3.30×10^{-8}	$<1.00\times10^{-6}$	3.30×10^{-8}	$<1.00\times10^{-6}$	3.30×10^{-8}	$<1.00\times10^{-6}$	3.30×10^{-8}	$<1.00\times10^{-6}$	$<1.00\times10^{-6}$	$<1.00\times10^{-6}$	$<1.00\times10^{-6}$
70~100	$<1.00\times10^{-6}$	1.35×10^{-9}	$<1.00\times10^{-6}$	1.35×10^{-9}	$<1.00\times10^{-6}$	1.35×10^{-9}	$<1.00\times10^{-6}$	1.35×10^{-9}	$<1.00\times10^{-6}$	$<1.00\times10^{-6}$	$<1.00\times10^{-6}$	$<1.00\times10^{-6}$

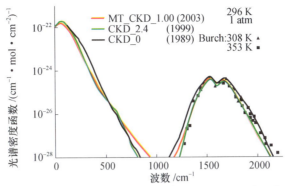

图 1 - 5　不同版本 CKD、MT_CKD 外加宽水汽连续吸收
功率谱密度函数以及与实验室测量数据的比较
（http：//rtweb. aer. com/continuum_frame. html）

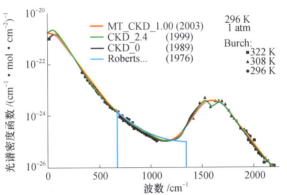

图 1 - 6　不同版本 CKD、MT_CKD 的自加宽水汽连续吸收
功率谱密度函数以及与实验室测量数据的比较
（http：//rtweb. aer. com/continuum_frame. html）

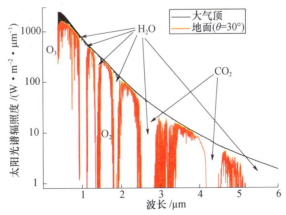

图 2 - 3　CART 计算的大气顶和到达地面的太阳
辐射及水汽和二氧化碳的吸收带位置

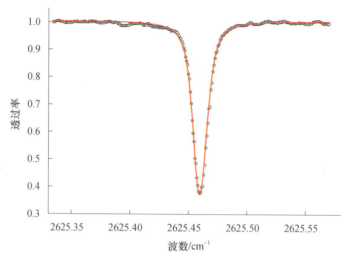

图 2 – 18　用 Voigt 线型拟合的 HDO 分子的吸收谱线

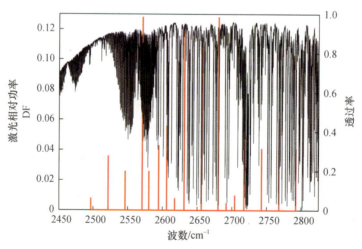

图 2 – 28　DF 激光发射谱线归一化相对强度分布和
中纬度夏季整层大气垂直路径的光谱透过率

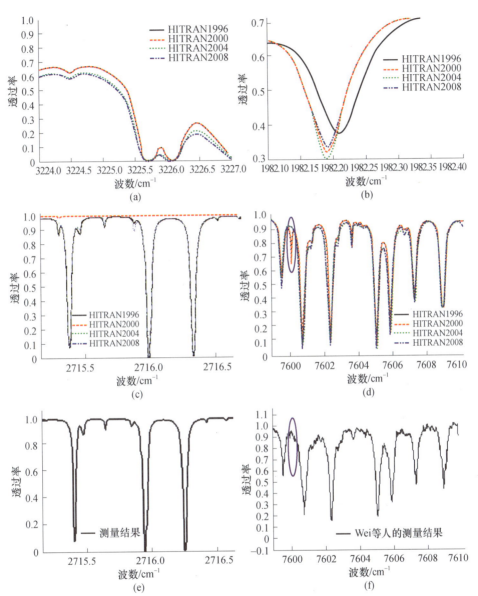

图 2 - 33　不同版本 HITRAN 数据库计算结果比较以及同实测结果的比较

(a)不同数据库线强度和线宽变化；(b)不同数据库谱线有偏移；(c)不同版本数据

库计算 3.8μm 水汽吸收；(d)不同版本数据库计算 1.315μm 水汽吸收；

(e)测量的 3.8μm 水汽吸收；(f)测量的 1.315μm 水汽吸收。

注：圈表示 HITRAN1996 和 HITRAN2000 数据库中有谱线，而测量中没有谱线。

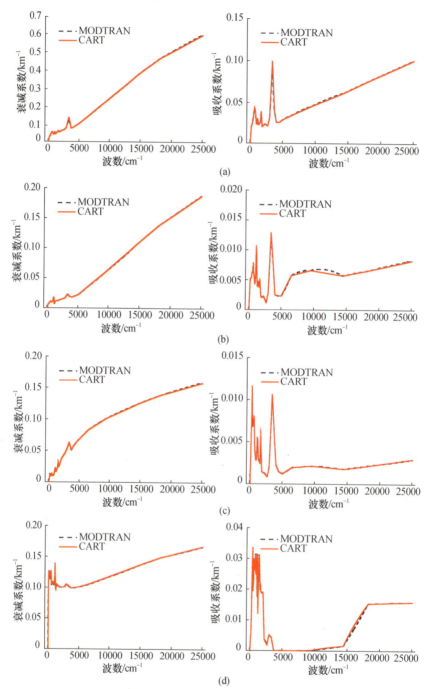

图 2-43　CART 计算的近地面气溶胶衰减系数、吸收系数和 MODTRAN 的比较

（a）城市型气溶胶模式,能见度 6.2km,相对湿度 90%；（b）乡村型气溶胶模式,
能见度 20km,相对湿度 75%；（c）海洋型气溶胶模式,能见度 20km,相对湿度 40%；
（d）沙漠型气溶胶模式,能见度 18.7km,风速 14m/s。

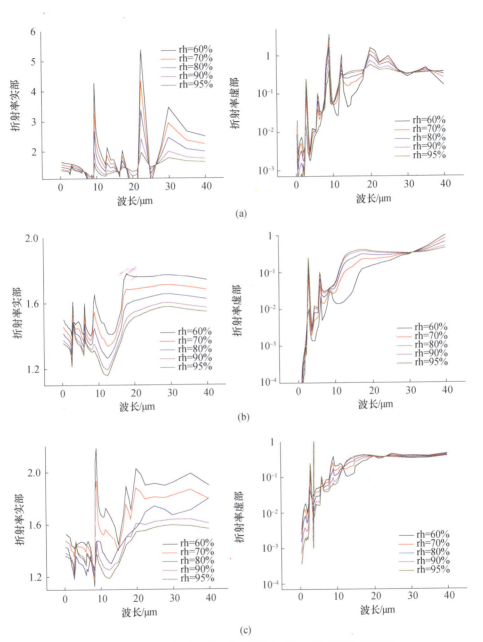

图 2-45　不同气溶胶类型在不同相对湿度下的等效折射率

(a)沙漠型;(b)海洋型;(c)大陆型。

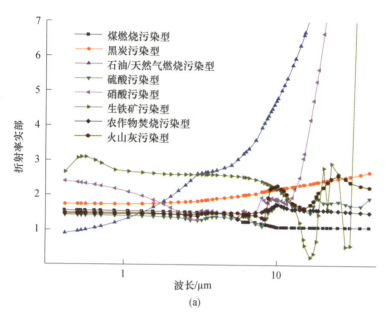

(a)

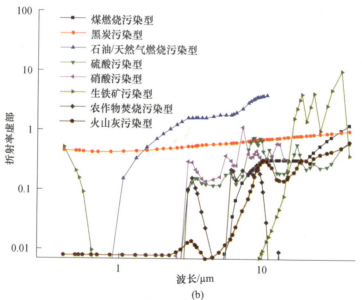

(b)

图2-46　8种污染型气溶胶折射率分布

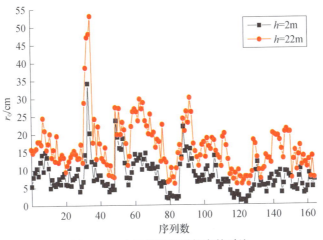

图 3-4　大气湍流相干长度的对比

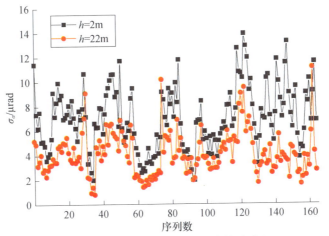

图 3-5　两个高度上的聚焦光束抖动对比

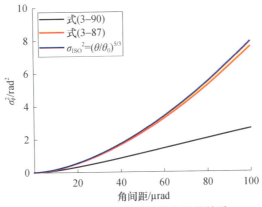

图 3-17　角间距与非等晕方差的关系

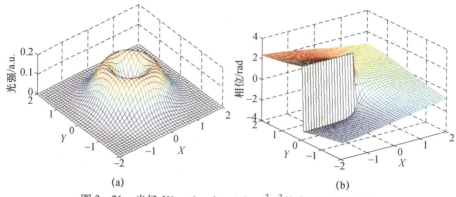

（a）

（b）

图 3-21　光场 $U(x,y) = (x+iy)e^{-x^2-y^2}$ 的光强和相位分布

（a）光强分布；（b）相位分布。

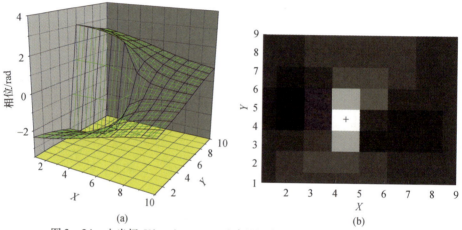

（a）

（b）

图 3-24　由光场 $U(x,y) = x+iy$ 重建的相位以及探测的相位不连续点

（a）重建的相位；（b）探测的相位不连续点。

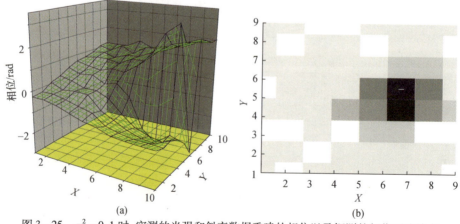

（a）

（b）

图 3-25　$\sigma_x^2 = 0.1$ 时，实测的光强和斜率数据重建的相位以及探测的相位不连续点

（a）重建的相位；（b）探测的相位不连续点。

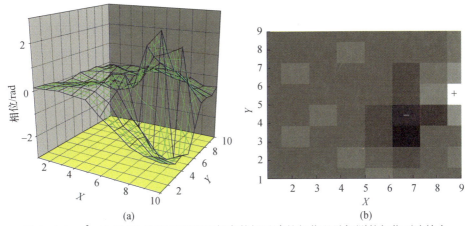

(a)   (b)

图 3 - 26　$\sigma_\chi^2 = 0.31$ 时, 实测的光强和斜率数据重建的相位以及探测的相位不连续点
(a) 重建的相位; (b) 探测的相位不连续点。

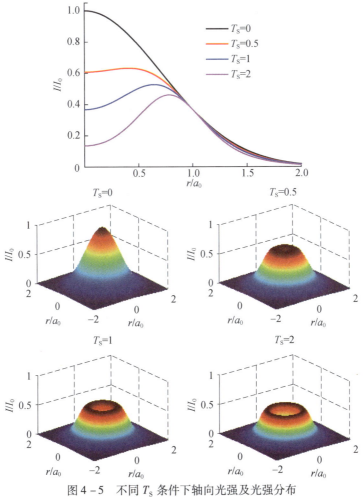

图 4 - 5　不同 T_S 条件下轴向光强及光强分布

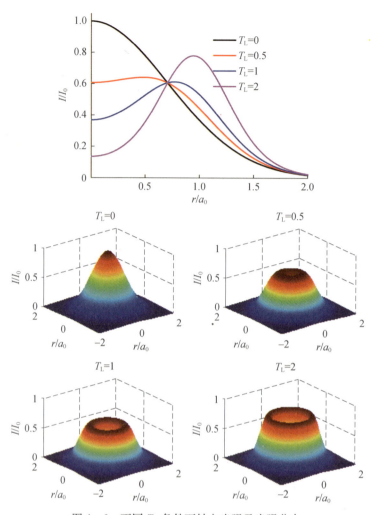

图 4-6　不同 T_L 条件下轴向光强及光强分布

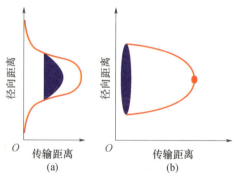

图 4-19　自透镜效应
（蓝色）—折射率的变化；$I(r)$（红色）—光强的变化。

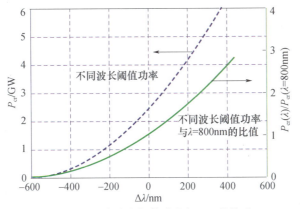

图 4 – 23　自聚焦阈值功率与 $\Delta\lambda$ 的关系

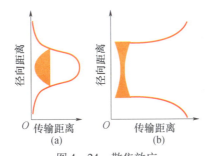

图 4 – 24　散焦效应

Δn（橙色）—折射率变化；$I(r)$（红色）—光强的变化。

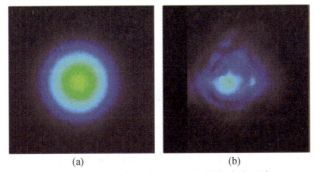

(a)　　　　　　　　　　(b)

图 4 – 27　飞秒激光成丝过程中的自净化现象

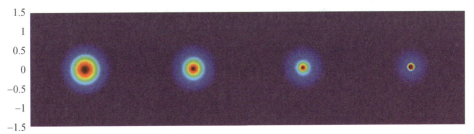

图 4 – 28　自聚焦过程中光束的横向收缩（$P_{in}=3P_{cr}$，$r=0.5$mm）（模拟）

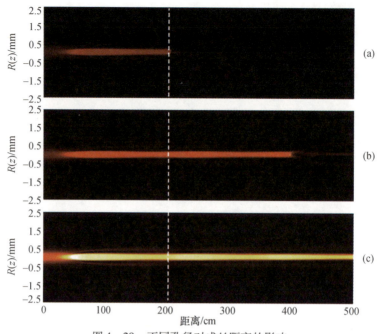

图 4 - 29　不同孔径对成丝距离的影响

(a)$D = 0.02$cm；(b)$D = 0.5$cm；(c)$D = 0.75$cm。

注：白色虚线为放置孔径位置，入射光束半径 $r_0 = 0.05$cm。

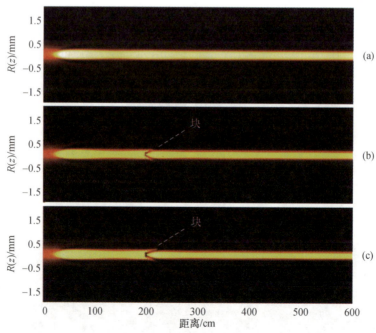

图 4 - 31　光丝传输过程中的自愈合现象

(a)无遮挡成丝；(b)$D_{块} = 120\mu$m；(c)$D_{块} = 160\mu$m。

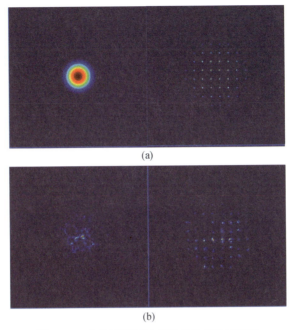

(a)

(b)

图 5 - 6   哈特曼探测波前畸变数值仿真实验

（a）理想高斯光束真空传输至哈特曼处光强分布及子孔径焦平面位置处光斑分布；

（b）高斯光束经大气湍流传输至哈特曼处光强分布及子孔径焦平面位置处光斑分布（$D/r_0 = 13.9$）。

图 5 - 9   热晕效应光斑图像（$\Delta t = 0.083\,\mathrm{s}$）

1、2 排为实验光斑；3、4 排为实验入射光强模式计算光斑；

5、6 排为超高斯分布入射光强模式计算光斑。$N_D = 57$。

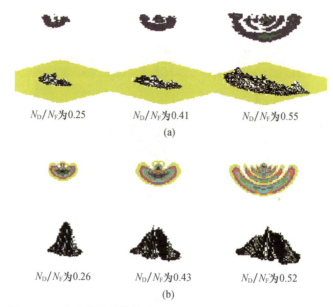

N_D/N_F为0.25　　　N_D/N_F为0.41　　　N_D/N_F为0.55

(a)

N_D/N_F为0.26　　　N_D/N_F为0.43　　　N_D/N_F为0.52

(b)

图 5 – 13　稳态热晕补偿前实验与数值计算光斑二维及三维图像
(a)实验光斑;(b)数值计算光斑。

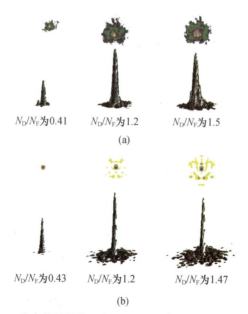

N_D/N_F为0.41　　　N_D/N_F为1.2　　　N_D/N_F为1.5

(a)

N_D/N_F为0.43　　　N_D/N_F为1.2　　　N_D/N_F为1.47

(b)

图 5 – 14　稳态热晕补偿后实验与数值计算光斑二维及三维图像
(a)实验光斑;(b)数值计算光斑。

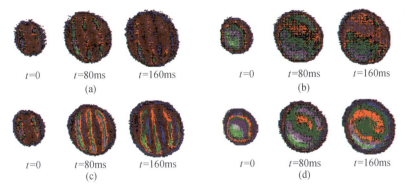

$t=0$ $t=80\text{ms}$ $t=160\text{ms}$ $t=0$ $t=80\text{ms}$ $t=160\text{ms}$

(a)   (b)

$t=0$ $t=80\text{ms}$ $t=160\text{ms}$ $t=0$ $t=80\text{ms}$ $t=160\text{ms}$

(c)   (d)

图 5 – 17　近场光斑图像实验与模式计算对比

（a）有扰动实验光斑；（b）无扰动实验光斑；

（c）有扰动模式计算光斑；（d）无扰动模式计算光斑。

注：模式计算中发射光束光强分布采用实验中的测量结果，$V=0, N_\lambda = 35.0$ 波数/s。

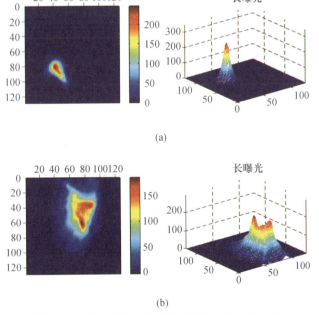

(a)

(b)

图 5 – 21　自适应光学系统开环时不同热畸变参数

对应的远场光斑二维及三维图像

（a）$N_D = 37.42$；（b）$N_D = 147.69$。

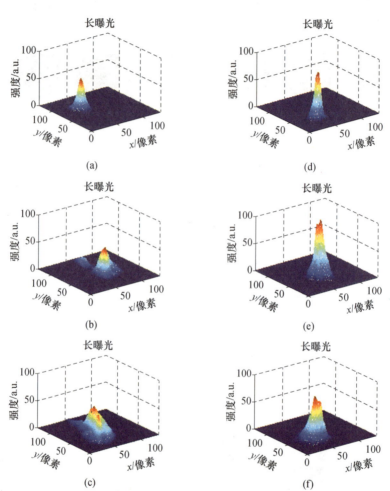

图 5 - 22　自适应光学系统开、闭环时不同热畸变参数对应的远场光斑图像

(a)N_D = 37.42(开环);(b)N_D = 166.93(开环);(c)N_D = 290.93(开环);

(d)N_D = 47.8(闭环);(e)N_D = 174.21(闭环);(f)N_D = 294.59(闭环)。

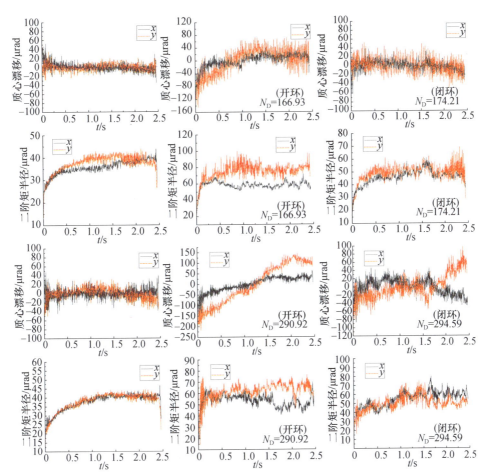

图 5 - 23　不同热畸变下远场光斑的质心漂移及二阶矩半径随时间的变化关系

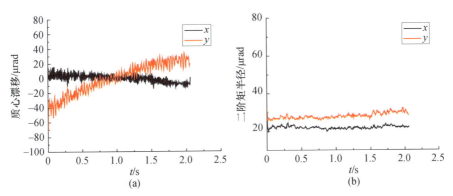

图 5 - 24　管道前激光远场光斑的质心漂移和二阶矩半径随时间的变化

(a)质心漂移随时间的变化;(b)二阶矩半径随时间的变化。

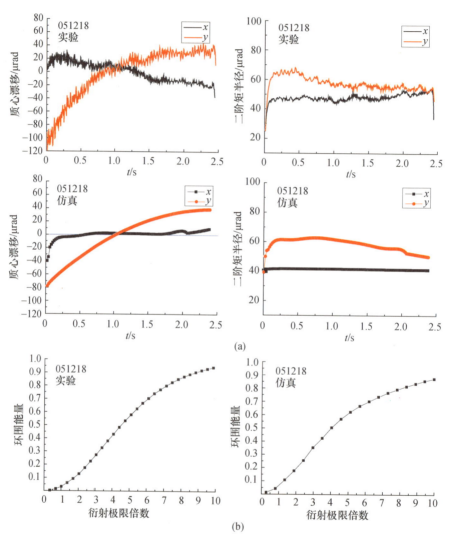

图 5 - 25 管道后激光远场光斑质心漂移、二阶矩半径随时间的变化，
以及环围能量随衍射极限倍数的变化

(a)光斑质心漂移、二阶矩半径随时间的变化；(b)环围能量随衍射极限倍数的变化。

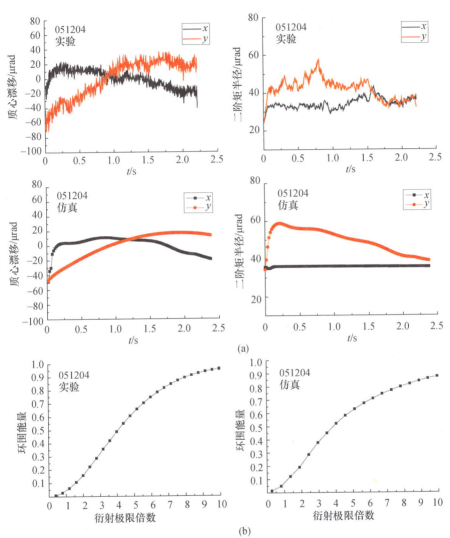

图 5-26　管道后激光远场光斑质心漂移、二阶矩半径随时间的变化，

以及环围能量随衍射极限倍数的变化

（a）光斑质心漂移、二阶矩半径随时间的变化；（b）环围能量随衍射极限倍数的变化。

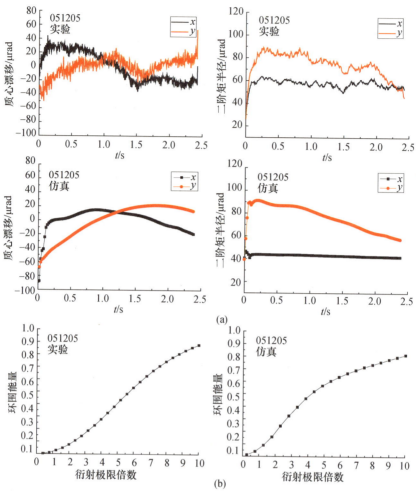

图 5 - 27   管道后激光远场光斑漂移、二阶矩半径随时间的变化，

以及环围能量随衍射极限倍数的变化

（a）光斑漂移、二阶矩半径随时间的变化；（b）环围能量随衍射极限倍数的变化。

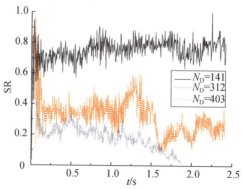

图 5 - 29   热晕补偿后远场光斑 Strehl 比（SR）随时间的变化关系

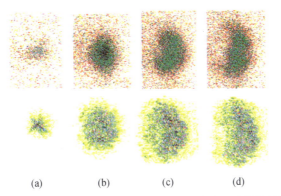

(a)   (b)   (c)   (d)

图 5 - 30　一次激光实验中实测光斑和数值仿真分析计算的结果对比

（a）$t = 0$；（b）$t = 40\text{ms}$；（c）$t = 80\text{ms}$；（d）$t = 120\text{ms}$。

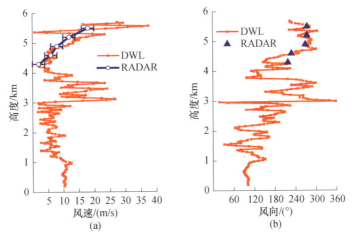

图 6 - 3　多普勒测风激光雷达与微波雷达水平风速和风向比较

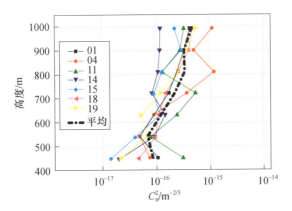

图 6 - 8　激光雷达探空廓线

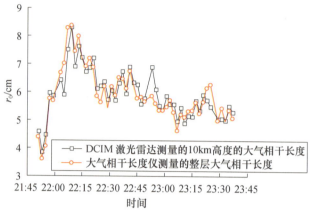

图 6 - 10　DCIM 激光雷达测量的 10km 高度的大气相干长度与
大气相干长度仪测量的整层大气相干长度对比

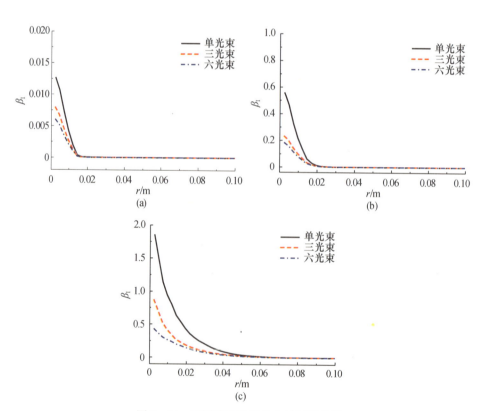

图 6 - 14　不同接收孔径对应的闪烁指数

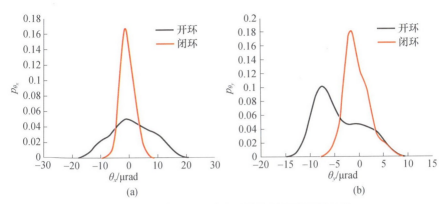

图 6 - 16 开、闭环 x、y 方向漂移量的概率密度曲线

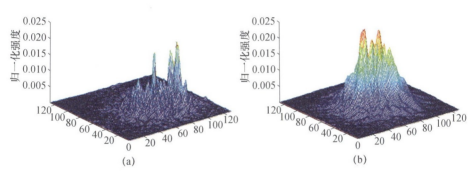

图 6 - 17 开环、闭环的长曝光光斑图

(a)开环;(b)闭环。

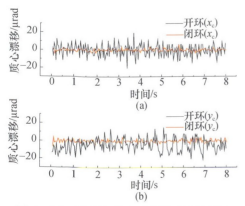

图 6 - 18 光斑的质心漂移随时间的变化

注:$D = 0.6\text{m}$,$r_0 = 0.12\text{m}$,$v = 16\text{m/s}$。

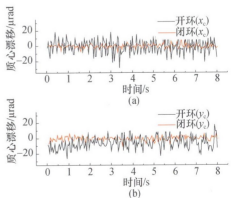

图 6 - 19 光斑的质心漂移随时间的变化

注:$D = 0.6\text{m}$,$r_0 = 0.085\text{m}$,$v = 16\text{m/s}$。

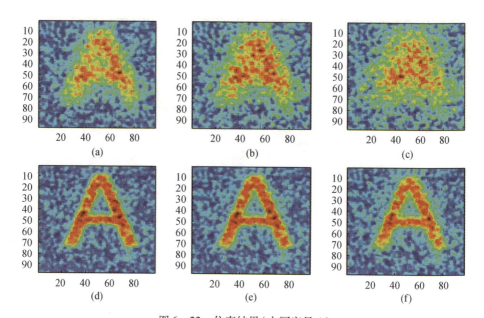

图 6 - 22　仿真结果(大写字母 A)

（a）~（c)在不同湍流强度下自适应光学系统不工作时获得的鬼像；

（d）~（f)对应不同湍流强度下自适应光学鬼成像系统获得的鬼像。

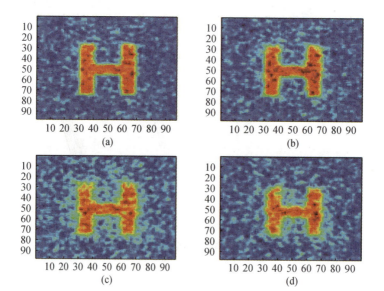

图 6 - 23　仿真结果(大写字母 H)

（a)湍流完全校正；(b)理想自适应光学系统；

（c)127 单元自适应光学系统；(d)61 单元自适应光学系统。